smart is sexy
Orbi.kr

KB100589

Orbi

출발의 습관은 수능날까지 계속됩니다.
형식적인 상담이나
관리하고 있다는 모습만 보이거나
학습에 전혀 도움이 되지 않는
보여주기식의 모든 것을 배척합니다.

쓸모없는 강좌와 할 수 없는 계획을 강요하거나
무모한 혹은 무리한 스케줄로
1년의 출발을 무의미하게 하지 않습니다.
형식은 모방해도 내용은 모방할 수 없습니다.

smart is sexy
Orbi.kr

개인의 능력을 극대화 시킬 모든 계획이 오르비학원에 있습니다.

기출의 파급효과

과탐
영역

지구과학 I
중

smart is sexy
Orbi.kr

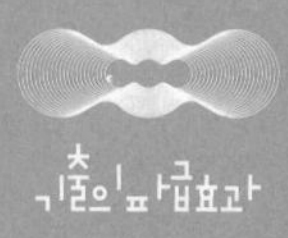

지구과학 I (중)

기출의 파급효과

지구과학 I (중)

저자의 말

지구과학1은 과목 특성상 주어진 자료에 맞게 자신이 알고 있는 개념을 확장하여 풀어나가야 하는 과목입니다. 대부분의 학생은 개념에 대한 정확한 이해가 없는 상태에서 기출 문제를 조금만 변형시킨 문제가 나오게 된다면 손쉽게 틀려버립니다. 또한, 매년 많은 학생의 유입으로 지구과학1의 난이도는 상향 평준화가 되어가고 있습니다. 이러한 상황에서 문제를 해결하기 위해서는 정확한 기출 분석을 진행해야 합니다.

지구과학1은 모든 개념을 알고 있다고 해서 만점을 받을 수 있는 과목이 아닙니다. 여러 자료 분석을 통해 자신이 알고 있는 개념을 자료에 맞게 재해석할 수 있는 능력을 가져야 합니다.

다음을 통해 [기출의 파급효과 지구과학1]에 담긴 내용을 설명해드리도록 하겠습니다.

[기출의 파급효과 지구과학1]은 **'기출 문제로 알아보는 유형별 정리'**와 **'+시야 넓히기'**를 통해 지금까지 풀어왔던 문제들에 담긴 숨은 의미를 제시합니다. 또한, 흔히 킬러 파트라 불리는 유형들에 대한 문제 해결 방법을 제시해두었습니다. 흔히 함정 문제라 하는 유형들도 **'추가로 물어볼 수 있는 선지'**와 **'교과서로 알아보는 OX 정리'**를 통해 학습하여 새로운 유형을 대비할 수 있습니다. 또한, 각 Theme에 대한 내용을 모두 다루면 **'유제'**를 통해 복습할 수 있도록 구성했습니다.

현재 **1등급 ~ 만점**을 받는 학습자라면 이미 스스로 기출 분석은 완료하고 N회독을 진행하신 분들이실 겁니다. 킬러 파트 및 신유형 대비를 위해서 유형별 정리를 참고하고 N제와 모의고사를 풀면서 헷갈리는 유형들을 함께 정리한다면 훌륭한 참고서가 될 것이라 생각합니다.

2등급 ~ 3등급을 받는 학습자라면 자신이 이해하지 못하는 개념이 있거나 자료 해석에 대한 약점이 존재할 것입니다. 킬러/준킬러에 대한 개념 이해 및 유형별 정리를 통해 자신이 가진 약점을 극복할 수 있기를 바랍니다. 또한, 추가로 물어볼 수 있는 선지를 통해 항상 선지를 의심하는 마음을 가질 수 있기를 바랍니다.

4등급 이하의 학습자라면 개념 이해를 우선적으로 진행해야 합니다. 그 후 Theme 별로 한 유형씩 이해할 수 있도록 진행해야 합니다. 기출 문제 분석을 통해 유형별 정리를 진행한다면 성적 향상에 반드시 도움이 되리라고 생각합니다.

[기출의 파급효과 지구과학1]은 지구과학1을 선택했다면 가져야 할 수험생의 마음과 문제를 해결할 수 있는 방향을 제시합니다. 유형별 정리를 통해 "평가원이 어떤 마음으로 이러한 문제를 제시했나?"라는 생각을 가지며 문제를 해결할 수 있어야 합니다. 자신이 출제자가 되었다는 마음가짐으로 공부를 할 수 있기를 바랍니다.

파급의 기출효과

cafe.naver.com/spreadeffect
파급의 기출효과 NAVER 카페

기출의 파급효과 시리즈는 기출 분석서입니다. 기출의 파급효과 시리즈는 국어, 수학, 영어, 물리학 1, 화학 1, 생명과학 1, 지구과학 1, 사회・문화가 예정되어 있습니다.

준킬러 이상 기출에서 얻어갈 수 있는 '꼭 필요한 도구와 태도'를 정리합니다.

'꼭 필요한 도구와 태도' 체화를 위해 관련도가 높은 준킬러 이상 기출을 바로바로 보여주며 체화 속도를 높입니다. 단 시간 내에 점수를 극대화할 수 있도록 교재가 설계되었습니다.

학습하시다 질문이 생기신다면 '파급의 기출효과' 카페에서 질문을 할 수 있습니다.

교재 인증을 하시면 질문 게시판을 이용하실 수 있습니다.

기출의 파급효과 팀 소속 오르비 저자분들이 올리시는 학습자료를 받아보실 수 있습니다.
위 저자 분들의 컨텐츠 질문 답변도 교재 인증 시 가능합니다.

더 궁금하시다면 https://cafe.naver.com/spreadeffect/15에서 확인하시면 됩니다.

모킹버드

mockingbird.co.kr
수능 대비 온라인 문제은행

모킹버드는 수능 대비에 초점을 맞춘 문제은행 서비스입니다. AI 문항 추천 알고리즘을 통해 이용자의 학습에 최적화된 맞춤형 모의고사를 제공하여 효율적인 수능 성적향상을 목표로 합니다. **수학, 과탐을 서비스 중입니다.**

문항 제작과 검수에 기출의 파급효과 팀뿐만 아니라 지인선 님을 포함한 시대/강대/메가 컨텐츠 팀에서 근무하였고 여러 문항 공모전에서 수상한 이력이 있는 여러 문항 제작자들이 함께 하였습니다.
웹 개발과 알고리즘 개발에는 서울대 컴공, 카이스트 전산학부 출신 개발자들이 참여하였습니다.

모킹버드를 통해 싸고 맛좋은 실모를 온라인으로 뽑아 풀어보고,
AI 문항 추천 알고리즘 기술의 도움을 받아 학습 효율을 극대화해보세요.
가입만 해도 기출은 무제한 무료 이용 가능하고, 자작 실모 1회도 무료로 제공됩니다.

Theme

03

대기의 변화

Chapter

01 기압과 기단에 따른 날씨 변화

기압과 기단에 따른 날씨 변화

1. 기압

기압이란 단위 면적에 대한 공기가 누르는 압력을 뜻한다. 이때 기압의 단위로는 hPa(헥토파스칼)을 이용하며 지표면에서의 평균 대기압은 1013hPa이다.

주변에 비해서 **상대적으로 기압이 높다면 고기압, 기압이 낮다면 저기압**이라고 한다.

상대적이라는 단어가 가장 중요한데, 같은 기압이라고 할지라도 주변의 기압에 따라서 저기압이 될 수도, 고기압이 될 수도 있다는 뜻이다.

일반적으로 공기가 많은 고기압에서 공기가 적은 저기압 쪽으로 공기의 흐름이 나타나는데 이때의 상태를 **고기압에서 저기압으로 바람이 분다**고 이야기한다.

<table>
<tr><th>고기압</th><th>저기압</th></tr>
<tr><td>
• 상대적으로 주변보다 기압이 높은 곳
• 중심 부근에서 하강 기류가 발달한다.
북반구 지표면에서 공기가 시계 방향으로 불어 나간다.
(남반구에서는 반시계 방향으로 나타난다.)
• 주로 공기의 온도가 올라가고 습도가 낮아져 맑은 날씨가 나타난다.
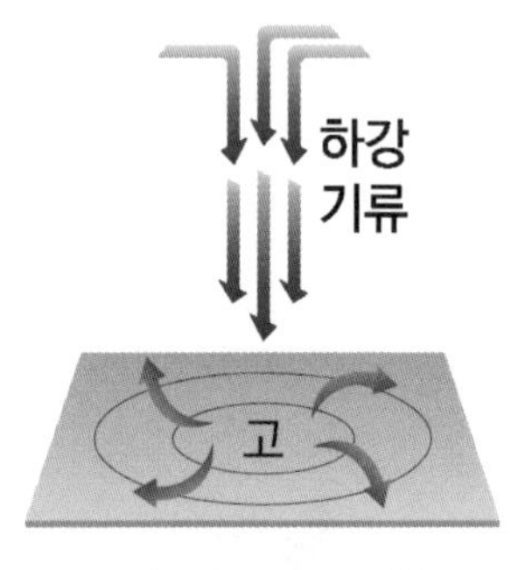

▲ 북반구의 고기압
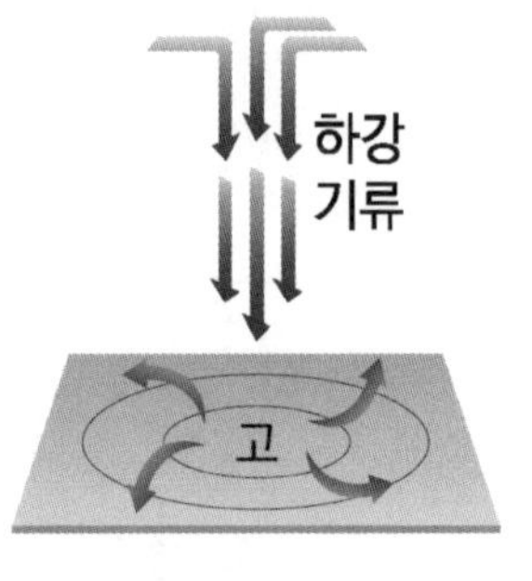

▲ 남반구의 고기압
</td><td>
• 상대적으로 주변보다 기압이 낮은 곳
• 중심 부근에서 상승 기류가 발달한다.
북반구 지표면에서 공기가 반시계 방향으로 불어 들어간다. (남반구에서는 시계 방향으로 나타난다.)
• 주로 공기의 온도가 낮아지고 습도가 높아져 구름이 형성되고 날씨가 흐려진다.
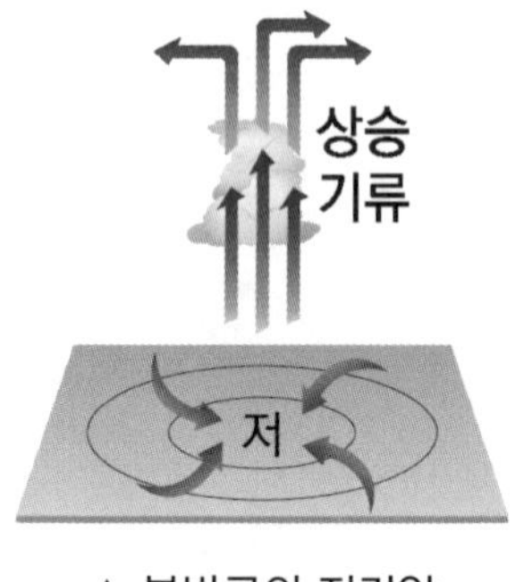

▲ 북반구의 저기압
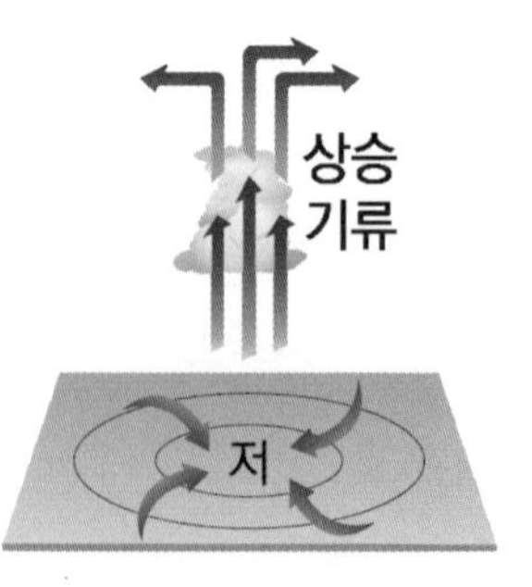

▲ 남반구의 저기압
</td></tr>
</table>

2. 지구의 전향력

전향력이란 지구가 **자전하면서 발생하는 힘**이다. (전향력은 지구과학1에서 다루는 힘은 아니지만 지구에서 나타나는 다양한 현상들을 서술하는데 꼭 필요한 개념이다. 따라서 너무 깊게 생각하지 말고 그냥 이런 힘이 존재한다는 것 정도만 알고 넘어가도록 하자.)

- 전향력은 **북반구**에서는 **물체가 움직이는 방향의 오른쪽**으로, **남반구**에서는 **물체가 움직이는 방향의 왼쪽**으로 **작용**한다.

- 북극에서 던진 물건은 **지구의 자전에 의해서 휘어지며 날아간다**.
  이때, 휘어지는 힘을 전향력이라 하며 북반구에서는 진행 방향의 오른쪽으로, 남반구에서는 진행 방향의 왼쪽으로 작용하는 것이다.

- 대기와 해수는 전향력의 영향을 받아 움직이므로 전향력의 개념에 대해 알아두면 2단원의 개념 이해와 문제 풀이에 도움이 될 것이다. (전향력은 고기압과 저기압에서 바람의 방향이 다르게 나타나는 이유이다.)

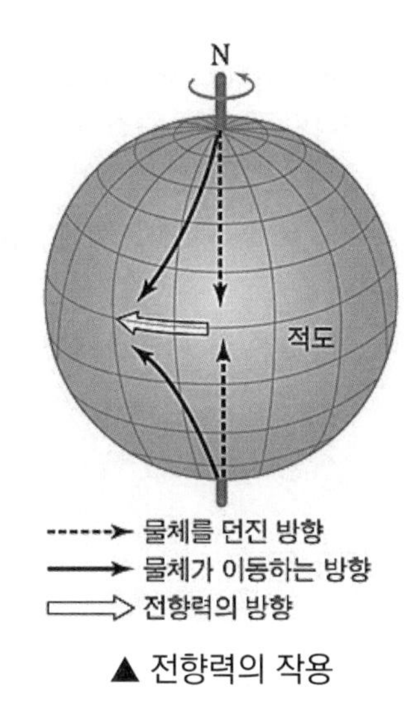

▲ 전향력의 작용

3. 우리나라 주변의 기단

기단이란 넓은 지역에 걸쳐 기온이나 습도 등의 **성질이 비슷한 거대한 공기 덩어리**를 말한다. 주로 넓은 대륙 위나 해양 위에서 공기가 오랫동안 머물면서 형성되며 **형성된 지역의 특성**(건조, 다습, 한랭, 온난)**을 닮아**갈 때 기단이 형성된다.

기단이 형성되는 발원지의 장소에 따라서 **해양성 기단과 대륙성 기단**으로 나누어진다.
해양성 기단은 해수의 증발로 인해 수증기의 양이 많아서 **다습**한 성질을 가지고 **대륙성 기단**은 해양보다 증발이 적게 일어나기 때문에 **건조**하다는 성질을 가지고 있다.

저위도일 때 단위 면적당 입사하는 태양 복사 에너지 양이 많으므로 따뜻하다. 따라서 **저위도**에서 발생하는 기단 역시 **온난**한 성질을 가진다. 반대로 **고위도**에서 형성되는 기단일수록 **한랭한** 성질을 가진다.
기단의 성질을 다음과 같은 표로 정리하자.

발원지	
해양	다습
대륙	건조
저위도	온난
고위도	한랭

우리나라에 영향을 미치는 기단은 계절에 따라서 **양쯔강 기단, 북태평양 기단, 오호츠크해 기단, 시베리아** 기단 등이 있다.

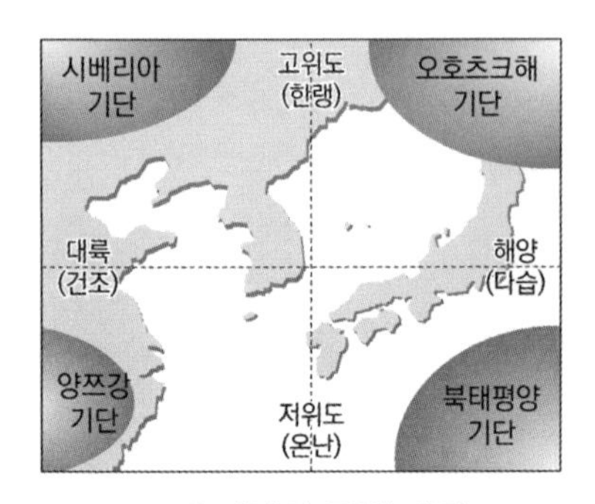

▲ 우리나라 주변 기단

기단	성질	주로 영향을 주는 계절
양쯔강 기단	온난 건조	봄, 가을
오호츠크해 기단	한랭 다습	초여름, 장마철, 가을
북태평양 기단	고온 다습	여름
시베리아 기단	한랭 건조	겨울

▲ 우리나라 주변 기단의 특징

- **기단의 이동과 성질 변화** : 기단이 발생한 지역을 떠나 다른 지역으로 이동하면 지표면이나 해수면과 열이나 수증기를 교환하며 성질이 달라질 수 있다.

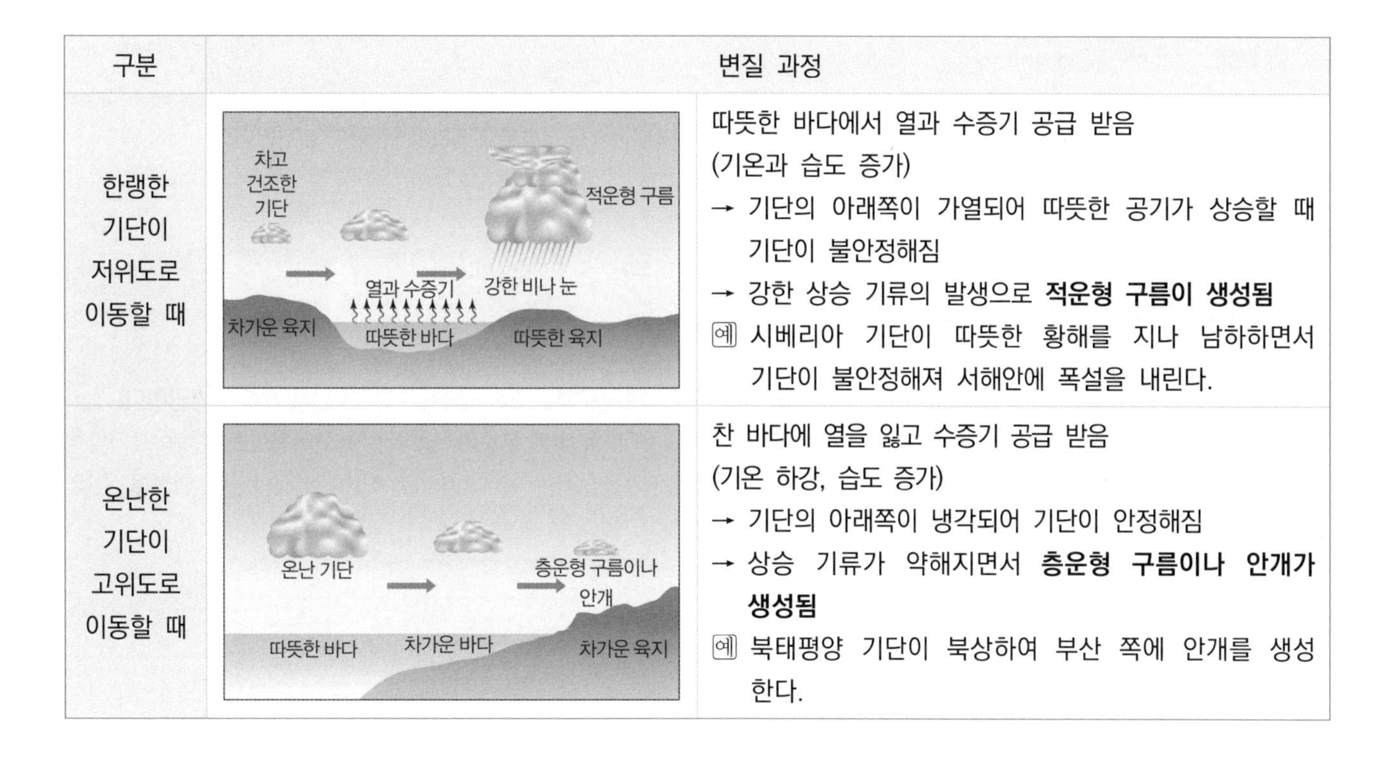

구분	변질 과정
한랭한 기단이 저위도로 이동할 때	따뜻한 바다에서 열과 수증기 공급 받음 (기온과 습도 증가) → 기단의 아래쪽이 가열되어 따뜻한 공기가 상승할 때 기단이 불안정해짐 → 강한 상승 기류의 발생으로 **적운형 구름이 생성됨** 예 시베리아 기단이 따뜻한 황해를 지나 남하하면서 기단이 불안정해져 서해안에 폭설을 내린다.
온난한 기단이 고위도로 이동할 때	찬 바다에 열을 잃고 수증기 공급 받음 (기온 하강, 습도 증가) → 기단의 아래쪽이 냉각되어 기단이 안정해짐 → 상승 기류가 약해지면서 **층운형 구름이나 안개가 생성됨** 예 북태평양 기단이 북상하여 부산 쪽에 안개를 생성한다.

4. 정체성 고기압과 이동성 고기압

고기압은 이동 상태에 따라 정체성 고기압과 이동성 고기압으로 구분한다. **정체성 고기압**이란 고기압의 중심부가 거의 이동하지 않고 **한 장소에 오랜 시간 머무르**는 고기압이다.
ex. 시베리아 고기압, 북태평양 고기압

이동성 고기압이란 **고기압의 중심부가 이동**하면서 날씨를 변화시키는 상대적으로 규모가 작은 고기압이다.

(1) 정체성 고기압

고기압의 중심부가 거의 이동하지 않고 한 장소에 오랜 시간 머무르는 고기압이다.
ex. 시베리아 고기압, 북태평양 고기압

① **시베리아 고기압** : 겨울철 대륙의 찬 지표면에 의해 복사 냉각된 공기가 모여 형성된 한랭한 정체성 고기압이다. **냉각된 공기**가 밀도가 커져서 **가라앉으면 한랭 고기압**이 되는데 중심부 **온도가 낮다**는 특징이 있고, 한랭 고기압을 **키 작은 고기압**이라고도 부른다. 시베리아 고기압이 발달하는 겨울철에는 시베리아 고기압이 우리나라에 영향을 준다. (일기도에서 시베리아 기단이 위치하는 곳에 강한 고기압이 형성되어 있음을 알 수 있다.)

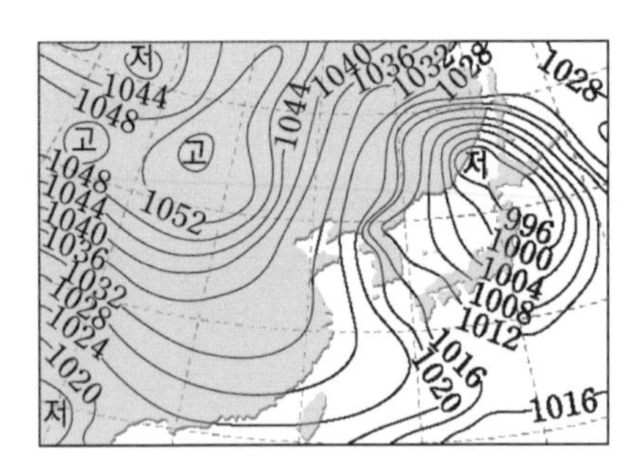

▲ 시베리아 고기압(겨울철)

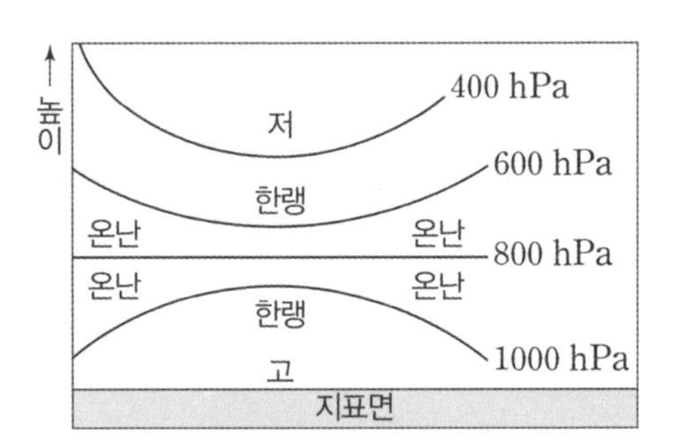

▲ 한랭 고기압의 연직 구조

② **북태평양 고기압** : 대기 대순환(이는 Theme 04에서 집중적으로 다룰 내용이다.)에 의해 아열대 상공(위도 약 30°)에서 수렴한 공기가 하강하며 형성된 **온난 고기압**이다. 온난 고기압의 중심부는 한랭 고기압에 비해 **온도가 높고, 키 큰 고기압**이라고도 부른다. (일기도를 확인해 본다면 북태평양 기단이 위치하는 곳에 고기압이 형성되어 있음을 알 수 있다.)

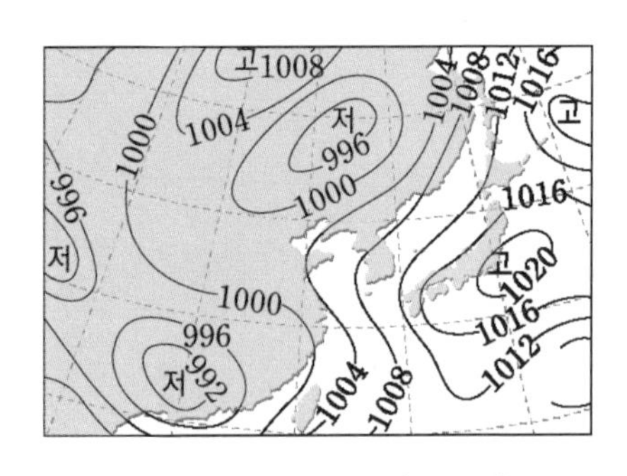

▲ 북태평양 고기압(여름철)

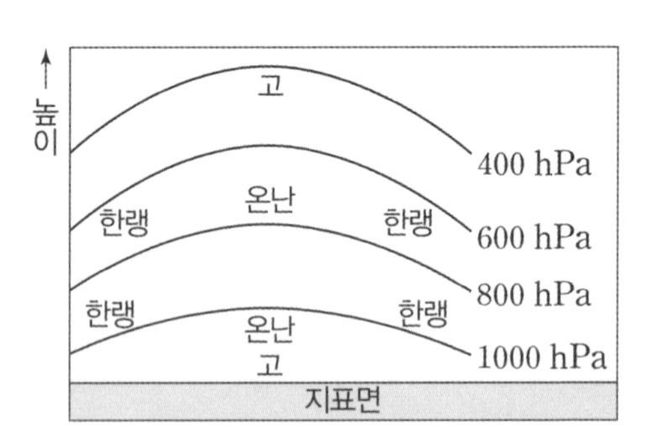

▲ 온난 고기압의 연직 구조

(2) 이동성 고기압

시베리아 기단에서 일부가 떨어져 나오거나 양쯔강 기단에서 발달하여 **빠른 속도로 이동**하는 비교적 규모가 작은 고기압이다. 우리나라로 다가오는 이동성 저기압은 **편서풍의 영향**을 받아 **서쪽에서 동쪽**으로 이동해 온다.

(편서풍은 Theme 04에서 집중적으로 다룰 내용이다.)

이동성 고기압이 우리나라를 통과할 때 2~3일 정도 맑은 날씨가 이어지다가 뒤이어 다가오는 이동성 저기압의 영향을 받아 흐리거나 비가 내리기도 한다.

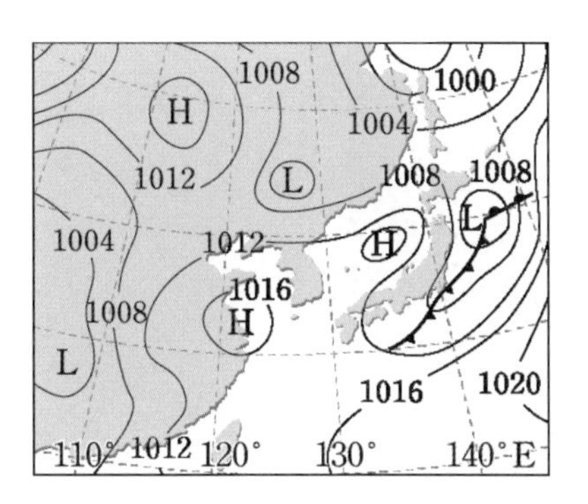

▲ 이동성 고기압이 발달한 경우(봄, 가을)

memo

2021학년도 수능 지Ⅰ 8번

그림 (가)와 (나)는 어느 날 같은 시각 우리나라 부근의 가시 영상과 지상 일기도를 각각 나타낸 것이다.

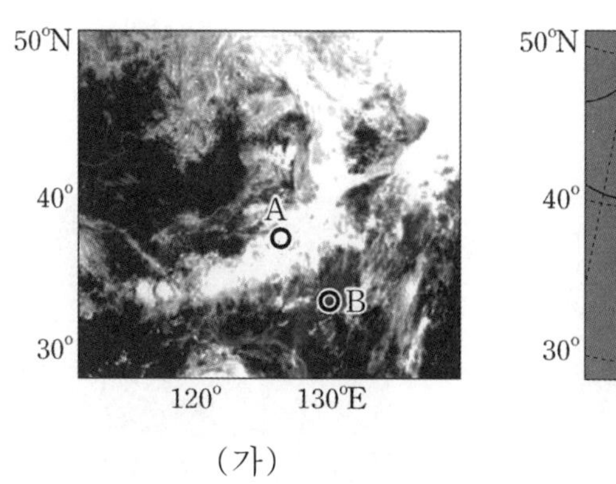

(가)

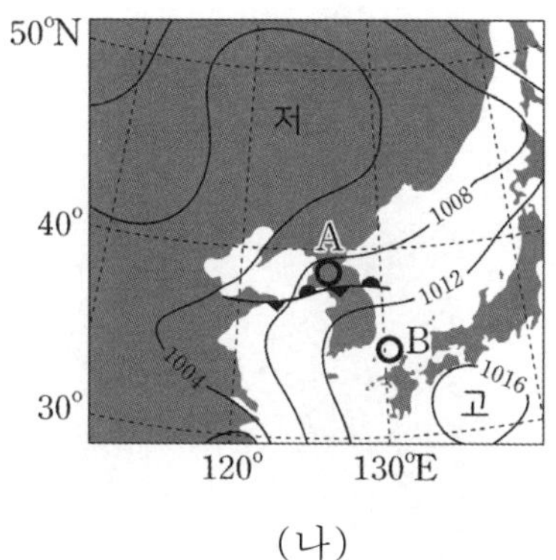

(나)

이 자료에 대한 설명으로 옳은 것만을 <보기>에서 있는 대로 고른 것은?

<보 기>

ㄱ. 구름의 두께는 A 지역이 B 지역보다 두껍다.
ㄴ. A 지역의 구름을 형성하는 수증기는 주로 전선의 남쪽에 위치한 기단에서 공급된다.
ㄷ. B 지역의 지상에서는 남풍 계열의 바람이 분다.

① ㄱ ② ㄴ ③ ㄱ, ㄷ ④ ㄴ, ㄷ ⑤ ㄱ, ㄴ, ㄷ

추가로 물어볼 수 있는 선지
1. 남반구의 정체 전선에서 강수량은 남쪽보다 북쪽이 많다. (O , X)
2. 시베리아 기단이 우리나라 쪽으로 남하하면, 서해 부근에 폭설을 내린다. (O , X)
3. 우리나라 부근의 정체 전선에서 남쪽 지역에 영향을 주는 기단은 고온 다습하다. (O , X)

정답 : 1. (X), 2. (O), 3. (O)

01 2021학년도 수능 지Ⅰ 8번

KEY POINT #가시 영상, #정체 전선, #일기도

문항의 발문 해석하기

일기도를 통해 우리나라 주변의 기압 분포를 해석할 수 있어야 하고, 가시 영상의 특징을 생각할 수 있어야 한다.

문항의 자료 해석하기

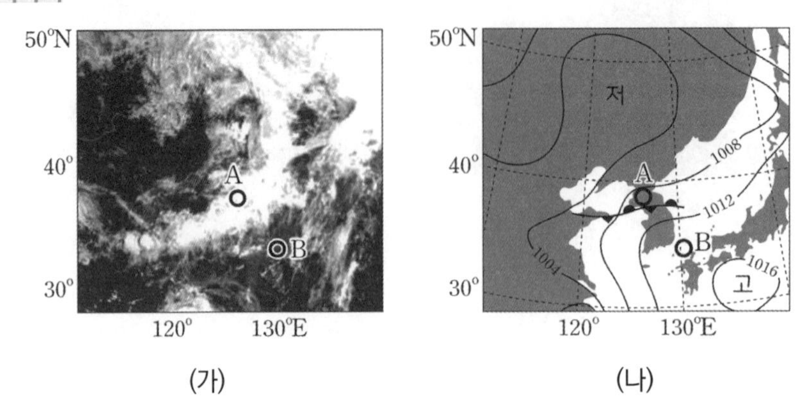

1. (가) 자료를 통해 A 지역과 B 지역에 있는 구름의 두께를 알 수 있다. 가시 영상은 태양빛이 구름에 반사되어 돌아오는 값을 측정한다. 이때 가시 영상은 구름의 두께가 두꺼울수록 밝게 보인다.
2. (나) 자료를 통해 우리나라 부근에는 정체 전선이 형성되어 있는 것을 확인할 수 있다. 이때 장마전선이 북반구에 나타난다면 장마전선의 북쪽에 전선면이 형성되어 A 지역에 강수 현상이 나타날 것이다.

선지 판단하기

ㄱ 선지 구름의 두께는 A 지역이 B 지역보다 두껍다. (O)

(가) 자료에서 더 밝게 보이는 A 지역 구름의 두께가 더 두꺼울 것이다.

ㄴ 선지 A 지역의 구름을 형성하는 수증기는 주로 전선의 남쪽에 위치한 기단에서 공급된다. (O)

A 지역은 정체 전선에 의해 구름이 형성되어 있다. 우리나라의 장마 전선은 초여름 남쪽에 위치한 북태평양 기단과 북쪽에 위치한 오호츠크해 기단이 만나 형성된다.
이때, 장마 전선의 수증기는 전선의 남쪽에 위치한 북태평양 기단으로부터 공급된다.

ㄷ 선지 B 지역의 지상에서는 남풍 계열의 바람이 분다. (O)

(나) 자료를 보면 고기압과 저기압이 나타나 있다. 이때, 지표면의 바람은 고기압에서 저기압 쪽으로 분다. 따라서 B에서는 남풍 계열의 바람이 불 것이다.

기출문항에서 가져가야 할 부분

1. 정체 전선의 형성 과정 이해하기
2. 가시 영상과 적외 영상의 특징 암기하기
3. 일기도 자료를 보고 해석하기

기출 문제로 알아보는 유형별 정리

1 시베리아 기단

① 평년 풍향과 계절 판단 2020학년도 수능 7번

그림은 1월과 7월의 지표 부근의 평년 풍향 분포 중 하나를 나타낸 것이다.

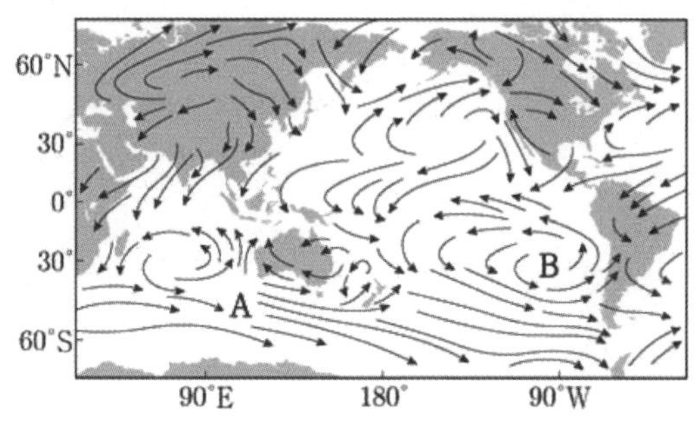

ㄱ. 1월의 평년 풍향 분포에 해당한다. (O)

- **우리나라 주변의 풍향**을 살펴본다면 **북서쪽에서** 바람이 불어오고 있다는 것을 파악할 수 있다. 이를 통해 시베리아 기단이 우리나라에 영향을 주고 있는 시기임을 알 수 있으므로 위 자료는 1월(겨울)의 평년 풍향 분포에 해당한다고 할 수 있다.
- 세계지도와 함께 평년 풍향 분포를 주고 몇 월인지 파악해야 하는 경우에는 우리나라를 위주로 보자. 다른 방법들보다 **우리나라를 통해 판단하는 것이 가장 빠르고 쉽다**.
  만약 위 자료에서 북서쪽에서 우리나라로 바람이 부는 것이 아니라 **남동쪽에서 바람이 불어온다면 북태평양 기단의 세력이 커진 7월(여름)**이라는 것을 파악할 수 있어야 한다.

② 시베리아 기단의 남하로 인한 폭설 2021년 3월 학력평가 12번

그림 (가)와 (나)는 우리나라 일부 지역에 폭설 주의보가 발령된 어느 날 21시의 지상 일기도와 위성 영상을 나타낸 것이다.

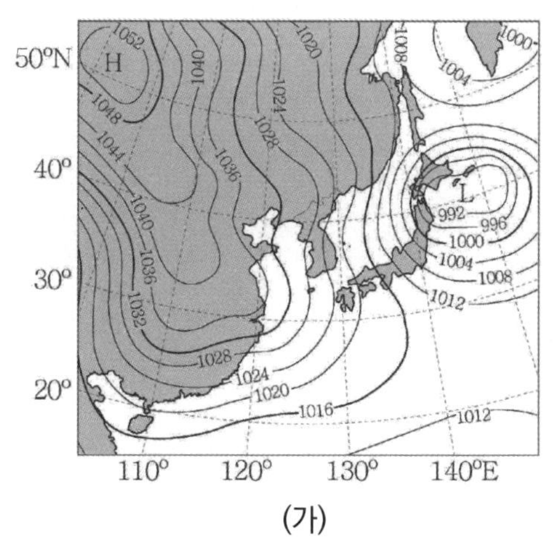

(가)

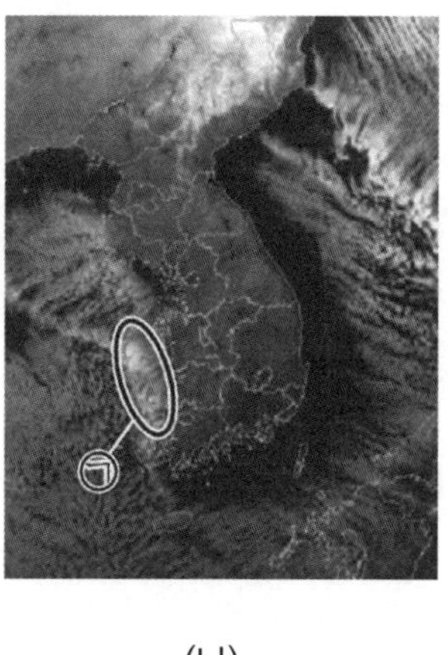

(나)

ㄷ. 폭설이 내릴 가능성은 서해안보다 동해안이 높다. (X)

- (나) 자료를 통해 우리나라 서해안에 구름이 형성되어 있는 것을 파악할 수 있다. 따라서 서해안에서 폭설이 내릴 것이다.
- (가) 자료를 통해 우리는 시베리아 기단이 강해진 겨울철이라는 것을 파악해야 한다. 이때 시베리아 기단이 남하하며 따뜻한 **서해를 지나는 과정에서 기단의 변질**이 일어나게 되는 것을 함께 파악하자.

③ 고위도와 저위도의 온도 차이 2016년 10월 학력평가 10번

그림 (가)는 겨울철 어느 날의 일기도를, (나)는 이날 A와 B 지점에서 측정한 높이에 따른 기온 분포를 나타낸 것이다.

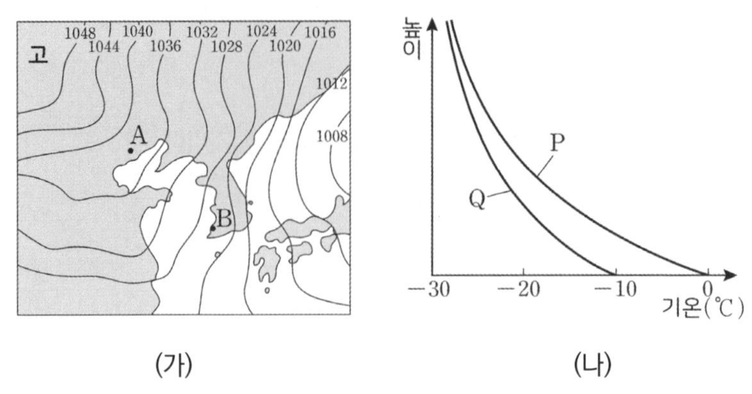

(가) (나)

ㄴ. A에서 측정한 기온 분포는 Q이다. (O)

- (가) 자료는 겨울철 시베리아 기단의 영향을 받는 날의 일기도이다. (나) 자료의 높이 0m에서의 기온을 보면 기온이 더 낮은 Q가 더 고위도인 A에서 측정한 자료임을 알 수 있다.
- (가) 자료에서는 현재 시베리아 고기압이 우리나라까지 영향을 미치고 있다는 사실을 알 수 있으면 좋겠다. 시베리아 기단이 A → B로 남하하는 과정에서 따뜻한 서해의 영향을 받아 기단의 하층부가 가열되었을 것이므로 P의 기온이 더 높다고도 해석할 수 있다.
- 이처럼 지표면의 온도를 판단할 때는 **높이 0m일 때를 먼저 살펴보자.**
  (고위도로 갈수록 기온이 낮아지는 이유는 p.100에서 위도에 따른 에너지 불균형을 보도록 하자.)

2 정체 전선

① 정체 전선의 형성과 전선면 2015학년도 9월 모의평가 15번

그림 (가)는 우리나라 주변의 초여름 일기도이고, (나)는 (가)의 일기도에서 전선면의 모습을 나타낸 모식도이다.

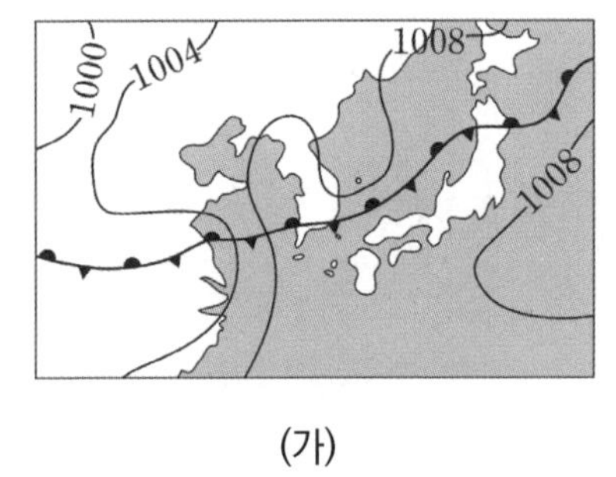

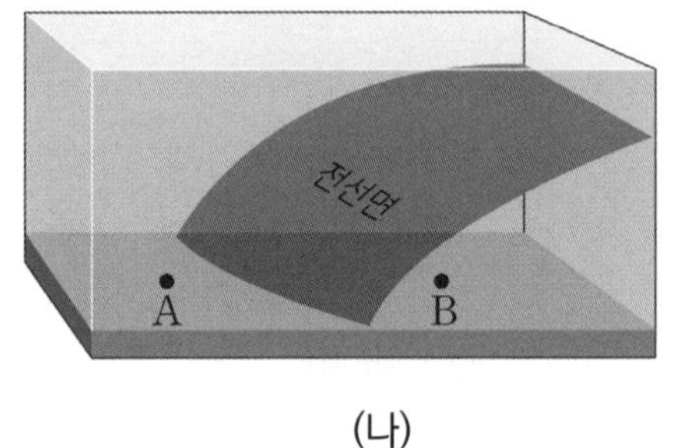

(가) (나)

ㄱ. A 지역보다 B 지역에 강수량이 많다. (O)

- A 지역의 상공에는 전선면이 존재하지 않아 구름이 존재하지 않는다. B 지역 상공에는 전선면이 존재하므로 구름이 존재하여 강수 현상이 나타날 것이다.
- 위 자료에서 알아가야 하는 것은 **전선면이 존재하는 곳에서 강수 현상**이 나타나는 것이다. 그 이유는 따뜻한 공기가 찬 공기 위로 타고 올라가며 구름을 생성하기 때문이다.
  이때 전선면은 북쪽에 위치해 있기 때문에 정체 전선 기준으로 북쪽에 강수 현상이 나타난다. 따라서 강수 현상이 나타나는 B가 A보다 더 고위도에 위치한다.

② 기상 위성 영상과 정체 전선 2020년 3월 학력평가 15번

그림은 정체 전선의 영향으로 호우가 발생했던 어느 날 자정에 관측한 우리나라 부근의 기상 위성 영상이다.

ㄷ. 정체 전선은 북동 - 남서 방향으로 발달해 있다. (O)

- 정체 전선에서 전선의 위치는 구름의 남쪽에 있을 것이다. 이때, 전선을 그려본다면 아래 자료와 같이 전선이 형성되는 것을 알 수 있다.
- 구름의 아래쪽에 전선이 형성되는 이유는 정체 전선의 형성 과정과 관련이 있다.
  우선 남쪽의 따뜻한 공기가 북상하고, 북쪽의 찬 공기가 남하하여 전선이 형성된다. 따뜻한 공기의 진행 방향은 북쪽이고 찬 공기의 진행 방향은 남쪽이므로 **밀도가 더 낮은 따뜻한 공기가 밀도가 더 큰 찬 공기를 타고 올라가 전선면은 전선을 기준으로 북쪽으로 형성되는 것**이다. 이는 북반구 기준이다. 남반구는 남쪽으로 형성된다.

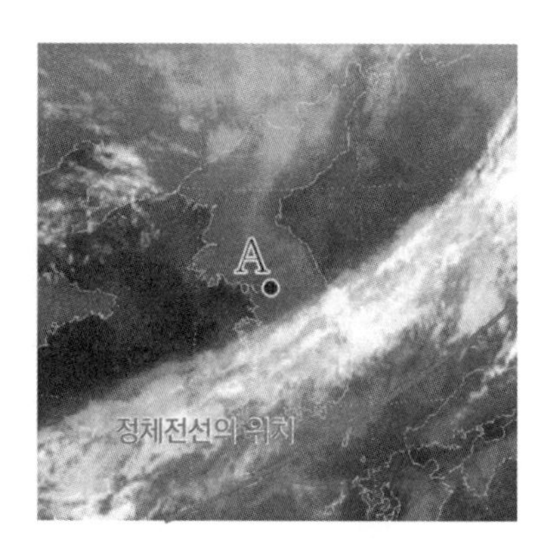

▲ 정체 전선의 위치

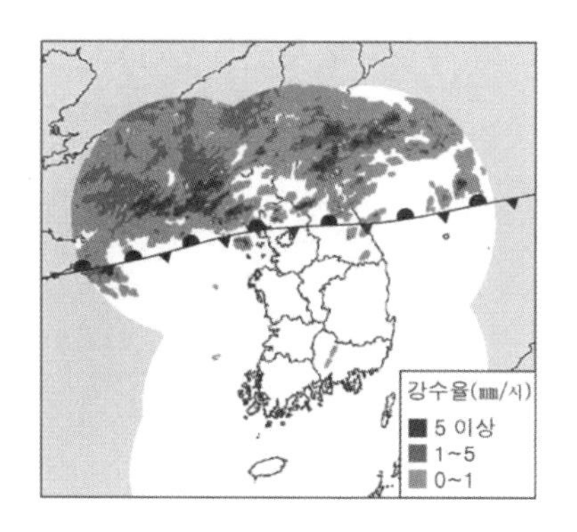

▲ 기상 레이더와 정체 전선
[2014년 10월 학력평가 12번]

③-1 정체 전선의 북상, 남하 2019년 3월 학력평가 7번

그림은 우리나라에 영향을 준 어떤 전선의 6월 29일부터 7월 4일까지의 위치 변화를 나타낸 것이다.

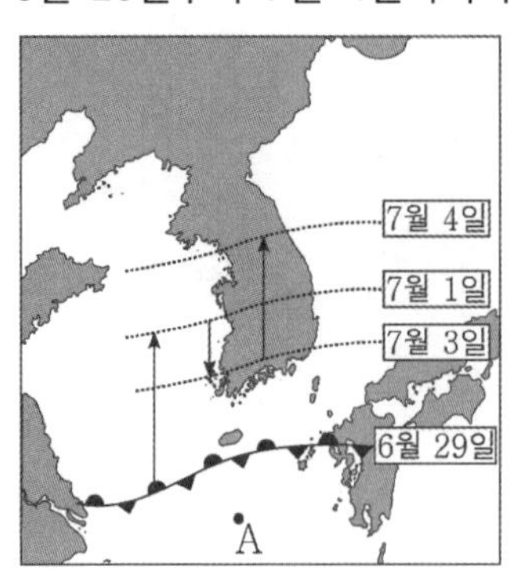

ㄷ. 이 기간 동안 한랭한 기단의 세력은 계속 확장되었다. (X)

- 우리나라에서 **한랭한 기단의 세력이 강해지면 정체 전선은 남하하고, 따뜻한 기단의 세력이 강해지면 정체 전선은 북상**한다. 이때, 정체 전선은 북상과 남하를 반복했으므로 한랭한 기단의 세력이 계속 확장되었다고 할 수 없다.
- 정체 전선이 남하하면 찬 기단의 세력이 확장되고 있는 것이고, 정체 전선이 북상하면 따뜻한 기단의 세력이 확장되고 있는 것이다. 이와 같이 정체 전선의 북상과 남하를 통해 어떤 기단의 세력이 강해졌는지 파악할 수 있어야 한다.

③-2 정체 전선의 북상, 남하 2017년 10월 학력평가 12번

그림은 어느 날 우리나라 부근의 일기도를 나타낸 것이다.

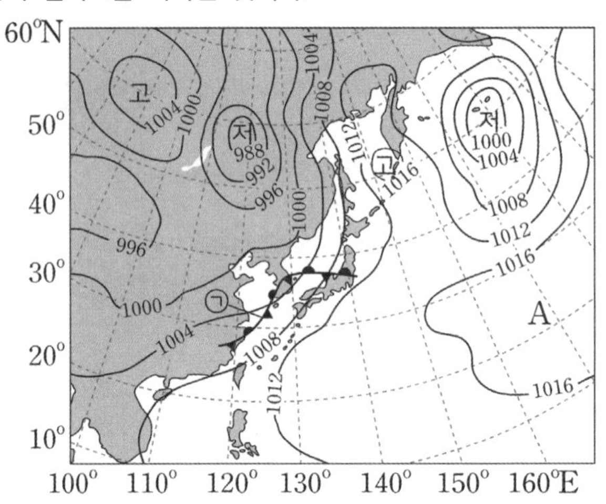

ㄷ. A의 세력이 커지면 ㉠은 남하한다. (X)

- **정체 전선은 저기압이므로 고기압과 섞이지 않는다**. 따라서 **고기압인 A의 세력이 커지면** 정체 전선은 고기압에 밀려 **북상할 것**이다.
- 기압과 관련된 전선의 이동은 확실하게 이해하고 넘어가야 한다. 만약 **북쪽의 고기압 세력이 커지면** 정체 전선은 **남하할 것**이다.

3 전선과 전선면

① 전선과 전선면의 구분 2014년 10월 학력평가 8번

그림은 온대 저기압에서 볼 수 있는 두 전선을 나타낸 것이다.

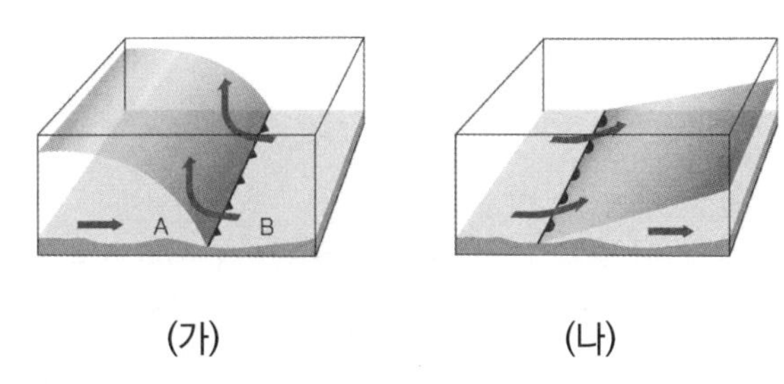

(가) (나)

ㄱ. (가)에서 기단의 온도는 A<B이다. (O)

- (가)는 찬 공기가 따뜻한 공기의 밑을 파고들면서 전선면의 경사가 급하게 형성되는 한랭 전선이다.
  A는 찬 공기가, B는 따뜻한 공기가 위치하므로 기단의 온도는 A가 B보다 낮을 것이다.
- (나)는 따뜻한 공기가 찬 공기 위를 타고 올라가는 온난 전선이다. 이때 각각의 전선면에서 형성되는 **구름의 종류, 강수의 종류, 강수 구역, 온도 분포**를 이해하고 넘어가야 한다.
  또한 단면도를 보고 각각 어떤 전선에 해당하는지 바로 파악할 수 있어야 한다.

추가로 물어볼 수 있는 선지 해설

1. 남반구의 정체 전선은 북반구와 다르게 남쪽의 차가운 기단이 북상하고, 북쪽의 따뜻한 기단이 남하하여 형성된다. 따라서 전선면은 전선 남쪽에 형성되므로 강수량은 남쪽이 더 많다.
2. 시베리아 기단과 같이 차가운 기단이 우리나라 부근으로 남하하면 기단의 변질이 나타나 기단의 하층부가 가열되어 불안정해지면서 서해안 부근에 폭설을 내린다.
   ⇒ 반대로 따뜻한 기단이 북상하면 기단의 변질이 나타나 기단이 안정해져 안개를 형성한다.
3. 우리나라 부근의 정체 전선은 주로 남쪽의 따뜻한 북태평양 기단과 북쪽의 차가운 오호츠크해 기단이 만나 형성된다.

Chapter

02 온대 저기압과 태풍

온대 저기압과 열대 저기압 - 전선

1. 전선면과 전선

찬 기단과 따뜻한 기단이 만날 때 밀도 차에 의해 두 기단이 대치하면서 생성되는 접촉면을 **전선면**이라고 부른다.
(이때 따뜻한 기단은 밀도가 작아 위로, 찬 기단은 밀도가 커 아래로 이동하려는 성질을 가진다.)
두 기단의 성질이 다르므로 전선면을 기준으로 앞뒤의 기상 현상이 달라진다.
이때, 전선면과 지표면이 만나는 지점을 **전선**이라 부른다. 전선의 종류로는 온대 저기압이 발달하는 과정에서 만들어지는 한랭 전선, 온난 전선 및 폐색 전선과 우리나라 여름철에 찾아오는 정체 전선 등이 있다.

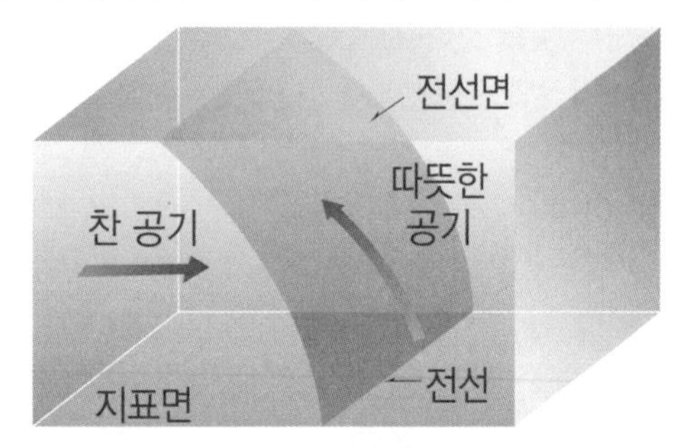

▲ 전선면과 전선의 모습

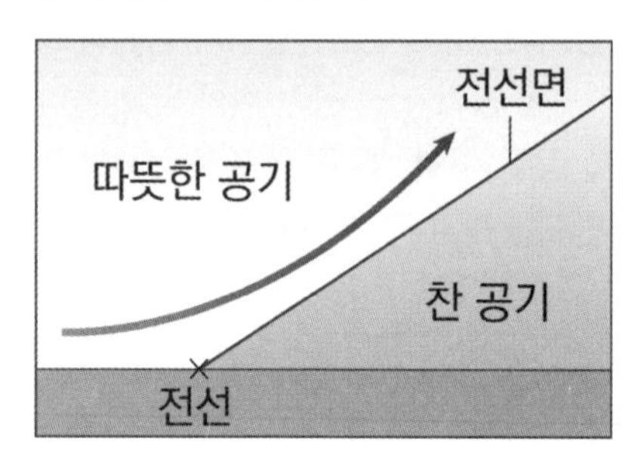

▲ 옆에서 바라본 전선과 전선면

2. 한랭 전선과 온난 전선

앞서 기단은 만들어지는 위치에 따라서 성질이 달라진다고 배웠다. 이때 차가운 공기와 따뜻한 공기의 움직임에 의해 한랭 전선과 온난 전선이 만들어진다.

(1) 한랭 전선

① **차가운 공기가 따뜻한 공기 아래를 파고들면서 형성**되는 전선이다.
　한랭 전선에서 차가운 공기의 밀도가 더 크기 때문에 아래쪽으로 파고들면서 따뜻한 공기를 위로 들어 올린다.
② 전선 뒤에 전선면이 형성되며 전선면을 따라 **좁은 영역**에서 **적운형 구름**이 만들어지며 **소나기**를 내린다.
　이때 형성되는 전선면은 **기울기가 가파른 형태**를 보이고 온난 전선에 비해 **이동속도가 빠르다**.
　(밀도가 큰 공기가 밀도가 작은 공기를 밀어내는 힘이 더 크기 때문)

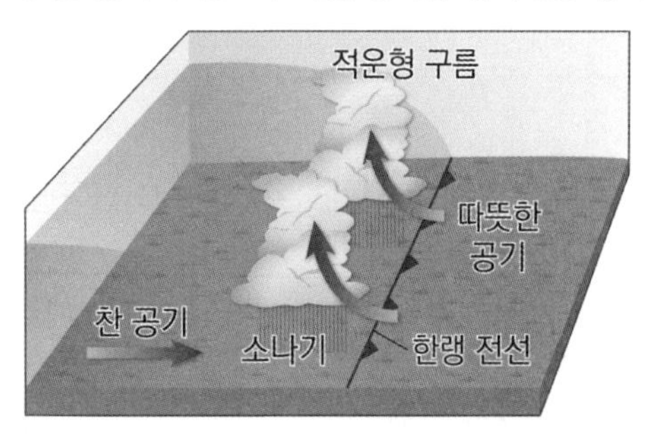

▲ 한랭 전선의 모습

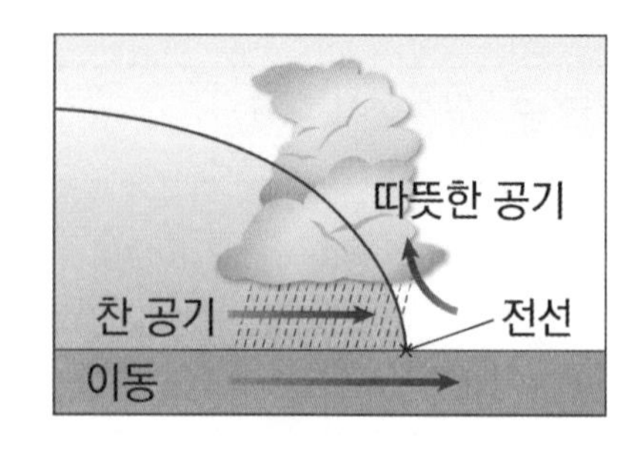

▲ 한랭 전선의 단면

(2) 온난 전선

① **따뜻한 공기가 차가운 공기를 타고 올라가며 형성되는 전선**이다.
온난 전선에서 따뜻한 공기의 밀도가 더 작기 때문에 차가운 공기보다 아래로 내려가지 못하고 위쪽으로 타고 올라간다.

② 전선 앞에 전선면이 형성되며 전선면을 따라 **넓은 영역에 층운형 구름**이 만들어지며 **지속적인 비**가 내린다.

③ 이때 형성되는 전선면은 **기울기가 완만한 형태**를 보이고 한랭 전선에 비해 **이동속도가 느리다.**
(완만한 형태인 이유는 밀도가 작은 공기가 밀도가 큰 공기를 밀어내는 힘이 더 작기 때문이다.)

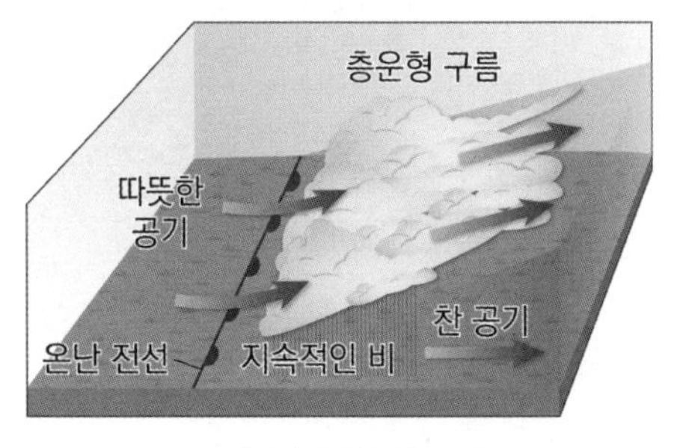

▲ 온난 전선의 모습

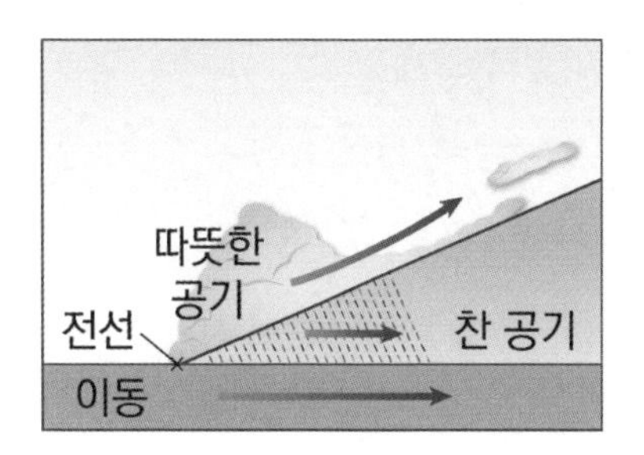

▲ 온난 전선의 단면

3. 폐색 전선

이동속도가 빠른 한랭 전선이 이동속도가 느린 앞쪽의 온난 전선을 **따라잡아 두 전선이 겹쳐진 전선**이다.
한랭 전선의 뒤쪽과 온난 전선의 앞쪽에서 강수 현상이 나타나므로 폐색 전선에서는 전선 **앞뒤로 모두 비가 내리게 된다**.
폐색 전선은 아래쪽에 찬 공기가, 위쪽에 따뜻한 공기가 위치한다면 소멸하게 된다. (공기의 밀도 차에 의해 안정한 상태가 되기 때문이다.)

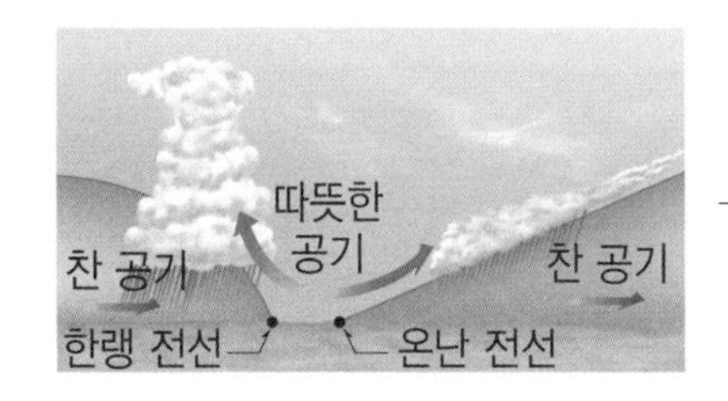

→

→

▲ 폐색 전선의 형성 과정

+ 시야 넓히기 : 한랭형 폐색 전선과 온난형 폐색 전선

폐색 전선이 형성된 지표면에서는 한랭 전선과 온난 전선 중 한 가지 특성만 나타나게 된다. 지표면의 전선과 연결된 전선면이 한랭 전선이라면 한랭형 폐색 전선, 온난 전선이라면 온난형 폐색 전선이라 한다.
이와 같은 현상은 더 찬 공기의 밀도가 크기 때문에 아래로 내려감에 따라 나타난다.

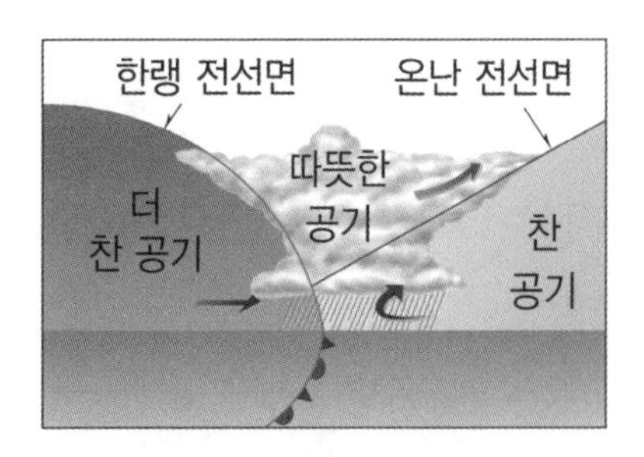

▲ 한랭형 폐색 전선

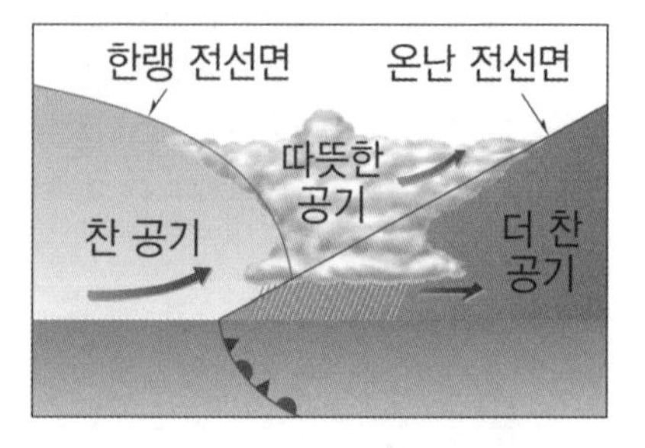

▲ 온난형 폐색 전선

4. 정체 전선

차가운 기단과 따뜻한 기단의 세력이 비슷하여 전선이 거의 이동하지 않고 한 곳에 오랫동안 머무르는 전선이다.
일반적으로 위도와 거의 나란하게 형성되며 위아래 기단에서 수증기를 계속해서 공급받기 때문에 강수량이 많다. 주로 찬 기단 쪽에 전선면이 형성되기에 찬 기단 쪽에서 비가 내린다.
(북반구에서는 주로 전선의 북쪽, 남반구에서는 주로 전선의 남쪽에서 강수 현상이 나타난다.)
정체 전선은 우리나라에서 장마 전선으로 불린다. 장마 전선은 초여름에 온난 다습한 북태평양 기단과 한랭 다습한 오호츠크해 기단이 만나 형성되는 전선으로 두 기단의 세력 확대 및 축소에 따라 남북으로 오르내리면서 많은 양의 비를 오랜 시간 동안 내린다.

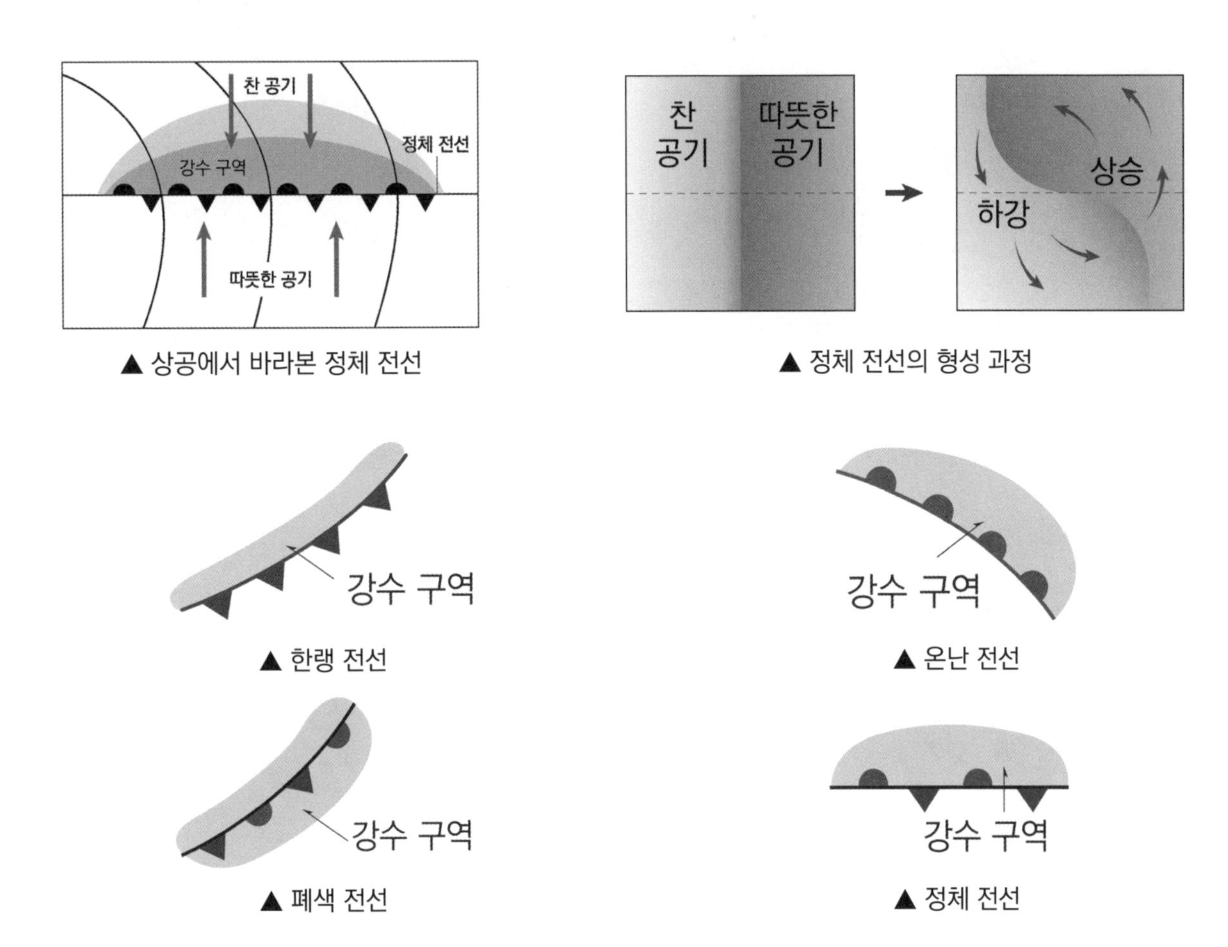

▲ 상공에서 바라본 정체 전선

▲ 정체 전선의 형성 과정

▲ 한랭 전선

▲ 온난 전선

▲ 폐색 전선

▲ 정체 전선

▍온대 저기압과 열대 저기압 - 온대 저기압

1. 온대 저기압의 형성 과정

온대 저기압은 중위도의 온대 지방에서 발생하며 **전선을 동반하는 저기압**이다.

편서풍의 영향으로 서 → 동으로 이동하면서 중위도 지방 날씨에 영향을 준다. 주로 우리나라 봄과 가을철에 양쯔강 기단을 따라 이동하는 이동성 저기압의 일종이다.

정체 전선의 파동으로부터 발생하며 저기압 중심부 **왼쪽**에는 **한랭 전선**이, **오른쪽**에는 **온난 전선**이 위치한다.

(1) 정체 전선 형성	(2) 파동 발생
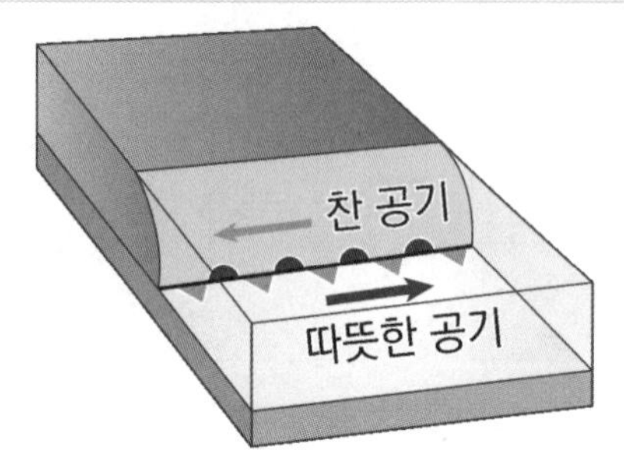	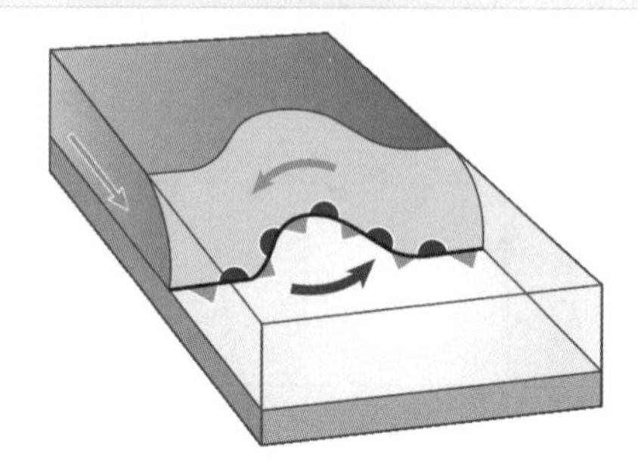
북쪽의 찬 기단과 남쪽의 따뜻한 기단이 만나 정체 전선이 형성되면서 기온에 따라 밀도 차이로 찬 기단은 위로, 따뜻한 기단은 아래로 움직이게 된다.	정체 전선을 사이에 두고 저기압성 회전에 의해 파동이 발생한다. 파동이 발생하면서 정체 전선이 한랭 전선과 온난 전선으로 분리된다.
(3) 온대 저기압 발달	**(4) 폐색 전선 형성**
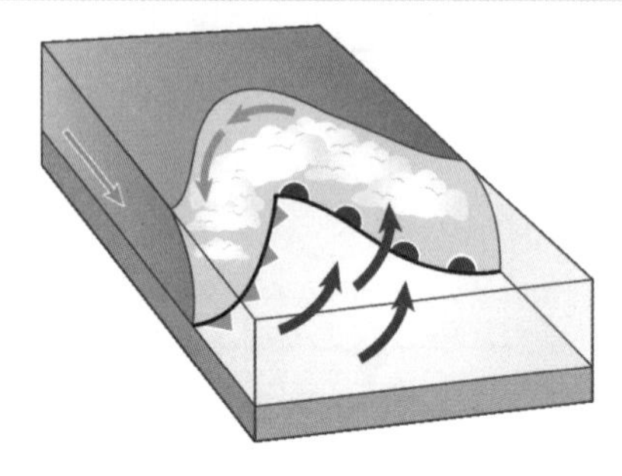	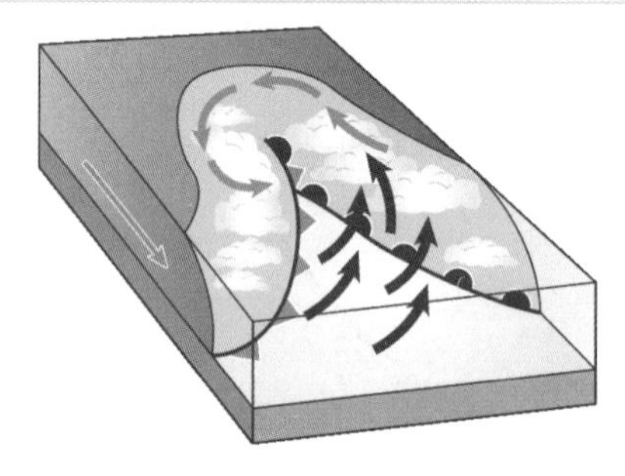
전선이 발달하며 중심부의 남서쪽에 한랭 전선을, 남동쪽에 온난 전선을 동반한 온대 저기압이 만들어진다.	한랭 전선의 이동속도가 온난 전선보다 빠르기 때문에 두 전선이 겹쳐지면서 폐색이 시작된다.
(5) 폐색 전선 발달	**(6) 온대 저기압 소멸**
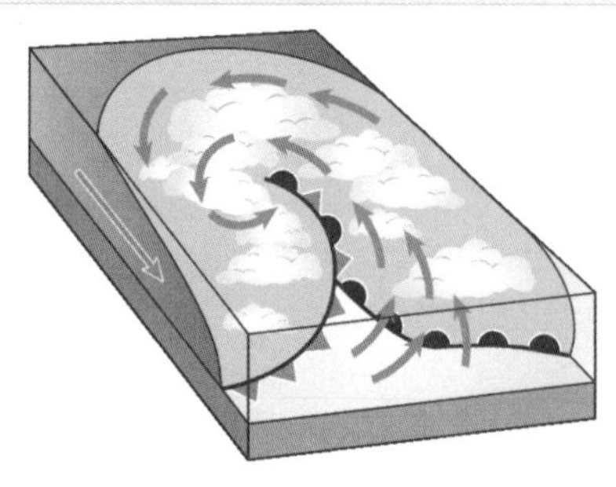	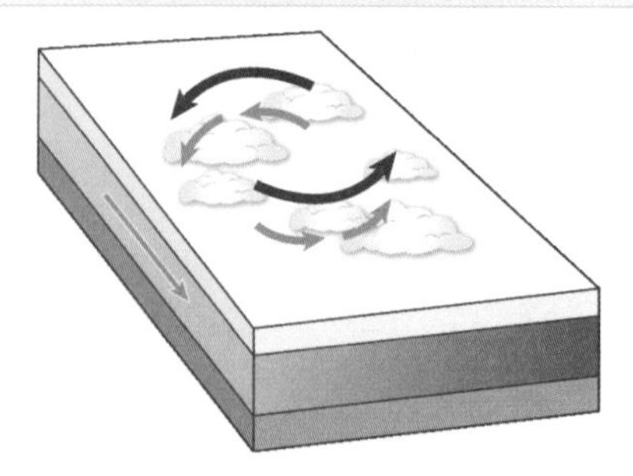
폐색이 계속해서 일어나면서 폐색 전선이 길어지고 전선 양쪽에 찬 공기가 위치하면서 온대 저기압의 세력이 약해진다.	따뜻한 공기가 위로, 찬 공기가 아래쪽으로 모두 이동하면 안정해지면서 온대 저기압은 소멸한다.

▲ 온대 저기압의 일생

2. 온대 저기압의 구조

한랭 전선, 온난 전선, 폐색 전선 등을 동반하는 온대 저기압의 구조는 반드시 알고 넘어가야 한다.
상공 및 측면에서 바라본 모습, 구름의 종류와 모양, 강수 구역의 형태 등 다음과 같은 여러 자료를 통해 온대 저기압의 구조를 숙지하도록 하자.

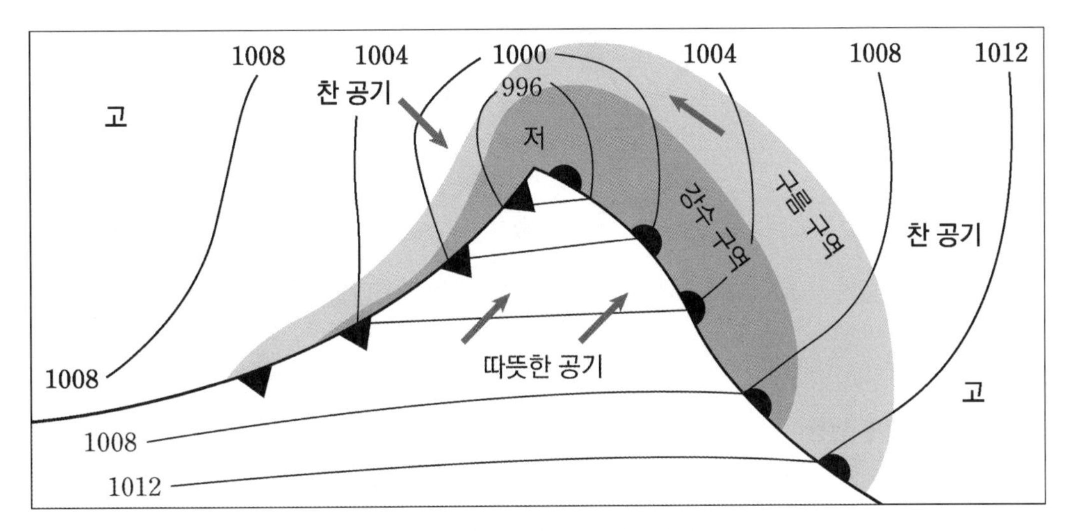

▲ 상공에서 내려다본 온대 저기압의 모습

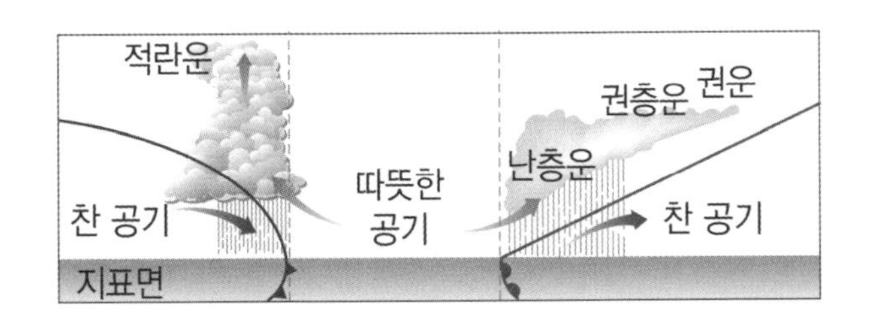

▲ 옆에서 바라본 폐색 전 온대 저기압

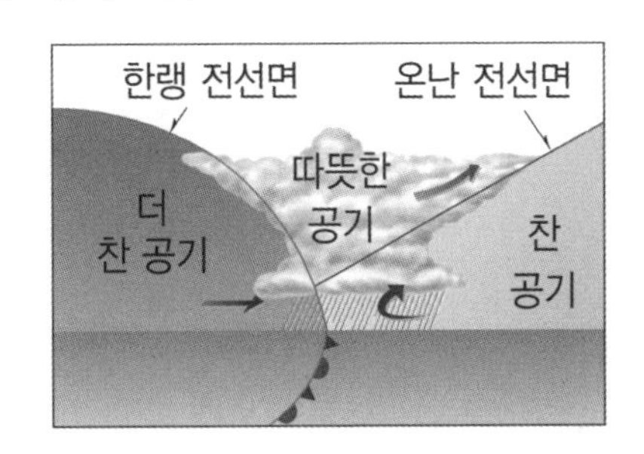

▲ 옆에서 바라본 폐색 중인 온대 저기압

구분		한랭 전선	온난 전선
전선면의 기울기		가파름	완만함
구름과 강수 형태		적운형 구름, 소나기 등	층운형 구름, 지속적인 비 등
구름과 강수 구역		전선 뒤쪽의 좁은 구역	전선 앞쪽의 넓은 구역
전선의 이동속도		빠르다	느리다
통과 전후의 변화	기온	하강	상승
	기압	상승	하강
	바람(북반구)	남서풍 → 북서풍	남동풍 → 남서풍

3. 온대 저기압 주변의 날씨 변화

온대 저기압은 편서풍을 타고 어느 지역을 통과하면서 날씨 변화를 일으킨다. 다음을 통해 온대 저기압이 통과하며 나타나는 기상 현상 및 온대 저기압의 특징에 대해서 알아보자.

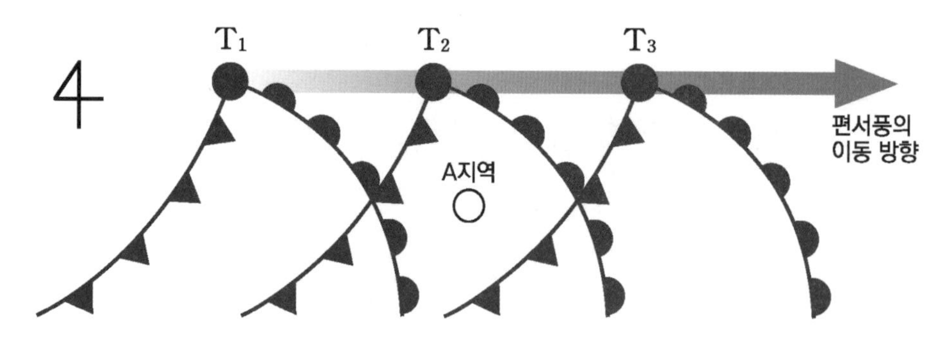

▲ 어느 지역에서의 시간에 따른 온대 저기압의 이동

(1) 온난 전선 앞 (T_1)

① **저기압의 중심으로 반시계 방향**(북반구)을 따라 **바람이 불어 들어간다.**
따라서 T_1 시점의 온난 전선 앞쪽 A 지역은 남동풍이 분다.

② 온난 전선의 앞 지역에는 **층운형 구름**에 의해서 **넓은 영역에 지속적인 비**가 내린다.

③ 또한, 온난 전선의 구조를 생각해보면 전선에 가까워질수록 **구름의 고도가 낮아지는 경향**을 파악할 수 있다.

④ 온대 저기압은 편서풍을 따라 서 → 동 방향으로 이동하므로 온대 저기압 중심의 거리는 시간이 지날수록 가까워진다. 따라서 **기압은 점점 감소**한다.

(2) 온난 전선과 한랭 전선 사이 (T_2)

① 저기압의 중심으로 반시계 방향(북반구)을 따라 바람이 불어 들어간다.
따라서 T_2 시점의 온난 전선과 한랭 전선 사이 A 지역은 남서풍이 분다.

② 온난 전선과 한랭 전선 사이 지역에서는 **구름이 거의 존재하지 않기 때문에 강수 현상이 나타나지 않는다.**

③ T_1 ~ T_3 시기 중 온대 저기압 중심에 가장 가까이 있기에 **기압은 대체로 가장 낮고**, 따뜻한 공기가 있는 지역에 있어 **기온이 가장 높다.**

(3) 한랭 전선 뒤 (T_3)

① 저기압의 중심으로 반시계 방향(북반구)을 따라 바람이 불어 들어간다.
따라서 T_3 시점의 한랭 전선 뒤쪽의 A 지역은 북서풍이 분다.

② 한랭 전선 뒤쪽 지역은 **적운형 구름**에 의해서 **좁은 영역에 소나기**가 내린다.

③ 온대 저기압 중심과의 거리는 시간이 지나면서 멀어진다. 따라서 **기압은 점점 증가**한다.

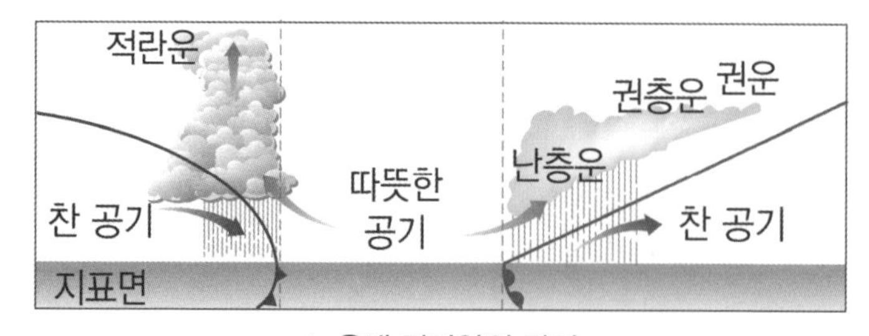

▲ 온대 저기압의 단면

4. 온대 저기압 주변의 풍향 변화

온대 저기압은 관측하는 위치에 따라 시간이 지나면서 풍향이 달라진다. 온대 저기압의 중심을 기준으로 달라지는 풍향 변화에 대해서 알아보자.

(1) 관측소가 온대 저기압 중심보다 남쪽에 위치할 때

① 온대 저기압이 $T_1 \rightarrow T_2 \rightarrow T_3$의 경로를 따라 움직일 때 A지역에서 풍향은 시계 방향으로 변한다.

② T_1 일 때 온난 전선 앞쪽에 위치하므로 **남동풍**이, T_2 일 때 온난 전선과 한랭 전선 사이에 위치하므로 **남서풍**이, T_3 일 때 한랭 전선 뒤쪽에 위치하므로 **북서풍**이 나타난다.

(단순히 온대 저기압의 중심 쪽으로 반시계 방향을 그리며 바람이 불어야 한다고 생각해도 무방하다.)

③ 이를 시간에 따라 나타내면 A지역의 풍향이 시계 방향으로 변화하는 것을 확인할 수 있다.

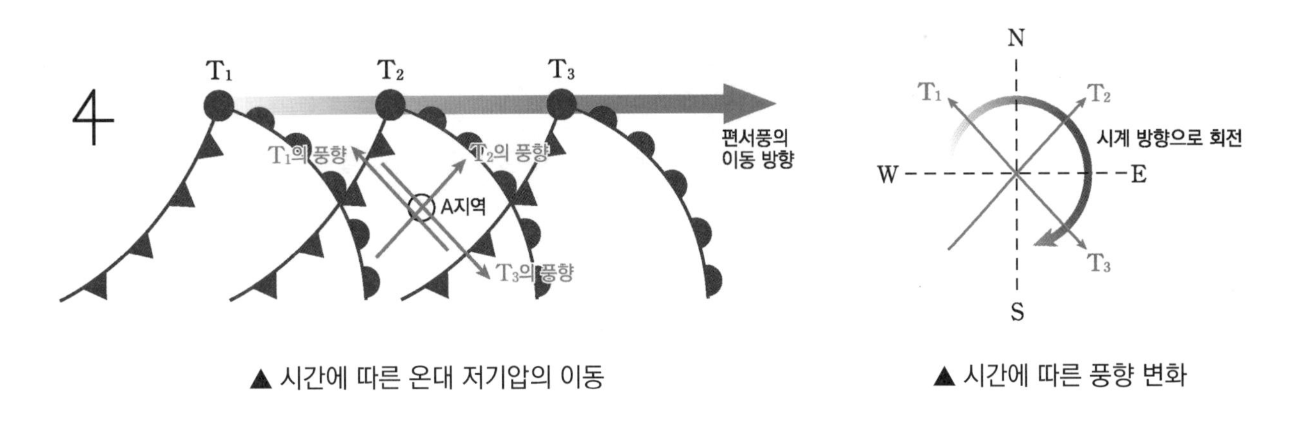

▲ 시간에 따른 온대 저기압의 이동　　▲ 시간에 따른 풍향 변화

(2) 관측소가 온대 저기압 중심보다 북쪽에 위치할 때

① 온대 저기압이 $T_1' \rightarrow T_2' \rightarrow T_3'$의 경로를 따라 움직일 때 B지역에서 풍향은 반시계 방향으로 변한다.

② T_1' 일 때 **북동풍**이, T_2' 일 때 **북풍**이, T_3' 일 때 **북서풍**이 나타난다.

③ 이를 시간에 따라 나타내면 B지역의 풍향이 반시계 방향으로 변화하는 것을 확인할 수 있다.

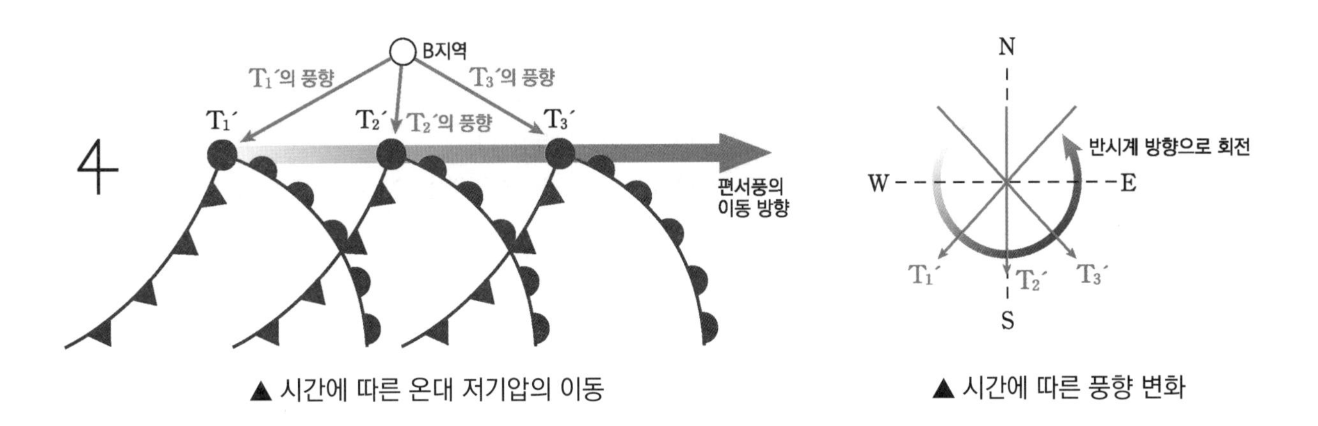

▲ 시간에 따른 온대 저기압의 이동　　▲ 시간에 따른 풍향 변화

❙ 온대 저기압과 태풍 - 태풍

1. 태풍의 형성 과정

태풍이란 강한 바람과 비를 동반하는 기상 현상으로, **수온이 약 $27\,^\circ\mathrm{C}$ 이상인 위도 $5^\circ \sim 25^\circ$** 의 열대 해상에서 발생한다. 또한, 중심 부근 **최대 풍속이 $17\,\mathrm{m/s}$ 이상**으로 성장한 **열대 저기압**을 말한다.

(1) 태풍의 발생 지역

① 태풍은 **위도 $5^\circ \sim 25^\circ$** 의 따뜻한 해역에서 발생한다.

② 적도 부근인 **위도 5° 이하**에서는 **전향력이 약해** 태풍이 회전하는 데 필요한 힘을 얻지 못하기 때문에 **태풍이 발생하지 못한다.**

③ **위도 25° 이상**인 해역에서는 **표층 수온이 낮으므로 태풍이 발생할 수 없다.**

④ 열대 저기압의 종류 중 동아시아로 향하는 것을 '태풍'이라고 부르며 열대 저기압은 남반구 해역보다 북반구 해역에서 더 많이 발생한다.

⑤ 이때 무역풍의 영향으로 동태평양보다 수온이 더 높은 서태평양에서 열대 저기압의 발생 빈도가 높다.
(동태평양 페루 부근은 용승으로 인해 수온이 낮기 때문이다. 이와 관련된 내용은 p.175에서 다루었다.)

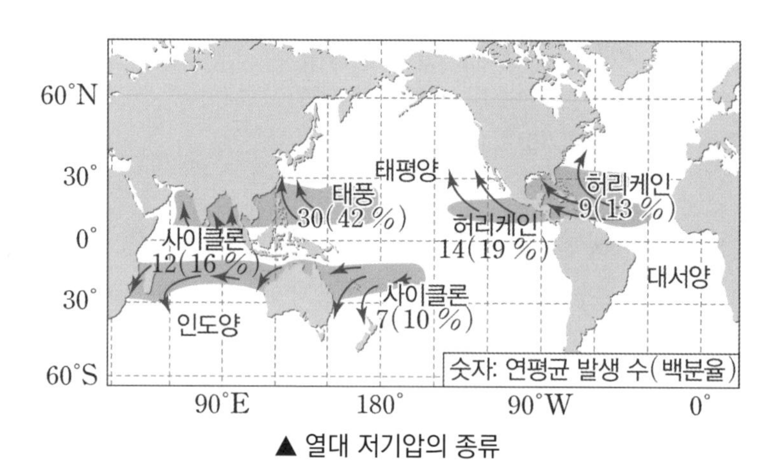

▲ 열대 저기압의 종류

(2) 태풍의 에너지원

① 저위도의 따뜻한 열대 해상에서 열과 수증기를 공급받은 공기가 상승한다.
이때, 태풍의 에너지원은 **물이 증발하며 발생하는 수증기가 응결되며 발생하는 숨은열(잠열)**이다.

② 응결하면서 방출되는 숨은열에 의해 가열된 공기가 상승하고, 전향력에 의해 주변의 공기가 회전하면서 태풍이 발달하게 된다.
태풍이 육지로 상륙하거나 수증기의 공급을 덜 받는 고위도 해역으로 이동하면 태풍의 세력이 약해지다가 소멸하게 된다.

2. 태풍의 구조

태풍은 반지름이 평균 수백 km에 이르는 거대한 구름이며 한반도를 뒤덮을 크기로도 성장할 수 있다.
매우 강한 저기압을 이루며 여러 구조를 보이는데 다음을 통해 알아보자.

(1) 태풍의 규모

① 태풍의 반지름은 약 200km~ 1500km로 매우 크며 높이는 약 12km ~ 15km에 이른다.

(2) 태풍의 구조

① 전체적으로 상승 기류가 발달하여 **중심부로 갈수록 두꺼운 적운형 구름이 형성**된다. 중심부로 갈수록 바람이 강해지다가 태풍의 눈에서 약해지며, 중심 쪽으로 갈수록 기압은 계속해서 낮아진다. (아래 자료를 통해 일기도 상에서 태풍은 조밀한 동심원 형태의 등압선을 가진 구조로 관측된다는 것을 알 수 있다.)
또한 태풍은 온대 저기압과 달리 **전선을 동반하지 않는다.**

② **태풍의 눈** : 태풍 중심으로부터 약 15 ~ 30km에 이르는 지역으로 **약한 하강 기류**가 나타나 날씨가 맑고 바람이 약하다. (하강 기류가 나타나지만, 고기압인 것은 절대 아니다.)
약한 하강 기류가 나타나서 구름이 존재하지 않고 강수 현상 또한 나타나지 않는다.
(태풍의 눈이 관측된다면 최전성기의 태풍일 가능성이 높다.)

③ 태풍의 눈 벽 ~ 외곽 : 공기의 상승에 의한 저기압이 나타나며 시계 반대 방향(북반구)을 따라 공기가 매우 빠르게 불어 들어가며 상승한다.

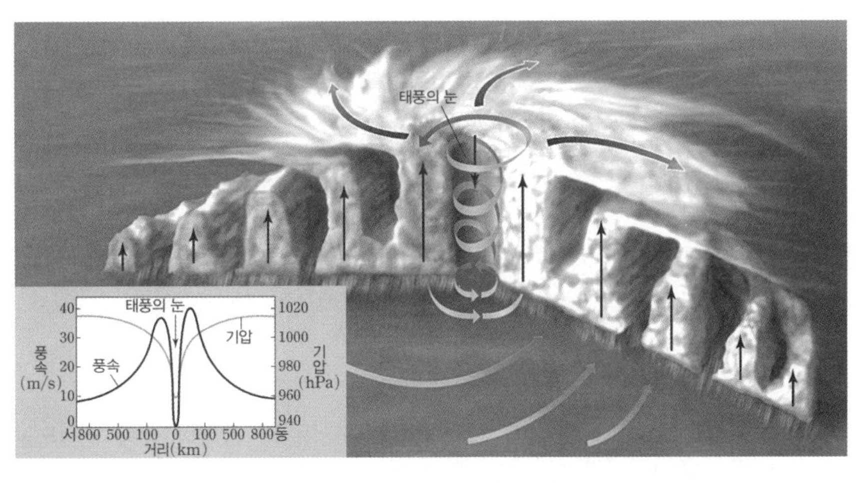

▲ 북상하는 태풍의 단면과 기압 및 풍속

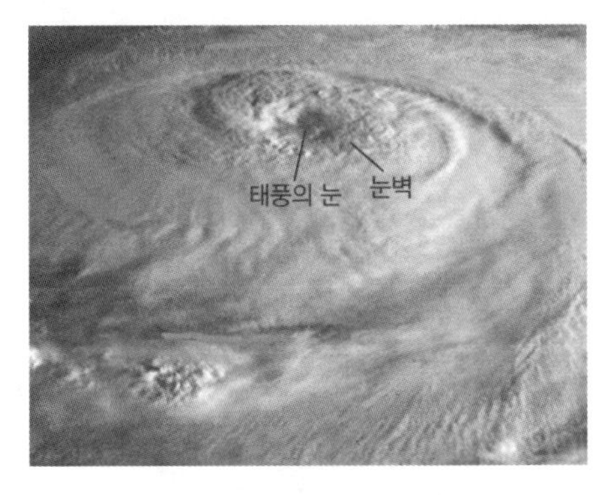

▲ 상공에서 바라본 태풍

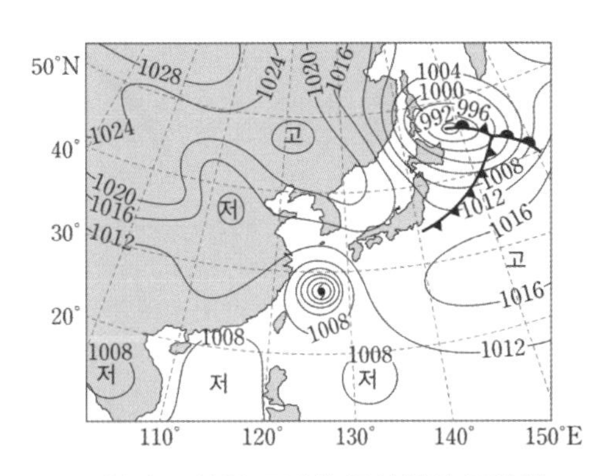

▲ 일기도 상의 조밀한 동심원의 등압선

3. 태풍의 진행 경로에 따른 위험 반원과 안전 반원

태풍은 **대기 대순환**과 **주변 기압 배치의 영향**을 받아 **진행 경로가 결정**된다.

(1) 발생 초기

① 태풍은 위도 $5°$ ~ $25°$ 에서 형성되므로 **무역풍의 영향**을 받아 **북서쪽으로 이동**한다.

(2) 위도 $30°$ 이후 태풍의 경로

① 위도 $30°$ 부근에 다다르면 **편서풍의 영향**을 받기 시작해 북동쪽으로 이동한다.

② 이때 **태풍의 진행 방향이 뒤바뀌는 지점을 전향점**이라 한다. 또한 **전향점을 지난 후**에는 태풍의 진행 방향과 편서풍의 방향이 일치하여 **이동 속도가 대체로 빨라진다.**

(3) 주변 기압 배치

① 우리나라로 북상하는 태풍은 여름철 **북태평양 고기압의 영향**을 받는다.

② 태풍은 **북태평양 고기압의 가장자리를 따라 북상**하므로 월별로 달라지는 태풍의 이동 경로를 확인할 수 있다.

③ 우리나라 남동쪽에 위치하는 북태평양 고기압의 **세력이 약해진다면** 태풍의 **이동 경로는 일본 쪽**으로 이동하고, **세력이 강해진다면 우리나라와 중국 쪽**으로 이동한다.

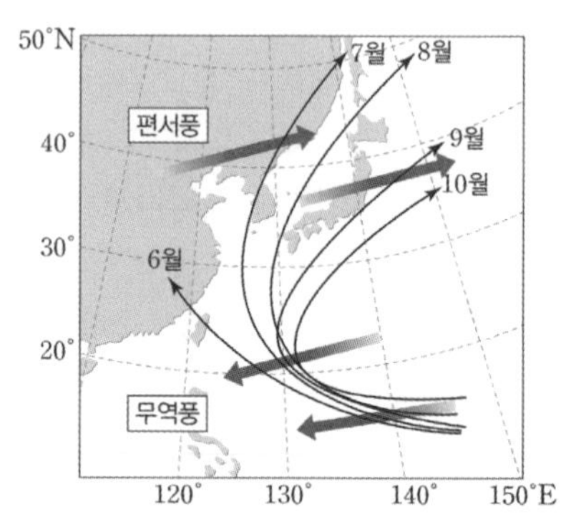

▲ 월별 태풍의 이동 경로

이처럼 태풍은 **포물선 궤도**를 보이며 북상한다는 것을 확인할 수 있다.
이때 태풍 진행 경로의 오른쪽은 위험 반원, 왼쪽은 안전 반원이라 하는데 다음을 통해 알아보자.

(4) 위험 반원

태풍 진행 방향의 오른쪽을 위험 반원이라 한다. **대기 대순환(무역풍, 편서풍)의 방향이 태풍 내 바람 방향과 같아 풍속**이 상대적으로 **강하기 때문**이다. (태풍은 저기압이므로 바람이 반시계 방향으로 불어 들어가기 때문)

(5) 안전 반원

태풍 진행 방향의 왼쪽을 안전 반원이라 한다. **대기 대순환(무역풍, 편서풍)의 방향**이 태풍 내 **바람 방향**과 **달라 풍속**이 상대적으로 **약하기 때문**이다.

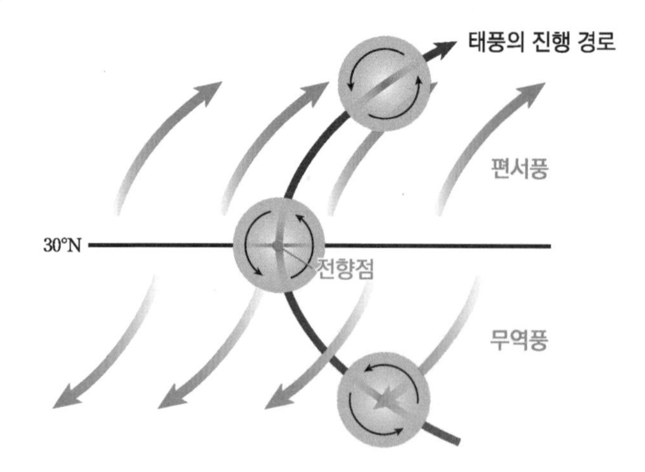

▲ 대기 대순환과 태풍의 이동 경로 및 위험 반원과 안전 반원

4. 태풍 주변의 풍향 변화

온대 저기압과 마찬가지로 관측하는 위치에 따라 시간이 지나면서 풍향이 달라진다. 위험 반원과 안전 반원에서의 풍향 변화를 알아보자.

(1) 관측소가 태풍 중심의 오른쪽(위험 반원)에 위치할 때	(2) 관측소가 태풍 중심의 왼쪽(안전 반원)에 위치할 때
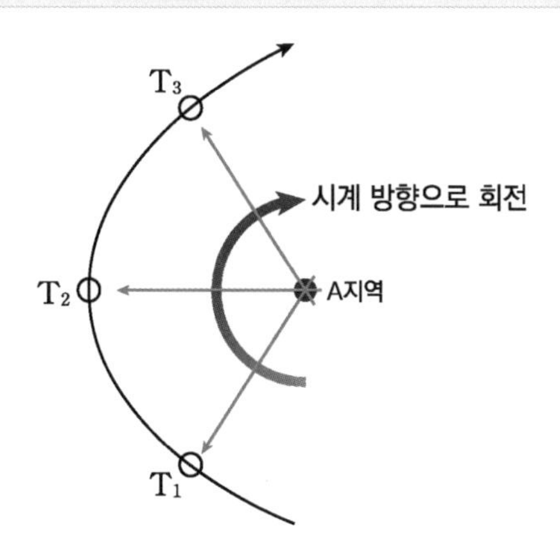	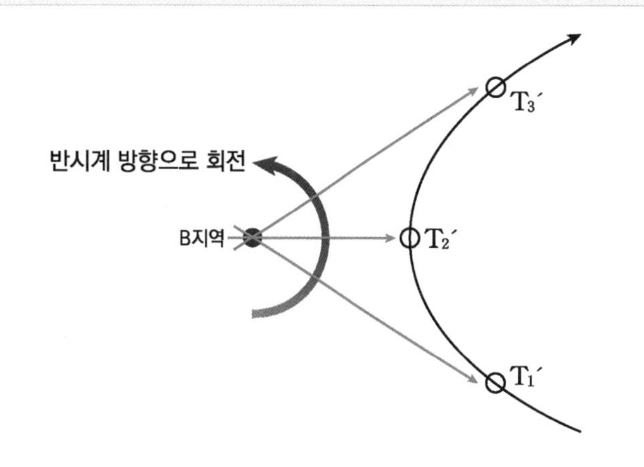
• 태풍이 $\mathrm{T}_1 \rightarrow \mathrm{T}_2 \rightarrow \mathrm{T}_3$의 경로를 따라 움직일 때 A지역에서 **풍향은 시계 방향으로 변한다.** • 태풍은 A지역에 비해 저기압이므로 태풍 쪽으로 공기가 이동해야 하기 때문이다.	• 태풍이 $\mathrm{T}_1' \rightarrow \mathrm{T}_2' \rightarrow \mathrm{T}_3'$의 경로를 따라 움직일 때 B지역에서 **풍향은 반시계 방향으로 변한다.** • 태풍은 B지역에 비해 저기압이므로 태풍 쪽으로 공기가 이동해야 하기 때문이다.

memo

2021학년도 9월 모의평가 지Ⅰ 4번

그림 (가)는 어느 날 21시 우리나라 주변의 지상 일기도를, (나)는 (가)의 21시부터 14시간 동안 관측소 A와 B 중 한 곳에서 관측한 기온과 기압을 나타낸 것이다.

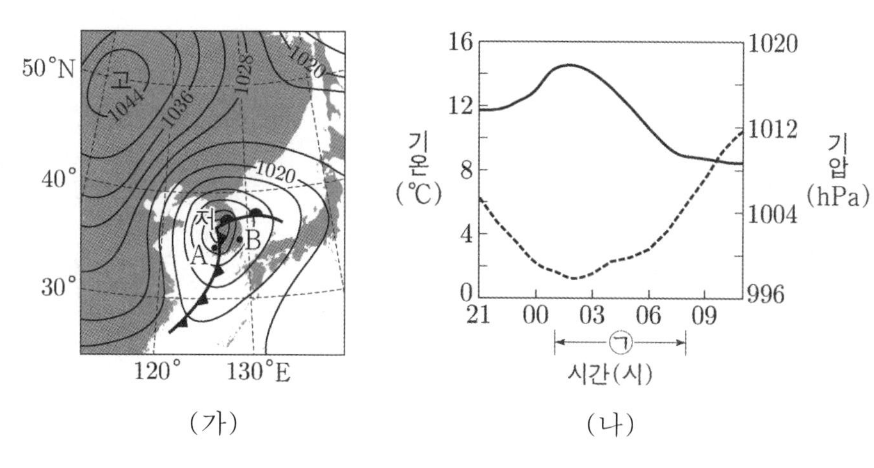

(가) (나)

이 자료에 대한 설명으로 옳은 것만을 <보기>에서 있는 대로 고른 것은?

<보 기>

ㄱ. (가)에서 A의 상층부에는 주로 층운형 구름이 발달한다.
ㄴ. (나)는 B의 관측 자료이다.
ㄷ. (나)의 관측소에서 ㉠기간 동안 풍향은 시계 반대 방향으로 바뀌었다.

① ㄱ ② ㄴ ③ ㄱ, ㄷ ④ ㄴ, ㄷ ⑤ ㄱ, ㄴ, ㄷ

추가로 물어볼 수 있는 선지

1. 온대 저기압은 페렐 순환이 하강하는 부근에서 만들어진다. (O , X)
2. 지점 A의 상공에는 전선면이 발달한다. (O , X)
3. 남반구의 온대 저기압에서는 온대 저기압 중심 남쪽에 전선이 존재한다. (O , X)

정답 : 1. (X), 2. (O), 3. (X)

01 2021학년도 9월 모의평가 지Ⅰ 4번

KEY POINT #온대 저기압, #풍향 변화, #전선

문항의 발문 해석하기

우리나라 부근의 일기도를 해석해서 어떤 변화가 나타나는지 파악할 수 있어야 한다. 또한 기온과 기압에 해당하는 그래프를 찾을 수 있어야 한다.

문항의 자료 해석하기

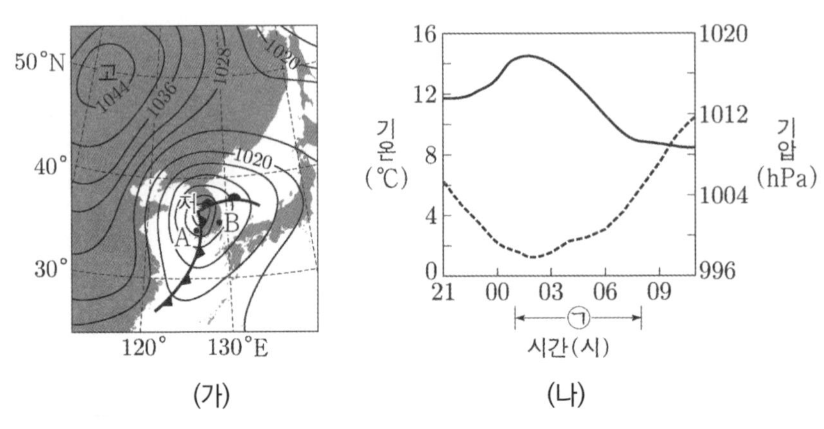

(가) (나)

1. (가) 자료에서 우리나라 주변에 온대 저기압이 통과하고 있다. 이때 편서풍에 의해 온대 저기압은 시간이 지나며 동쪽 방향으로 이동할 것이다. A는 한랭 전선 뒤에 위치하고 있고, B는 온난 전선과 한랭 전선 사이에 위치하고 있다.
2. (나) 자료에서는 시간이 지나면서 변화하는 기온과 기압을 나타내고 있다. 이때, 우리나라 주변의 온대 저기압은 시간이 지나면서 동쪽으로 이동할 것이다.
   온대 저기압이 다가오면 기압이 낮아지고 멀어지면 기압이 올라가므로 점선은 기압에 해당할 것이다. 따라서 실선은 기온에 해당할 것이다.

선지 판단하기

ㄱ 선지 (가)에서 A의 상층부에는 주로 층운형 구름이 발달한다. (X)

A는 한랭 전선의 후면이다. 따라서 A의 상층부에서는 적운형 구름이 발달한다.

ㄴ 선지 (나)는 B의 관측 자료이다. (O)

(나) 자료에서 기온은 상승했다가 02시 이후 다시 하강하는 것을 확인할 수 있다. 따라서 02시에 한랭 전선이 통과한 것을 확인할 수 있다. (가) 자료에서 아직 한랭 전선이 통과하지 않은 것은 B이므로 B의 관측 자료이다.

ㄷ 선지 (나)의 관측소에서 ㉠기간 동안 풍향은 시계 반대 방향으로 바뀌었다. (X)

(나)의 관측은 B에서 이루어졌다. B는 온대 저기압 중심의 남쪽에 위치하므로 풍향은 시계 방향으로 변한다.

기출문항에서 가져가야 할 부분

1. 온대 저기압과 한랭 전선, 온난 전선을 이해할 수 있어야 한다.
2. 온대 저기압 중심의 위치에 따라 달라지는 풍향 변화를 알 수 있어야 한다.
3. 전선면과 구름의 관계를 이해할 수 있어야 한다.

❙ 기출 문제로 알아보는 유형별 정리

[온대 저기압]

1 온대 저기압의 이동

① 일기도를 활용한 이동 2018년 7월 학력평가 7번

그림 (가)와 (나)는 어느 날 12시간 간격의 지상 일기도를 순서 없이 나타낸 것이다.

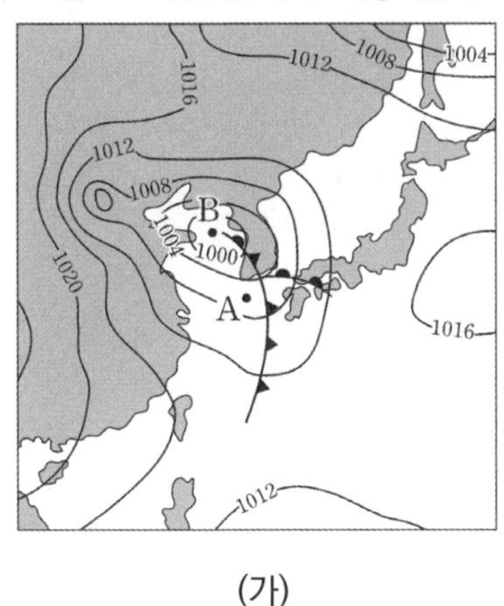

(가)

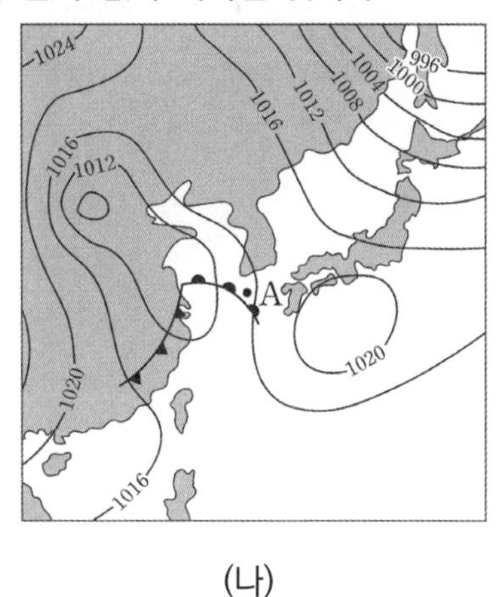

(나)

ㄴ. (가)는 (나)보다 12시간 후의 일기도이다. (O)

- 온대 저기압은 편서풍을 타고 서 → 동으로 이동한다. 따라서 조금 더 동쪽으로 이동한 (가)가 12시간 후의 일기도일 것이다.
- **온대 저기압은 편서풍에 의해 서쪽에서 동쪽으로 이동한다는** 사실을 항상 기억하면서 문제를 풀어야 한다. 또한, 한랭 전선의 이동 속도가 온난 전선의 이동 속도보다 빠르기 때문에 시간이 지나며 **한랭 전선이 온난 전선을 따라잡아 폐색 전선이 형성**된다는 것 또한 알아야 한다.

2 온대 저기압의 기압과 기온, 풍향 그래프 해석

① 통과한 전선의 종류를 찾자! 2016학년도 수능 13번

그림 (가)는 어느 날 온대 저기압이 우리나라 어느 관측소를 통과하는 동안 관측한 기온과 기압을, (나)는 이날 6시, 12시, 18시에 관측한 풍향과 풍속을 ㉠, ㉡, ㉢으로 순서 없이 나타낸 것이다.

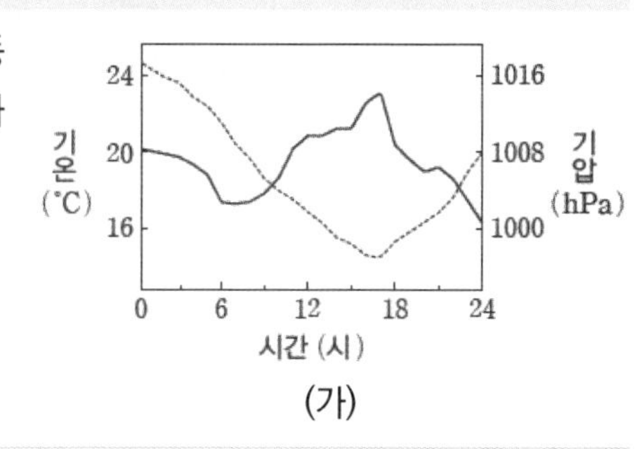

(가)

ㄴ. 온난 전선은 17시경에 통과하였다. (X)

- 온대 저기압이 시간이 지나면서 **중심에 가까워지면 기압이 감소하고, 중심에서 멀어지면 기압은 상승**하므로 기압은 점선에 해당한다.
  온대 저기압이 통과하는 지역은 **온난 전선이 먼저 통과**하고 **한랭 전선이 나중에 통과**한다. 이때, 온난 전선이 통과하면 기온은 상승, 한랭 전선이 통과하면 기온은 하강한다. 기온을 나타내는 실선 그래프를 보면 6시에 기온이 상승하고, 17시에 기온이 하강하므로 온난 전선은 6시경에 통과하였다.

3 온대 저기압 중심과 관측소

① 관측소가 온대 저기압 중심보다 남쪽에 있을 경우 2023학년도 9월 모의평가 8번

그림 (가)는 어느 온대 저기압 중심의 이동 경로와 관측 지역을, (나)의 A, B, C는 이 온대 저기압 중심이 우리나라를 통과하는 동안 원주와 거제 중 한 지역에서 관측한 풍향과 풍속을 시간 순서에 관계 없이 나타낸 것이다.

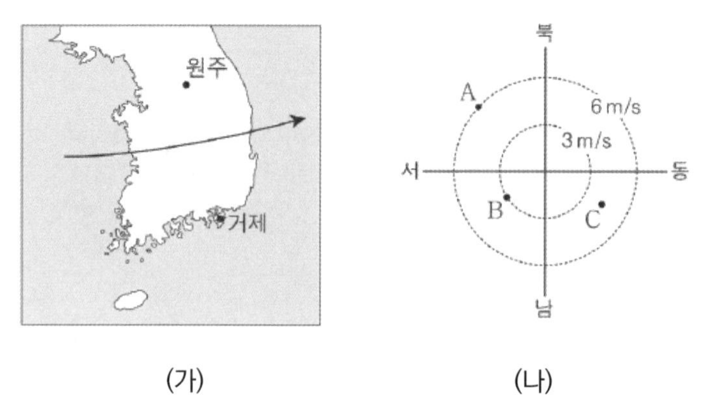

(가) (나)

ㄱ. (나)는 거제에서 관측한 결과이다. (O)

- (나) 자료를 보면 A는 북서풍, B는 남서풍, C는 남동풍이 분다. 만약, **원주에서 관측한 자료라면** 온대 저기압 중심으로 바람이 불어 들어가야 하므로 **남풍이 불 수 없다**. 따라서 (나)는 온대 저기압 중심의 남쪽에 위치한 거제에서 관측한 결과이다.
- 대부분의 문제를 풀다 보면 관측소는 온대 저기압 중심보다 남쪽에 있었을 것이다. 우리는 관측소의 위치에 따라서 부는 풍향을 이해할 수 있어야 한다. 또한 (나) 자료에서 풍향은 C → B → A 순서로 불었을 것이다. **시계 방향으로 풍향이 변화**한다는 것도 기억해야 한다.

②-1 관측소가 온대 저기압 중심보다 북쪽에 있을 경우 2018년 3월 학력평가 14번

그림 (가)는 어느 날 우리나라를 통과한 온대 저기압의 이동 경로를, (나)는 이날 관측소 A, B 중 한 곳에서 관측한 풍향의 변화를 나타낸 것이다.

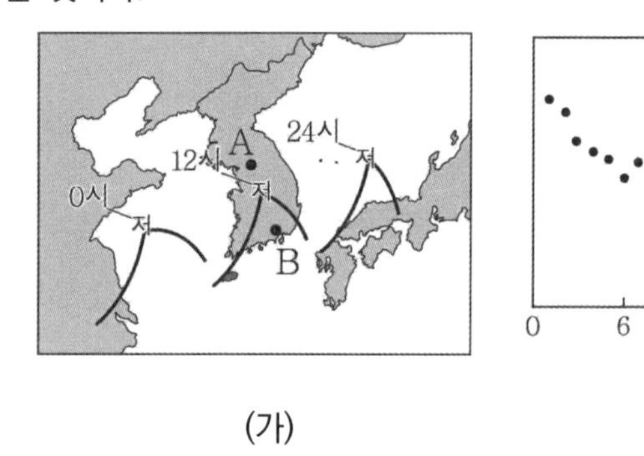

(가) (나)

ㄴ. (나)는 A에서 관측한 결과이다. (X)

- (나) 자료를 보면 시간이 지나면서 풍향이 시계 방향으로 변화하고 있는 것을 확인할 수 있다. 따라서 관측소는 온대 저기압 중심보다 남쪽에 위치한 B에서 관측한 자료일 것이다.
- 온대 저기압의 이동 과정을 보면 **A는 온대 저기압 중심보다 북쪽에 위치하므로 반시계 방향으로 풍향이 변화**할 것이다.

②-2 관측소가 온대 저기압 중심보다 북쪽에 있을 경우 2020학년도 9월 모평 10번

그림 (가)와 (나)는 어느 온대 저기압이 우리나라를 통과하는 동안 A와 B 지역의 기압과 풍향을 관측 시작 시각으로부터의 경과 시간에 따라 각각 나타낸 것이다. A와 B는 동일 경도 상이며, 온대 저기압의 영향권에 있었다.

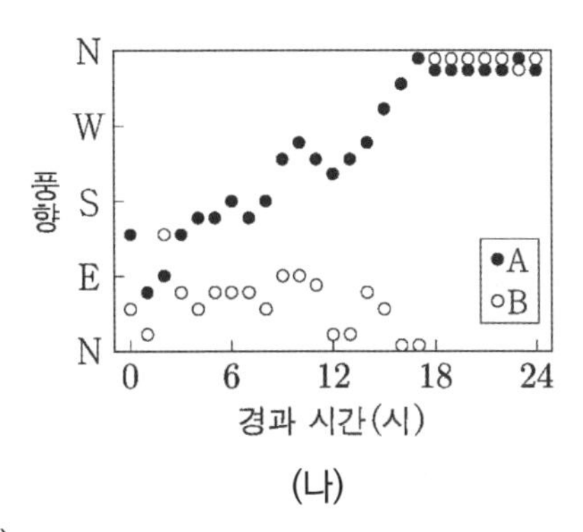

(나)

ㄷ. A는 B보다 저위도에 위치한다. (O)

- (나) 자료를 보면 **A는 시계 방향으로 풍향이 변화**하고 있고, **B는 반시계 방향으로 풍향이 변화**하고 있는 것을 확인할 수 있다. 따라서 온대 저기압은 우리나라를 통과하므로 **A는 온대 저기압 중심보다 남쪽**에 위치할 것이고, **B는 온대 저기압 중심보다 북쪽**에 위치할 것이다.
  따라서 A는 B보다 저위도에 위치한다.
- 이처럼 풍향을 보고 온대 저기압 중심보다 고위도인지, 저위도인지 파악할 수 있다.

4 폐색 중인 온대 저기압

① 폐색 전선과 일기도 및 위성 영상 2022학년도 6월 모의평가 8번

그림 (가)와 (나)는 어느 날 같은 시각의 지상 일기도와 적외 영상을 나타낸 것이다. 이때 우리나라 주변에는 전선을 동반한 2개의 온대 저기압이 발달하였다.

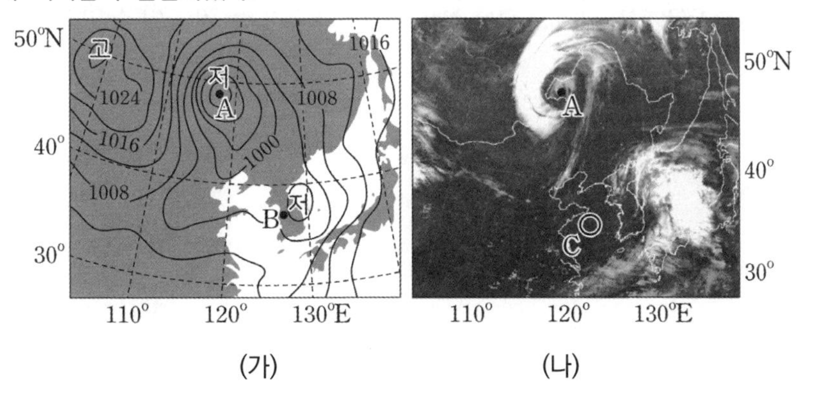

(가) (나)

ㄱ. A 지점의 저기압은 폐색 전선을 동반하고 있다. (O)

- (가)와 (나)의 A 위치를 비교해보자. (가) 자료에서 A는 저기압이고 (나) 자료에서 A는 구름의 중심부에 있다고 볼 수 있다. 이때 A는 온대 저기압이지만 우리가흔히 알고 있는 온대 저기압과 형태가 다르게 생겼다. **위와 같은 형태의 구름이 나타나면 폐색 전선이 나타나 있음을 알 수 있다**.

② 폐색 전선과 풍속 분포 　　　　　　　　　　　　　　　　　2022년 4월 학력평가 8번

그림은 폐색 전선을 동반한 온대 저기압 주변 지표면에서의 풍향과 풍속 분포를 강수량 분포와 함께 나타낸 것이다. 지표면의 구간 $\mathrm{X}-\mathrm{X}'$과 $\mathrm{Y}-\mathrm{Y}'$에서의 강수량 분포는 각각 A와 B 중 하나이다.

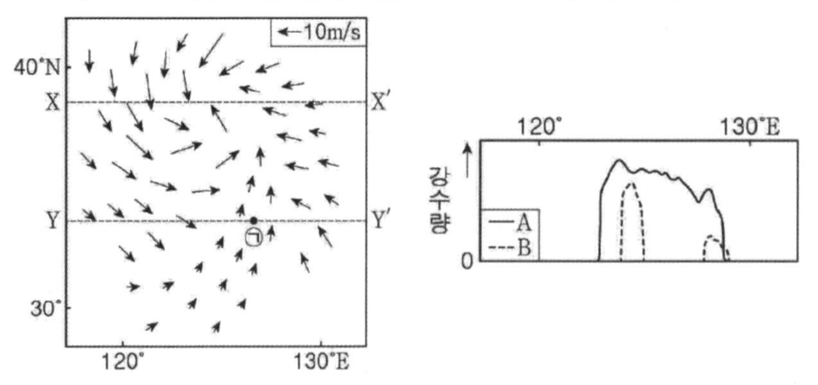

ㄴ. $\mathrm{Y}-\mathrm{Y}'$에는 폐색 전선이 위치한다. (X)

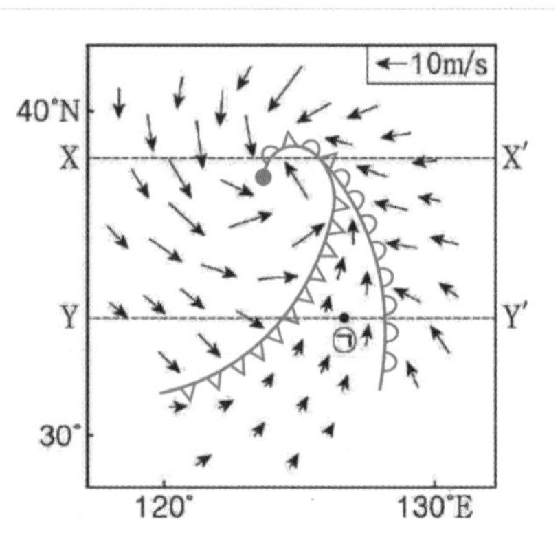

- 풍향 자료를 통해 온대 저기압의 모습을 직접 그려 볼 수 있어야 한다.
  온대 저기압 중심으로 공기는 반시계 방향을 그리며 불어 들어가므로 오른쪽 그림과 같이 온대 저기압이 형성될 것이다.
  폐색 전선은 저기압의 중심부부터 나타나게 되고, 발문에서 폐색 전선을 동반한다고 했으므로 $\mathrm{X}-\mathrm{X}'$에 폐색 전선이 나타난다는 것을 알 수 있다.

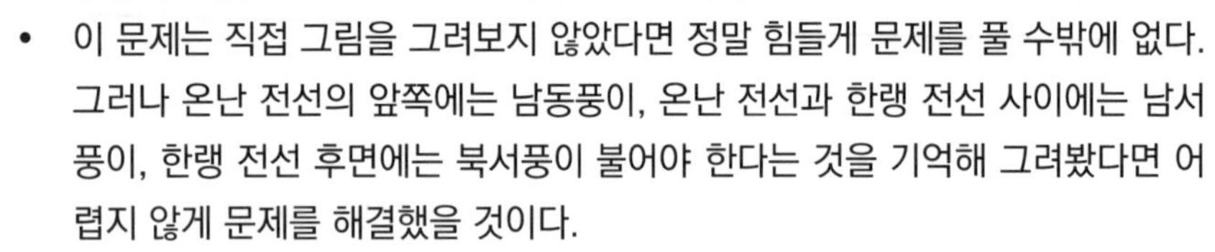

- 이 문제는 직접 그림을 그려보지 않았다면 정말 힘들게 문제를 풀 수밖에 없다. 그러나 온난 전선의 앞쪽에는 남동풍이, 온난 전선과 한랭 전선 사이에는 남서풍이, 한랭 전선 후면에는 북서풍이 불어야 한다는 것을 기억해 그려봤다면 어렵지 않게 문제를 해결했을 것이다.
- 또한 강수량 분포를 보면 $\mathrm{Y}-\mathrm{Y}'$의 가운데 지역인 **㉠에서는 전선면이 존재하지 않으므로 강수량이 없었을 것**이다. 따라서 $\mathrm{Y}-\mathrm{Y}'$의 강수량 분포는 B이다.
- 폐색 전선은 다른 전선들과 달리 전선 앞 뒤로 모두 강수 현상이 나타난다는 것도 알 수 있다.

#5 온대 저기압의 형태

① 자료를 하나로 합치자. 2024학년도 9월 모의평가 9번

그림 (가)와 (나)는 우리나라에 온대 저기압이 위치할 때, 이 온대 저기압에 동반된 온난 전선과 한랭 전선 주변의 지상 기온 분포를 순서 없이 나타낸 것이다. (가)와 (나)는 같은 시각의 지상 기온 분포이고, (나)에서 전선은 구간 ㉠과 ㉡ 중 하나에 나타난다.

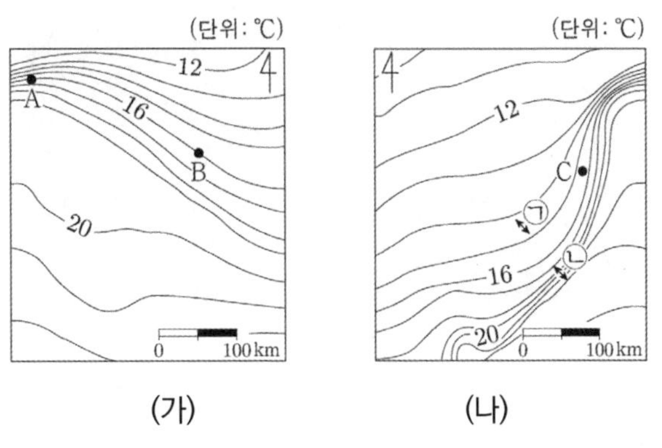

(가) (나)

ㄴ. 기압은 지점 A가 지점 B보다 낮다. (O)

- 기온 변화가 급격하게 나타나는 지점에는 전선이 존재한다. (가)는 동쪽 부근의 기온이 낮으므로 온난 전선이, (나)는 서쪽 부근의 기온이 낮으므로 한랭 전선이 나타난다.
  두 자료를 아래와 같이 합성하여 하나의 **온대 저기압의 형태를 유추**할 수 있다. 따라서 온대 저기압 중심과 더 가까운 A의 기압이 더 낮다.
- 위 자료와 같이 온대 저기압 주변의 자료를 준다면 전선의 종류를 찾은 후 하나의 온대 저기압 그림으로 합성할 수 있어야 한다.

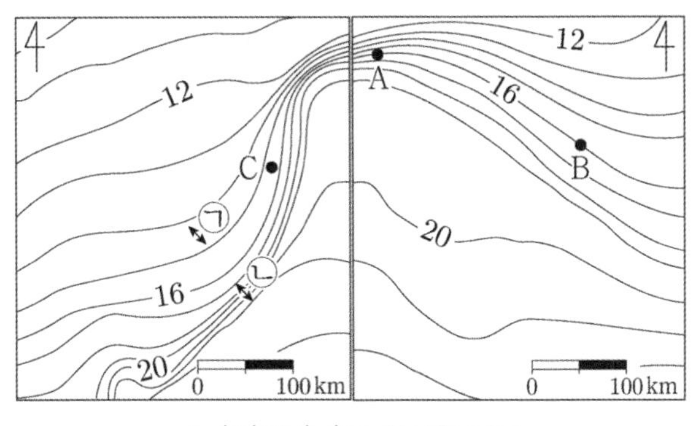

▲ (가)와 (나)를 합성한 자료

6 남반구의 온대 저기압

① 반드시 북반구만 나오는 것이 아니다!! 2022년 7월 학력평가 8번

그림은 전선을 동반한 온대 저기압의 모습을 인공위성에서 촬영한 가시광선 영상이다. ㉠과 ㉡은 각각 온난 전선과 한랭 전선 중 하나이다.

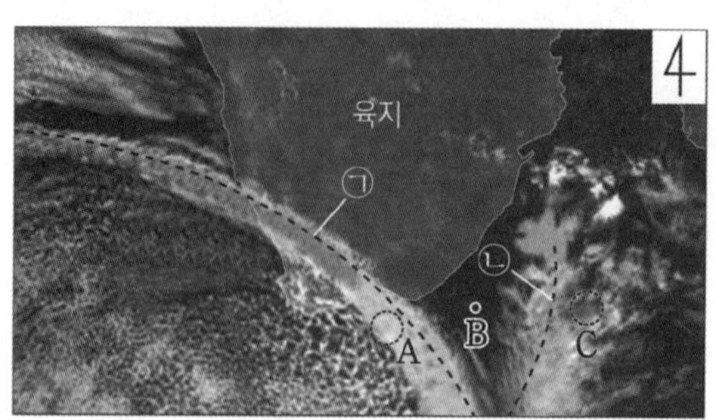

ㄱ. 온난 전선은 ㉡이다. (O)

- 온대 저기압은 중위도 지역에서 편서풍을 타고 이동한다. 온대 저기압은 앞쪽의 온난 전선, 뒤쪽에 한랭 전선이 위치하므로 ㉠은 한랭 전선, ㉡은 온난 전선일 것이다.
- 남반구의 온대 저기압은 우리가 잘 알고 있는 북반구의 온대 저기압이 반대로 뒤집힌 것처럼 생겼다. 따라서 이 자료는 남반구에서 촬영한 온대 저기압의 모습이다. 아래 자료를 통해 온대 저기압의 모습과 이동 방향을 이해하자.

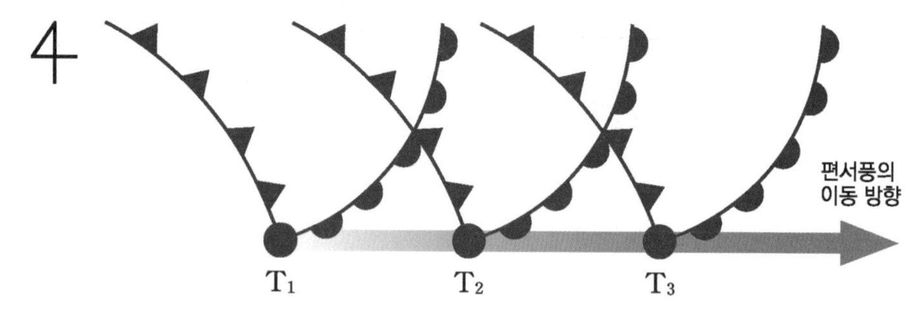

▲ 남반구에서의 시간에 따른 온대 저기압의 이동

추가로 물어볼 수 있는 선지 해설

1. 온대 저기압은 페렐 순환이 상승하여 만들어진 위도 60° 부근의 한대 전선대에서 형성된다.
2. 지점 A는 한랭 전선의 후면이다. 한랭 전선 후면에는 전선면이 존재하여 소나기 등의 강수 현상이 나타난다.
3. 남반구의 온대 저기압은 북반구의 온대 저기압과 남북 방향으로 대칭인 형태이다. 따라서 온대 저기압 중심보다 북쪽에 한랭 전선과 온난 전선이 분포한다.

Theme 03 - 2 온대 저기압과 태풍

2023학년도 수능 지Ⅰ 7번

그림 (가)는 어느 날 18시의 지상 일기도에 태풍의 이동 경로를 나타낸 것이고, (나)는 이 시기에 태풍에 의해 발생한 강수량 분포를 나타낸 것이다.

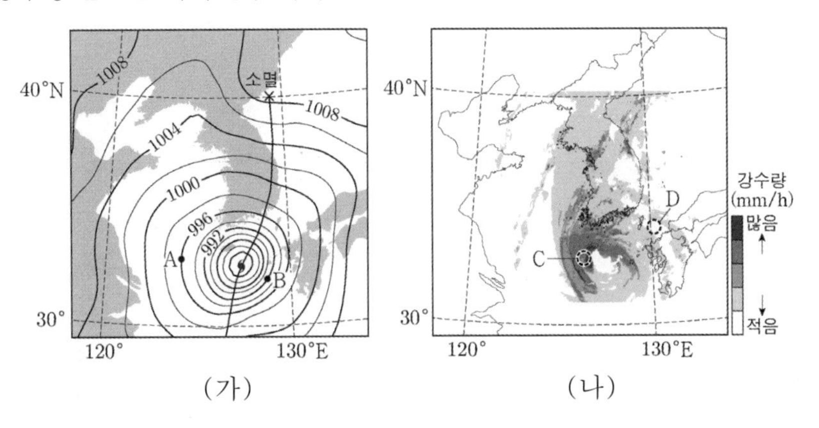

이 자료에 대한 설명으로 옳은 것만을 <보기>에서 있는 대로 고른 것은?

<보 기>

ㄱ. 풍속은 A 지점이 B 지점보다 크다.
ㄴ. 공기의 연직 운동은 C 지점이 D 지점보다 활발하다.
ㄷ. C 지점에서는 남풍 계열의 바람이 분다.

① ㄱ ② ㄴ ③ ㄷ ④ ㄱ, ㄴ ⑤ ㄴ, ㄷ

추가로 물어볼 수 있는 선지

1. 대부분의 태풍은 수온이 높은 적도 부근에서 만들어진다. (O , X)
2. 태풍의 눈은 태풍 내에서 풍속과 기압이 가장 높은 곳이다. (O , X)
3. 태풍의 속력은 무역풍의 영향을 받을 때보다 편서풍의 영향을 받을 때 더 빠르다. (O , X)

정답 : 1. (X), 2. (X), 3. (O)

02 2023학년도 수능 지Ⅰ 7번

KEY POINT #태풍, #위험 반원, #저기압성 회전

문항의 발문 해석하기

일기도에서 나타나는 태풍의 기압을 보고 위험 반원과 안전 반원을 구분할 수 있어야 한다. 또한, 강수량 분포를 보고 구름의 양을 생각할 수 있어야 한다.

문항의 자료 해석하기

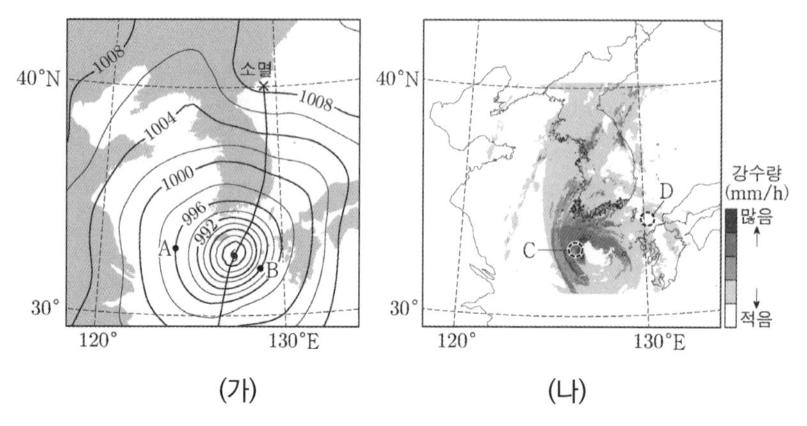

(가) (나)

1. (가) 자료에서 일기도 상에 동심원 형태의 태풍이 나타나고 있다. 이때 위도를 살펴보면 편서풍대에 위치함을 알 수 있다. 또한, B는 태풍 진행 방향의 오른쪽이므로 위험 반원, A는 왼쪽이므로 안전 반원에 해당한다.
2. (나) 자료에서는 태풍과 강수량의 관계를 알려주고 있다. D 지역보다 C 지역에서 강수량이 높게 나타나고 있다. 또한 태풍의 눈에 해당하는 지점은 약한 하강 기류가 나타나므로 구름이 없어 강수량이 나타나지 않는 것을 확인할 수 있다.

선지 판단하기

ㄱ 선지 풍속은 A 지점이 B 지점보다 크다. (X)

풍속은 등압선 간격이 좁을수록 크게 나타난다. 위 자료에서 A보다 B에서의 등압선 간격이 좁으므로 B 지점의 풍속이 더 크다.

ㄴ 선지 공기의 연직 운동은 C 지점이 D 지점보다 활발하다. (O)

공기의 연직 운동이 활발할수록 구름의 양이 많아진다. 이때, (나) 자료에서 C 지역이 D 지역보다 강수량이 많으므로 구름의 양이 더 많을 것이다. 따라서 공기의 연직 운동은 C 지점이 더 활발하다.

ㄷ 선지 C 지점에서는 남풍 계열의 바람이 분다. (X)

C 지점은 태풍 중심의 북서쪽에 위치하는 곳이다. 태풍은 저기압이므로 북반구에서 시계 반대 방향으로 바람이 불어 들어간다. 따라서 C 지역에서 시계 반대 방향을 그려보면 북풍 계열의 바람이 불고 있을 것이다.

기출문항에서 가져가야 할 부분

1. 일기도 상에서 등압선의 간격이 좁을수록 풍속은 강해진다는 것 이해하기
2. 태풍의 진행 방향을 보고 위험 반원, 안전 반원 구분하기
3. 태풍 주변의 풍향 변화 이해하기

기출 문제로 알아보는 유형별 정리

[태풍]

1 태풍의 이동

① 무역풍대와 편서풍대의 이동 2018학년도 수능 10번

그림 (가)는 어느 해 9월 9일부터 18일까지 태풍 중심의 위치와 기압을 1일 간격으로 나타낸 것이고, (나)는 12일, 14일, 16일에 관측한 이 태풍 중심의 이동 방향과 이동 속도를 ㉠, ㉡, ㉢으로 순서 없이 나타낸 것이다. 화살표의 방향과 길이는 각각 이동 방향과 속도를 나타낸다.

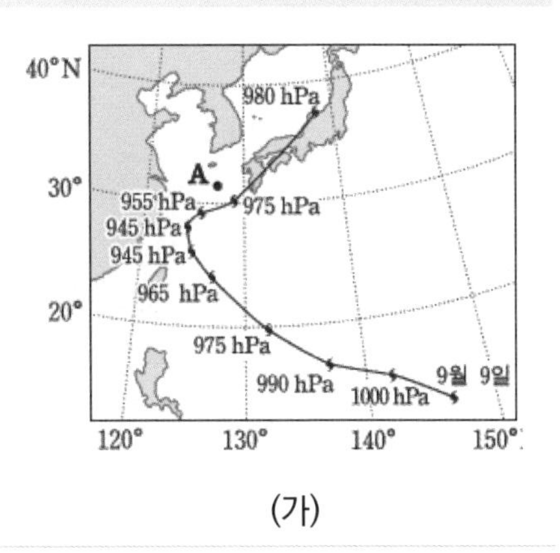

(가)

ㄱ. 태풍의 세력은 10일이 16일보다 약하다. (O)

- 1일 간격으로 태풍의 이동 경로를 나타냈으므로 10일의 기압은 1000hPa, 16일의 간격은 955hPa이다. 태풍은 중심 기압이 낮을수록 세력이 강하다. 따라서 태풍의 세력은 10일이 약하다.
- 태풍은 무역풍대에서 발생하여 전향점을 지나 편서풍대인 우리나라로 접근해온다. **무역풍대**에서의 태풍의 진행 방향은 **북서 방향, 편서풍대**에서의 태풍의 진행 방향은 **북동 방향**이다.

2 태풍의 기압과 풍속, 풍향 그래프 해석

① 태풍의 눈을 지나는 그래프 2023학년도 9월 모의평가 13번

그림은 태풍의 영향을 받은 우리나라 어느 관측소에서 24시간 동안 관측한 시간에 따른 기압, 풍향, 풍속, 시간당 강수량을 순서 없이 나타낸 것이다. 이 기간 동안 태풍의 눈이 관측소를 통과하였다.

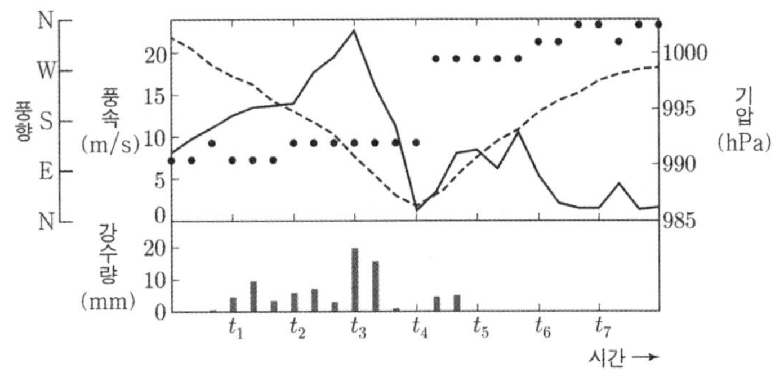

ㄱ. 관측소에서 풍속이 가장 강하게 나타난 시각은 t_3이다. (O)

- 태풍이 다가오면 기압은 낮아지고 멀어지면 기압은 높아진다. 따라서 점선 그래프는 기압을 나타낸다.
  태풍이 다가올 때 풍속은 빨라지지만, 태풍의 눈에서의 **풍속은 매우 약하다**. 따라서 실선 그래프는 풍속을 나타내고, t_4일 때 태풍의 눈이 통과하고 있는 것을 확인할 수 있다.
  관측소에서 풍속이 가장 강하게 나타난 시각은 t_3이다.
- **태풍의 눈**에서는 기압이 가장 낮지만 **약한 하강 기류의 발생**으로 맑은 날씨가 나타난다는 사실도 함께 기억하자.

② 태풍의 눈을 지나지 않는 그래프 2019년 3월 학력평가 13번

그림은 북반구 어느 지점에서 태풍이 통과하는 동안 관측한 기압, 풍속, 풍향을 나타낸 것이다.

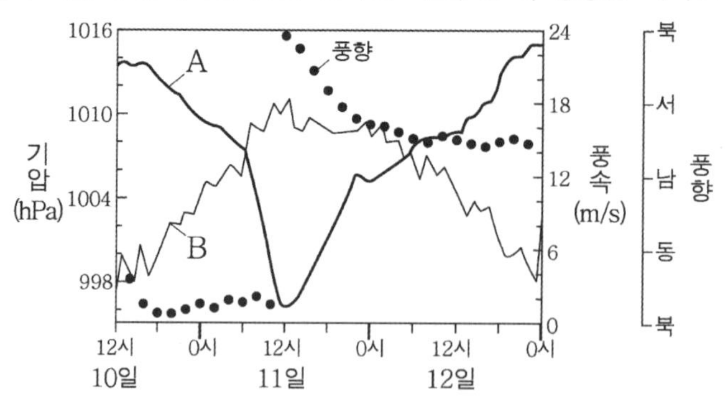

ㄱ. A는 풍속이다. (X)

- 태풍이 다가오면 기압은 낮아지고 멀어지면 기압은 높아진다. 또한, 태풍의 눈이 통과하지 않는다면 풍속은 기압과 반대로 태풍이 다가오면 풍속이 빨라지고 멀어지면 풍속은 느려질 것이다.
  따라서 A는 기압에 해당하고, B는 풍속에 해당한다.
- **태풍은 저기압**이므로 **다가오면 기압이 낮아지고 멀어지면 기압은 높아진다**. 또한, 관측소에서 태풍의 눈이 통과하지 않는다면 중심부로 갈수록 풍속이 빨라지므로 태풍이 **다가오면 풍속이 빨라지고 멀어지면 풍속이 느려질 것**이다.

3 위험 반원과 안전 반원

① 위험 반원의 풍향 2018학년도 9월 모의평가 7번

그림 (가)는 어느 태풍의 이동 경로와 중심 기압을 나타낸 것이고, a와 b 중 하나는 실제 이동 경로이다. (나)는 이 태풍이 우리나라를 통과하는 동안 P에서 관측된 기압과 풍향 변화를 시간에 따라 나타낸 것이다.

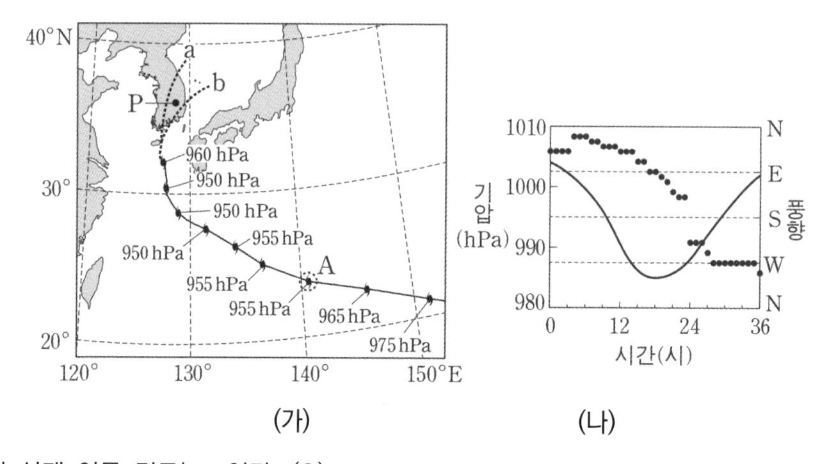

(가) (나)

ㄷ. (가)에서 태풍의 실제 이동 경로는 a이다. (O)

- (나) 자료를 보면 시간이 지나면서 **풍향이 시계 방향**으로 변화하고 있다. 따라서 P는 **위험 반원**에 위치해야 하므로 태풍의 실제 이동 경로는 a일 것이다.
- 위험 반원은 **태풍 진행 경로의 오른쪽**을 이야기하는 것이다. 따라서 a로 이동해야 P가 위험 반원에 위치한다는 것을 알아야 한다.

② 위험 반원의 풍속 2021학년도 6월 모의평가 18번

그림은 북반구 해상에서 관측한 태풍의 하층(고도 2km 수평면) 풍속 분포를 나타낸 것이다. (단, 등압선은 태풍의 이동방향 축에 대해 대칭이라고 가정한다.)

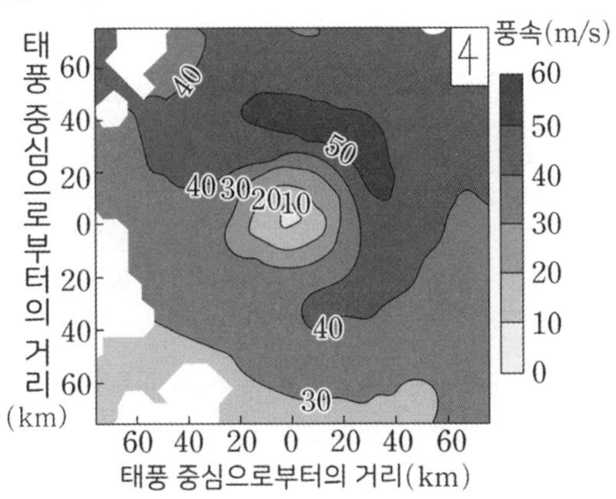

ㄱ. 태풍은 북동 방향으로 이동하고 있다. (X)

- 태풍 진행 경로의 오른쪽은 위험 반원이다. 이때 중심으로부터 같은 거리에 위치할 때, **위험 반원의 풍속은 안전 반원보다 더 강하다.**
  따라서 위 자료에서 풍속이 $50\,m/s$로 나타나는 부분이 위험 반원임과 동시에 태풍 진행 방향의 오른쪽이므로 태풍 진행 방향은 북서 방향일 것이다.
- **위험 반원은 태풍의 진행 방향과 대기 대순환에 의한 바람의 이동 경로가 같은 부분이므로 풍속이 더 빠르다.**

③-1 안전 반원의 풍향 2022학년도 6월 모의평가 18번

그림 (가)와 (나)는 어느 날 동일한 태풍의 영향을 받은 우리나라 관측소 A와 B에서 측정한 기압, 풍속, 풍향의 변화를 순서 없이 나타낸 것이다.

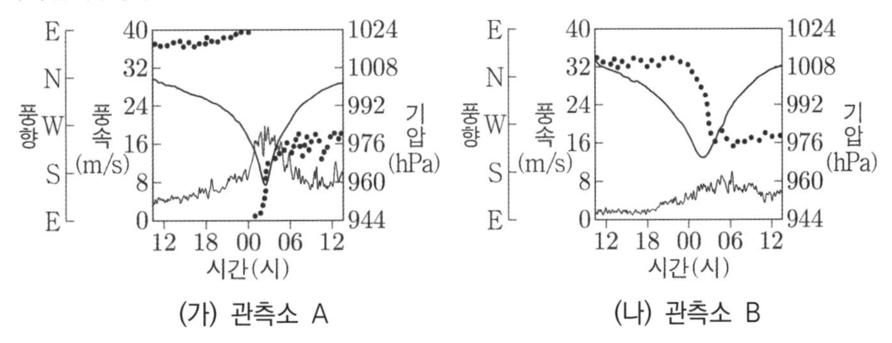

(가) 관측소 A (나) 관측소 B

ㄷ. B는 태풍의 안전 반원에 위치한다. (O)

- (나) 자료를 보면 B는 시간이 지나면서 **풍향이 반시계 방향**으로 변화하고 있다. 따라서 관측소 B는 **안전 반원**에 위치할 것이다.
- **태풍 진행 경로의 왼쪽**을 이야기하는 것이다. 풍향을 보고 안전 반원임을 확인할 수 있어야 한다.
  또한, 안전 반원은 위험 반원에 비해 상대적으로 풍속이 약하므로 이를 이용해 안전 반원임을 확인해도 된다.
- 만약 **A와 B가 동일한 위도에 있다면 관측소 B는 관측소 A보다 서쪽에 위치할 것**이다.

③-2 안전 반원의 풍향과 저기압에서의 풍향 2023학년도 수능 7번

그림 (가)는 어느 날 18시의 지상 일기도에 태풍의 이동 경로를 나타낸 것이고, (나)는 이 시기에 태풍에 의해 발생한 강수량 분포를 나타낸 것이다.

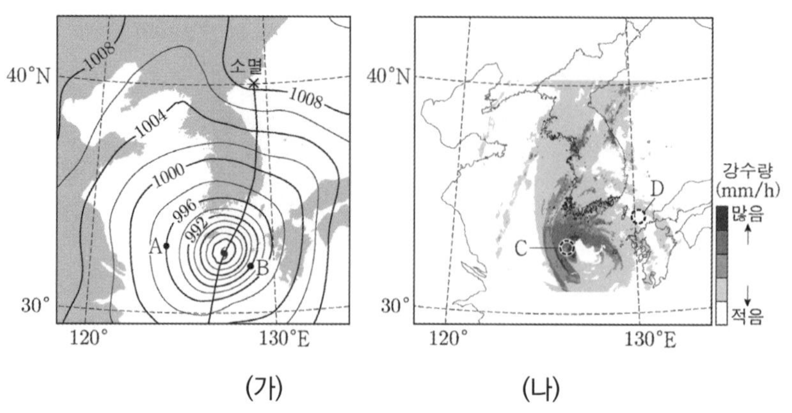

(가) (나)

ㄷ. C 지점에서는 남풍 계열의 바람이 분다. (X)

- 자료 (나)에서 **C는 안전 반원**에 해당한다. **태풍은 저기압이므로 공기가 반시계 방향**을 따라 불어 들어가야 한다. 따라서 자료 (가)에 저기압의 풍향을 그려본다면 **C에서는 북풍 계열**의 바람이 불어야 할 것이다.
- 이처럼 시간이 지남에 따라 변화하는 풍향과 저기압에서의 풍향을 같이 연결 지어서 생각할 수 있어야 한다.

4 태풍의 에너지원

① 태풍의 형성과 에너지원 2019학년도 9월 모의평가 19번

그림 (가)는 어느 해 7월에 관측된 태풍의 위치를 24시간 간격으로 표시한 이동 경로이고, (나)는 이 시기의 해양 열용량 분포를 나타낸 것이다. 해양 열용량은 태풍에 공급할 수 있는 해양의 단위 면적당 열량이다.

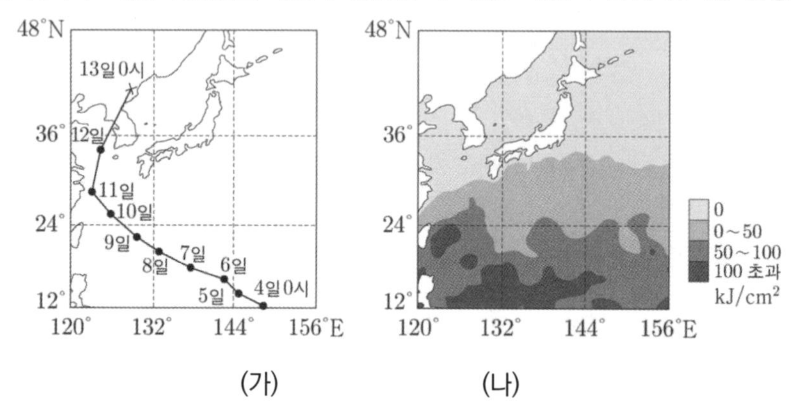

(가) (나)

ㄷ. 해양에서 이 태풍으로 공급되는 에너지양은 12일이 10일보다 적다. (O)

- 자료 (나)를 보면 저위도로 갈수록 해양 열용량이 늘어난다. 이때 12일보다 10일에 태풍은 저위도에 있으므로 태풍으로 공급되는 에너지는 10일에 더 많다.
- **태풍은 위도 5° ~ 25° 의 수증기의 공급이 원활한 열대 해상에서 발생한다. 적도 ~ 5° 에서 태풍이 발생하지 않는 이유는 전향력이 매우 약하게 존재해** 저기압성 회전이 일어나지 않기 때문이다.

5 태풍의 중심과 관측소

① 태풍의 중심과 관측소의 위치에 따른 풍향 2022년 10월 학력평가 17번

그림 (가)는 위도가 동일한 관측소 A, B, C의 위치와 태풍의 이동 경로를, (나)는 태풍이 우리나라를 통과하는 동안 A, B, C에서 같은 시각에 관측한 날씨를 ㉠, ㉡, ㉢으로 순서 없이 나타낸 것이다.

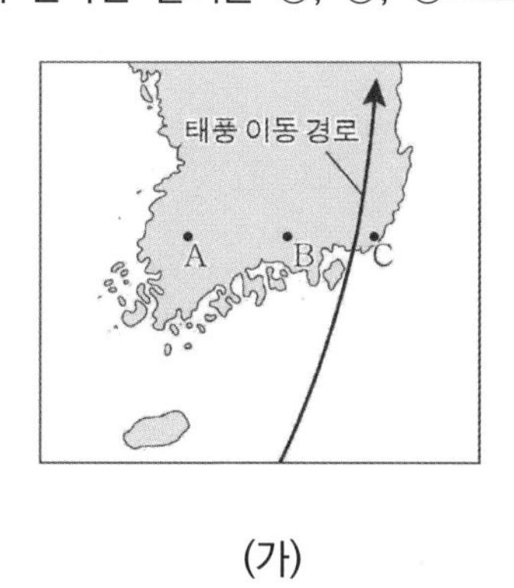

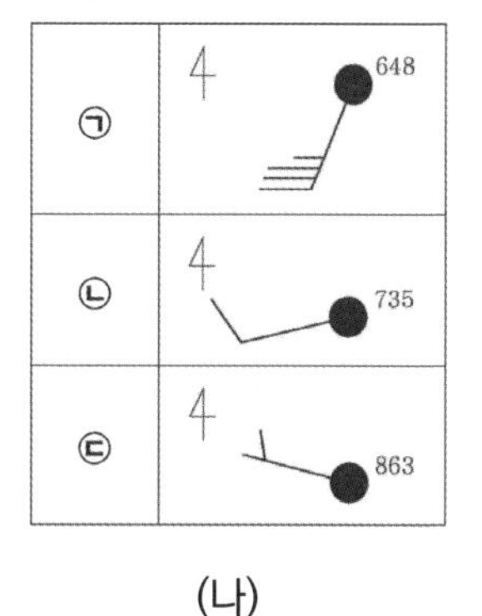

(가) (나)

ㄴ. (나)는 태풍의 중심이 세 관측소보다 고위도에 위치할 때 관측한 자료이다. (O)

- 만약 태풍의 중심이 세 관측소보다 **저위도에 위치했다면** C에서는 **A, B, C 모두 북풍 계열의 바람**이 불었을 것이다. 그러나 ㉠과 ㉡에서 남풍 계열의 바람이 불고 있으므로 태풍의 중심은 고위도에 위치한다.
  태풍의 중심이 세 관측소보다 고위도에 위치하므로 C에서는 ㉠과 같이 남서풍이 불 수 있는 것이다.
- **태풍은 저기압이므로 반시계 방향을 따라서 공기가 불어 들어가야 한다.** 풍향은 오른쪽 자료와 같이 형성되어 있는 것이라고 판단하자.

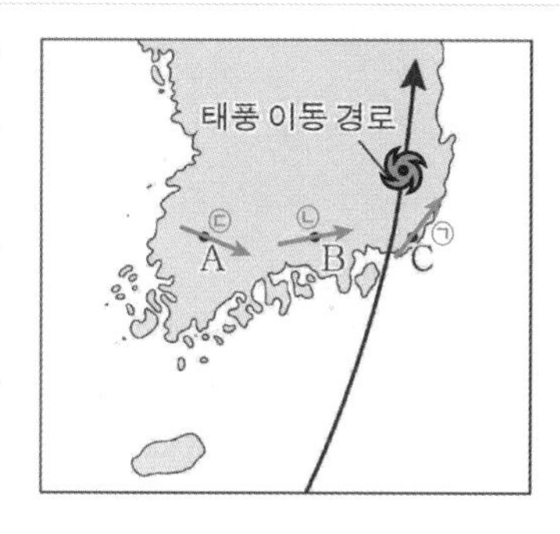

6 태풍의 상층부

① 북반구 태풍의 상층부는 시계 방향으로 불어 나간다! 2021학년도 6월 모의평가 18번

그림은 북반구 해상에서 관측한 태풍의 하층(고도 2km 수평면) 풍속 분포를 나타낸 것이다. (단, 등압선은 태풍의 이동방향 축에 대해 대칭이라고 가정한다.)

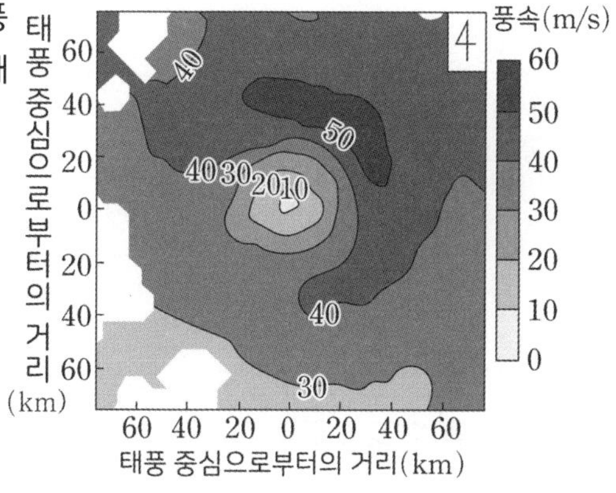

ㄷ. 태풍의 상층 공기는 반시계 방향으로 불어 나간다. (X)

- 태풍의 상층부에서는 하층부에서 들어온 바람이 불어 나간다. 이때, 상층부에서 바람은 **전향력에 의해 시계 방향을 그리며 불어 나간다.**
- '북반구 태풍이므로 저기압이네? 무조건 반시계 방향!'이라는 생각을 했다면 틀린 생각이다. 태풍의 **하층부에서는 공기가 수렴하므로 반시계 방향**을 그리며 들어오지만, **상층부에서는 공기가 빠져나가야 한다.** 이때 고기압에서의 상황과 같은 원리로 바람은 발산할 때 전향력에 의해 시계 방향으로 불어 나간다.

추가로 물어볼 수 있는 선지 해설

1. 태풍은 전향력이 존재하는 $5° \sim 25°$ 사이의 따뜻한 열대 해상에서 만들어진다.
   ⇒ 적도 부근은 전향력이 매우 약하게 존재해 태풍이 발생하지 않는다.
2. 태풍의 눈은 저기압의 중심이므로 기압이 가장 낮다. 그리고 태풍의 눈 부근은 바람이 거의 불지 않아 약한 하강 기류가 나타나는 지역이다.
3. 태풍은 위도 $30°$ 부근의 전향점을 넘어가면 편서풍의 영향으로 태풍의 진행 방향과 편서풍의 방향이 일치해져서 이동 속도가 빨라진다.

memo

Chapter

03 우리나라의 주요 악기상

우리나라의 주요 악기상

1. 뇌우

강한 상승 기류가 발생하는 곳에 적란운이 형성되면서 천둥, 번개와 함께 강한 소나기가 내리는 현상을 말한다.

(1) 뇌우의 발생 조건

① 여름철 강한 태양빛에 의해 지표면이 **국지적으로 가열**되어 강한 상승 기류가 나타나는 경우
② **온대 저기압**이나 **태풍** 등에 의해 강한 상승 기류가 발달하는 경우
③ **한랭 전선**의 **뒤쪽**에서 따뜻한 공기가 빠르게 상승하는 경우

(2) 뇌우의 발달 단계

① 적운 단계

- **강한 상승 기류에 의해 적운이 만들어지는 단계**이다. 지표면의 고온 다습한 공기가 상승하면서 그 속에 들어있는 수증기에 의해 거대한 구름이 만들어진다. 강한 상승 기류로 의해 **강수 현상은 거의 없다**.

② 성숙 단계

- 적운에서 성장한 물 입자들이 점점 커지고 무거워져 하강하기 시작한다. 따라서 **상승 기류와 하강 기류가 공존**한다. 이 하강 기류를 따라 강한 소나기가 내리며 동시에 **천둥 · 번개** 및 **우박**이 동반된다. **뇌우의 세력이 가장 강력한 시기**이다.

③ 소멸 단계

- 줄어든 상승 기류와 **계속된 하강 기류로 인해서 뇌우의 세력이 약해지는 단계**다. 구름 속에 있는 입자들이 점차 사라지며 뇌우 역시 소멸한다.

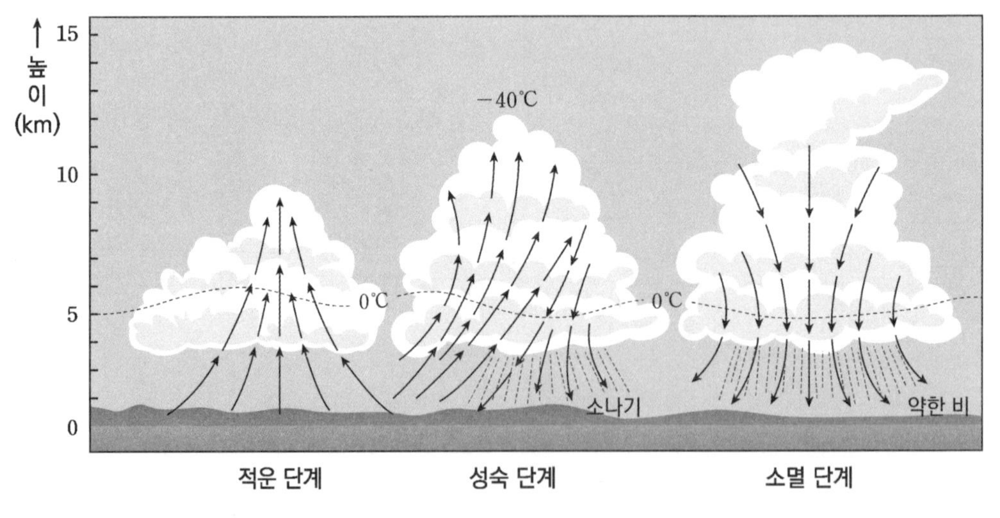

▲ 뇌우의 발달 단계

2. 우박

물방울들이 얼어붙어 형성된 얼음덩어리다. **상승 기류와 하강 기류가 계속되어 대기가 매우 불안정한 상태**에서 **형성**되며 지름이 5mm 이상이면 우박이다.

(1) 우박의 발생 조건

강력한 상승 기류와 하강 기류가 공존하는 과정에서 형성된다. 강한 상승 기류가 일어나야 하므로 **적란운 내부에서 형성**된다. **뇌우에 동반되어 형성**되기도 한다.

(2) 우박의 성장 과정

- 적란운 내부에서 하강하는 빙정(얼음 덩어리)이 온도가 올라가 녹는 지점까지 내려온 후 다시 상승 기류를 만나서 상승한다.
- 빙정은 상승과 하강을 반복하면서 덩어리의 크기를 크게 만든다.
- 성장하여 무거워진 우박은 더 이상 상승하지 않고 지표면으로 떨어진다.

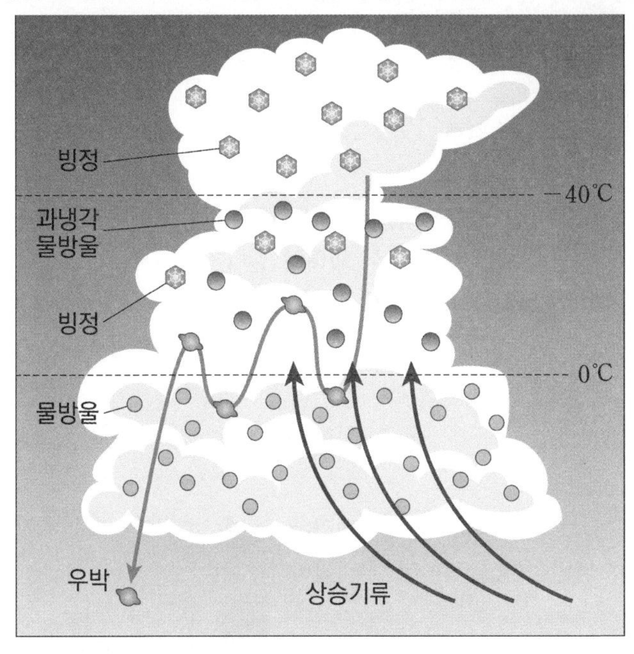

▲ 우박의 성장 과정

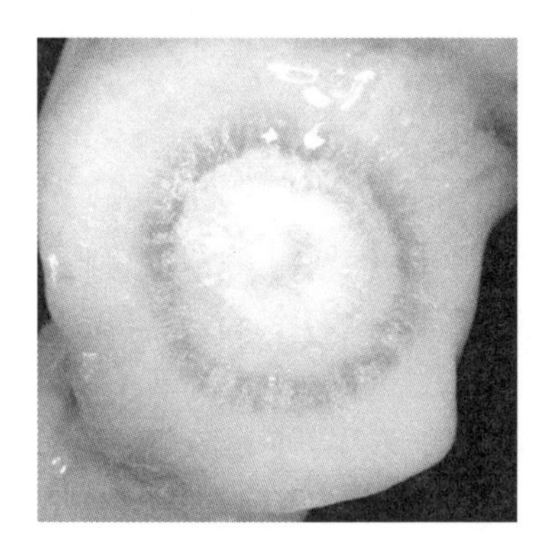

▲ 우박의 단면
(우박은 상승과 하강을 반복하여 형성되므로 특유의 층상 구조가 나타난다.)

3. 호우

시간과 공간의 규모에 제한 없이 많은 비가 연속적으로 내리는 현상을 말한다. 강한 상승 기류를 동반한 적란운이 형성되면 호우가 발생한다.

- 국지성 호우(집중 호우) : **국지적**으로 짧은 시간 동안 많은 양의 비가 집중적으로 내리는 현상을 말한다.
  국지성 호우의 조건으로는 **한 시간에 30mm 이상, 하루에 80mm 이상** 또는 **연 강수량의 10% 이상**의 비가 **하루** 동안 내리는 것이다.

4. 황사

황사는 발원지에서 강한 바람이 불어 상공으로 올라간 많은 양의 모래 입자가 편서풍을 타고 멀리까지 날아가 하강 기류를 타고 내려온 곳에 모래와 먼지가 서서히 내려오는 자연 현상을 말한다.

우리나라에서 나타나는 대부분의 황사는 주로 중국과 몽골의 사막에서 기원한다.

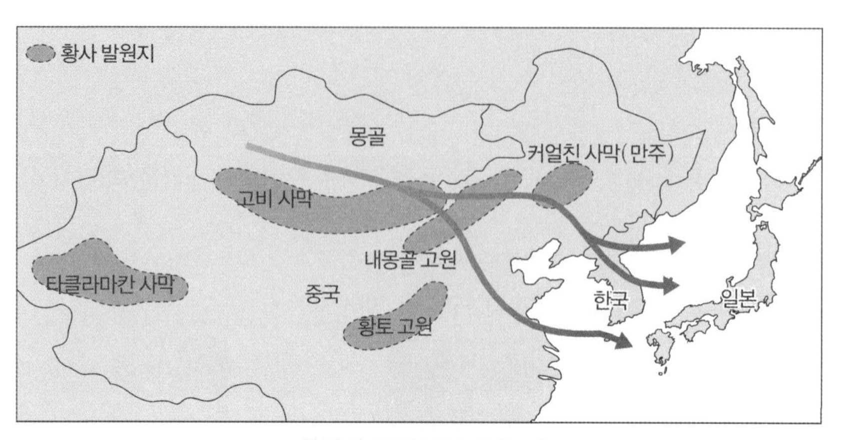

▲ 황사의 발원지와 이동 경로

황사가 발생하기 위해서는 **발원지**의 **토양이 건조**해야 하며, **입자의 크기가 작을수록** 잘 발생한다. 또한 발원지에서 저기압에 의해 **강한 상승 기류**가 나타나 토양의 입자들이 쉽게 공중으로 떠오를 수 있어야 한다.
이후 **우리나라에 고기압이 형성**되면 하강 기류가 나타나 토양의 입자가 내려오면 황사가 형성된다.
황사는 주로 **우리나라**에서 **봄철**에 발생한다.

5. 폭설

겨울철에 짧은 시간 동안 많은 양의 눈이 내리는 기상 현상을 말한다. 겨울 **시베리아 기단**이 **남하**하면서 따뜻한 황해의 영향을 받아 변질되어 불안정해진 기단이 우리나라 서해안에 폭설을 내린다. (Theme 03-1 p.11 참고)

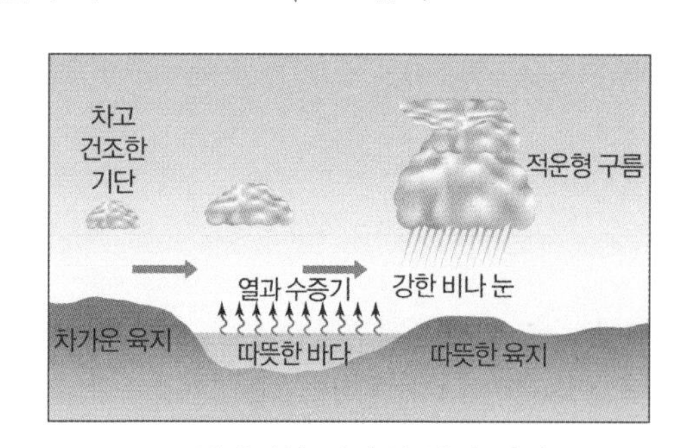

▲ 시베리아 기단의 변질 과정

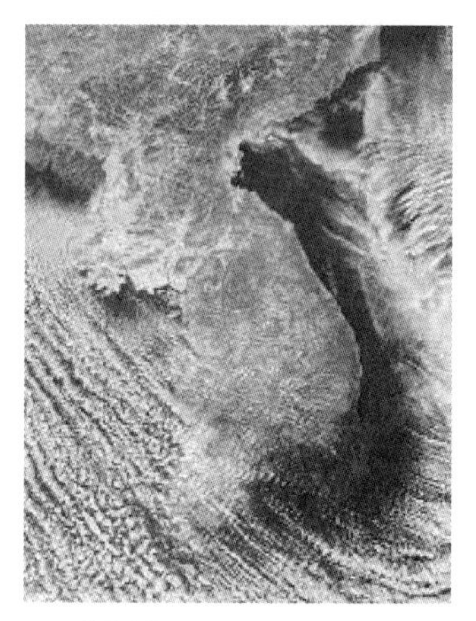

▲ 겨울철 우리나라 위성 영상

6. 강풍

10분 동안의 평균 풍속이 14m/s 이상인 바람을 말한다. 겨울철 시베리아 기단의 영향을 받을 때나 여름철 태풍의 영향을 받을 때 주로 발생한다.

Theme 03 - 3 우리나라의 주요 악기상

2022학년도 6월 모의평가 지Ⅰ 10번

그림 (가)는 지난 20년간 우리나라에서 관측한 우박의 월별 누적 발생 일수와 월별 평균 크기를 나타낸 것이고, (나)는 뇌우에서 우박이 성장하는 과정을 나타낸 모식도이다.

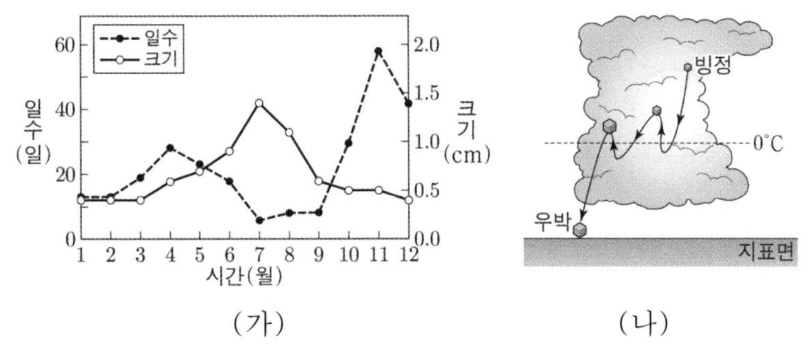

(가) (나)

이 자료에 대한 설명으로 옳은 것만을 <보기>에서 있는 대로 고른 것은?

<보 기>

ㄱ. 우박은 7월에 가장 빈번하게 발생하였다.
ㄴ. (나)에서 빙정이 우박으로 성장하기 위해서는 과냉각 물방울이 필요하다.
ㄷ. 상승 기류는 여름철 우박의 크기가 커지는 주요 원인이다.

① ㄱ ② ㄴ ③ ㄷ ④ ㄱ, ㄴ ⑤ ㄴ, ㄷ

추가로 물어볼 수 있는 선지
1. 우박은 주로 추운 겨울철에 형성된다. (O , X)
2. 천둥, 번개가 가장 잘 발생하는 단계는 성숙 단계이다. (O , X)
3. 하루에 연 강수량의 약 10%의 비가 내리는 현상을 국지성 호우라고 한다. (O , X)

정답 : 1. (X), 2. (O), 3. (O)

01 2022학년도 6월 모의평가 지Ⅰ 10번

KEY POINT #우박, #뇌우, #상승 기류

문항의 발문 해석하기

우박의 형성 과정과 계절별로 나타나는 우박의 빈도수를 생각할 수 있어야 한다. 또한 우박은 뇌우 발달 과정 중 성숙 단계에서 형성된다는 사실을 알 수 있어야 한다.

문항의 자료 해석하기

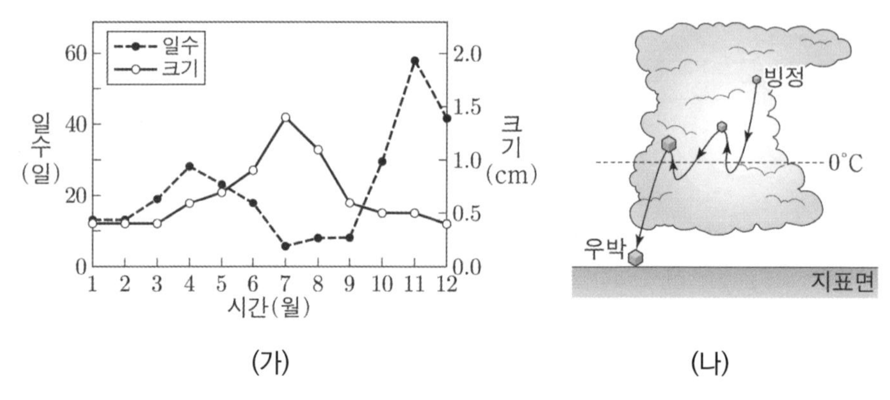

(가) (나)

1. (가) 자료를 보면 월별 우박의 발생 일수와 크기가 나타나 있다. 우박은 주로 봄과 가을철에 잘 나타난다. 우박이 여름 잘 발생하지 않는 이유는 지표면으로 낙하하면서 녹기 때문이고, 겨울에 지표면까지 나타나지 않는 이유는 겨울철에는 거대한 적운형 구름의 형성이 잘 안 되기 때문이다.
2. (나) 자료를 보면 우박의 형성 과정이 나타나 있다. 우박은 상승 기류와 하강 기류를 타고 이동해 얼었다 녹았다를 반복하여 빙정의 크기가 커진다.

선지 판단하기

ㄱ 선지 우박은 7월에 가장 빈번하게 발생하였다. (X)

(가) 자료를 해석해보면 7월은 우박의 크기는 크지만 발생 일수는 가장 작은 것을 확인할 수 있다.

ㄴ 선지 (나)에서 빙정이 우박으로 성장하기 위해서는 과냉각 물방울이 필요하다. (O)

우박은 빙정이 상승 기류와 하강 기류를 반복해 이동하면서 크기가 커진다. 이때, 우박이 커지는 과정에서 과냉각된 물방울이 필요하다.

ㄷ 선지 상승 기류는 여름철 우박의 크기가 커지는 주요 원인이다. (O)

우박은 뇌우 속 상승 기류에 의해 상승하여 크기가 커진다.

기출문항에서 가져가야 할 부분

1. 우박의 형성 과정 이해하기
2. 계절별 우박의 발생 일수 암기하기
3. 뇌우와 우박 연결지어 암기하기

기출 문제로 알아보는 유형별 정리

[뇌우, 우박, 집중 호우]

1 뇌우

① 뇌우의 발달 과정 　　　　　　　　　　　　　　　　　　　　　　　　2014년 7월 학력평가 12번

그림은 뇌우의 발달 과정을 순서 없이 나타낸 것이다.

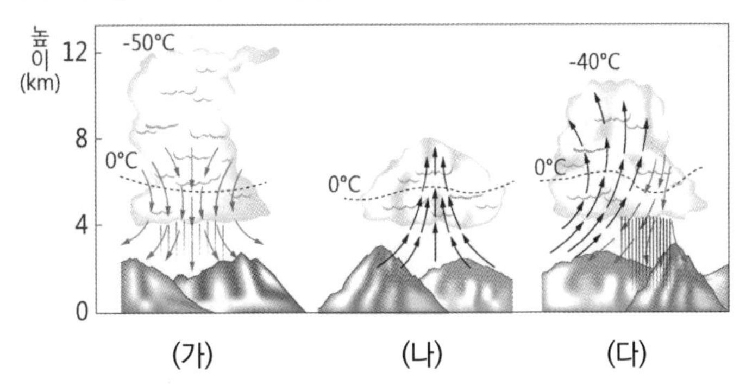

ㄱ. 뇌우의 발달 과정은 (나) → (다) → (가) 순이다. (O)

- 뇌우는 적운 단계, 성숙 단계, 소멸 단계의 발달 단계를 거친다. 이때 적운 단계에서는 상승 기류만, 성숙 단계에서는 상승 기류와 하강 기류, 소멸 단계에서는 하강 기류만 나타난다. 따라서 (가)는 소멸 단계, (나)는 적운 단계, (다)는 성숙 단계이다. 뇌우의 발달 과정은 (나) → (다) → (가) 순이다.
- 뇌우의 발달 과정 순서를 반드시 기억할 수 있어야 한다. 각 단계에서 나타나는 기류도 알고 있어야 한다.
- 성숙 단계에는 짧은 시간 동안 강한 소나기가 내린다. 이 과정에서 상승 기류와 하강 기류를 타며 얼음 덩어리가 위 아래로 이동해 우박이 형성된다는 것을 기억하자.

② 뇌우의 발생 조건 　　　　　　　　　　　　　　　　　　　　　　　　　　2023학년도 수능 8번

그림은 어느 온대 저기압이 우리나라를 지나는 3시간($T_1 \rightarrow T_4$) 동안 전선 주변에서 발생한 번개의 분포를 1시간 간격으로 나타낸 것이다. 이 기간 동안 온난 전선과 한랭 전선 중 하나가 A 지역을 통과 하였다.

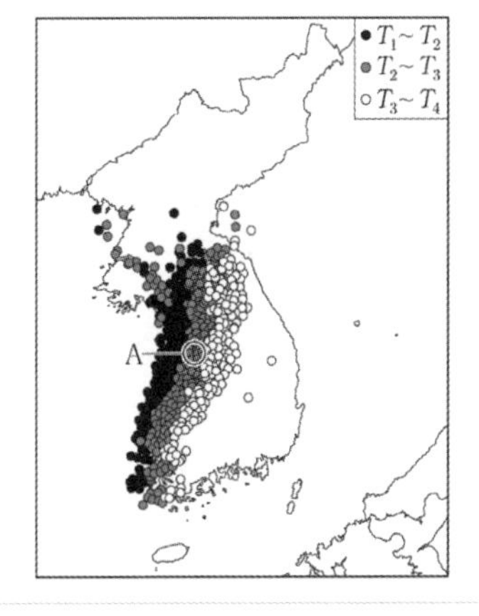

ㄴ. T_2 ~ T_3 동안 A에서는 적운형 구름이 발달하였다. (O)

- 번개는 뇌우에 의해서 나타난다. 뇌우는 강한 상승 기류가 나타나는 곳에서 형성되는데, T_2 ~ T_3 동안 번개가 발생했으므로 A에는 강한 상승 기류가 발생하는 적운형 구름이 발달했다고 할 수 있다.
- 뇌우가 발생하는 지역은 강한 상승 기류가 나타나 적운형 구름이 형성되는 곳이다. 대표적으로 한랭 전선의 후면에서 혹은, 태풍이 발생했을 때 뇌우가 형성된다. 또한, 여름철 국지적으로 가열된 공기가 빠르게 상승하면 뇌우가 발생할 수 있다. ('국지적'이라는 용어는 한정된 좁은 영역을 의미한다는 사실도 기억하자.)

2 우박

① 우박의 형성 2019학년도 수능 5번

다음은 뇌우와 우박에 대하여 학생 A, B, C가 나눈 대화를 나타낸 것이다.

⑤ A, B, C (O)

- 학생 A : 뇌우는 열대 저기압의 강한 상승 기류에 의해서 형성될 수 있다.
  학생 B : 뇌우의 성숙 단계에서 우박이 형성될 수 있다.
  학생 C : 자료를 보면 여름철에는 우박이 거의 발생하지 않는 것을 확인할 수 있다.
- **우박은 뇌우에 동반**되어 형성된다는 사실을 기억해야 한다.
  또한, 우박 일수를 보면 봄, 가을~초겨울에 활발히 형성되고 여름철에는 거의 발생하지 않는 것을 확인할 수 있다. 이는 여름에 우박이 상공에 형성되어도 내려오는 도중에 다 녹기 때문이다.

3 집중 호우

① 집중 호우의 발생 2020년 4월 학력평가 8번

그림 (가)는 우리나라에 집중 호우가 발생했을 때의 기상 레이더 영상을, (나)와 (다)는 (가)와 같은 시각의 위성 영상을 나타낸 것이다.

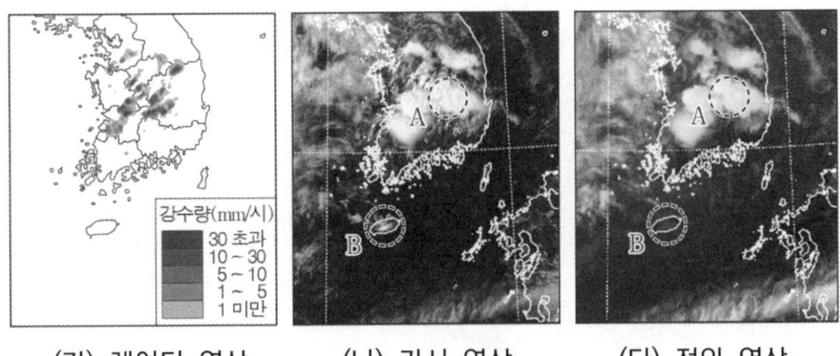

(가) 레이더 영상 (나) 가시 영상 (다) 적외 영상

ㄱ. A 지역의 대기는 불안정하다. (O)

- A 지역은 (나) 자료와 (다) 자료에서 모두 밝은 색을 나타내고 있다. (이는 구름의 두께가 두껍고 고도가 높다는 것을 의미한다.) 따라서 A 지역은 적운형 구름이 형성되어 있는 곳이므로 강한 상승 기류가 나타나고, 대기가 불안정하다.
- **집중 호우의 발생 조건**은 **1시간에 30mm 이상의 비**가 내리거나, **하루 동안 80mm 이상의 비**가 내리거나, **하루 동안 연 강수량의 10%에 달하는 비**가 내리는 것이다.
  이때 (가) 자료에서 레이더 영상을 보면 A 지역은 강수량(mm/시)이 30을 초과한다는 것을 알 수 있다. 따라서 집중 호우의 조건을 만족한다.

추가로 물어볼 수 있는 선지 해설

1. 겨울철에는 강한 상승 기류가 일어나지 않으므로 뇌우가 형성되지 않아 우박이 형성되지 못한다. 만약 형성되더라도 기온이 낮고 수증기의 양이 적어서 우박이 커지기 힘들다.
2. 천둥, 번개는 뇌우의 단계 중 성숙 단계에서 가장 잘 발생한다.
3. 국지성 호우의 조건은 한 시간에 30mm 이상의 비가 내리거나 하루 동안 80mm 또는 하루 동안 연 강수량의 10% 이상의 비가 내려야 하는 것이다.

memo

Theme 03 - 3 우리나라의 주요 악기상

2022학년도 수능 지I 1번

그림 (가)는 우리나라에 영향을 준 어느 황사의 발원지와 관측소 A와 B의 위치를 나타낸 것이고, (나)는 A와 B에서 측정한 이 황사 농도를 ㉠과 ㉡으로 순서 없이 나타낸 것이다.

(가)

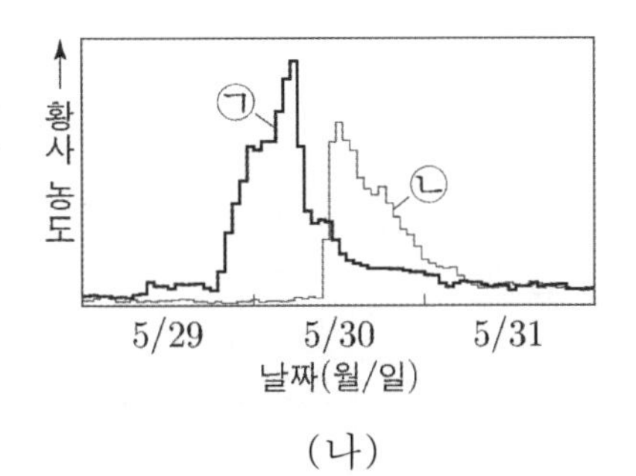

(나)

이 황사에 대한 설명으로 옳은 것만을 <보기>에서 있는 대로 고른 것은?

<보 기>

ㄱ. A에서 측정한 황사 농도는 ㉠이다.
ㄴ. 발원지에서 5월 30일에 발생하였다.
ㄷ. 무역풍을 타고 이동하였다.

① ㄱ ② ㄴ ③ ㄱ, ㄷ ④ ㄴ, ㄷ ⑤ ㄱ, ㄴ, ㄷ

추가로 물어볼 수 있는 선지
1. 사막의 면적이 줄어들면 황사의 발생 횟수는 감소할 것이다. (O , X)
2. 황사는 발원지에서 강한 고기압이 발생하여 바람이 강하게 불면 나타난다. (O , X)
3. 우리나라에서 황사는 시베리아 기단의 영향이 우세한 계절에 주로 발생한다. (O , X)

정답 : 1. (O), 2. (X), 3. (X)

02 2022학년도 수능 지Ⅰ 1번

KEY POINT #발원지, #편서풍, #봄철

문항의 발문 해석하기

황사가 우리나라로 넘어오는 과정을 생각할 수 있어야 한다.

문항의 자료 해석하기

(가)

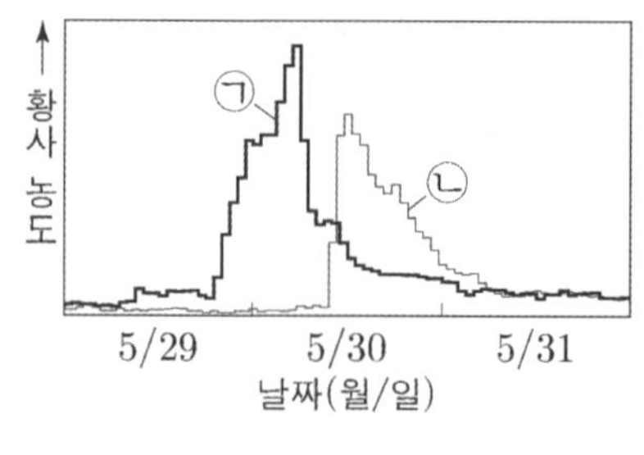

(나)

1. (가) 자료에서는 발원지에서 상승한 모래와 먼지 등이 편서풍을 타고 우리나라로 넘어오는 것을 보여주고 있다. 이때, 발원지에서 상승 기류, 우리나라에서 하강 기류가 나타난다면 황사가 발생한다. 황사는 A에서 먼저 관측될 것이다.
2. (나) 자료에서는 황사의 농도를 알려주고 있다. 이때 ㉡보다 ㉠에서 먼저 황사의 농도가 증가했다.
   또한, a가 b보다 발원지에 가까이 있으므로 황사의 농도가 높게 나타나는 것 까지 알 수 있다.
   따라서 ㉠은 (가)의 A, ㉡은 (나)의 B에서 관측한 것이라는 것을 알 수 있다.

선지 판단하기

ㄱ 선지 A에서 측정한 황사 농도는 ㉠이다. (O)

(가)와 (나)를 비교하면 A에서 관측한 황사의 농도는 발생 일수가 먼저인 ㉠이라는 것을 확인할 수 있다.

ㄴ 선지 발원지에서 5월 30일에 발생하였다. (X)

(나) 자료에서 황사는 5월 29일부터 발생했다. 따라서 발원지에서 모래 먼지가 상승한 것은 5월 29일 이전일 것이다.

ㄷ 선지 무역풍을 타고 이동하였다. (X)

우리나라로 넘어오는 황사는 편서풍을 타고 온다.

기출문항에서 가져가야 할 부분

1. 발원지에서는 상승 기류가, 우리나라에서는 하강 기류가 발생해야 황사가 일어날 수 있음을 이해하기
2. 황사의 이동은 편서풍에 의해 나타나는 것을 이해하기
3. 황사는 우리나라에서 주로 봄철에 발생함을 암기하기

기출 문제로 알아보는 유형별 정리

1 황사

① 황사의 관측과 이동 2022년 10월 학력평가 1번

그림은 우리나라에 영향을 주는 황사의 발원지와 이동 경로를, 표는 우리나라의 관측소 ㉠과 ㉡에서 최근 20년간 관측한 황사 발생 일수를 계절별로 누적하여 나타낸 것이다. A와 B는 각각 ㉠과 ㉡ 중 한 곳이다.

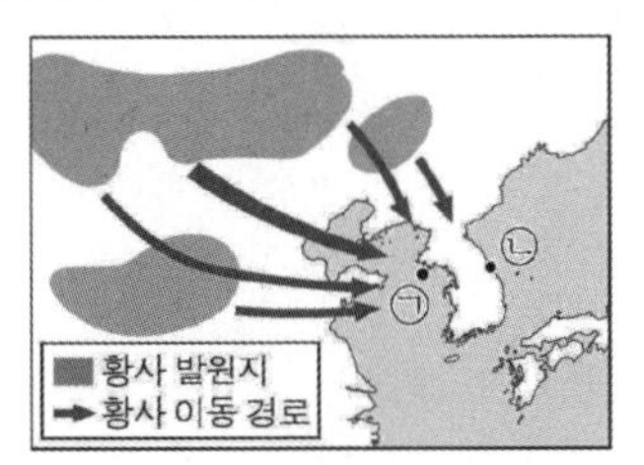

계절 \ 관측소	A	B
봄 (3~5월)	95	170
여름 (6~8월)	0	0
가을 (9~11월)	8	30
겨울 (12~2월)	22	32

ㄴ. 우리나라에서 황사는 북태평양 기단의 영향이 우세한 계절에 주로 발생한다. (X)

- 자료에서 알 수 있듯 우리나라의 **황사는 주로 봄철에 발생**한다. 봄철에 우세한 기단은 양쯔강 기단이다.
- 황사는 대륙 주변의 **발원지에서 상승 기류**가 발생하면 모래 먼지가 **편서풍**을 타고 우리나라로 이동해 온다. 이때, **우리나라에서 하강 기류**가 나타나면 모래 입자들이 낙하하여 **황사가 발생**한다.

② 황사의 발원지 2017학년도 9월 모의평가 14번

그림 (가)는 어느 해 우리나라에 영향을 미친 황사가 발원한 3월 4일의 일기도를, (나)는 3월 4일부터 8일까지 백령도에서 관측된 황사 농도를 나타낸 것이다.

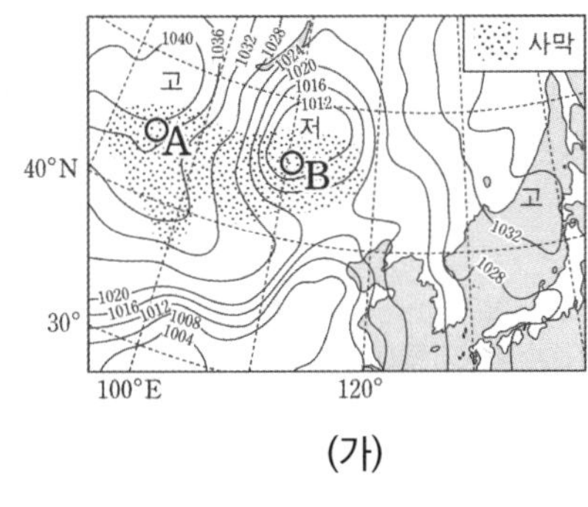

(가)

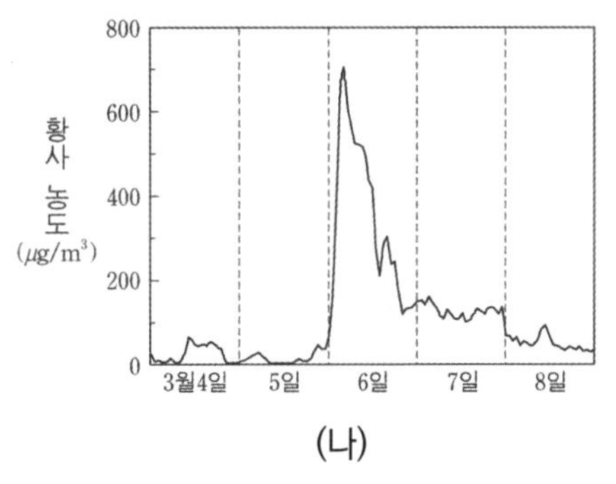

(나)

ㄱ. (가)에서 황사의 발원지는 B지역보다 A지역일 가능성이 크다. (X)

- 황사는 발원지에서 상승 기류가 나타나야 발생할 가능성이 크다. 따라서 B는 저기압이 나타나므로 상승 기류가 발생하여 모래 먼지가 우리나라로 편서풍을 타고 이동해 3월 6일에 황사를 발생시켰을 것이다.
- A 지역은 고기압이 나타나므로 하강 기류가 발달하여 모래 입자들이 공중으로 떠오르지 못할 것이다.

추가로 물어볼 수 있는 선지 해설

1. 사막의 면적이 줄어들면 우리나라로 불어오는 모래의 양이 감소하여 황사의 발생 횟수는 감소한다.
2. 황사는 발원지에서 저기압에 의해 강한 상승 기류가 발생한 후 모래 먼지가 편서풍을 타고 우리나라 부근으로 와서 고기압에 의한 하강 기류가 발달해야 나타난다.
3. 우리나라에서 황사는 주로 봄철에 발생하므로 주로 양쯔강 기단과 함께 나타난다.

Chapter

04 일기도와 위성 영상

일기도와 위성 영상

1. 일기도

일정 지역의 특정한 시각의 날씨 상태를 쉽게 알아보기 위해 약속한 기호로 표현한 그림이다. 기압, 풍속, 풍향 등을 측정하여 등압선, 등온선 등으로 표시한다.

(1) 등압선

기압이 동일한 지점을 연결한 선을 말한다.
일반적으로 4hPa **마다 선을 표시**한다.
이때, 등압선의 간격이 좁을수록 그 지역에서의 **바람이 강하게 분다**는 것을 의미한다. (바람은 고기압 → 저기압 쪽으로 불기 때문에 간격이 조밀할수록 고기압에서 저기압으로 공기의 이동이 빠르게 일어난다고 생각하면 된다.)

(2) 고기압, 저기압

일반적으로 고기압은 오른쪽 그림과 같이 'H' 또는 '고'로 표시한다.
저기압은 오른쪽 그림과 같이 'L' 또는 '저'로 표시한다.

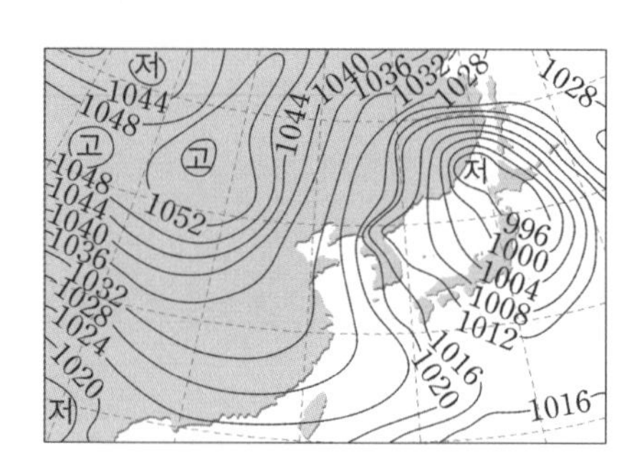

▲ 겨울철 우리나라의 일기도

2. 일기 기호

일정 지역의 특정한 시각의 날씨 상태를 쉽게 알아보기 위해 약속한 기호이다.
풍속 및 전선과 기압은 반드시 암기하도록 하고 일기와 운량(구름의 양) 등은 개념 정도만 숙지하도록 하자.

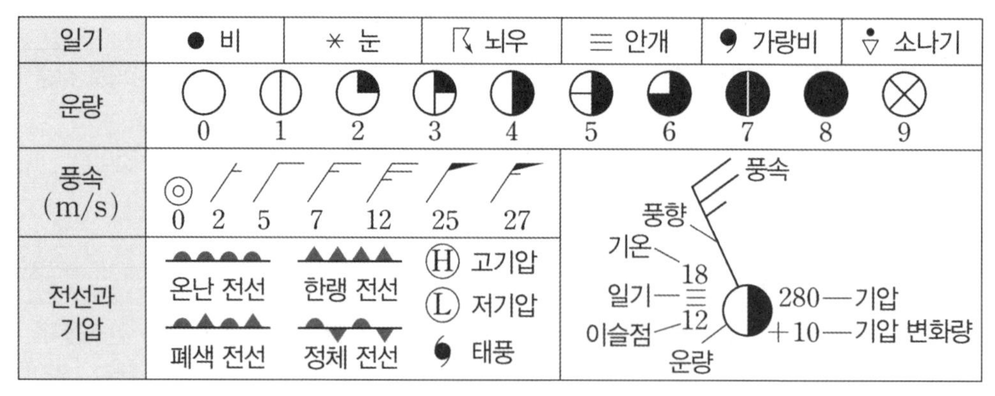

일기	● 비	✳ 눈	뇌우	≡ 안개	가랑비	소나기

운량	0	1	2	3	4	5	6	7	8	9

풍속 (m/s)	0	2	5	7	12	25	27

전선과 기압	온난 전선	한랭 전선	Ⓗ 고기압
	폐색 전선	정체 전선	Ⓛ 저기압
			태풍

▲ 일기 기호

일기 기호 해석 방법

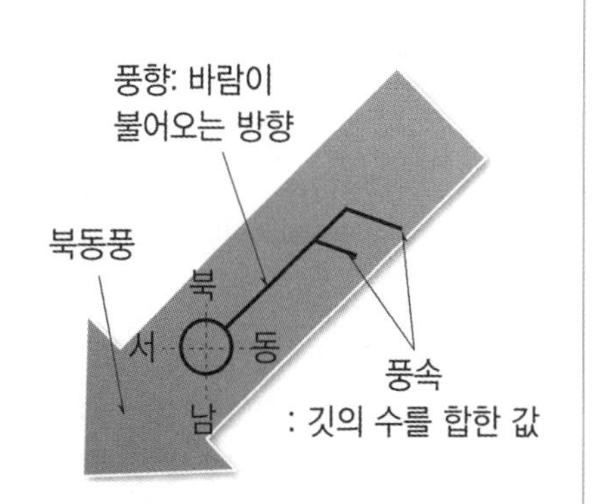

- 풍향 : 오른쪽 기호에서의 풍향은 남서풍이 아닌 북동풍이다. 풍향을 읽을 때는 **바람이 불어오는 방향**을 읽는 것을 반드시 기억하자.
- 풍속 : 긴 막대기 하나당 $5\ \mathrm{m/s}$이고 짧은 막대기 하나당 $2\ \mathrm{m/s}$이다. 풍속은 모두 합하면 된다.
- 기압 : 일기 기호의 오른쪽 숫자는 기압을 의미한다. 그러나 그대로 읽는 것이 아닌 일정한 규칙을 따라 읽어줘야 한다.

(1) 앞자리가 4 이하인 숫자로 시작하는 경우
그림과 같이 280은 $1028.0\mathrm{hPa}$로 읽어 주어야 한다.

(2) 앞자리가 5 이상인 숫자로 시작하는 경우
일기 기호에 853과 같은 숫자가 적혀 있는 경우에는 $985.3\mathrm{hPa}$로 읽어 주어야 한다.

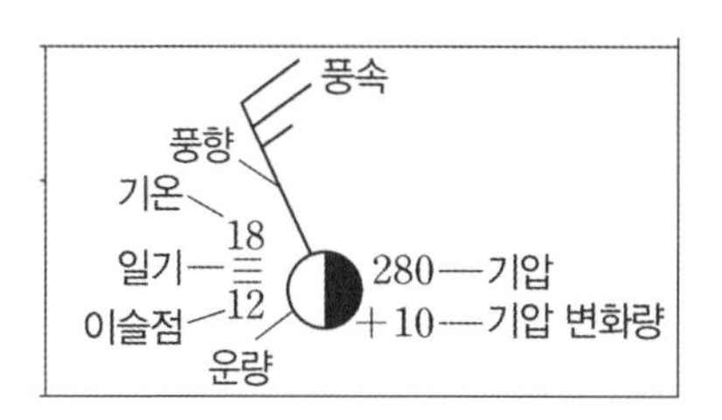

이렇게 판단하는 이유는 지구의 평균 기압이 1013hPa이라서 최대한 이와 가까운 값이 나타나야 하기 때문이다.

3. 위성 영상

지구 주위를 돌고 있는 위성의 영상을 통해 실시간으로 변화하는 일기를 파악하는 방법이다. 여러 파장 영역 중 가시광선과 적외선 두 파장 영역에서 촬영한 영상을 알아보자.

(1) 가시 영상

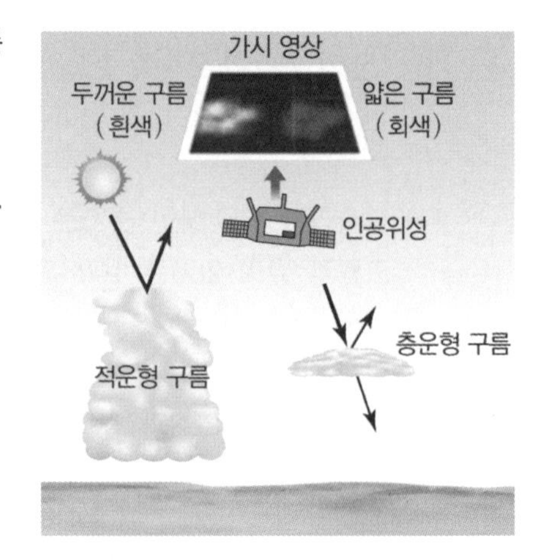

① 가시광선 영역에서 촬영한 영상을 말한다. 가시광선이란 여러 파장 영역 중 인간의 눈으로 파악할 수 있는 영역의 빛을 의미한다.
② 가시 영상에서는 **태양빛이 구름이나 지표면에 반사되는 것**을 촬영한다.
주로 구름을 측정하는 것에 이용되며 반사되는 빛이 강할수록 밝게 보인다.
구름의 두께가 두꺼울수록 밝게 나타난다. (반사가 잘되기 때문)
③ 가시광선 영역의 빛을 촬영하므로 태양빛이 없는 밤에는 관측이 불가능하다.

(2) 적외 영상

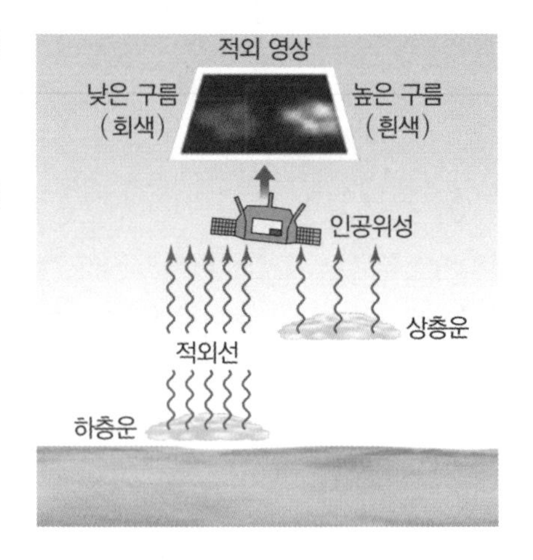

① 적외선 영역에서 촬영한 영상을 말한다. 적외선이란 여러 파장 영역 중 온도를 가진 물체가 방출하는 복사 에너지의 세기를 의미한다.
② 적외 영상에서는 구름이 방출하는 복사 에너지를 촬영한다.
보통 구름의 고도가 높을수록 온도가 낮아 구름이 방출하는 복사 에너지양은 줄어든다. 적외 영상은 **구름의 고도가 높을수록 밝게** 나타난다.
따라서 적외 영상에서 밝기는 온도에 반비례한다.
(적외 영상은 고도가 높은 구름을 찾기 위해 사용된다.)
③ 적외선은 밤에도 방출되므로 태양빛이 없는 밤에도 관측이 가능하다.

만약 **두 영역에서 모두 밝게 보인다면** 그 지역은 구름의 **두께가 두껍고 고도도 높은 적운형 구름**이 있을 가능성이 크다.

구분	가시 영상	
	구름의 종류	특징
밝은 색	적운형 구름	태양빛을 많이 반사한다
어두운 색	층운형 구름	태양빛을 덜 반사한다
구분	적외 영상	
	구름의 종류	특징
밝은 색	상층운	고도가 높다 (구름의 온도가 낮다)
어두운 색	하층운	고도가 낮다 (구름의 온도가 높다)

Theme 03 - 4 일기도와 위성 영상

2020년 7월 학력평가 지Ⅰ 6번

그림 (가)는 어느 날 우리나라 주변의 지상 일기도를, (나)는 B, C 중 한 곳의 날씨를 일기 기호로 나타낸 것이다.

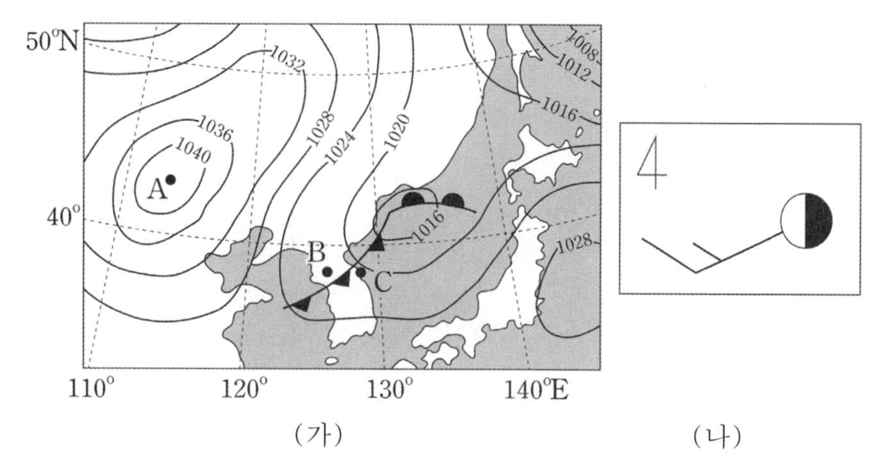

(가) (나)

이에 대한 옳은 설명만을 <보기>에서 있는 대로 고른 것은?

<보 기>

ㄱ. A에는 하강 기류가 나타난다.
ㄴ. 기온은 B가 C보다 높다.
ㄷ. (나)는 B의 일기 기호이다.

① ㄱ ② ㄴ ③ ㄱ, ㄷ ④ ㄴ, ㄷ ⑤ ㄱ, ㄴ, ㄷ

추가로 물어볼 수 있는 선지
1. 적외 영상은 태양빛이 없는 야간에도 관측이 가능하다. (O , X)
2. 일기도 상에서 등압선 간격이 좁을수록 바람이 강하게 분다. (O , X)
3. A 지역은 한랭한 기단의 영향을 받고 있다. (O , X)

정답 : 1. (O), 2. (O), 3. (O)

01 2020년 7월 학력평가 지Ⅰ 6번

KEY POINT #일기도, #일기 기호, #온대 저기압

문항의 발문 해석하기

어느 쪽이 고기압인지, 어느 쪽이 저기압인지 기압 배치를 보고 일기도를 해석할 준비를 해야 한다. 또한 일기 기호에 나타나 있는 자료를 해석할 수 있어야 한다.

문항의 자료 해석하기

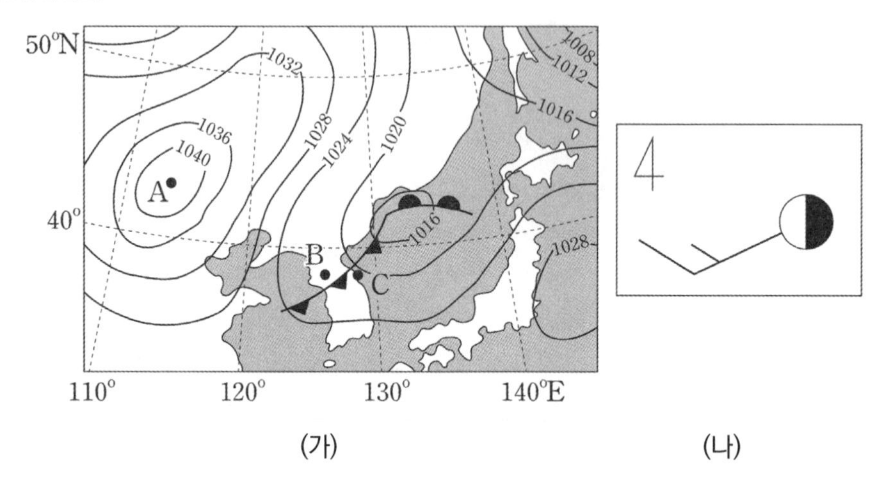

(가) (나)

1. (가) 자료에서 각 지역의 기압 배치를 알 수 있다. 또한 온대 저기압이 나타나 있는 것을 확인할 수 있다. 이때 A는 주변보다 기압이 높으므로 고기압이 나타날 것이며 B는 한랭 전선의 후면, C는 온난 전선과 한랭 전선 사이에 위치해 있다는 것을 판단할 수 있다.
2. (나) 자료는 일기 기호를 알려주고 있다. 이때, 남서풍이 불고 있다는 것을 확인할 수 있으므로 이는 C의 풍향을 알려주고 있는 것이다.

선지 판단하기

ㄱ 선지 A에는 하강 기류가 나타난다. (O)

A는 주위보다 기압이 상대적으로 높으므로 고기압이 나타난다. 따라서 A에서는 하강 기류가 나타난다.

ㄴ 선지 기온은 B가 C보다 높다. (X)

B는 한랭 전선의 후면, C는 온난 전선과 한랭 전선 사이의 지역이므로 적운형 구름이 나타나는 B 지역의 기온이 더 낮을 것이다.

ㄷ 선지 (나)는 B의 일기 기호이다. (X)

(나)의 자료는 남서풍을 나타내고 있다. 따라서 온난 전선과 한랭 전선 사이 지역인 C의 일기 기호일 것이다. B는 한랭 전선 후면이므로 북서풍이 불어야 할 것이다.

기출문항에서 가져가야 할 부분

1. 일기도의 기압 배치를 보고 고기압, 저기압 판단하기
2. 일기 기호 해석하기
3. 일기도와 일기 기호를 보고 풍향 판단하기

기출 문제로 알아보는 유형별 정리

1 일기도 해석

① 등압선 간격과 풍속 2021학년도 9월 모의평가 19번

그림 (가)는 어느 날 05시 우리나라 주변의 적외 영상을, (나)는 다음날 09시 지상 일기도를 나타낸 것이다.

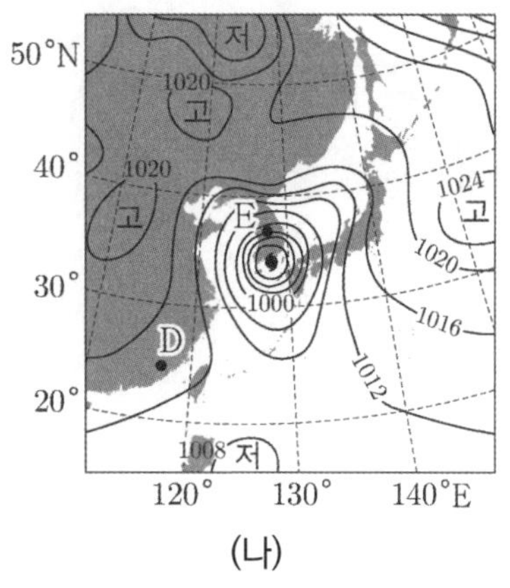

(나)

ㄷ. (나)에서 풍속은 E가 D보다 크다. (O)

- 일기도에서 **등압선의 간격이 좁을수록 풍속은 커진다**. 이때, D보다 E에서 등압선의 간격이 좁으므로 E의 풍속이 빠르다.
- 등압선의 간격과 풍속 사이의 관계는 반드시 알고 있어야 한다. 등압선의 간격이 좁을수록 풍속이 빨라지는 이유는 기압이 급격히 변화하면서 공기의 흐름이 빠르게 변화하기 때문이다.

2 일기 기호

① 일기 기호 해석 방법 2022년 10월 학력평가 17번

그림 (가)는 위도가 동일한 관측소 A, B, C의 위치와 태풍의 이동 경로를, (나)는 태풍이 우리나라를 통과하는 동안 A, B, C에서 같은 시각에 관측한 날씨를 ㉠, ㉡, ㉢으로 순서 없이 나타낸 것이다.

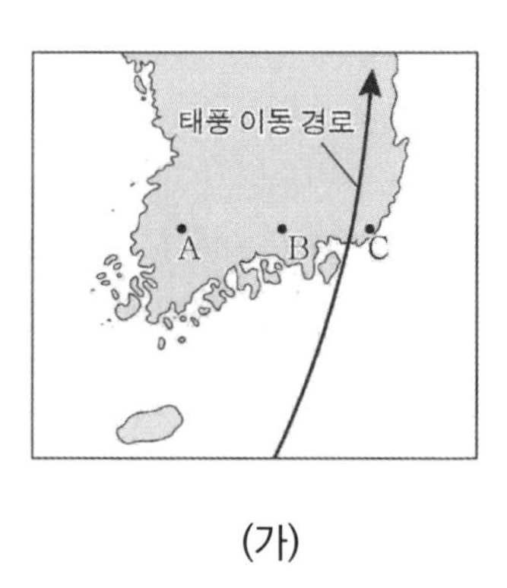

(가)

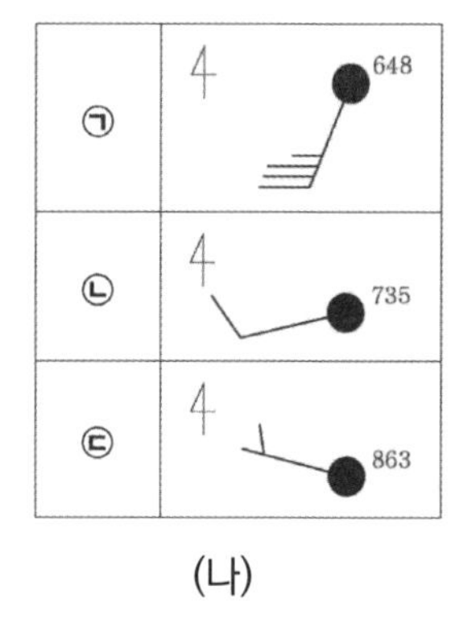

(나)

ㄴ. ㉠은 C에서 관측한 자료이다. (O)

- (나) 자료에서는 일기 기호를 통해 기압과 풍향을 알려주고 있다. 이때 태풍의 이동 경로와 가장 가까운 C에서의 풍속이 빠르고 기압이 가장 낮을 것이므로 ㉠에 해당한다. (풍향, 태풍의 위치를 이용한 풀이는 p.49를 참고하자.)
- (나) 자료에서 우리는 상황에 따른 기압을 읽을 수 있어야 한다. ㉠의 기압은 964.8hPa에 해당하고, ㉡의 기압은 973.5hPa, ㉢의 기압은 986.3hPa에 해당한다. 일기 기호 **오른쪽 숫자가 500보다 크다면 앞자리 9를 붙인 후 소수점 한자리를 붙여 읽고, 500보다 작다면 앞자리 10을 붙인 후 소수점 한자리를 붙여서 읽어야 한다.**

3 가시 영상, 적외 영상

① 가시 영상 2021학년도 수능 8번

그림 (가)와 (나)는 어느 날 같은 시각 우리나라 부근의 가시영상과 지상 일기도를 각각 나타낸 것이다.

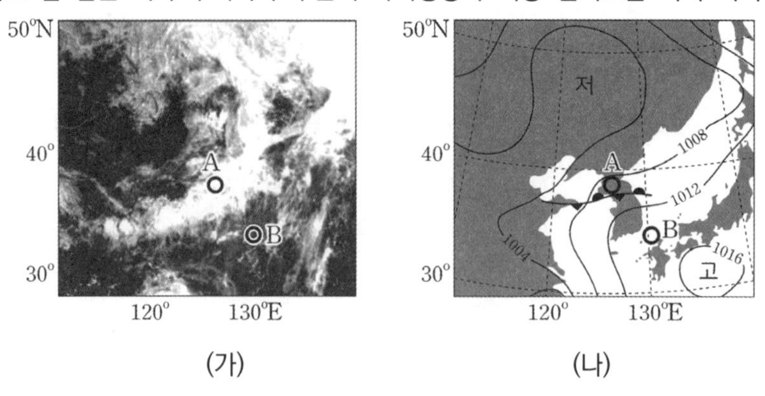

(가) (나)

ㄱ. 구름의 두께는 A 지역이 B 지역보다 두껍다. (O)

- **가시 영상**에서는 **구름의 두께가 두꺼울수록 밝게 보인다**. 따라서 더 밝은 A 지역의 두께가 더 두꺼울 것이다.
- 가시 영상은 구름의 두께를 알려준다는 사실을 기억하자. 구름의 두께가 두꺼울수록 적운형 구름일 가능성이 높다.

② 적외 영상 2020년 3월 학력평가 15번

그림은 정체 전선의 영향으로 호우가 발생했던 어느 날 자정에 관측한 우리나라 부근의 기상 위성 영상이다.

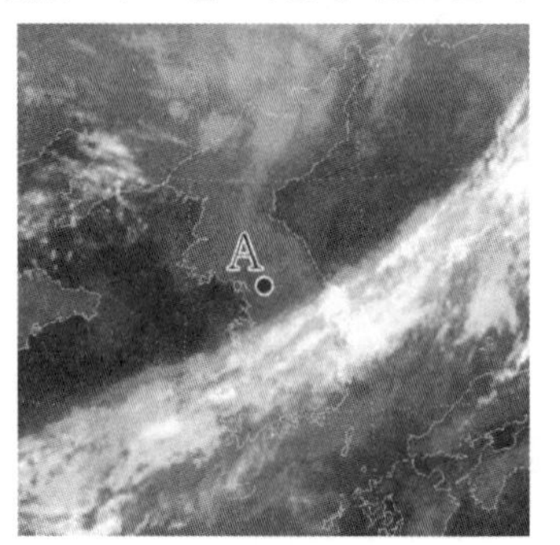

ㄱ. 가시광선 영역을 촬영한 영상이다. (X)

- **가시 광선 영역은 태양빛이 있는 낮 동안만 관측이 가능**하다. 발문에서 이 영상은 **자정**에 관측한 자료라고 했으므로 **태양빛이 없는 밤**에 관측한 영상일 것이다. 이 영상은 적외선 영역을 이용한 **적외 영상**일 것이다.
- 가시 영상, 적외 영상의 자료를 이용하는 문제는 반드시 **관측 시각이 언제인지 먼저 판단**해야 한다.

③ 가시 영상을 통한 시간 확인 　　2023년 10월 학력평가 14번

그림 (가)와 (나)는 같은 시각에 우리나라 주변을 관측한 가시 영상과 적외 영상을 순서 없이 나타낸 것이다.

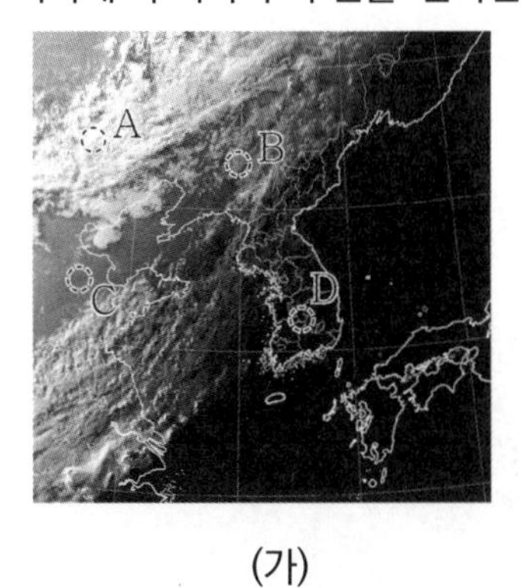

(가)

(나)

ㄱ. 관측 파장은 (가)가 (나)보다 길다. (X)

- (가) 자료는 우리나라 동쪽이 관측되지 않지만, (나) 자료는 우리나라 주변 전체가 관측되므로 (가)는 가시 영상, (나)는 적외 영상이다. 따라서 관측 파장은 (가)가 더 짧다.
- (가) 자료처럼 가시 영상을 관측할 때 우리나라 **동해안 쪽이 보이지 않는다면** 우리나라는 **일몰 후** 즉, 오후라는 것을 알아두자.
- 반대로 우리나라 **서해안 쪽이 보이지 않는다면** 우리나라는 **일출 전** 즉, 오전이라는 것을 알아두자.

추가로 물어볼 수 있는 선지 해설

1. 적외 영상은 물체의 온도를 측정하기 때문에 빛이 없는 야간에도 촬영 가능하다.
   ⇒ 가시 영상은 태양빛이 없는 야간에 촬영 불가능하다.
2. 일기도에서 등압선의 간격이 좁을수록 바람은 강하게 분다.
3. A 지역은 시베리아 기단과 같이 차가운 기단의 영향을 받으므로 한랭하다.

Chapter

05 유제

01 2020년 3월 학력평가 15번

그림은 정체 전선의 영향으로 호우가 발생했던 어느 날 자정에 관측한 우리나라 부근의 기상 위성 영상이다.

이에 대한 옳은 설명만을 <보기>에서 있는 대로 고른 것은?

<보 기>

ㄱ. 가시광선 영역을 촬영한 영상이다.
ㄴ. A 지역에는 남풍 계열의 바람이 우세하다.
ㄷ. 정체 전선은 북동 - 남서 방향으로 발달해 있다.

① ㄱ ② ㄷ ③ ㄱ, ㄴ ④ ㄴ, ㄷ ⑤ ㄱ, ㄴ, ㄷ

02 2016년 7월 학력평가 10번

그림은 우리나라를 통과하는 어느 온대 저기압에 동반된 한랭 전선과 온난 전선을 물리량에 따라 구분한 것이다.

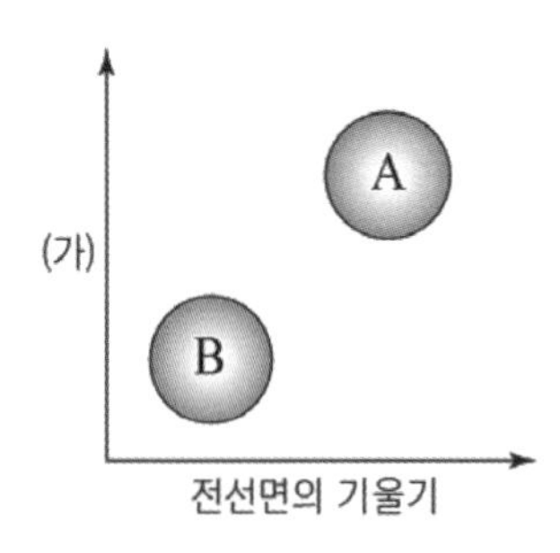

이에 대한 설명으로 옳은 것만을 <보기>에서 있는 대로 고른 것은?

<보 기>

ㄱ. 온난 전선은 A이다.
ㄴ. B가 통과하는 동안 풍향은 시계 반대 방향으로 변한다.
ㄷ. (가)에 해당하는 물리량으로 전선의 이동 속도가 있다.

① ㄱ ② ㄷ ③ ㄱ, ㄴ ④ ㄴ, ㄷ ⑤ ㄱ, ㄴ, ㄷ

03 2019학년도 대학수학능력시험 10번

그림 (가)는 어느 날 06시부터 21시간 동안 우리나라 어느 관측소에서 높이에 따른 기온을, (나)는 이날 06시의 우리나라 주변 지상 일기도를 나타낸 것이다. 관측 기간 동안 온난 전선과 한랭 전선 중 하나가 이 관측소를 통과하였다.

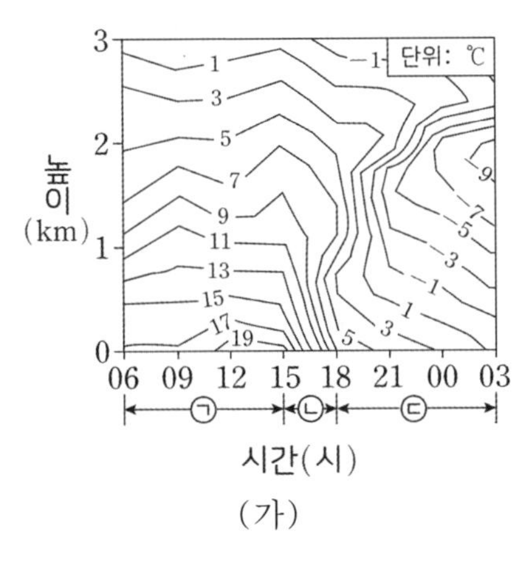

(가)

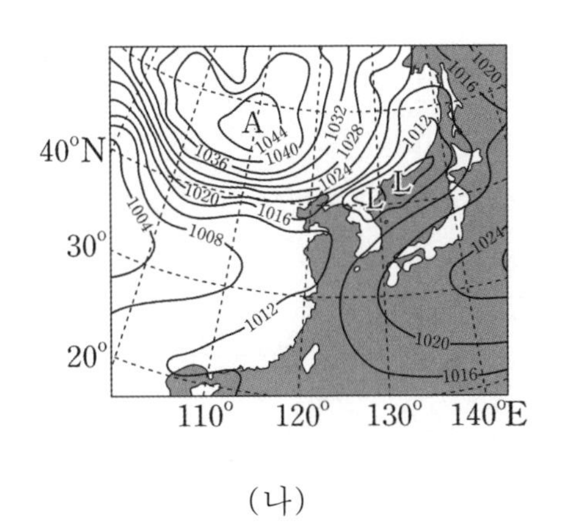

(나)

이에 대한 설명으로 옳은 것만을 <보기>에서 있는 대로 고른 것은? [3점]

<보 기>

ㄱ. 관측소를 통과한 전선은 온난 전선이다.

ㄴ. 관측소의 지상 평균 기압은 ㉢ 시기가 ㉠ 시기보다 높다.

ㄷ. ㉢ 시기에 관측소는 A 지역 기단의 영향을 받는다.

① ㄱ ② ㄴ ③ ㄱ, ㄷ ④ ㄴ, ㄷ ⑤ ㄱ, ㄴ, ㄷ

04 2016년 10월 학력평가 10번

그림 (가)는 겨울철 어느 날의 일기도를, (나)는 이날 A와 B 지점에서 측정한 높이에 따른 기온 분포를 나타낸 것이다.

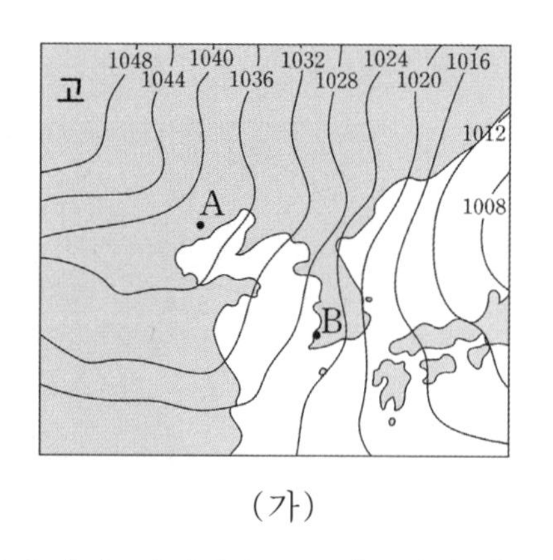

(가)

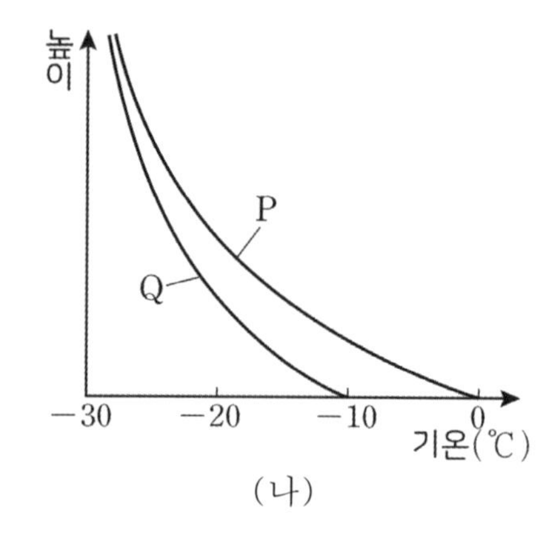

(나)

이에 대한 옳은 설명만을 <보기>에서 있는 대로 고른 것은? [3점]

<보 기>

ㄱ. 기단이 A에서 B로 이동함에 따라 기단의 하층부는 불안정해진다.

ㄴ. A에서 측정한 기온 분포는 Q이다.

ㄷ. 폭설이 내릴 가능성은 A보다 B에서 크다.

① ㄱ ② ㄴ ③ ㄱ, ㄷ ④ ㄴ, ㄷ ⑤ ㄱ, ㄴ, ㄷ

05 2020학년도 대학수학능력시험 12번

표의 (가)는 1일 강수량 분포를, (나)는 지점 A의 1일 풍향 빈도를 나타낸 것이다. $D_1 \rightarrow D_2$는 하루 간격이고 이 기간 동안 우리나라는 정체 전선의 영향권에 있었다.

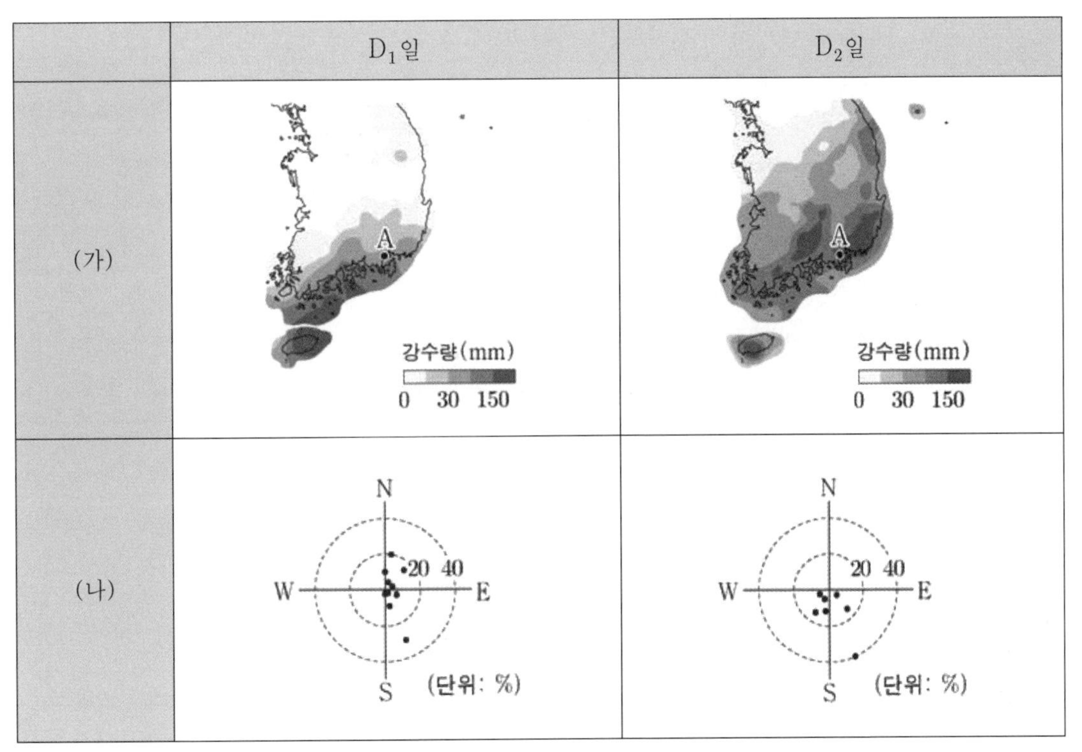

지점 A에 대한 설명으로 옳은 것만을 <보기>에서 있는 대로 고른 것은? [3점]

<보 기>

ㄱ. D_1일 때 정체 전선의 위치는 D_2일 때보다 북쪽이다.

ㄴ. D_2일 때 남동풍의 빈도는 남서풍의 빈도보다 크다.

ㄷ. D_1일 때가 D_2일 때보다 북태평양 기단의 영향을 더 받는다.

① ㄱ ② ㄴ ③ ㄱ, ㄷ ④ ㄴ, ㄷ ⑤ ㄱ, ㄴ, ㄷ

06 2020년 10월 학력평가 2번

다음은 전선의 형성 원리를 알아보기 위한 실험이다.

[실험 과정]

(가) 수조의 가운데에 칸막이를 설치하고, 양쪽 칸에 온도계를 설치한 후 ㉠ 칸에 드라이아이스를 넣는다.

(나) 5분 후 ㉠ 칸과 ㉡ 칸의 기온을 측정하여 비교한다.

(다) 칸막이를 천천히 들어 올리면서 공기의 움직임을 살펴본다.

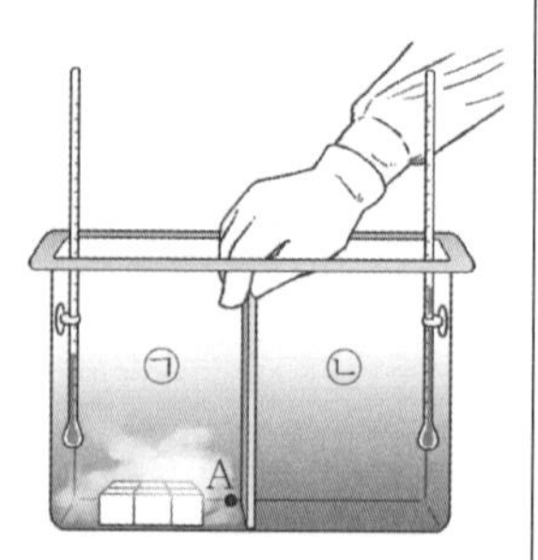

[실험 결과]

○ (나)에서 기온은 ㉠ 칸이 ㉡ 칸보다 낮았다.

○ (다)에서 A 지점의 공기는 수조의 바닥을 따라 ㉡ 칸 쪽으로 이동하였다.

이에 대한 옳은 설명만을 <보기>에서 있는 대로 고른 것은?

<보 기>

ㄱ. (나)에서 공기의 밀도는 ㉠ 칸이 ㉡ 칸보다 크다.

ㄴ. (다)에서 A 지점 부근의 공기 움직임으로 한랭 전선의 형성 과정을 설명할 수 있다.

ㄷ. 수조 안 전체 공기의 무게 중심은 (나)보다 (다)에서 높다.

① ㄱ ② ㄷ ③ ㄱ, ㄴ ④ ㄴ, ㄷ ⑤ ㄱ, ㄴ, ㄷ

07 2021학년도 대학수학능력시험 8번

그림 (가)와 (나)는 어느 날 같은 시각 우리나라 부근의 가시영상과 지상 일기도를 각각 나타낸 것이다.

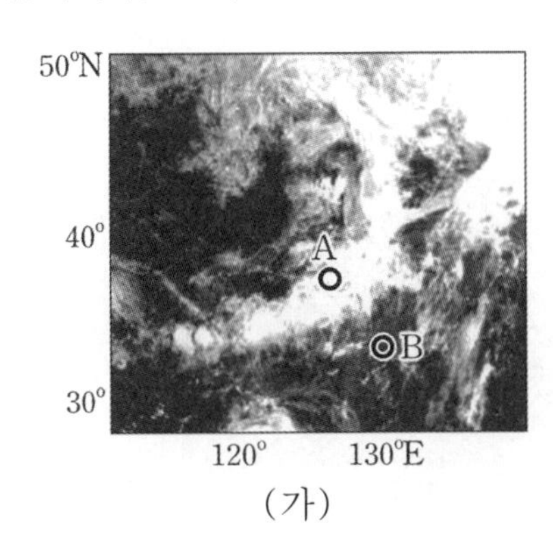

(가)

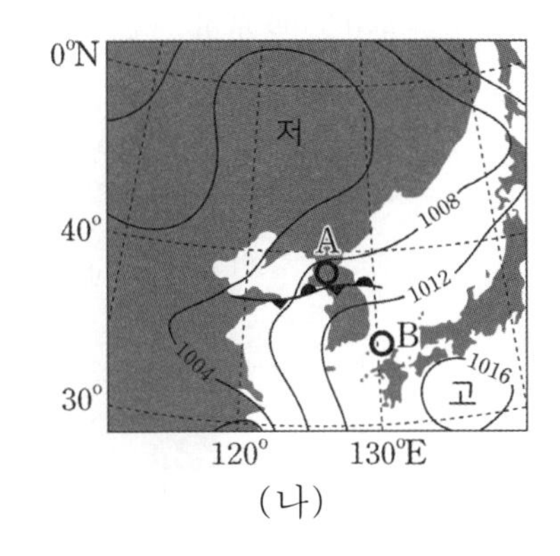

(나)

이 자료에 대한 설명으로 옳은 것만을 <보기>에서 있는 대로 고른 것은?

<보 기>

ㄱ. 구름의 두께는 A 지역이 B 지역보다 두껍다.
ㄴ. A 지역의 구름을 형성하는 수증기는 주로 전선의 남쪽에 위치한 기단에서 공급된다.
ㄷ. B 지역의 지상에서는 남풍 계열의 바람이 분다.

① ㄱ ② ㄴ ③ ㄱ, ㄷ ④ ㄴ, ㄷ ⑤ ㄱ, ㄴ, ㄷ

08 2020년 3월 학력평가 13번

그림 (가)는 어느 날 우리나라를 통과한 온대 저기압의 이동 경로를, (나)는 이날 관측소 A, B 중 한 곳에서 관측한 풍향의 변화를 나타낸 것이다.

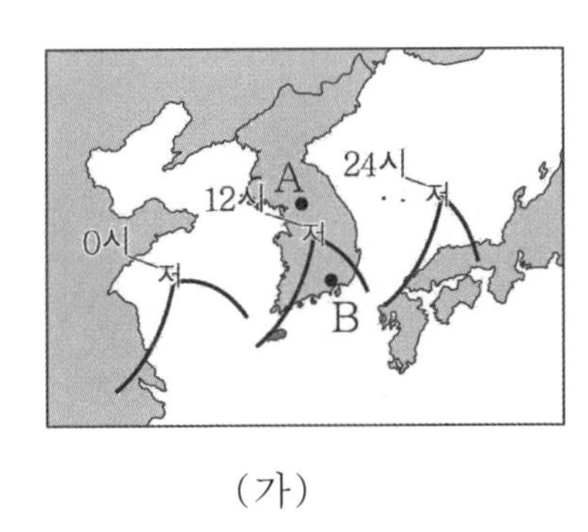

(가)

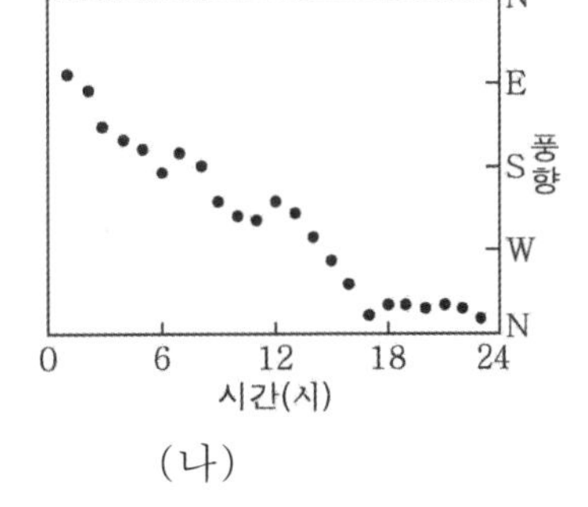

(나)

이에 대한 옳은 설명만을 <보기>에서 있는 대로 고른 것은?

<보 기>

ㄱ. (가)에서 온대 저기압의 이동은 편서풍의 영향을 받았다.
ㄴ. (나)는 A에서 관측한 결과이다.
ㄷ. (나)를 관측한 지역에서는 이날 12시 이전에 소나기가 내렸을 것이다.

①ㄱ ② ㄷ ③ ㄱ, ㄴ ④ ㄴ, ㄷ ⑤ ㄱ, ㄴ, ㄷ

09 2022학년도 6월 모의평가 8번

그림 (가)와 (나)는 어느 날 같은 시각의 지상 일기도와 적외 영상을 나타낸 것이다. 이때 우리나라 주변에는 전선을 동반한 2개의 온대 저기압이 발달하였다.

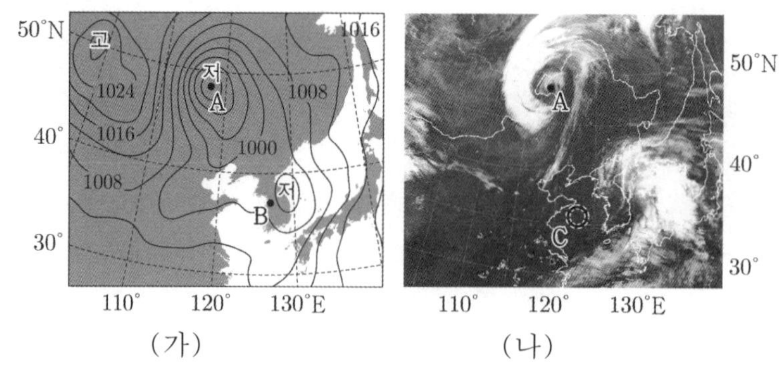

(가) (나)

이 자료에 대한 설명으로 옳은 것만을 <보기>에서 있는 대로 고른 것은? [3점]

<보 기>

ㄱ. A 지점의 저기압은 폐색 전선을 동반하고 있다.
ㄴ. B 지점은 서풍 계열의 바람이 우세하다.
ㄷ. C 지역에는 적란운이 발달해 있다.

① ㄱ ② ㄴ ③ ㄷ ④ ㄱ, ㄴ ⑤ ㄴ, ㄷ

10 2020년 7월 학력평가 6번

그림 (가)는 어느 날 우리나라 주변의 지상 일기도를, (나)는 B, C 중 한 곳의 날씨를 일기 기호로 나타낸 것이다.

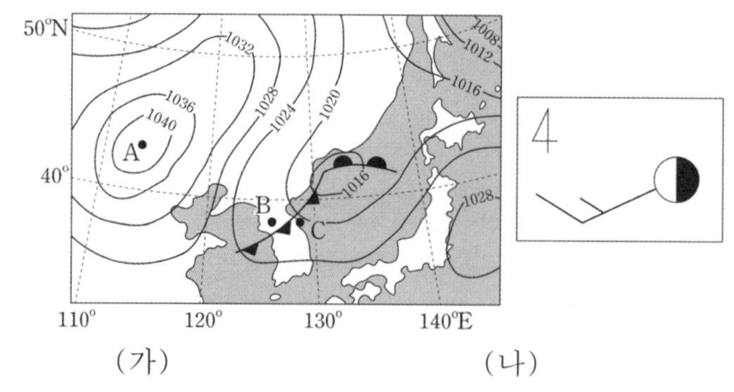

(가) (나)

이에 대한 설명으로 옳은 것만을 <보기>에서 있는 대로 고른 것은?

<보 기>

ㄱ. A에는 하강 기류가 나타난다.
ㄴ. 기온은 B가 C보다 높다.
ㄷ. (나)는 B의 일기 기호이다.

① ㄱ ②ㄴ ③ ㄱ, ㄷ ④ ㄴ, ㄷ ⑤ ㄱ, ㄴ, ㄷ

11 2021년 7월 학력평가 9번

다음은 위성 영상을 해석하는 탐구 활동이다.

[탐구 과정]

(가) 동일한 시각에 촬영한 가시 영상과 적외 영상을 준비한다.

(나) 가시 영상과 적외 영상에서 육지와 바다의 밝기를 비교한다.

(다) 가시 영상과 적외 영상에서 구름 A와 B의 밝기를 비교한다.

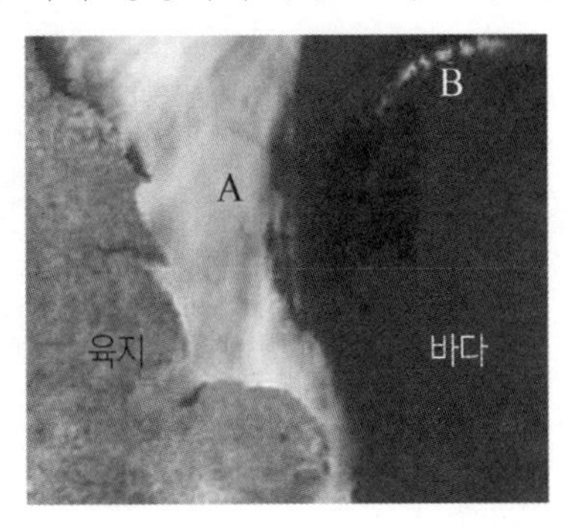

가시 영상

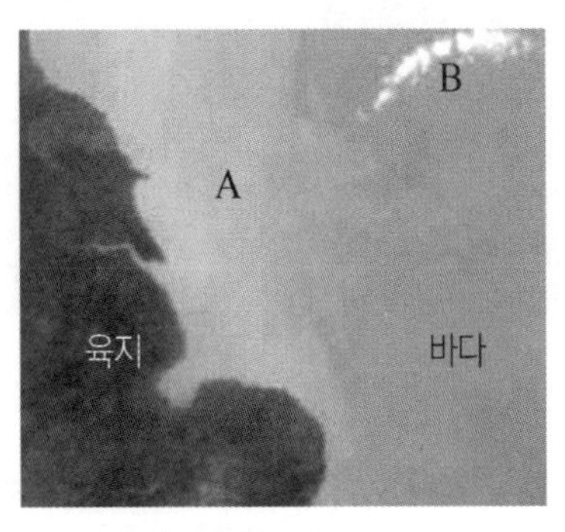

적외 영상

[탐구 결과]

구분	가시 영상	적외 영상
(나)	육지가 바다보다 밝다.	바다가 육지보다 밝다.
(다)	A와 B의 밝기가 비슷하다.	B가 A보다 밝다.

이에 대한 설명으로 옳은 것만을 <보기>에서 있는 대로 고른 것은? [3점]

<보 기>

ㄱ. 육지는 바다보다 온도가 높다.

ㄴ. 위성 영상은 밤에 촬영한 것이다.

ㄷ. 구름 최상부의 높이는 B가 A보다 높다.

① ㄱ ② ㄴ ③ ㄷ ④ ㄱ, ㄷ ⑤ ㄴ, ㄷ

12 2021학년도 6월 모의평가 15번

그림 (가)와 (나)는 어느 온대 저기압이 우리나라를 지날 때 12시간 간격으로 작성한 지상 일기도를 순서대로 나타낸 것이다. 일기 기호는 A 지점에서 관측한 기상 요소를 표시한 것이다.

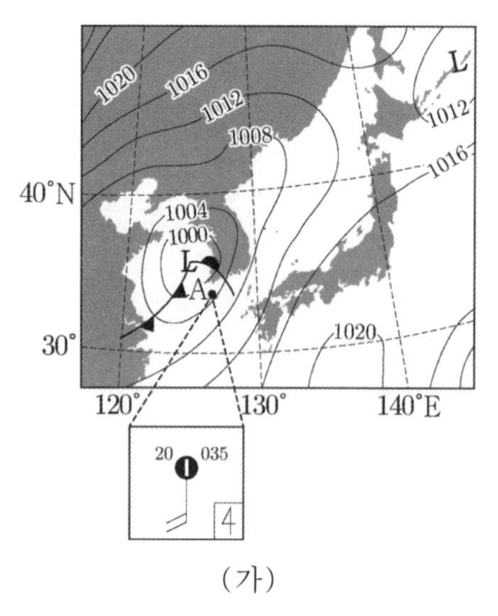

(가)

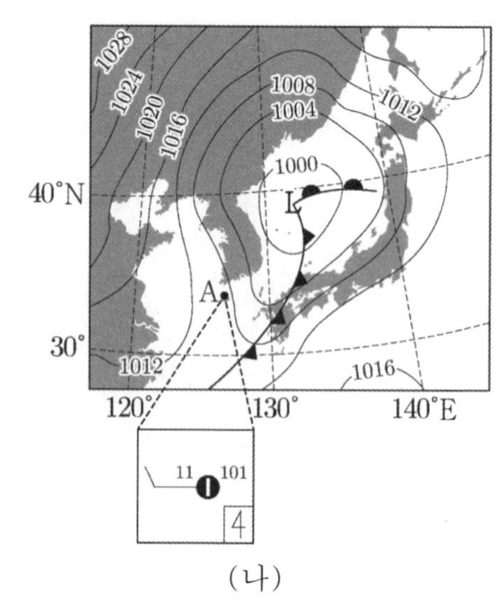

(나)

이 자료에 대한 설명으로 옳은 것만을 <보기>에서 있는 대로 고른 것은?

<보 기>

ㄱ. A 지점의 풍향은 시계 방향으로 바뀌었다.

ㄴ. 한랭 전선이 통과한 후에 A에서의 기온은 9°C 하강하였다.

ㄷ. 온난 전선면과 한랭 전선면은 각각 전선으로부터 지표상의 공기가 더 차가운 쪽에 위치한다.

① ㄱ ② ㄷ ③ ㄱ, ㄴ ④ ㄴ, ㄷ ⑤ ㄱ, ㄴ, ㄷ

13 2020학년도 9월 모의평가 10번

그림 (가)와 (나)는 어느 온대 저기압이 우리나라를 통과하는 동안 A와 B 지역의 기압과 풍향을 관측 시작 시각으로부터의 경과 시간에 따라 각각 나타낸 것이다. A와 B는 동일 경도 상이며, 온대 저기압의 영향권에 있었다.

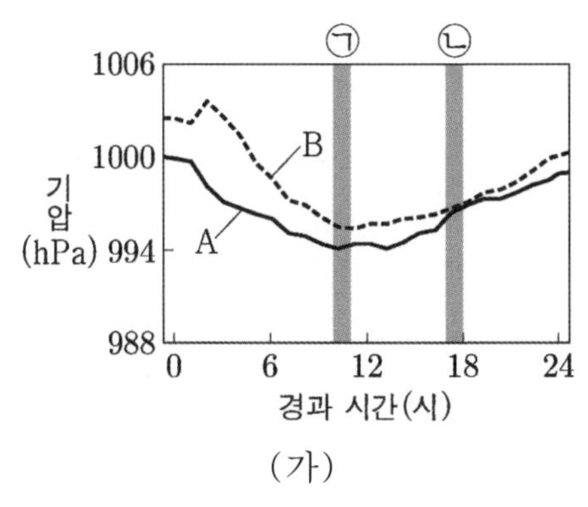

(가)

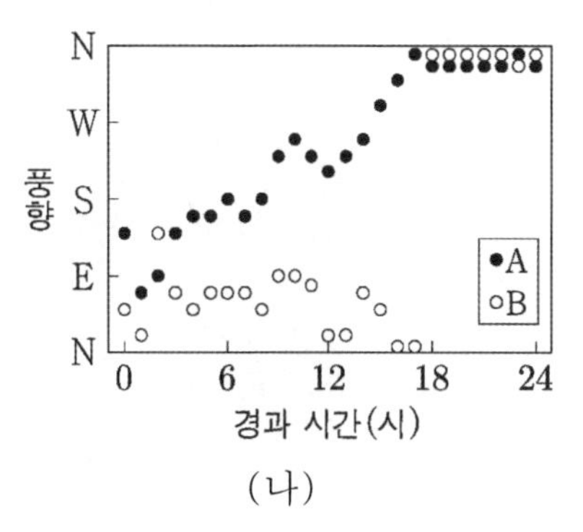

(나)

이에 대한 설명으로 옳은 것만을 <보기>에서 있는 대로 고른 것은? [3점]

<보 기>

ㄱ. A는 ㉡ 시기가 ㉠ 시기보다 찬 공기의 영향을 받았다.
ㄴ. 한랭 전선은 경과 시간 12~18시에 B를 통과하였다.
ㄷ. A는 B보다 저위도에 위치한다.

① ㄱ ② ㄴ ③ ㄱ, ㄷ ④ ㄴ, ㄷ ⑤ ㄱ, ㄴ, ㄷ

14 2021학년도 9월 모의평가 4번

그림 (가)는 어느 날 21시 우리나라 주변의 지상 일기도를, (나)는 (가)의 21시부터 14시간 동안 관측소 A와 B 중 한 곳에서 관측한 기온과 기압을 나타낸 것이다.

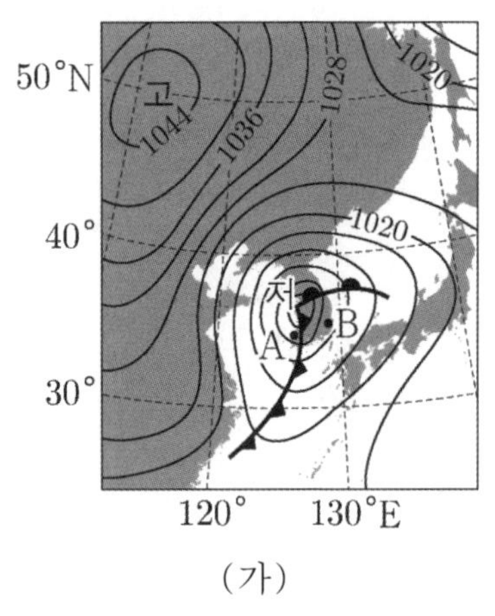

(가)

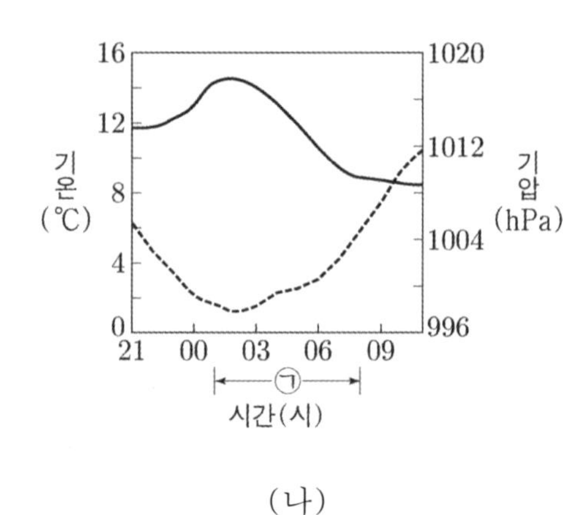

(나)

이 자료에 대한 설명으로 옳은 것만을 <보기>에서 있는 대로 고른 것은? [3점]

<보 기>

ㄱ. (가)에서 A의 상층부에는 주로 층운형 구름이 발달한다.
ㄴ. (나)는 B의 관측 자료이다.
ㄷ. (나)의 관측소에서 ㉠기간 동안 풍향은 시계 반대 방향으로 바뀌었다.

① ㄱ ② ㄴ ③ ㄱ, ㄷ ④ ㄴ, ㄷ ⑤ ㄱ, ㄴ, ㄷ

15 2017년 7월 학력평가 11번

그림 (가)는 우리나라를 지나는 어느 온대 저기압의 등온선 분포를, (나)는 A, B, C 중 한 지역에서 관측된 기상 현상을 나타낸 것이다.

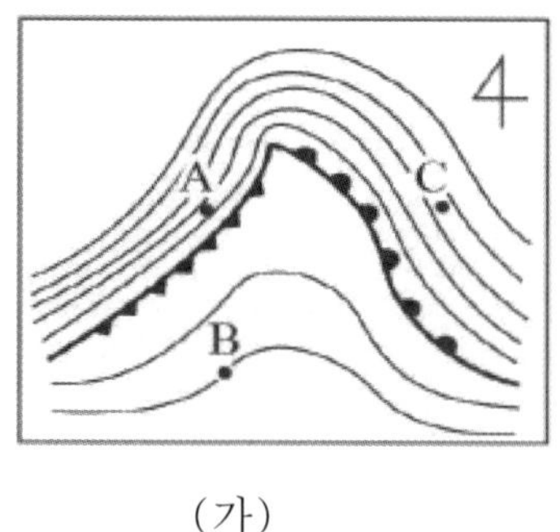

(가)

(나)

이에 대한 설명으로 옳은 것만을 <보기>에서 있는 대로 고른 것은? [3점]

<보 기>

ㄱ. 기온은 A가 C보다 낮다.
ㄴ. B에서는 남서풍이 우세하다.
ㄷ. (나)가 관측된 지역은 A이다.

① ㄱ ② ㄴ ③ ㄱ, ㄷ ④ ㄴ, ㄷ ⑤ ㄱ, ㄴ, ㄷ

16 2022학년도 대학수학능력시험 12번

그림 (가)와 (나)는 우리나라에 온대 저기압이 위치할 때, 온난 전선과 한랭 전선 주변의 지상 기온 분포를 순서 없이 나타낸 것이다.

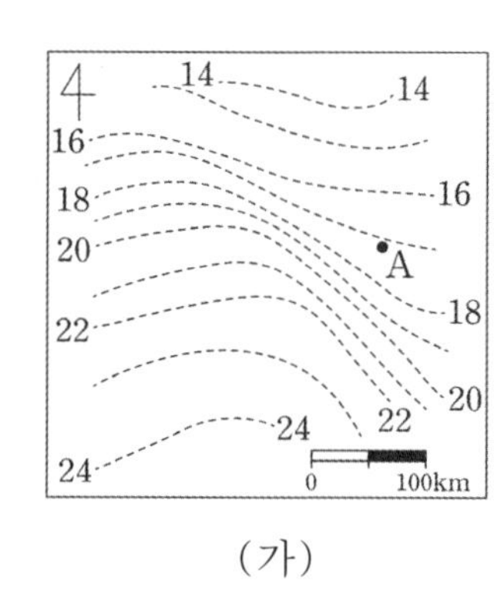

(가)

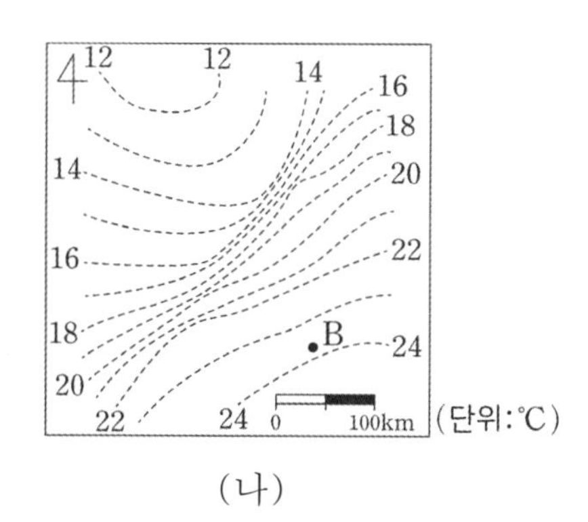

(나)

이에 대한 설명으로 옳은 것만을 <보기>에서 있는 대로 고른 것은? [3점]

<보 기>

ㄱ. 온난 전선 주변의 지상 기온 분포는 (가)이다.
ㄴ. A 지역의 상공에는 전선면이 나타난다.
ㄷ. B 지역에서는 북풍 계열의 바람이 분다.

① ㄱ ② ㄷ ③ ㄱ, ㄴ ④ ㄴ, ㄷ ⑤ ㄱ, ㄴ, ㄷ

17 2020학년도 대학수학능력시험 13번

그림 (가)와 (나)는 태풍의 영향을 받은 우리나라 관측소 A와 B에서 $T_1 \sim T_5$ 동안 측정한 기온, 기압, 풍향을 순서 없이 나타낸 것이다.

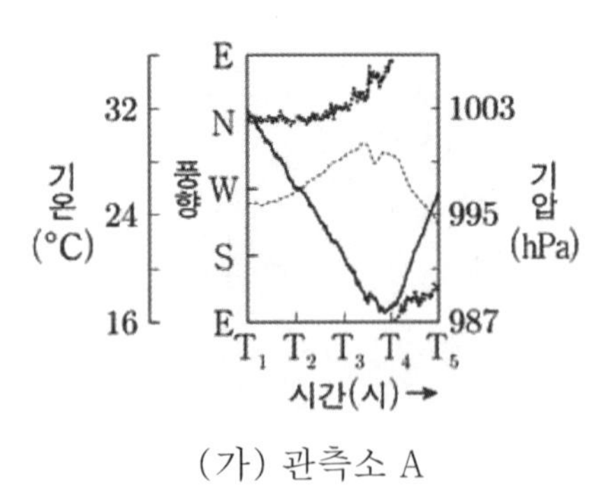

(가) 관측소 A

(나) 관측소 B

이 자료에 대한 설명으로 옳은 것만을 <보기>에서 있는 대로 고른 것은?

<보 기>

ㄱ. $T_1 \sim T_4$ 동안 A는 위험 반원, B는 안전 반원에 위치한다.

ㄴ. 태풍의 중심이 가장 가까이 통과한 시각은 A가 B보다 늦다.

ㄷ. $T_4 \sim T_5$ 동안 A와 B의 기온은 상승한다.

① ㄱ ② ㄴ ③ ㄱ, ㄷ ④ ㄴ, ㄷ ⑤ ㄱ, ㄴ, ㄷ

18 2022학년도 6월 모의평가 18번

그림 (가)와 (나)는 어느 날 동일한 태풍의 영향을 받은 우리나라 관측소 A와 B에서 측정한 기압, 풍속, 풍향의 변화를 순서 없이 나타낸 것이다.

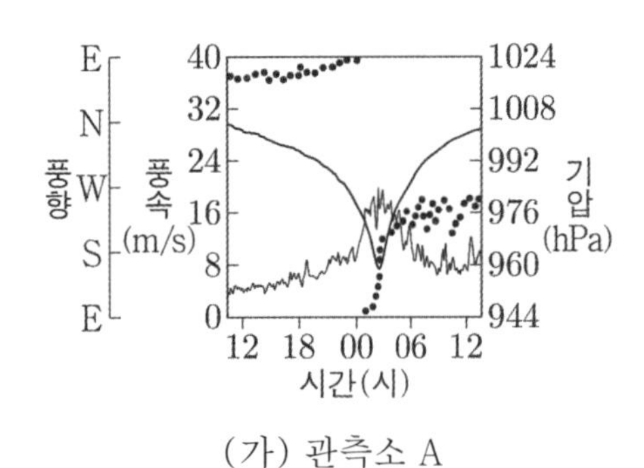

(가) 관측소 A

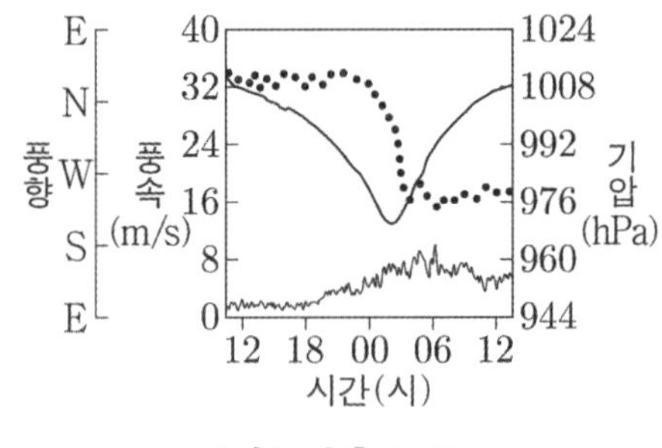

(나) 관측소 B

이 자료에 대한 설명으로 옳은 것만을 <보기>에서 있는 대로 고른 것은?

<보 기>

ㄱ. 최대 풍속은 B가 A보다 크다.

ㄴ. 태풍 중심까지의 최단 거리는 A가 B보다 가깝다.

ㄷ. B는 태풍의 안전 반원에 위치한다.

①ㄱ ② ㄴ ③ ㄱ, ㄷ ④ ㄴ, ㄷ ⑤ ㄱ, ㄴ, ㄷ

19 2020년 4월 학력평가 7번

그림 (가)는 어느 태풍의 이동 경로와 중심 기압을, (나)는 이 태풍의 영향을 받은 날 우리나라의 관측소 A와 B에서 측정한 기압과 풍향을 나타낸 것이다.

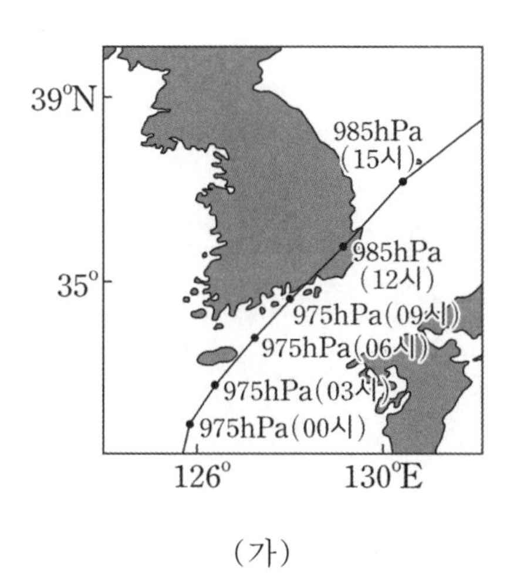

(가)

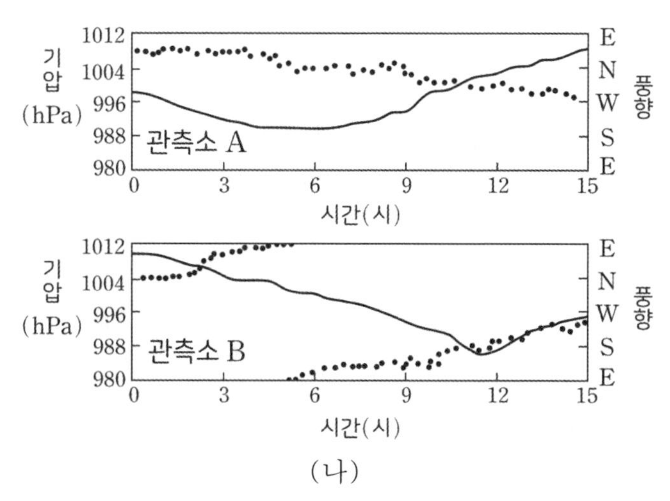

(나)

이에 대한 설명으로 옳은 것만을 <보기>에서 있는 대로 고른 것은? [3점]

<보 기>

ㄱ. (가)에서 태풍의 세력은 06시보다 12시에 강하다.
ㄴ. 태풍의 영향을 받는 동안 B는 위험 반원에 위치한다.
ㄷ. 태풍의 이동 경로와 관측소 사이의 최단 거리는 A보다 B가 짧다.

① ㄱ　② ㄴ　③ ㄱ, ㄷ　④ ㄴ, ㄷ　⑤ ㄱ, ㄴ, ㄷ

20 2021년 7월 학력평가 11번

표는 어느 태풍의 중심 기압과 이동 속도를, 그림은 이 태풍이 우리나라를 통과할 때 어느 관측소에서 측정한 기온과 풍향 및 풍속을 나타낸 것이다.

일시	중심 기압 (hPa)	이동 속도 (km/h)
2일 00시	935	23
2일 06시	940	22
2일 12시	945	23
2일 18시	945	32
3일 00시	950	36
3일 06시	960	70
3일 12시	970	45

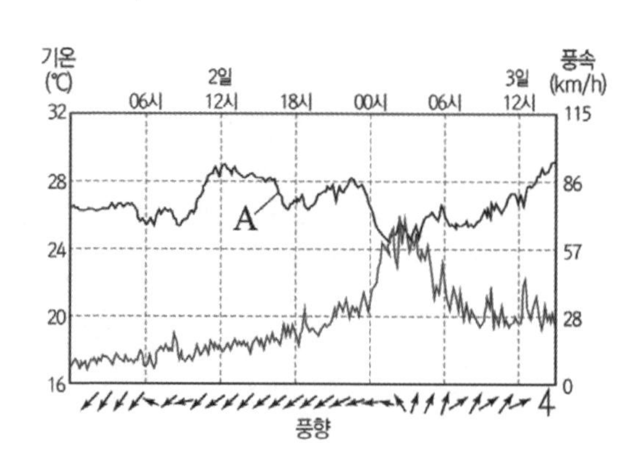

이 자료에 대한 설명으로 옳은 것만을 <보기>에서 있는 대로 고른 것은?

<보 기>

ㄱ. A는 기온이다.
ㄴ. 태풍의 세력이 약해질수록 이동 속도는 빠르다.
ㄷ. 관측소는 태풍 진행 경로의 오른쪽에 위치 하였다.

① ㄱ ② ㄴ ③ ㄱ, ㄷ ④ ㄴ, ㄷ ⑤ ㄱ, ㄴ, ㄷ

21 2020년 7월 학력평가 11번

그림 (가)와 (나)는 어느 날 태풍이 우리나라를 통과하는 동안 서울과 부산에서 관측한 기압, 풍향, 풍속 자료를 순서 없이 나타낸 것이다.

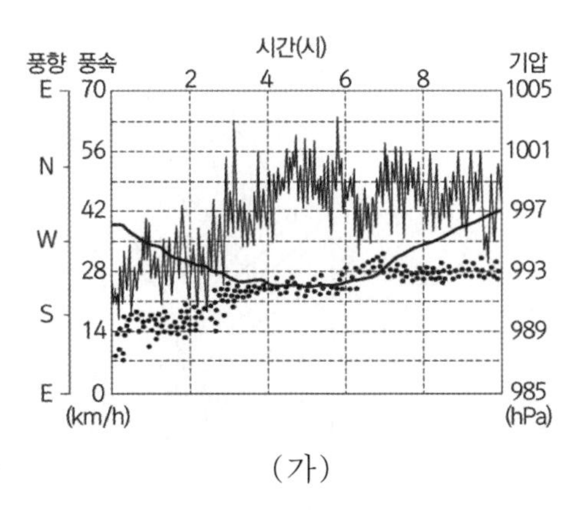

(가)

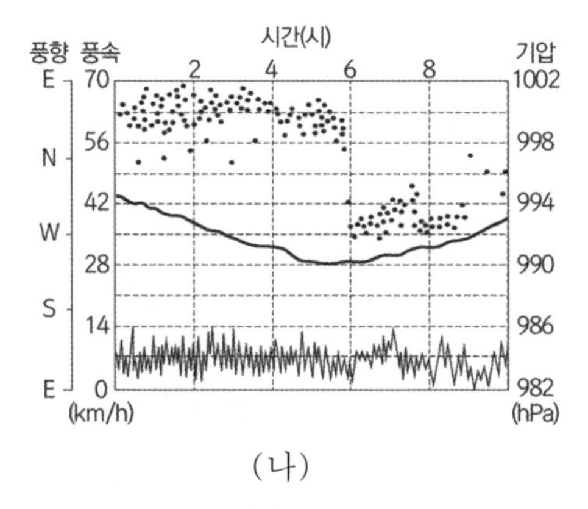

(나)

이 자료에 대한 설명으로 옳은 것만을 <보기>에서 있는 대로 고른 것은? [3점]

<보 기>

ㄱ. 태풍의 중심은 (가)가 관측된 장소의 서쪽을 통과하였다.
ㄴ. 최저 기압은 (가)가 (나)보다 낮다.
ㄷ. 평균 풍속은 (가)가 (나)보다 크다.

① ㄱ ② ㄴ ③ ㄱ, ㄷ ④ ㄴ, ㄷ ⑤ ㄱ, ㄴ, ㄷ

22 2020학년도 9월 모의평가 12번

그림은 어느 태풍의 이동 경로를, 표는 이 태풍이 이동하는 동안 관측소 A에서 관측한 풍향과 태풍의 중심 기압을 나타낸 것이다. A의 위치는 ㉠과 ㉡ 중 하나이다.

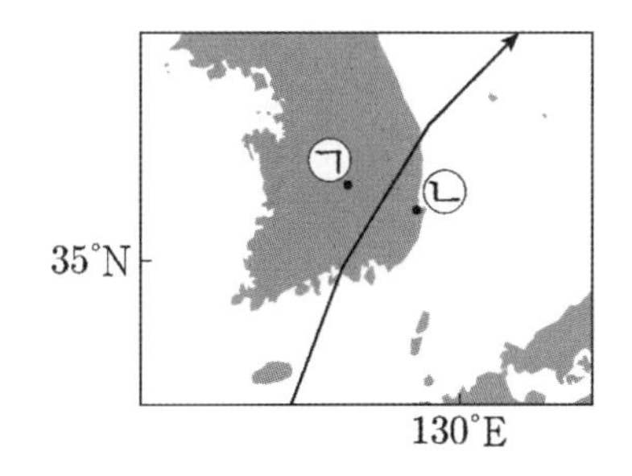

일시	풍향	태풍의 중심 기압(hPa)
12일 21시	동	955
13일 00시	남동	960
13일 03시	남남서	970
13일 06시	남서	970

이에 대한 설명으로 옳은 것만을 <보기>에서 있는 대로 고른 것은? [3점]

<보 기>

ㄱ. A의 위치는 ㉡에 해당한다.
ㄴ. 태풍의 세력은 13일 03시가 12일 21시보다 강하다.
ㄷ. 태풍의 중심과 A 사이의 거리는 13일 06시가 13일 03시보다 멀다.

① ㄱ ② ㄴ ③ ㄱ, ㄷ ④ ㄴ, ㄷ ⑤ ㄱ, ㄴ, ㄷ

23 2014년 7월 학력평가 9번

그림 (가)는 중위도에서 북상하는 어느 태풍의 단면을, (나)는 이 태풍 내부와 주변과의 기온 편차를 나타낸 것이다.

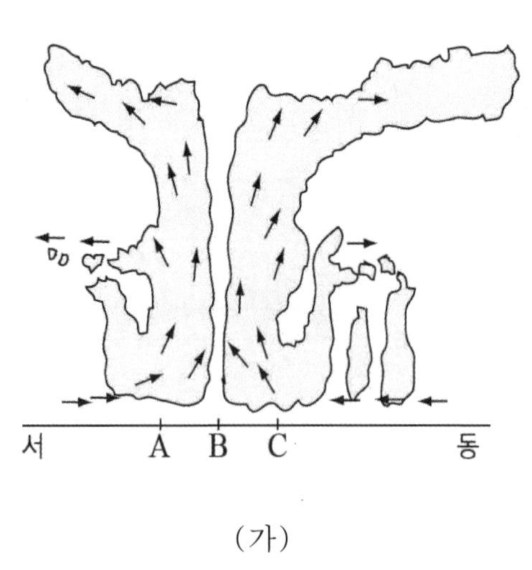

(가)

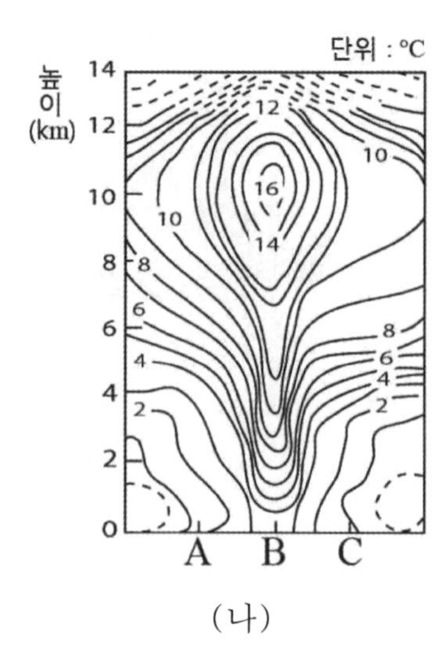

(나)

이에 대한 설명으로 옳은 것만을 <보기>에서 있는 대로 고른 것은? (단, 태풍 중심 B로부터 A와 C까지의 거리는 같다.) [3점]

<보 기>

ㄱ. A, B, C 중에 풍속이 가장 빠른 곳은 C이다.
ㄴ. 같은 높이에서 기온은 태풍의 중심으로 갈수록 높아진다.
ㄷ. B지점의 상공에서는 공기의 단열 압축이 일어난다.

① ㄱ ② ㄷ ③ ㄱ, ㄴ ④ ㄴ, ㄷ ⑤ ㄱ, ㄴ, ㄷ

24 2021학년도 6월 모의평가 18번

그림은 북반구 해상에서 관측한 태풍의 하층(고도 2km 수평면) 풍속 분포를 나타낸 것이다.

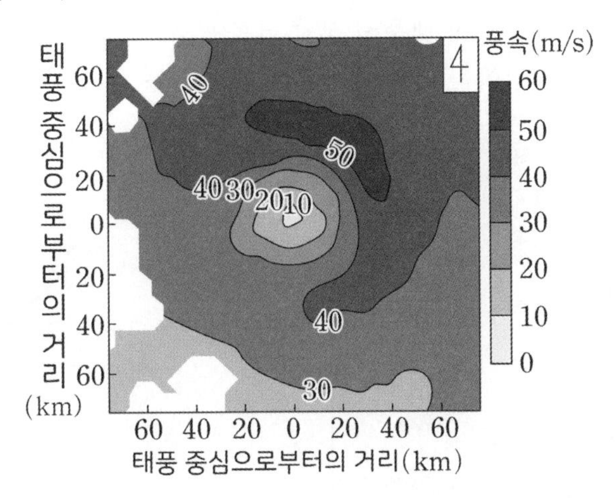

이에 대한 설명으로 옳은 것만을 <보기>에서 있는 대로 고른 것은? (단, 등압선은 태풍의 이동방향 축에 대해 대칭이라고 가정한다.) [3점]

<보 기>

ㄱ. 태풍은 북동 방향으로 이동하고 있다.

ㄴ. 태풍 중심 부근의 해역에서 수온 약층의 차가운 물이 용승한다.

ㄷ. 태풍의 상층 공기는 반시계 방향으로 불어 나간다.

① ㄱ ② ㄴ ③ ㄷ ④ ㄱ, ㄴ ⑤ ㄴ, ㄷ

25 2018학년도 대학수학능력시험 10번

그림 (가)는 어느 해 9월 9일부터 18일까지 태풍 중심의 위치와 기압을 1일 간격으로 나타낸 것이고, (나)는 12일, 14일, 16일에 관측한 이 태풍 중심의 이동 방향과 이동 속도를 ㉠, ㉡, ㉢으로 순서 없이 나타낸 것이다. 화살표의 방향과 길이는 각각 이동 방향과 속도를 나타낸다.

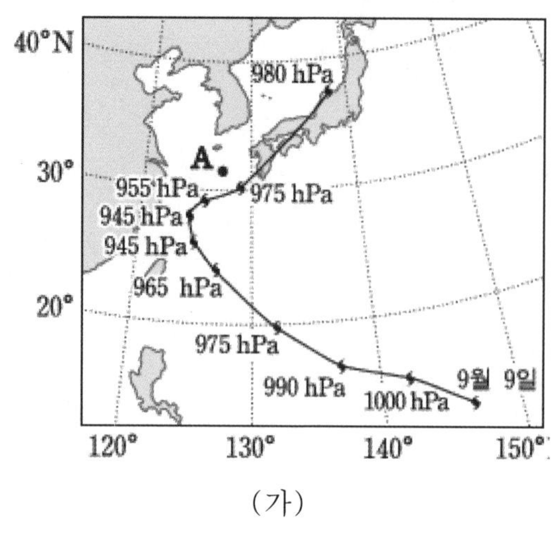

(가)

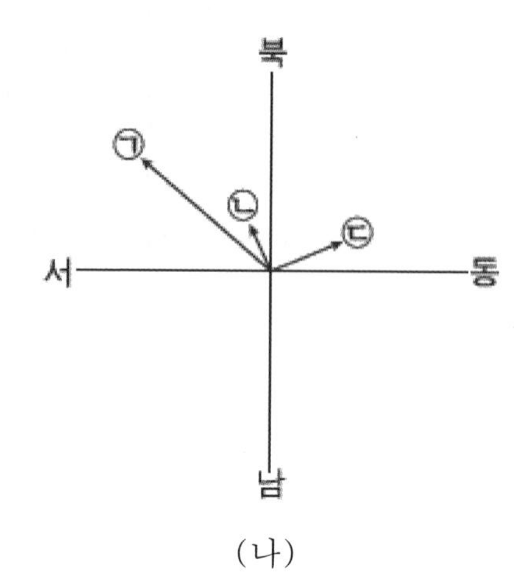

(나)

이에 대한 설명으로 옳은 것만을 <보기>에서 있는 대로 고른 것은? [3점]

<보 기>

ㄱ. 태풍의 세력은 10일이 16일보다 약하다.

ㄴ. 14일 태풍 중심의 이동 방향과 이동 속도는 ㉡에 해당한다.

ㄷ. 16일과 17일 사이에는 A지점의 풍향이 반시계 방향으로 변한다.

① ㄱ ② ㄴ ③ ㄱ, ㄷ ④ ㄴ, ㄷ ⑤ ㄱ, ㄴ, ㄷ

26 2021학년도 9월 모의평가 19번

그림 (가)는 어느 날 05시 우리나라 주변의 적외 영상을, (나)는 다음날 09시 지상 일기도를 나타낸 것이다.

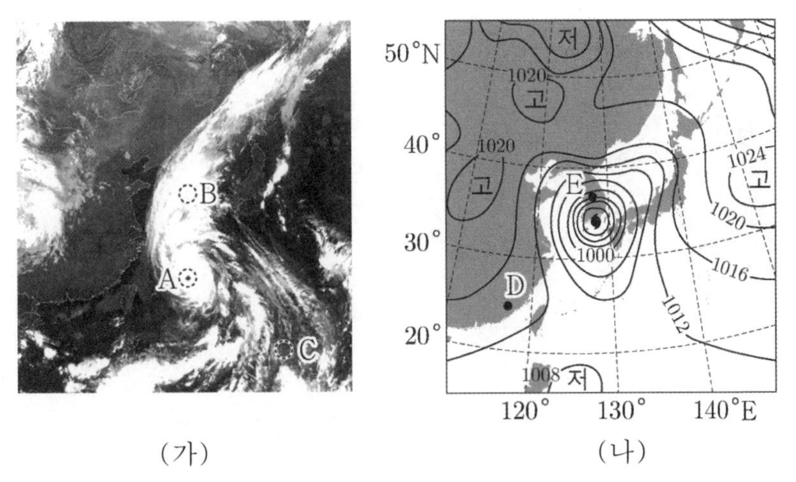

(가) (나)

이 자료에 대한 설명으로 옳은 것만을 <보기>에서 있는 대로 고른 것은?

<보 기>

ㄱ. (가)의 A 해역에서 표층 해수의 침강이 나타난다.
ㄴ. (가)에서 구름 최상부의 고도는 B가 C보다 높다.
ㄷ. (나)에서 풍속은 E가 D보다 크다.

① ㄱ ② ㄷ ③ ㄱ, ㄴ ④ ㄴ, ㄷ ⑤ ㄱ, ㄴ, ㄷ

27 2020년 10월 학력평가 3번

그림 (가)는 어느 해 우리나라에 상륙한 태풍의 이동 경로를, (나)는 B 지점에서 태풍이 통과하기 전과 통과한 후에 측정한 깊이에 따른 수온 분포를 각각 ㉠과 ㉡으로 순서 없이 나타낸 것이다.

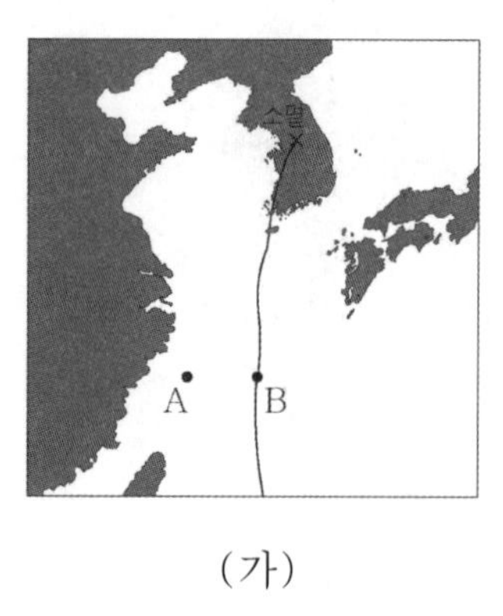

(가)

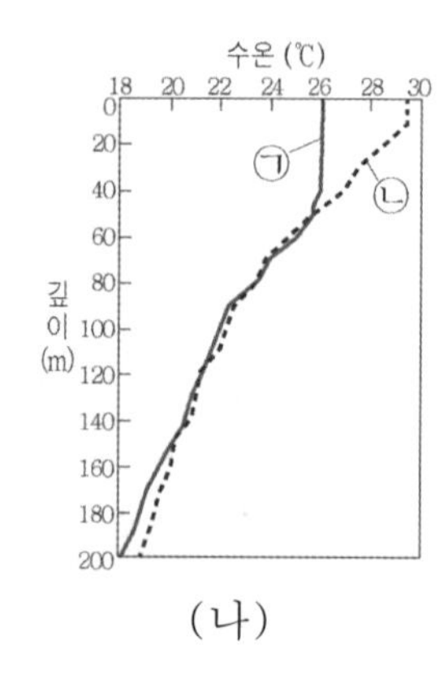

(나)

이에 대한 옳은 설명만을 <보기>에서 있는 대로 고른 것은? [3점]

<보 기>

ㄱ. 태풍이 통과하기 전의 수온 분포는 ㉠이다.
ㄴ. 태풍이 지나가는 동안 A 지점에서는 풍향이 시계 방향으로 변한다.
ㄷ. 태풍이 지나가는 동안 관측된 최대 풍속은 A 지점보다 B 지점에서 크다.

① ㄱ ② ㄷ ③ ㄱ, ㄴ ④ ㄴ, ㄷ ⑤ ㄱ, ㄴ, ㄷ

28 2021학년도 대학수학능력시험 11번

그림 (가)는 우리나라의 어느 해양 관측소에서 관측된 풍속과 풍향 변화를, (나)는 이 관측소의 표층 수온 변화를 나타낸 것이다. A와 B는 서로 다른 두 태풍의 영향을 받은 기간이다.

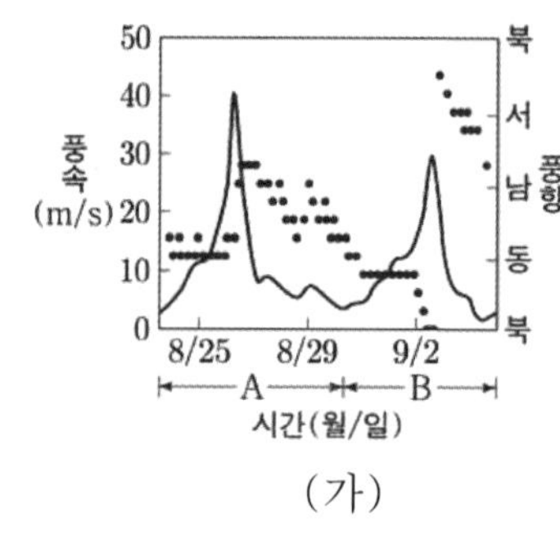

(가)

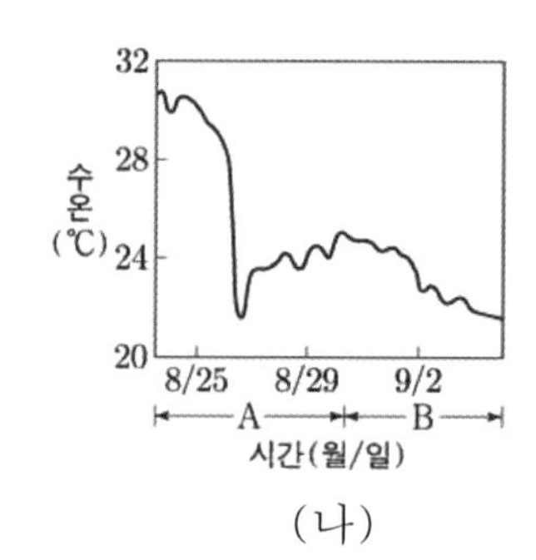

(나)

이 자료에 대한 설명으로 옳은 것만을 <보기>에서 있는 대로 고른 것은? [3점]

<보 기>

ㄱ. A 시기에 태풍의 눈은 관측소를 통과하였다.
ㄴ. B 시기에 관측소는 태풍의 안전 반원에 위치 하였다.
ㄷ. A 시기의 급격한 수온 하강은 B 시기에 통과하는 태풍을 강화시켰다.

① ㄱ ② ㄴ ③ ㄷ ④ ㄱ, ㄴ ⑤ ㄴ, ㄷ

29 2022학년도 9월 모의평가 7번

그림은 잘 발달한 태풍의 물리량을 태풍 중심으로부터의 거리에 따라 개략적으로 나타낸 것이다. A, B, C는 해수면 상의 강수량, 기압, 풍속을 순서 없이 나타낸 것이다.

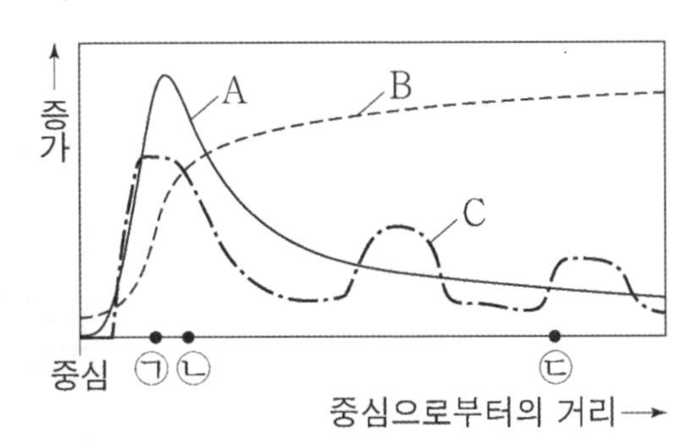

이에 대한 설명으로 옳은 것만을 <보기>에서 있는 대로 고른 것은?

<보 기>

ㄱ. B는 강수량이다.

ㄴ. 지역 ㉠에서는 상승 기류가 나타난다.

ㄷ. 일기도에서 등압선 간격은 지역 ㉢에서가 지역 ㉡에서보다 조밀하다.

① ㄱ ② ㄴ ③ ㄷ ④ ㄱ, ㄴ ⑤ ㄴ, ㄷ

30 2021년 10월 학력평가 14번

표는 어느 날 03시, 12시, 21시의 태풍 중심 위치와 중심 기압이고, 그림은 이날 12시의 우리나라 부근의 일기도이다.

시각 (시)	태풍 중심 위치		중심 기압 (hPa)
	위도 (°N)	경도 (°E)	
03	35	125	970
12	38	127	990
21	40	131	995

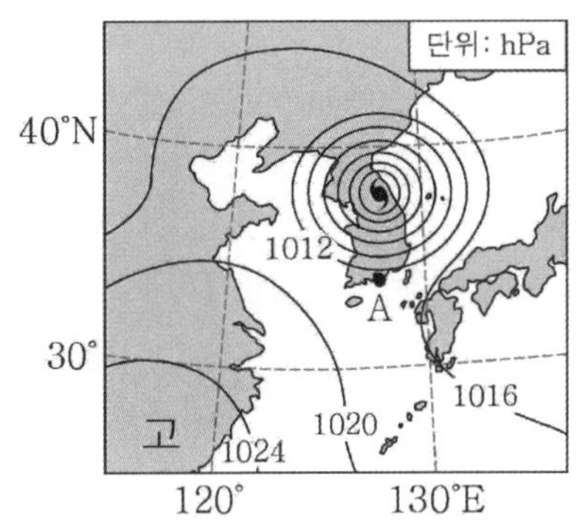

이에 대한 옳은 설명만을 <보기>에서 있는 대로 고른 것은? [3점]

<보 기>

ㄱ. 태풍이 지나가는 동안 A 지점의 풍향은 시계 방향으로 변한다.

ㄴ. 12시에 A 지점에서는 북풍 계열의 바람이 우세하다.

ㄷ. 이날 태풍의 최대 풍속은 21시에 가장 크다.

① ㄱ ② ㄷ ③ ㄱ, ㄴ ④ ㄴ, ㄷ ⑤ ㄱ, ㄴ, ㄷ

31 2022학년도 대학수학능력시험 8번

그림 (가)는 어느 태풍이 이동하는 동안 관측소 P에서 관측한 기압과 풍속을 ㉠과 ㉡으로 순서 없이 나타낸 것이고, (나)는 이 기간 중 어느 한 시점에 촬영한 가시 영상에 태풍의 이동 경로, 태풍의 눈의 위치, P의 위치를 나타낸 것이다.

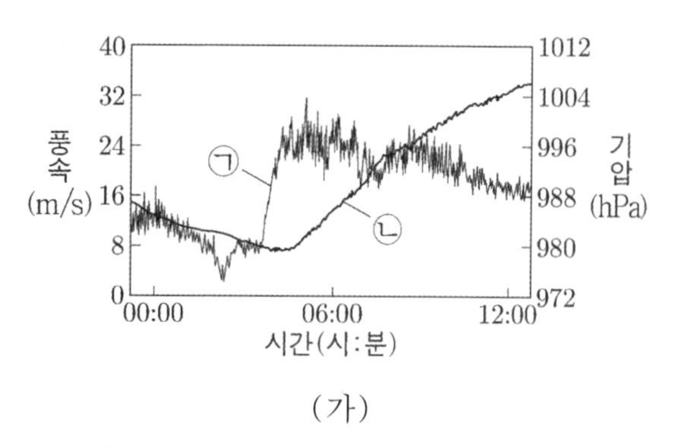

(가)

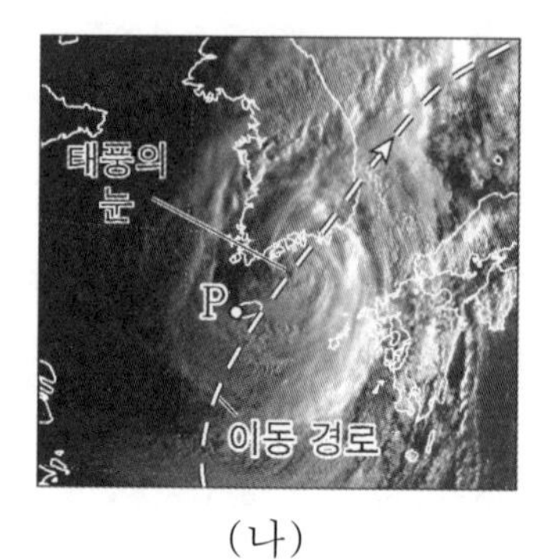

(나)

이 자료에 대한 설명으로 옳은 것만을 <보기>에서 있는 대로 고른 것은? [3점]

<보 기>

ㄱ. 기압은 ㉠이다.
ㄴ. (가)의 기간 동안 P에서 풍향은 시계 반대 방향으로 변했다.
ㄷ. (나)의 영상은 (가)에서 풍속이 최소일 때 촬영한 것이다.

① ㄱ ② ㄴ ③ ㄷ ④ ㄱ, ㄴ ⑤ ㄴ, ㄷ

32 2014년 7월 학력평가 12번

그림은 뇌우의 발달 과정을 순서 없이 나타낸 것이다.

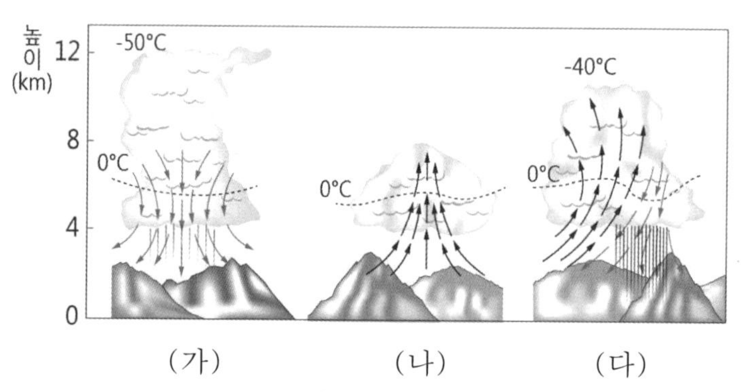

(가) (나) (다)

이에 대한 설명으로 옳은 것만을 <보기>에서 있는 대로 고른 것은?

<보 기>

ㄱ. 뇌우의 발달 과정은 (나) → (다) → (가) 순이다.
ㄴ. 뇌우는 온난 전선이 통과할 때 잘 만들어진다.
ㄷ. 천둥, 번개가 가장 잘 발생하는 단계는 (다)이다.

① ㄱ ② ㄴ ③ ㄱ, ㄷ ④ ㄴ, ㄷ ⑤ ㄱ, ㄴ, ㄷ

33 2018년 10월 학력평가 10번

그림은 몽골 지역의 사막화 과정을 나타낸 것이다.

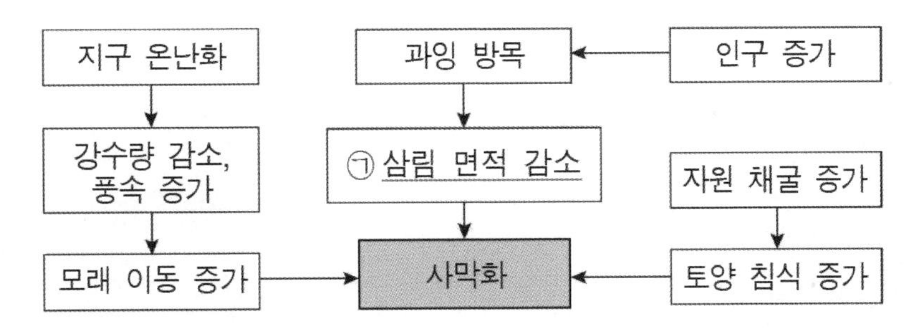

이에 대한 옳은 설명만을 <보기>에서 있는 대로 고른 것은?

<보 기>

ㄱ. ㉠으로 인해 지표면의 반사율은 감소한다.
ㄴ. 몽골 지역의 사막화는 인간 활동에 의해 가속화 되고 있다.
ㄷ. 몽골 지역의 사막화가 계속되면 우리나라의 황사 발생 가능성은 커진다.

① ㄱ ② ㄴ ③ ㄱ, ㄷ ④ ㄴ, ㄷ ⑤ ㄱ, ㄴ, ㄷ

34 2022학년도 6월 모의평가 10번

그림 (가)는 지난 20년간 우리나라에서 관측한 우박의 월별 누적 발생 일수와 월별 평균 크기를 나타낸 것이고, (나)는 뇌우에서 우박이 성장하는 과정을 나타낸 모식도이다.

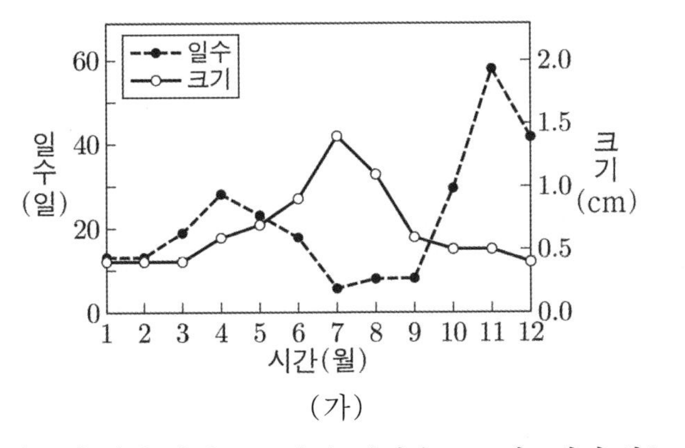

(가)

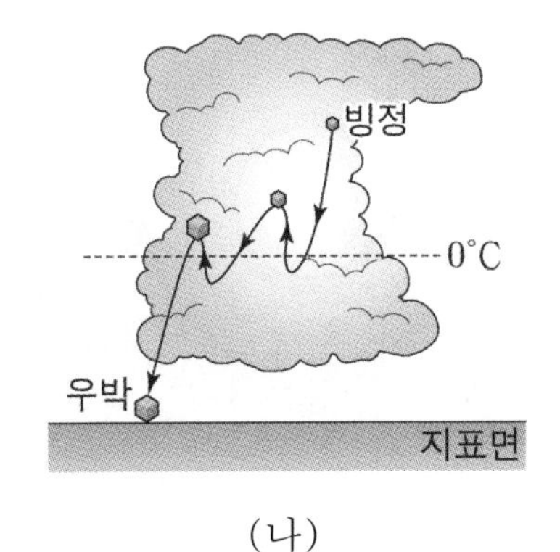

(나)

이 자료에 대한 설명으로 옳은 것만을 <보기>에서 있는 대로 고른 것은?

<보 기>

ㄱ. 우박은 7월에 가장 빈번하게 발생하였다.
ㄴ. (나)에서 빙정이 우박으로 성장하기 위해서는 과냉각 물방울이 필요하다.
ㄷ. 상승 기류는 여름철 우박의 크기가 커지는 주요 원인이다.

① ㄱ ② ㄴ ③ ㄷ ④ ㄱ, ㄴ ⑤ ㄴ, ㄷ

35 2022학년도 9월 모의평가 10번

그림 (가)와 (나)는 장마 기간 중 어느 날 같은 시각 우리나라 부근의 지상 일기도와 적외 영상을 각각 나타낸 것이다.

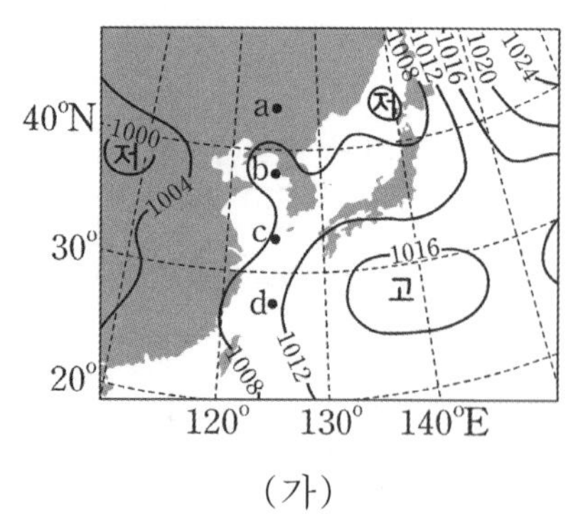

(가)

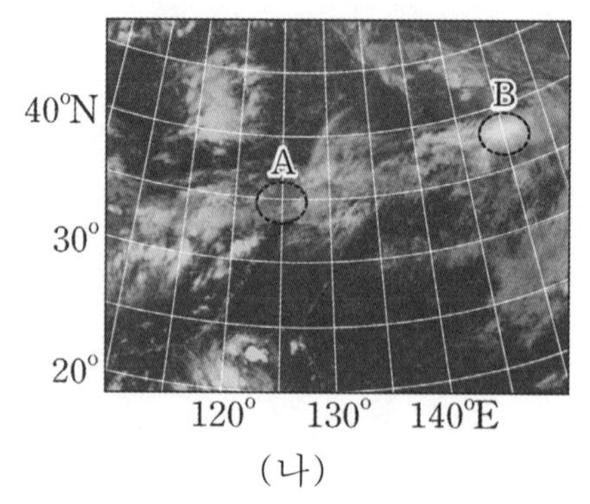

(나)

이 자료에 대한 설명으로 옳은 것만을 <보기>에서 있는 대로 고른 옳은 것은? [3점]

<보 기>

ㄱ. 북태평양 고기압은 고온 다습한 공기를 우리나라로 공급한다.

ㄴ. 125°E에서 장마 전선은 지점 a와 지점 b 사이에 위치한다.

ㄷ. 구름 최상부의 온도는 영역 A가 영역 B보다 높다.

① ㄱ ② ㄴ ③ ㄱ, ㄷ ④ ㄴ, ㄷ ⑤ ㄱ, ㄴ, ㄷ

36 2022학년도 대학수학능력시험 1번

그림 (가)는 우리나라에 영향을 준 어느 황사의 발원지와 관측소 A와 B의 위치를 나타낸 것이고, (나)는 A와 B에서 측정한 이 황사 농도를 ㉠과 ㉡으로 순서 없이 나타낸 것이다.

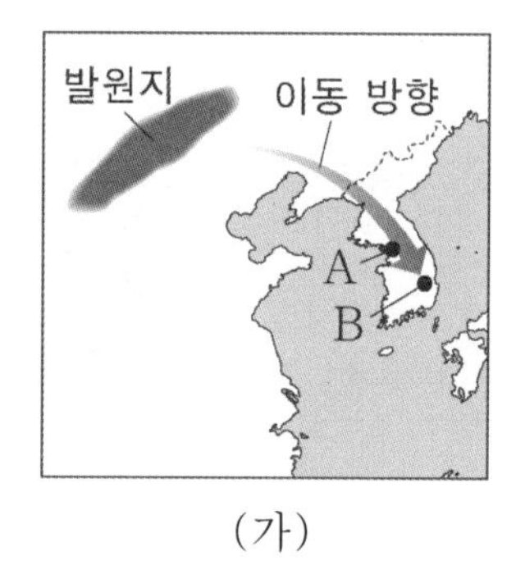

(가)

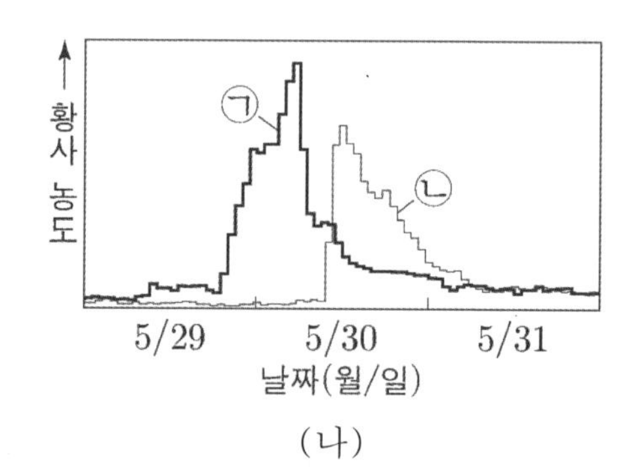

(나)

이 황사에 대한 설명으로 옳은 것만을 <보기>에서 있는 대로 고른 것은?

<보 기>

ㄱ. A에서 측정한 황사 농도는 ㉠이다.

ㄴ. 발원지에서 5월 30일에 발생하였다.

ㄷ. 무역풍을 타고 이동하였다.

① ㄱ ② ㄴ ③ ㄱ, ㄷ ④ ㄴ, ㄷ ⑤ ㄱ, ㄴ, ㄷ

Theme

04

해양의 변화

Chapter

01 해수의 성질

해수의 성질 - 염분

1. 해수의 염분

해수에 녹아 있는 성분들을 염류라 한다. 이때 해수 1kg에 녹아 있는 **염류의 총량을 염분**이라 하며 염분의 단위는 psu를 사용한다.
psu는 실용 염분 단위라 불리며 해수 1kg에 염류 35g이 들어 있다면 35psu라 한다.
전 세계 해수의 염분은 대부분 33psu~37psu이고, 평균 염분은 약 35psu이다.

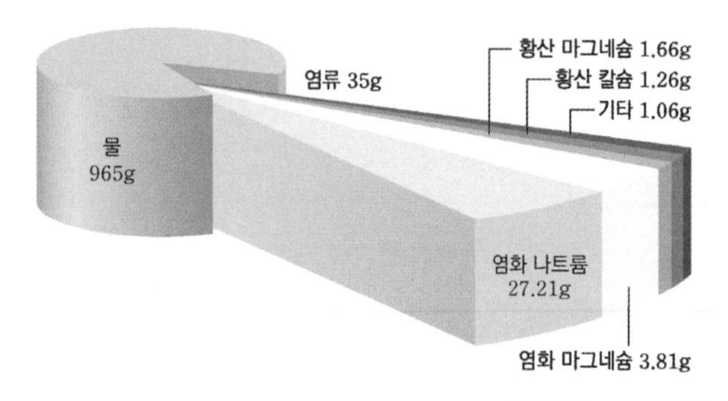

염류	총 염류(35psu)
NaCl	27.21g
MgCl	3.81g
$MgSO_4$	1.66g
$CaSO_4$	1.26g
기타	1.06g

▲ 염분이 35psu인 해수의 들어 있는 염류의 양

- 염분비 일정의 법칙 : 해수의 염분은 그 지역의 환경에 따라 달라지지만 각 염류가 녹아 있는 비율은 세계 어디서나 일정하다는 법칙이다. (ex. 모든 해수 속 염화 나트륨 : 모든 해수 속 염화 마그네슘 = 27.21g : 3.81g)

2. 표층 해수의 염분 변화 요인

염분 변화 요인은 여러 가지가 존재한다.

(1) 증발량과 강수량

- 염분 변화에 가장 큰 영향을 주는 요인이다. **증발량이 많을수록, 강수량이 적을수록 염분이 높게 나타난다.**
  주로 **(증발량 - 강수량)**의 값을 통해 나타나며 이 값은 **염분과 대체로 비례**한다. (강물의 유입과 극지방 빙하 분포에 의해 달라질 수 있다.)

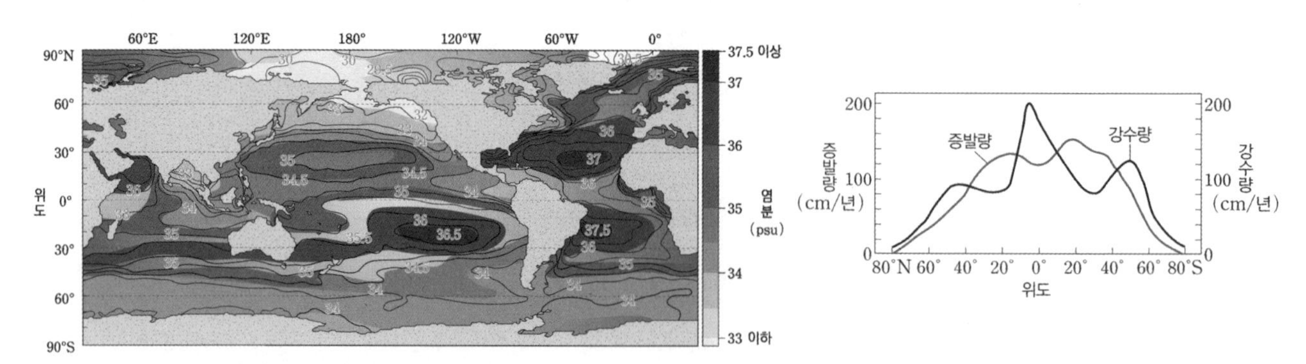

▲ 전 세계 해수의 표층 염분 분포
(태평양보다 대서양에서 높다)

▲ 증발량과 강수량 분포

(2) 육지로부터 강물의 유입

① 해수에 비해 염분이 적게 포함된 **강물(담수)이 흐르는 연안 부근은 염분이 낮다**. 따라서 대양의 중심부보다 연안 해역에서의 염분이 더 낮다.

② 중국과 우리나라로 둘러싸인 서해는 동해보다 강물의 유입이 많아 2월과 8월의 표층 염분이 낮다.

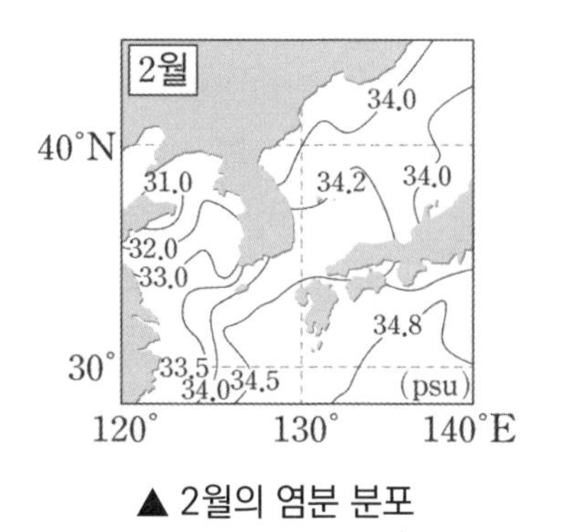

▲ 2월의 염분 분포

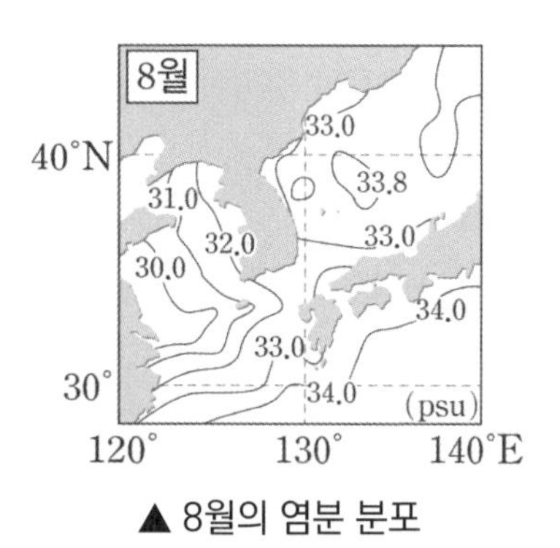

▲ 8월의 염분 분포

(3) 해수의 결빙과 해빙에 의한 빙하의 분포

해수의 결빙이 일어나는 **겨울철은 염분이 증가**하고, **해빙**이 일어나는 **여름철은 염분이 감소**한다.

해수의 결빙이 일어날 때 염분이 포함되지 않은 순수한 물만 얼기 때문이다. (주로 극지방에서 이러한 효과가 나타나므로 극지방에서의 염분 변화는 증발량과 강수량, 강물의 유입보다 빙하에 의한 요인을 먼저 살펴보자.)

3. 위도에 따른 염분 변화

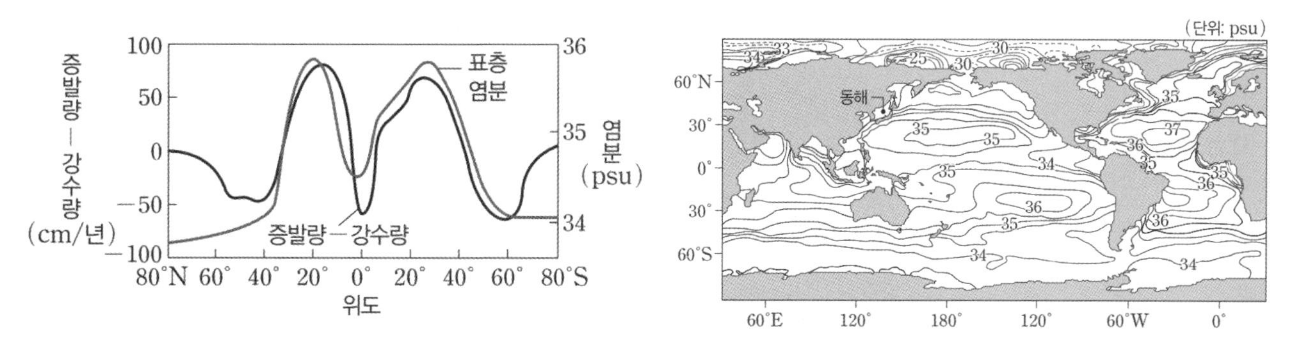

고위도에 비해 저위도 쪽으로 갈수록 대체로 증발량이 늘어나고 있는 것을 확인할 수 있다. 그 이유는 **저위도**에서 **태양 복사 에너지**를 더 **많이 받기 때문**이다. (자세한 내용은 Theme 04 지구의 대기 대순환과 표층 순환에서 알아보자.)

염분은 **위도 30°에서 가장 높다**는 것을 알 수 있다. 위도 30° 부근은 **고압대가 위치하여 강수량이 적기 때문**이다.

(강수량은 위도 별로 일정하지 않은 분포를 보이는데 이 역시 Theme 04 지구의 대기 대순환과 표층 순환에서 알아보자)

또한, 앞서 이야기한 것처럼 **(증발량 - 강수량) 값은 대체로 표층 염분과 비례**한다는 것을 확인할 수 있다.

▎해수의 성질 - 수온

1. 해수의 수온

표층 해수의 수온 변화에는 **태양 복사 에너지가 가장 큰 영향**을 미친다. 태양 복사 에너지는 **위도에 따라 다르게 나타나며 계절에 따라서도 달라진다**. 또한, 수심이 깊어질수록 수온은 낮아지므로 깊이에 따라 **해수의 층상 구조**가 나타나게 된다.

2. 위도에 따른 표층 수온 분포

해수의 **표층 수온은 태양 복사 에너지의 입사량이 많을수록 높게 나타난다**. 따라서 태양 복사 에너지의 입사량이 많은 **저위도에서 수온이 높게 나타나고 고위도로 갈수록 수온은 낮아진다**. 표층 수온 분포는 대체로 위도와 나란하게 나타난다.

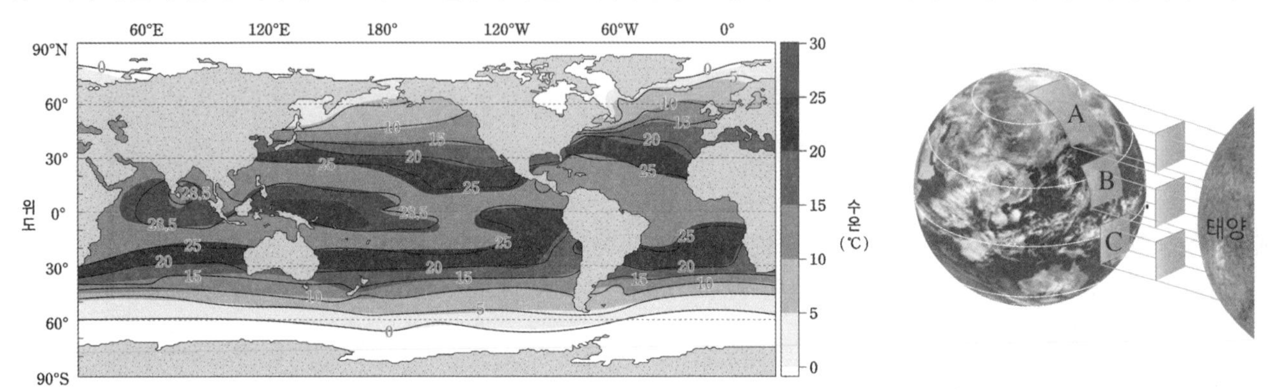

▲ 전 세계 해수의 표층 수온 분포

▲ 지표에 입사하는 태양 복사 에너지
(단위 면적 당 입사하는 에너지 C 〉 B 〉 A)

3. 수온의 연직 분포

태양 복사 에너지는 수심 100m 이내에서 대부분 흡수되고, 수심 300m보다 깊은 곳까지 거의 도달하지 않는다. 따라서 **수심에 따라 수온 변화**가 생긴다. 해수는 수온의 연직 분포에 따라 **혼합층, 수온 약층, 심해층**으로 구분한다. (대체로 수심이 깊어질수록 수온은 감소하는 특징을 가진다.)

(1) 혼합층

① 태양 복사 에너지에 의한 가열로 수온이 높고, 바람의 혼합 작용으로 인해 수심이 깊어져도 **수온**이 거의 **일정한 층**이다.

② **혼합층의 두께**는 대체로 **바람이 강하게 부는 지역**일수록 **두껍다**.

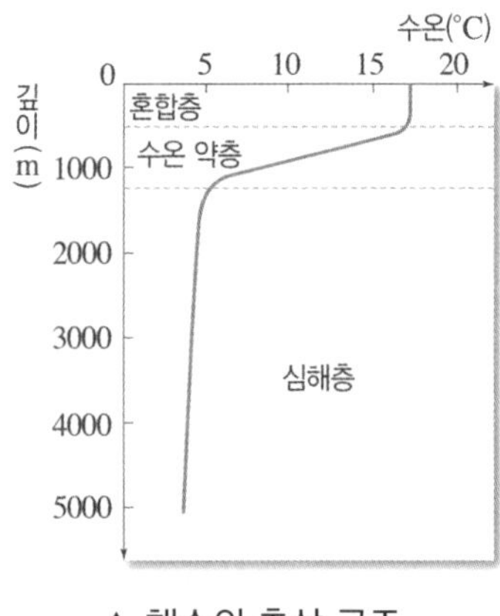

▲ 해수의 층상 구조

(2) 수온 약층

① 혼합층 아래에서 **수심이 깊어질수록 수온**이 **급격히 낮아지는 층**이다. 바람에 의한 혼합 작용이 일어나지 않기 때문이다.

② 수온 약층은 수심이 깊어질수록 밀도가 커지므로 **매우 안정하다**. 따라서 밀도에 의한 혼합(대류)이 일어나지 않으므로 혼합층과 심해층의 **물질 및 에너지 교환을 차단**한다.

(3) 심해층

① 수온 약층 아래에서 **연중 수온 변화가 거의 없는 층**이다.
태양 복사 에너지가 도달하지 않으므로 계절이 달라지거나 수심이 깊어져도 수온의 변화는 거의 없다.

위도별 해양의 층상 구조도 조금씩 다르게 나타난다.

(1) 저위도 해역

표층과 심층의 수온 차이가 크게 나타난다. 이때 **수온 약층이 발달**했다고 한다.

(2) 중위도 해역

대기 대순환에 의해 저위도 지방보다 **중위도 지방**에서 **바람이 강하게 불기 때문**에 **혼합층의 두께**는 중위도 지역에서 **두껍게 나타난다**. 이를 **혼합층이 발달**했다고 한다.

(3) 고위도 해역

표층과 심층의 수온 차이가 거의 없어 **혼합층과 수온 약층이 발달하지 않는다**.

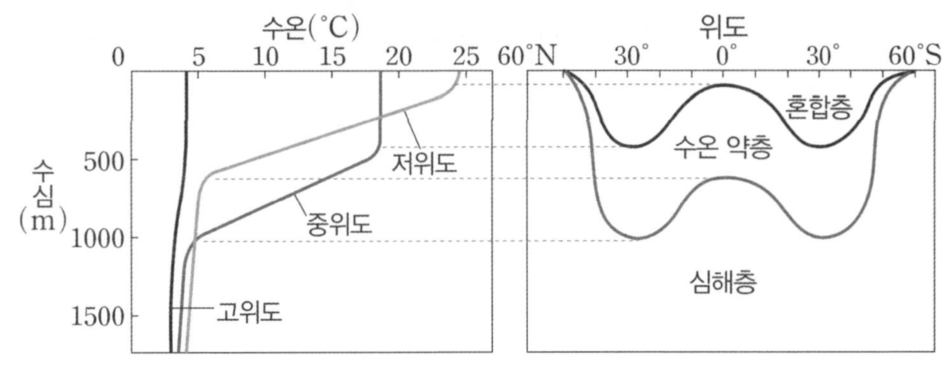

▲ 위도에 따른 해양의 수온 분포와 층상 구조

해수의 성질 - 밀도

1. 해수의 밀도

해수의 밀도는 주로 수온과 염분에 의해서 결정된다. **수온이 낮을수록, 염분이 높을수록 밀도는 커진다.**
깊이에 따른 압력의 효과를 무시할 때 해수의 밀도는 약 $1.021 \sim 1.027\,g/cm^3$로 순수한 물보다 크다.

이때, 밀도가 큰 해수는 가라앉고 밀도가 작은 해수는 위로 올라간다.

① 왼쪽 그래프를 통해 **수온 분포**와 **밀도 분포**는 대체로 **반비례**한다는 사실을 알 수 있다.
극지방에서는 염분 변화에 의해 밀도 분포가 변하므로 수온과 밀도가 완전히 반비례하지 않는다는 것을 알 수 있다.
② 수온은 수심이 증가할수록 감소하는 경향이 있으며 수온 약층에서 급격히 감소한다.
수온과 밀도는 반비례하므로 **수온 약층에서 수심이 증가할수록 밀도는 급격히 상승**한다. 이를 **밀도 약층**이라 부르며 수온 약층과의 깊이와 역할이 거의 유사하다.

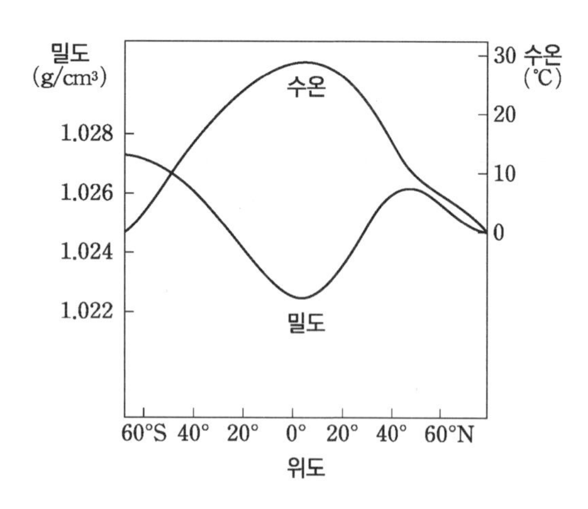

▲ 위도에 따른 표층 해수의 수온과 밀도 분포

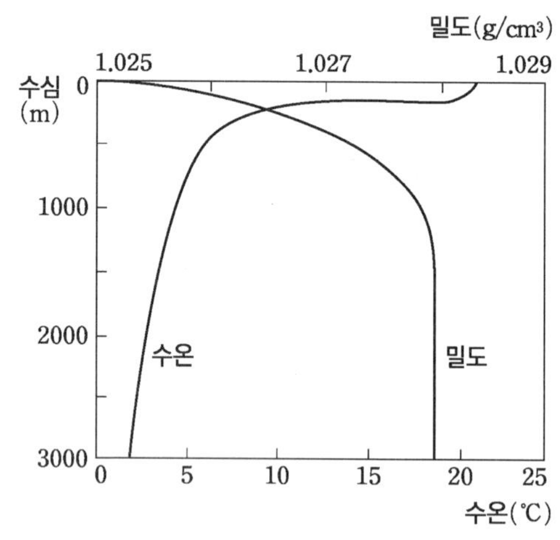

▲ 수심에 따른 수온과 밀도 분포

2. 수온 염분도 (T – S 도)

수온 염분도는 해수의 특성을 나타내는 그래프로 수온(Temperature)과 염분(Salinity)의 첫 글자를 딴 것이다.
주로 x**축을 염분**으로, y**축을 온도**로 둔 그래프에 나타나 있는 **등밀도선을 이용해 해수의 밀도를 측정**한다.

- 어느 지역의 수온과 염분을 알고 있다면 수온 염분도에서 등밀도선을 찾아 밀도를 알 수 있다.

- 수온과 염분이 다르더라도 **같은 등밀도선에 위치**한다면 두 지점의 **밀도는 같은 것**이다.

- 수온 염분도에서 **오른쪽 아래로 갈수록 밀도는 증가**한다.

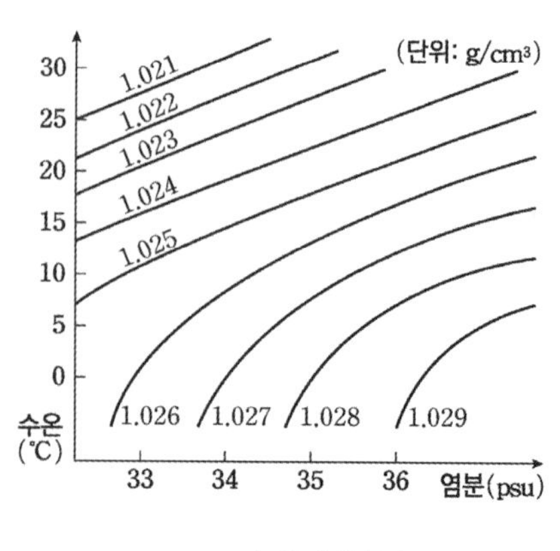

▲ 수온 염분도

▌해수의 성질 - 용존 기체

1. 해수의 용존 기체

용존 기체란 **해수의 표면을 통해 해수 속으로** 직접 **용해**되어 들어온 산소, 이산화 탄소, 질소 등 여러 종류의 기체를 말한다.
용존 기체의 용해도는 주로 수온과 염분의 영향을 받는다. 수온이 낮을수록, 염분이 낮을수록 기체의 용해도는 증가한다.

2. 용존 기체의 종류

용존 기체 중 해양 생물에게 영향을 주는 산소와 이산화 탄소의 깊이에 따른 변화에 대해서 알아보자.

(1) 용존 산소

대기 중의 산소가 해수 표면으로 녹아 들어오거나 해양 식물의 광합성 작용으로 생성되어 공급되며, 해양 생물의 생명 활동에 반드시 필요한 기체이다.

- 표층 해수
  식물성 플랑크톤과 해양 식물의 **광합성 작용**으로 생성되는 산소와 **대기로부터 직접 녹아 들어온** 산소로 인해 용존 산소량이 가장 높다.

- 수심 100 m~1000 m
  수중 생물들의 **호흡**과 **사체 분해**에 **산소가 소모**되어 용존 산소량이 **급격히 감소**한다.

- 심층 해수
  해양 생물의 수가 적어 **소모되는 산소의 양이 줄어들고 극 해역**의 산소를 머금은 **차가운 해수가 유입**되므로 용존 산소량이 **조금씩 증가**한다.
  (이는 심층 순환과 관련된 내용이므로 p.143를 참고하자.)

▲ 수심에 따른 용존 산소량의 변화

(2) 용존 이산화 탄소

- 해수 표층에서 대기 중의 이산화 탄소가 해수 표면으로 직접 녹아 들어온다. 그러나 광합성에 이산화 탄소가 소모되므로 용존 이산화 탄소량이 가장 적다.
  (모든 범위에서 용존 산소보다 용존 이산화 탄소의 양이 훨씬 많다는 사실을 암기하자. 또한, 축의 단위에 주의하여 문제를 풀자.)

- 수심이 깊어질수록 해양 생물의 광합성 작용은 줄어들고 생물의 호흡 활동이 늘어나므로 용존 이산화 탄소량은 늘어난다.

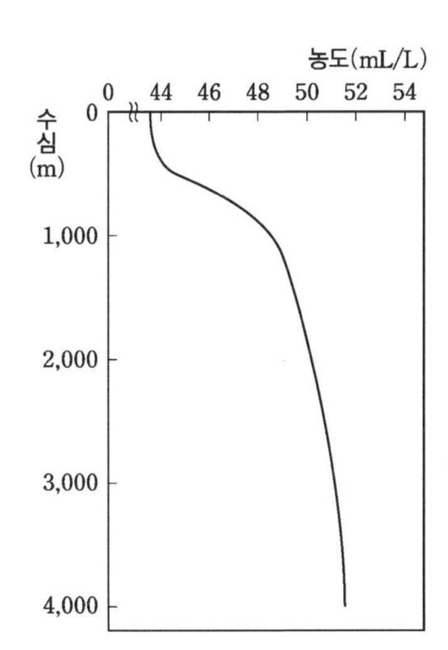

▲ 수심에 따른 용존 이산화 탄소량의 변화

memo

2022학년도 9월 모의평가 지Ⅰ 12번

그림 (가)는 어느 날 우리나라 주변 표층 해수의 수온과 염분 분포를, (나)는 수온-염분도를 나타낸 것이다.

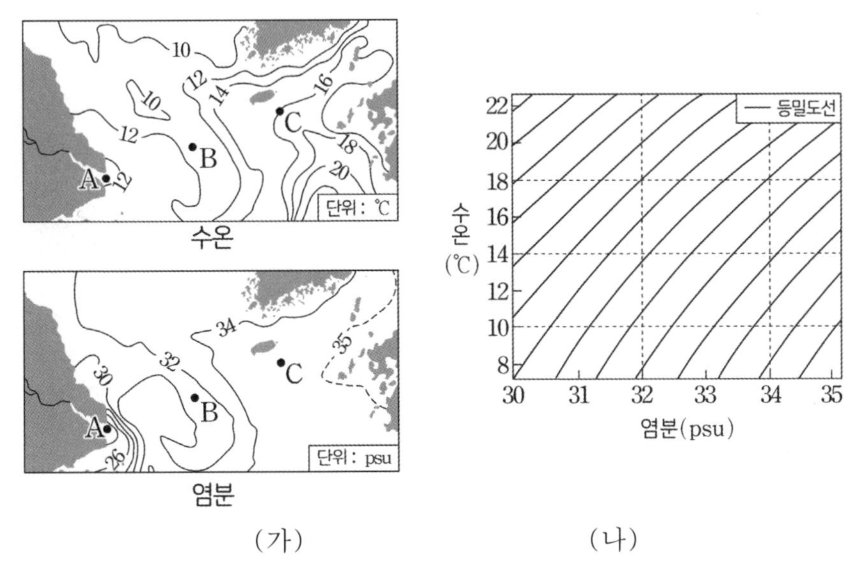

(가) (나)

이 자료에서 해역 A, B, C의 표층 해수에 대한 설명으로 옳은 것만을 <보기>에서 있는 대로 고른 것은?

<보 기>

ㄱ. 강물의 유입으로 A의 염분이 주변보다 낮다.
ㄴ. 밀도는 B가 C보다 작다.
ㄷ. 수온만을 고려할 때, 산소 기체의 용해도는 B가 C보다 작다.

① ㄱ ② ㄷ ③ ㄱ, ㄴ ④ ㄴ, ㄷ ⑤ ㄱ, ㄴ, ㄷ

추가로 물어볼 수 있는 선지

1. 해수에 도달하는 태양 복사 에너지는 수심이 깊어질수록 줄어든다. (O , X)
2. 수온 약층에서의 밀도 변화는 수온보다 염분의 영향이 더 크다. (O , X)
3. 수온과 염분이 다르고 밀도가 같은 동일한 양의 두 해수를 혼합하면 밀도는 변하지 않는다. (O , X)

정답 : 1. (O), 2. (X), 3. (X)

01 2022학년도 6월 모의평가 지Ⅰ 12번

KEY POINT #우리나라, #수온-염분도, #강물의 유입

문항의 발문 해석하기

우리나라 부근에서 변화하는 수온과 염분에 대한 특징을 생각하고 특정 계절이나 조건에 의해 변화하는 해수의 물리적 특징에 대해서 생각해야 한다.

문항의 자료 해석하기

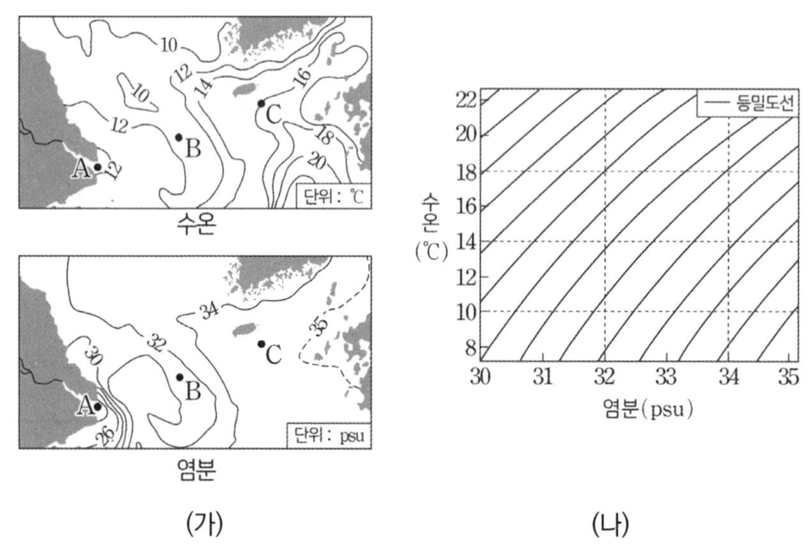

1. (가) 자료에서 B, C와 달리 A에서 염분이 더 낮은 것을 확인할 수 있다. 염분이 감소하는 원인은 강수량 증가, 빙하 융해, 담수의 유입 등이 있는데, A가 위치한 연안에서는 담수의 유입이 활발하기 때문에 A는 담수의 유입에 의한 염분 감소가 나타난다.
2. (가)에 있는 A, B, C의 수온과 염분을 직접 (나)의 그래프에 표시하여 밀도를 찾아야 한다. 수온-염분도를 문제에서 직접 주었기 때문에 보다 정확한 밀도를 확인할 수 있다.
3. (가) 자료와 같이 우리나라 부근에 대한 자료는 위치부터 파악하는 편이 좋다. 그림을 보면 우리나라 남해안과 제주도가 보인다. 또한 오른쪽은 일본, 왼쪽은 중국 연안을 나타내고 있다.

선지 판단하기

ㄱ 선지 강물의 유입으로 A의 염분이 주변보다 낮다. (O)

A는 연안에 위치하므로 강물의 유입으로 주변 해역보다 염분이 낮다.

ㄴ 선지 밀도는 B가 C보다 작다. (O)

수온-염분도에 B, C의 수온과 염분을 표시하면 B의 밀도가 더 작은 것을 확인할 수 있다.

ㄷ 선지 수온만을 고려할 때, 산소 기체의 용해도는 B가 C보다 작다. (X)

기체의 용해도는 수온이 낮을수록 증가한다. B의 수온이 C보다 낮으므로 기체의 용해도는 B가 더 클 것이다.

기출문항에서 가져가야 할 부분

1. 지도를 자료로 준다면 대륙, 섬 등의 모양으로 지도에 나타난 위치를 파악해보기
2. 문제에 주어진 수온, 염분 자료를 수온-염분도에 직접 대입시켜보는 연습하기
3. 해수의 성질에 관련된 여러 가지 물리량을 유기적으로 연결시키기

❙ 기출 문제로 알아보는 유형별 정리

[해수의 물리량]

1 해수의 염분

① 염분과 (증발량-강수량) 2022학년도 6월 모의평가 2번

그림은 북대서양의 연평균 (증발량-강수량) 값 분포를 나타낸 것이다.

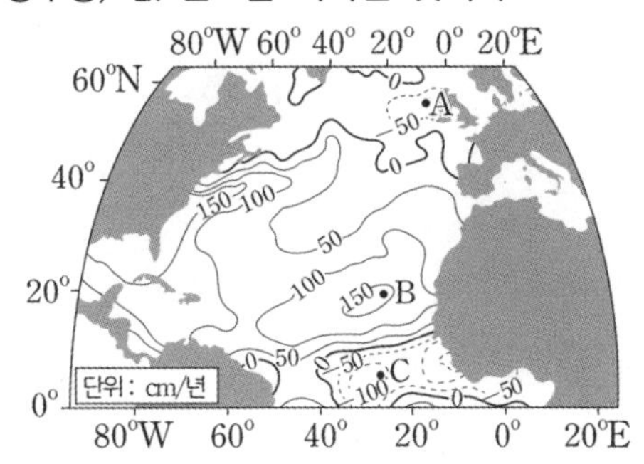

ㄴ. B 지점은 대기 대순환에 의해 형성된 저압대에 위치한다. (X)

- (증발량-강수양) 값은 염분과 비례한다는 사실을 반드시 기억해야 한다. 따라서 B 부근에는 비가 거의 내리지 않는다고 할 수 있다. 염분은 증발량이 많은 중위도 고압대에서 가장 높다.
  그러므로 위 자료에서 주변보다 염분이 높은 B 부근에는 저압대가 위치하지 않는다.
- **염분에 가장 큰 영향을 주는 원인**이 **(증발량-강수량)**이라는 사실을 반드시 기억하고 대기 대순환과 연결할 수 있도록 반복적으로 암기하자.

② 염분과 담수의 유입 2021년 7월 학력평가 8번

그림 (가)와 (나)는 어느 시기 우리나라 주변의 표층 수온과 표층 염분을 나타낸 것이다.

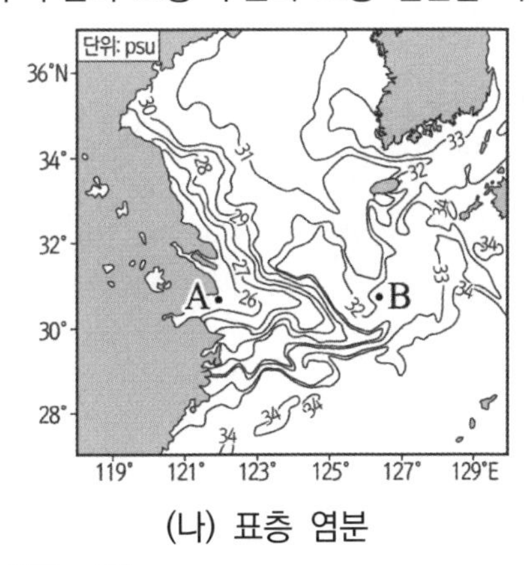

(나) 표층 염분

ㄴ. A 해역에는 담수 유입이 일어나고 있다. (O)

- A 해역은 주변 해역에 비해 염분이 낮다. 또한 A 해역은 대륙 주변에 있으므로 담수의 유입에 의해서 염분이 낮다고 볼 수 있다.
- **담수의 유입**은 **염분을 낮추는 원인** 중 하나이다. 담수는 염분이 거의 존재하지 않으므로 담수의 유입이 일어나는 지역은 염분이 낮아진다.

③ 염분과 해수의 결빙 및 해빙 2020년 10월 학력평가 1번

그림 (가)는 북대서양의 표층 순환과 심층 순환의 일부를, (나)는 고위도 해역에서 결빙이 일어날 때 해수의 움직임을 나타낸 것이다.

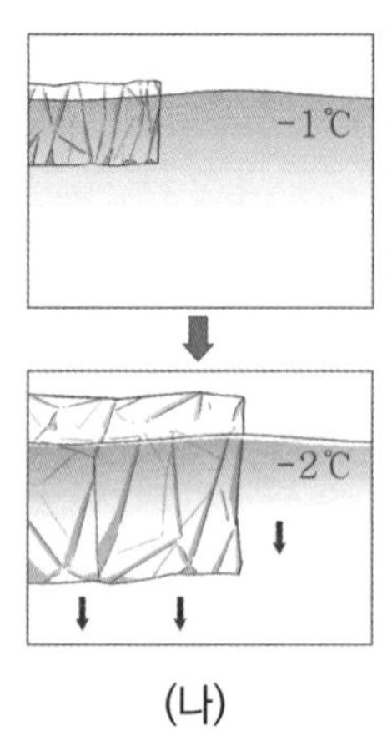

(나)

ㄴ. (나)의 과정에서 빙하 주변 표층 해수의 밀도는 커진다. (O)

- (나) 과정에서 해수의 결빙에 의해 염분이 높아졌을 것이다. 해수의 결빙이 일어날 때 염류가 포함된 물이 아닌 **순수한 물만 얼기 때문에 염분이 증가**하게 된다. 같은 부피의 해수 속에 염류가 증가했으므로 해수의 밀도도 증가하게 된다.
- **해수의 결빙**은 **염분 증가**를, **빙하의 해빙**은 **염분 감소**를 나타낸다는 사실을 반드시 기억하자.

2 해수의 수온

① 수온과 위도 및 계절 2021년 7월 학력평가 8번

그림 (가)와 (나)는 어느 시기 우리나라 주변의 표층 수온과 표층 염분을 나타낸 것이다.

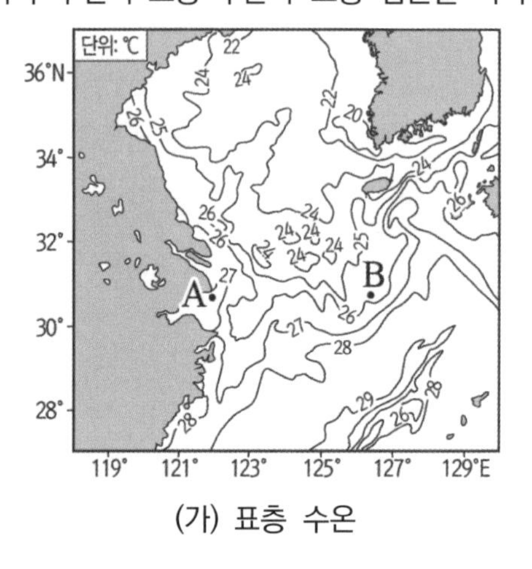

(가) 표층 수온

ㄱ. 겨울철에 관측한 것이다. (X)

- 우리나라 겨울철 해수의 평균 수온은 10도 안팎이고, 여름철 해수의 평균 수온은 25도 안팎이므로 위 자료의 계절은 여름철일 것이다.
- 자료를 살펴보면 저위도에서 **고위도로 이동할수록 대체로 수온이 감소**하는 것을 확인할 수 있다. 이는 고위도로 갈수록 **지표면에 입사하는 태양 복사 에너지가 감소**하기 때문이다.
- **수온을 통해 계절을 판단하는 문제**라면 주어진 자료가 연중 언제 관측되었는지를 물어볼 것이다.
  이때 **북반구인지 남반구인지를 먼저 파악**할 수 있도록 하자. 북반구의 여름은 7월, 겨울은 1월이고, 남반구의 여름은 1월, 겨울은 7월이다.

3 해수의 밀도 및 수온-염분도 해석

① 밀도와 부피가 같은 두 해수의 혼합 지II 2020학년도 수능 13번

그림은 같은 시기에 관측한 두 해역의 표층에서 심층까지의 수온과 염분을 수온 - 염분도에 나타낸 것이다. A와 B는 각각 저위도와 고위도 해역 중 하나이고, ㉠과 ㉡은 밀도가 같은 해수이다.

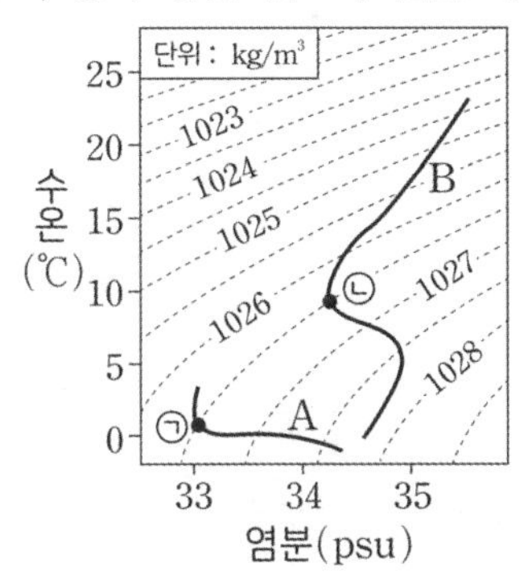

ㄴ. 같은 부피의 ㉠과 ㉡이 혼합되어 형성된 해수의 밀도는 ㉠보다 크다. (O)

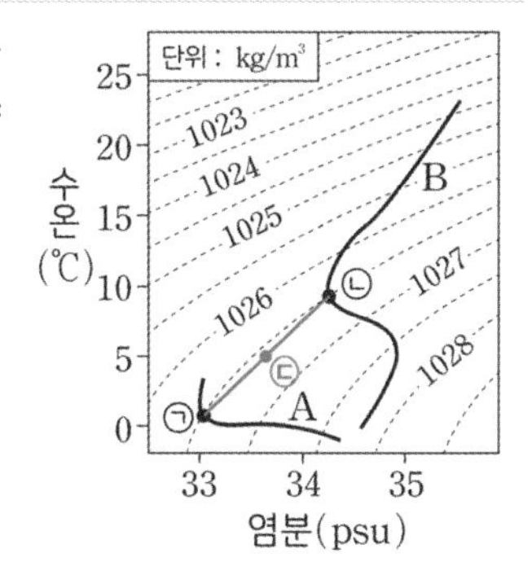

- ㉠과 ㉡은 수온과 염분이 다르지만 밀도가 같은 해수이다. 이때 같은 부피의 두 해수를 섞는다면 오른쪽 그림과 같이 두 해수의 수온과 염분이 중점을 이루는 지점 ㉢에 물리량이 결정될 것이다. 따라서 밀도는 증가한다.
  오른쪽 그림을 유심히 살펴본다면 수온-염분도에서 해수의 수온과 염분이 다르지만 **밀도가 같은 지점** 즉, **등밀도선에 놓인 두 점을 연결**한다면 **반드시 밀도가 커진다**는 것을 확인할 수 있다.

② 수온- 염분도의 해석과 밀도 지II 2017년 10월 학력평가 14번

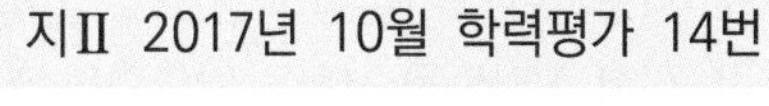

그림은 어느 해역에서 측정한 깊이에 따른 수온과 염분의 분포를 나타낸 것이다.

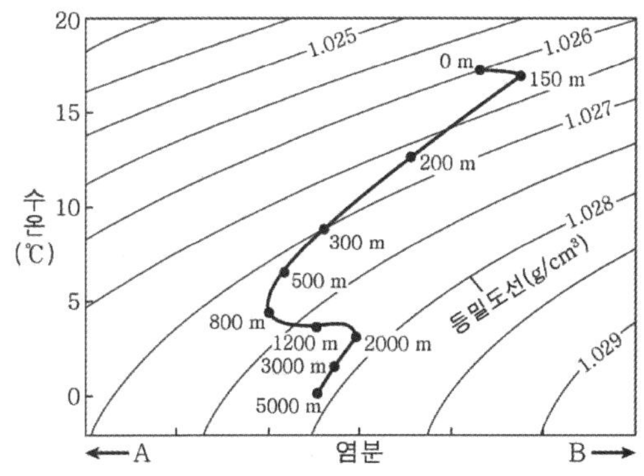

ㄱ. 염분은 B 방향으로 갈수록 높아진다. (O)

- 밀도가 오른쪽 아래 방향으로 증가하고 있다. 수온 감소, 염분 증가가 일어나야 밀도가 증가하므로 염분은 B 방향으로 갈수록 높아질 것이다.
- 수온-염분도에서 가장 중요한 것은 그래프 해석이다. 항상 **가로축, 세로축에 해당하는 물리량을 잘 보고 판단**할 수 있어야 한다. 또한 수온-염분도의 그래프 해석에 중점을 두도록 하자.
- 또한, 밀도가 증가하기 위한 조건, 밀도가 감소하기 위한 조건 모두를 이해하고 있다면 빠른 문제 풀이에 도움이 될 것이다.
  밀도가 증가하기 위한 조건 : 수온 감소, 염분 증가
  밀도가 감소하기 위한 조건 : 수온 증가, 염분 감소

4 해수의 물리량과 실험 과정

① 수온, 염분, 밀도를 자유롭게 바꿀 수 있어야 한다. 2021학년도 6월 모의평가 4번

다음은 해수의 염분에 영향을 미치는 요인을 알아보기 위한 실험이다.

[실험 과정]

(가) 염분이 34.5psu인 소금물 900mL를 만들고, 3개의 비커에 각각 300mL씩 나눠 담는다.

(나) 각 비커의 소금물에 다음과 같이 각각 다른 과정을 수행한다.

과정	실험 방법
A	증류수 100mL를 넣어 섞는다.
B	10분간 가열하여 증발시킨다.
C	표층이 얼음으로 덮일 정도까지 천천히 얼린다.

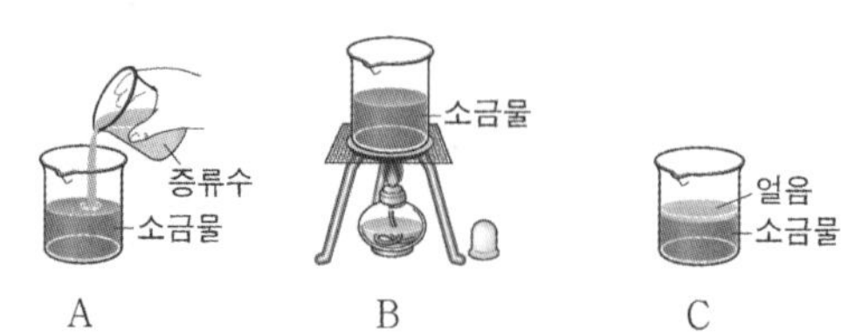

(다) 각 비커에 있는 소금물의 염분을 측정하여 기록한다.

[실험 결과]

과정	A	B	C
염분(psu)	㉠	㉡	㉢

- 지구과학1의 [실험 과정]으로 출제될 수 있는 대표적인 테마가 바로 해수의 물리량이다.
  실험 조건들을 천천히 읽어가며 주어진 실험 과정이 **어떤 개념과 연결되어 있는지 파악**할 수 있도록 하자.
- 위 자료를 보면 A 과정은 강수량의 증가를, B 과정은 증발량의 증가를, C 과정은 해수의 결빙을 나타내고 있다.

추가로 물어볼 수 있는 선지 해설

1. 태양 복사 에너지는 수심이 깊어질수록 점차 흡수되어 수심 100m 이내에서 90%이상이 흡수된다. 또한 수심 300m보다 깊은 곳에는 태양 복사 에너지가 거의 도달하지 않는다.
2. 수온 약층은 수온이 급격히 감소하는 구간이다. 이 구간에서 수심이 깊어질수록 밀도는 급격히 증가하므로 밀도 약층이 생긴다. 따라서 밀도 변화는 염분보다 수온의 영향이 크다.
3. 수온-염분도에 있는 등밀도선을 살펴본다면 직선이 아니라 위로 볼록한 형태를 띠고 있는 것을 확인할 수 있다. 수온과 염분이 다르지만 밀도가 같은 두 지점을 연결한 후 수온과 염분의 중점을 표시하면 본래 두 지점의 밀도보다 커진다.

2020년 4월 학력평가 지Ⅰ 9번

그림은 어느 해역에서 서로 다른 시기에 수심에 따라 측정한 수온과 염분을 수온 - 염분도에 나타낸 것이다.

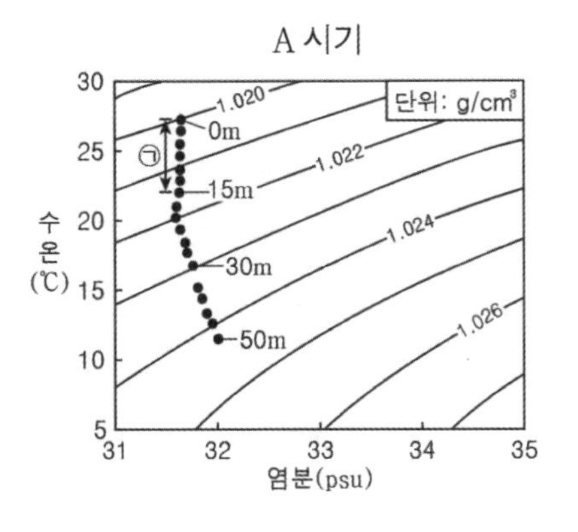

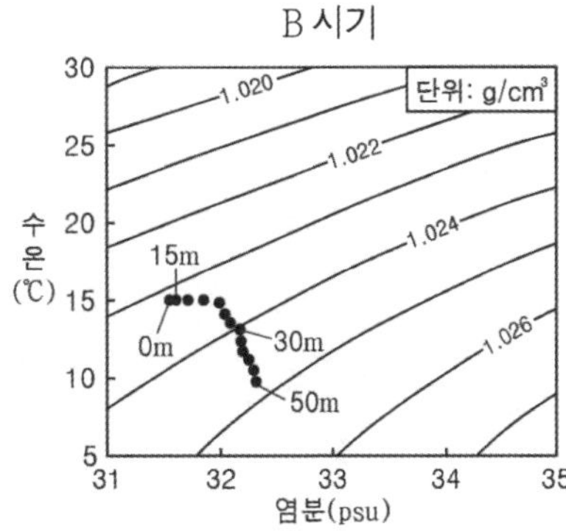

이에 대한 옳은 설명만을 <보기>에서 있는 대로 고른 것은?

<보 기>

ㄱ. 이 해역의 해수면에 입사하는 태양 복사 에너지양은 A보다 B 시기에 많다.
ㄴ. A 시기에 ㉠ 구간에서의 밀도 변화는 수온보다 염분의 영향이 크다.
ㄷ. 혼합층의 두께는 A보다 B 시기에 두껍다.

① ㄱ ② ㄷ ③ ㄱ, ㄴ ④ ㄴ, ㄷ ⑤ ㄱ, ㄴ, ㄷ

추가로 물어볼 수 있는 선지

1. 표층에서 기체의 용해도는 이산화 탄소가 산소보다 크다. (O , X)
2. 용존 산소량은 수심이 깊어질수록 계속 줄어든다. (O , X)
3. 수심 증가에 따라 용존 산소량이 감소하는 것은 광합성의 감소와 해양 생물의 호흡 활동 증가 때문이다. (O , X)

정답 : 1. (O), 2. (X), 3. (O)

01 2020년 4월 학력평가 지Ⅰ 9번

KEY POINT #층상 구조, #혼합층, #수온 약층

문항의 발문 해석하기

수심에 따라 달라지는 수온의 특징을 생각해야 한다. 또한 수심에 따른 수온은 해수의 층상 구조와 관련이 있음을 떠올릴 수 있어야 한다.

문항의 자료 해석하기

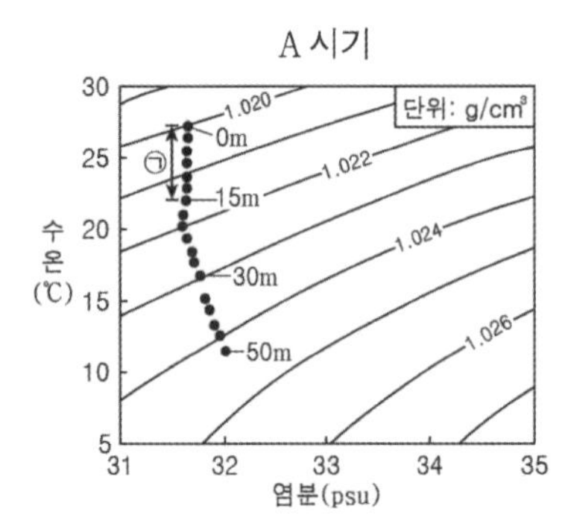

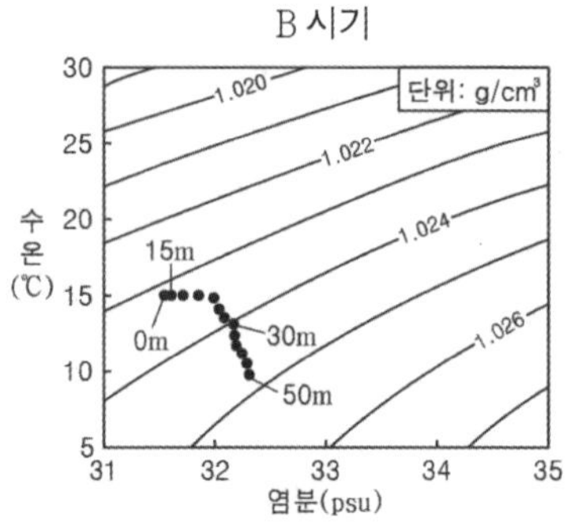

1. 문항의 자료는 수온-염분도를 이용하여 A, B 시기를 나타내고 있다.
   우리는 흔히 해수의 층상 구조를 생각하면 오른쪽과 같이 물리량이 수온과 수심으로 이루어진 그래프가 떠오를 것이다. 자료의 수온과 수심을 바탕으로 직접 오른쪽과 같은 그래프를 그리자.
2. A 시기에는 0m~50m까지 수온이 계속해서 떨어지고 있다.
   B 시기에는 0m에서 15m보다 더 깊은 수심까지 수온이 일정하다. 혼합층은 바람에 의해 수온이 일정한 구간이다. 따라서 혼합층은 B 시기에 더 발달해 있고, 바람이 더 강하다고 판단할 수 있다.

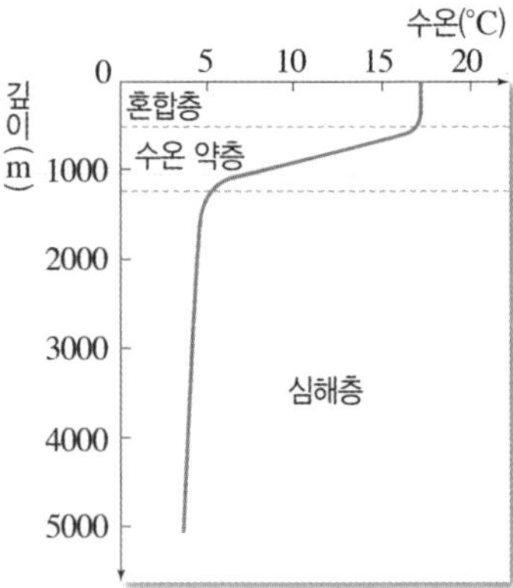

선지 판단하기

ㄱ 선지 이 해역의 해수면에 입사하는 태양 복사 에너지양은 A보다 B 시기에 많다. (X)

문항의 자료 중 태양 복사 에너지와 가장 큰 관련이 있는 물리량은 수온이다. 이때 해수면에 입사하는 태양 복사 에너지는 수심 0m의 수온 즉, 표층 해수의 수온을 보면 알 수 있다. 수온은 A가 B보다 높으므로 태양 복사 에너지양은 A 시기에 더 많다.

ㄴ 선지 A 시기에 ㉠ 구간에서의 밀도 변화는 수온보다 염분의 영향이 크다. (X)

㉠ 구간에서 수심이 깊어질수록 발생하는 밀도 증가는 염분보다 수온의 영향이 크다. 염분은 거의 변화가 없고 수온로 인해 밀도가 증가하고 있기 때문이다.

밀도 변화에 어떤 요인이 더 큰 영향을 미쳤는지 묻는 선지의 경우, 밀도에 두 요인이 영향을 주는 방향성이 다르다. 따라서 염분과 수온이 밀도에 어떤 영향을 미쳤는지 각각 파악하면 된다.

ㄷ 선지 혼합층의 두께는 A보다 B 시기에 두껍다. (O)

혼합층의 두께는 표층에서 더 깊은 수심까지 수온이 일정한 B 시기에 더 두껍다.

기출문항에서 가져가야 할 부분

1. 수심과 수온에 따른 해수의 층상구조 이해하기
2. 혼합층의 판단은 수심 0m 부근에서 판단하기
3. 변화의 경향성은 확실한 물리량으로 판단하기

▎기출 문제로 알아보는 유형별 정리

[수온의 연직 분포]

1 혼합층

① 연직 수온 자료와 혼합층 2023학년도 6월 모의평가 5번

그림 (가)와 (나)는 어느 해 A, B 시기에 우리나라 두 해역에서 측정한 연직 수온 자료를 각각 나타낸 것이다.

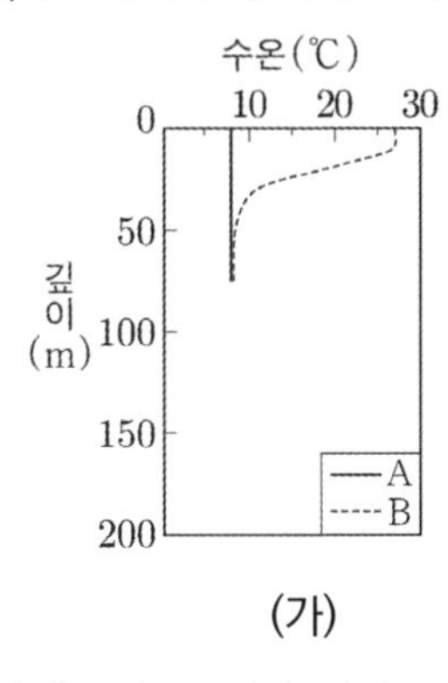

(가)

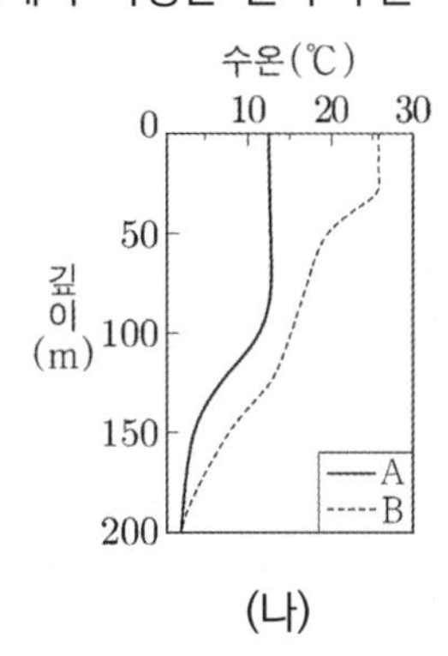

(나)

ㄷ. B의 혼합층 두께는 (나)가 (가)보다 두껍다. (O)

- 혼합층은 해수의 표층에서 부는 바람에 의해 해수가 섞여 형성된다. 표층 부근의 해수는 섞이면서 수온이 비슷해지는데, 이때 혼합층의 두께는 수심 0m로부터 수온이 일정한 층까지의 수심과 같다. 따라서 B의 혼합층의 두께는 (나)가 (가)보다 두껍다.
- 위 자료와 같이 수온과 깊이에 대한 그래프가 보이면 혼합층, 수온 약층, 심해층을 구분할 수 있어야 한다.
- **혼합층의 두께는 '수심 0m'부터 수온 변화가 시작되는 깊이까지**라고 생각하면 된다. 그 이유는 **수심 0m에서부터 바람에 의한 혼합 작용**이 일어나기 때문이다.

② 깊이에 따른 수온-염분도와 혼합층 지Ⅱ 2020학년도 9월 모의평가 4번

그림은 어느 해역에서 깊이에 따른 수온과 염분을 수온 - 염분도에 나타낸 것이다.

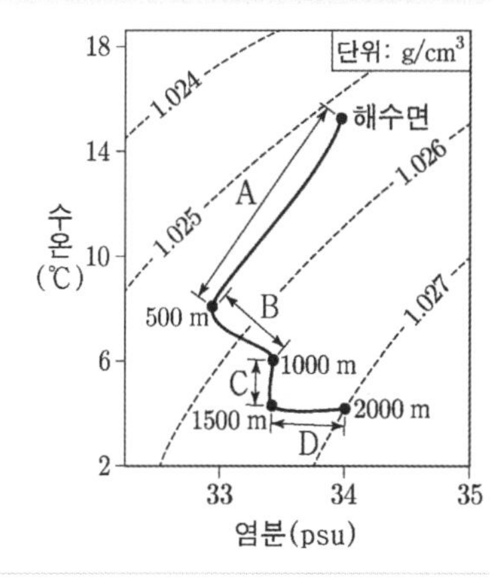

ㄱ. A 구간은 혼합층이다. (X)

- 혼합층은 수온이 일정한 구간을 말한다. 따라서 수온-염분도 상에서도 수온이 일정하게 나타나야 한다. 그러나 A 구간에서는 수심이 깊어질수록 수온이 감소하므로 혼합층이 아니다.
- 그렇다면 D **구간은 수심이 일정하므로 혼합층**인가?
  역시 아니다. 그 이유는 **수심 0m부터의 수온이 일정하지 않기 때문**이다. **혼합층에서 가장 중요한 것은 수심 0m부터 수온이 일정해야 함**을 반드시 기억하자. (해수의 층상 구조 그래프를 떠올리면 쉽게 이해할 수 있다.)

③ 풍속과 혼합층 지II 2019학년도 9월 모의평가 1번

그림은 겨울철 동해의 혼합층 두께를 나타낸 것이다.

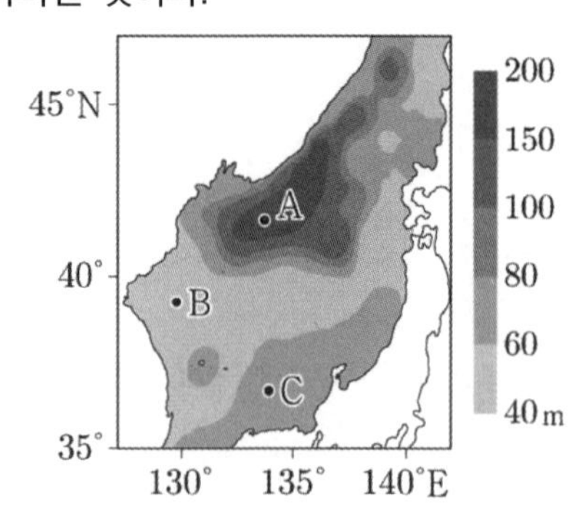

ㄱ. A의 혼합층의 두께는 겨울이 여름보다 얇다. (X)

- 혼합층은 바람에 의해서 해수가 섞이면서 형성된다. 바람이 강하게 불수록 혼합이 잘 일어나므로 혼합층의 두께는 두꺼워진다. 우리나라에서 평균적인 바람의 세기는 여름보다 겨울에 강하다. 따라서 A의 혼합층의 두께는 겨울이 여름보다 두껍다.
- '혼합층의 두께는 바람의 세기와 비례한다.'라는 것을 생각할 수 있으면 된다.
  또한, 우리나라 **겨울과 여름의 평균적인 풍속까지 비교**할 수 있어야 한다. 우리나라의 평균 풍속은 여름철보다 **겨울철이 더 크다**. (겨울철은 상대적으로 강한 고기압인 시베리아 고기압의 영향을 받는 계절이기 때문이다.)

2 수온 약층

① 깊이에 따른 수온-염분도와 수온 약층 지II 2017년 10월 학력평가 14번

그림은 어느 해역에서 측정한 깊이에 따른 수온과 염분의 분포를 나타낸 것이다.

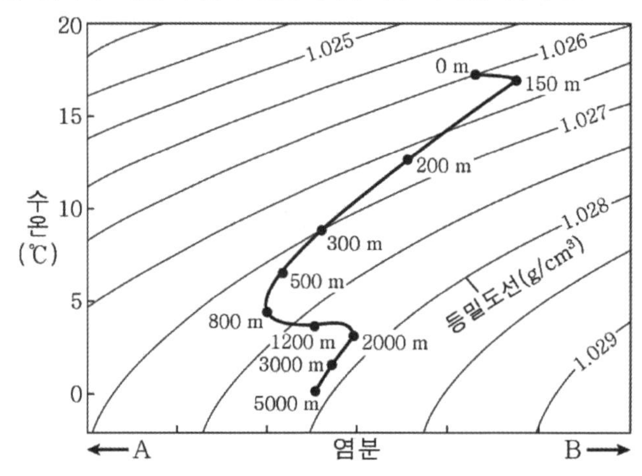

ㄴ. 수온 약층은 800m~2000m 구간에서 뚜렷하게 나타난다. (X)

- 수온 약층은 수온이 급격히 감소하는 깊이에서 나타난다. 800m~2000m에서는 수온이 거의 일정하므로 수온 약층이 뚜렷하게 나타나지 않는다.
- 위 자료에서 수온 약층은 **수온이 급격히 감소하는 150m~800m**이다. 이때 이 구간에서 밀도는 증가하므로 밀도 약층과 겹친다.

② 등수온선과 수온 약층 2021학년도 수능 3번

그림은 북반구 중위도 어느 해역에서 1년 동안 관측한 수온 변화를 등수온선으로 나타낸 것이다.

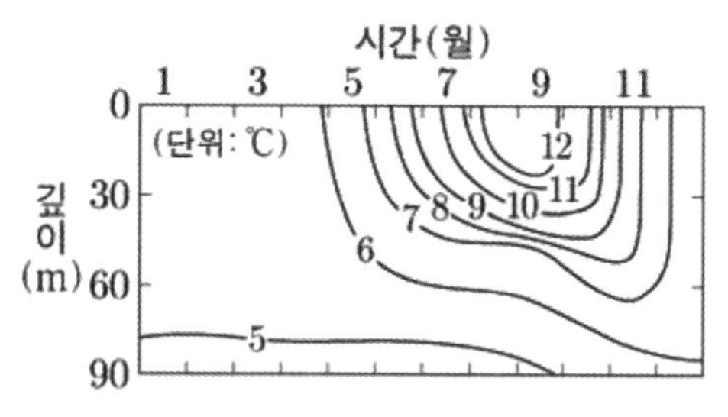

ㄴ. 수온 약층은 9월이 5월보다 뚜렷하게 나타난다. (O)

- 9월은 30m~60m까지 약 6 ° C정도 감소했다. 같은 구간에서 5월은 온도 변화가 거의 없으므로 **온도 변화가 뚜렷한 9월에 수온 약층**이 뚜렷하게 나타난다.
- 수온 약층은 혼합층 바로 아래에서 나타난다. 9월의 혼합층이 0m~30m에서 나타나기 때문에 위와 같은 해석을 할 수 있는 것이다.

③ 위도별 층상 구조와 수온 약층 2020년 3월 학력평가 17번

그림은 해수의 위도별 층상 구조를 나타낸 것이다. A, B, C는 각각 혼합층, 수온 약층, 심해층 중 하나이다.

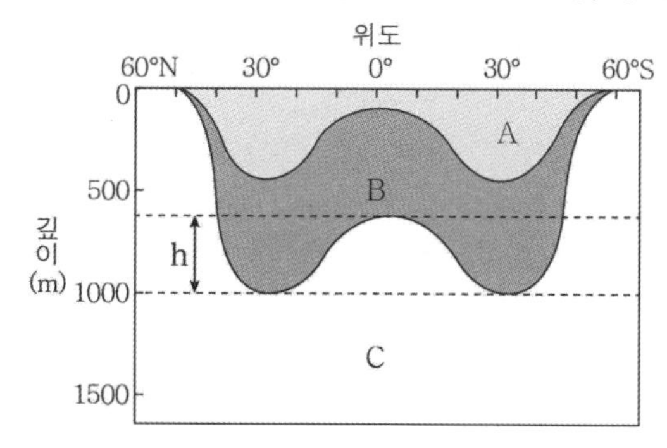

ㄴ. B층은 A층과 C층 사이의 물질 교환을 억제하는 역할을 한다. (O)

- A는 표면에 위치한 혼합층, B는 그 아래 위치한 수온 약층, C는 빛이 들어오지 않는 심해층이다. 수온 약층은 수심이 깊어질수록 온도가 낮아져 밀도가 증가하는 층으로, 매우 안정된 층이다. 안정된 층의 특징은 연직 혼합이 나타나지 않는 것이다. 따라서 수온 약층 위에 있는 혼합층과 아래에 있는 심해층의 물질과 에너지의 혼합을 막는 역할을 한다.

3 심해층

① 심해층의 역할 지II 2016학년도 수능 2번

그림은 해수에 녹아 있는 두 기체 A와 B의 수심에 따른 농도를 나타낸 것이다.
A와 B 중 하나는 산소이고 다른 하나는 이산화 탄소이다.

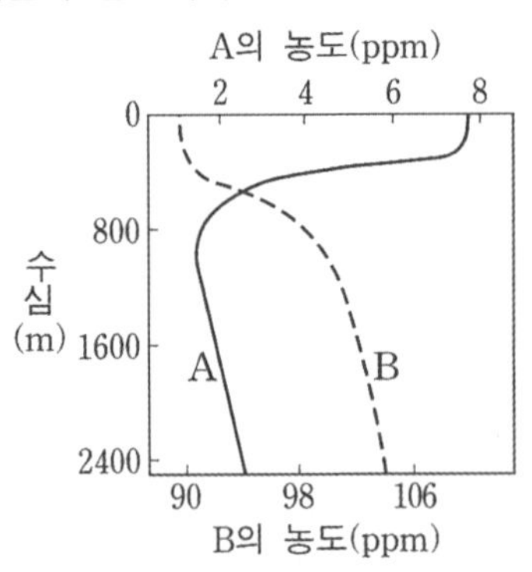

ㄷ. 심해층의 A는 극지방의 표층 해수로부터 공급된다. (O)

- A는 표층에서 가장 많고 수심이 깊어질수록 감소하다가 심해에서 조금씩 증가하는 산소이다. 심해에서 용존 산소량이 증가하는 이유는 해저 밑바닥을 따라 흐르는 심층 해수가 산소를 공급하기 때문이다.
- 또한 **심해층은 일 년 내내 수온, 염분 등의 변화는 없다**는 사실을 함께 기억하도록 하자.

4 용존 기체

① 용존 산소량과 용존 이산화 탄소량 지II 2016학년도 수능 2번

그림은 해수에 녹아 있는 두 기체 A와 B의 수심에 따른 농도를 나타낸 것이다. A와 B 중 하나는 산소이고 다른 하나는 이산화 탄소이다.

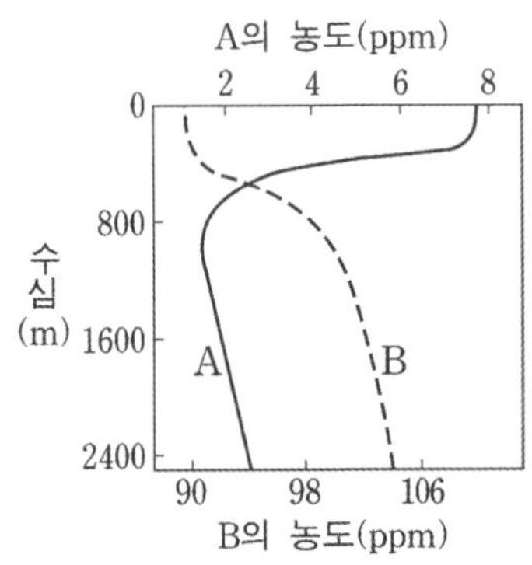

ㄷ. A는 농도는 표층에서 가장 낮다. (X)

- A의 그래프를 해석하면 표층에서의 농도가 가장 높은 것을 확인할 수 있다.
- **용존 산소량**인 A는 **표층에서 가장 높고** 수심이 깊어질수록 감소하다가 심해에서 심층 해수의 영향으로 다시 증가한다는 것을 알고 있어야 한다. 이때, 표층에서 용존 산소량이 가장 높은 이유는 생물의 **광합성**을 통해 이산화 탄소가 산소로 바뀌거나, **대기 중의 산소**가 유입되기 때문이다.
- **용존 이산화 탄소량**인 B는 **수심이 깊어질수록 광합성의 양이 감소**하고 상대적으로 호흡의 양이 증가하므로 그 값은 증가한다는 것을 알고 있어야 한다.
- 이때 표층에서의 용존 기체량은 용존 산소인 A가 많아 보이지만 그래프의 축을 자세히 본다면 A의 농도, B의 농도를 각각 다른 축을 사용한 것을 확인할 수 있다. **표층에서의 농도가 높은 용존 기체는 용존 이산화 탄소이다**.
  (그래프의 축을 항상 잘 보도록 하자.)

② 수온과 염분 변화에 따른 용존 기체량 2022학년도 9월 모의평가 12번

그림 (가)는 어느 날 우리나라 주변 표층 해수의 수온과 염분 분포를, (나)는 수온-염분도를 나타낸 것이다.

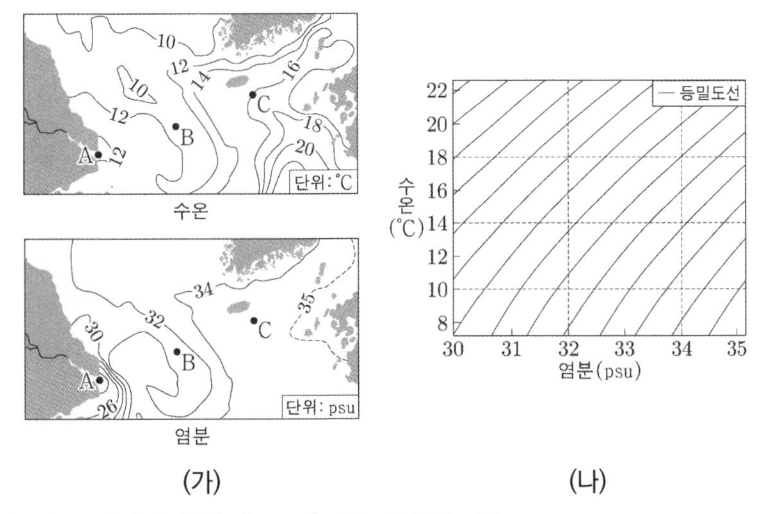

(가) (나)

ㄷ. 수온만을 고려할 때, 산소 기체의 용해도는 B가 C보다 작다. (X)

- 용존 기체의 용해도는 수온이 낮을수록, 염분이 낮을수록 증가한다. 따라서 B의 수온이 C보다 낮으므로 산소 기체의 용해도는 B가 C보다 크다.
- 용존 기체 용해도는 **수온이 낮을수록, 염분이 적을수록 증가한다는 것을 기억하자.**

추가로 물어볼 수 있는 선지 해설

1. 표층에서의 기체의 용해도는 이산화 탄소가 약 44mL/L이고, 산소는 약 5mL/L로 이산화 탄소가 더 많다.
(본문 p.103에 있는 자료를 보고 오자.)
2. 용존 산소량은 표층에서 가장 많다. 수심이 깊어질수록 용존 산소량은 줄어들다가 심층 해수의 영향을 받는 깊이에서부터 조금씩 증가하기 시작한다.
3. 수심 증가에 따라 용존 산소량이 감소하는 이유는 해양 생물이 광합성을 하지 못하고, 해양 생물의 호흡에 의해 산소가 이산화 탄소로 바뀌기 때문이다.

Chapter

02 지구 대기 대순환과 해수의 표층 순환

지구의 대기 대순환과 해수의 표층 순환 - 대기 대순환

1. 위도에 따른 에너지 불균형

지구는 **구형**이기에 위도에 따라 단위 면적 당 입사하는 태양 복사 에너지의 양이 다르다.
극지방보다 적도 지방이 받는 복사 에너지의 양이 더 많은데 이러한 열적 불균형을 해소하기 위해 대기와 해수의 순환이 일어난다.

지구의 복사 평형과 열수지

- 위도에 따라 지구가 흡수하는 태양 복사 에너지의 양과 지구가 방출하는 복사 에너지의 차이가 나타난다.
- 복사 에너지의 양은 위도에 따라 다르게 나타나지만, 지구 전체에 **흡수된 태양 복사 에너지양과 지구 복사 에너지양은** 같다.
- 이때 **저위도**는 **에너지 과잉, 고위도**는 **에너지 부족** 상태다. 에너지가 균형 상태를 이루는 **위도 38° 부근에서는 에너지 수송량이 최대**이다.

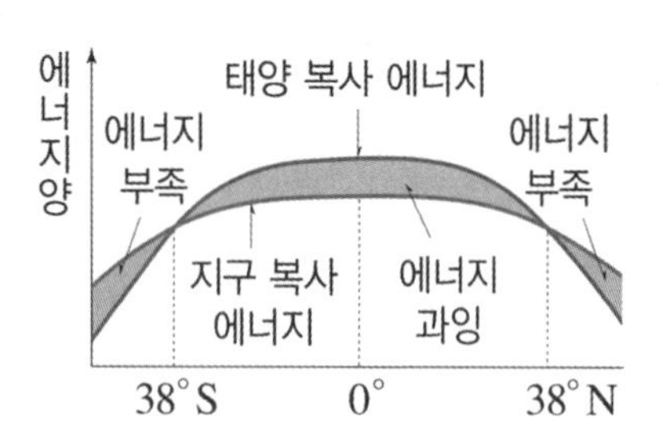

▲ 위도별 에너지 양의 분포

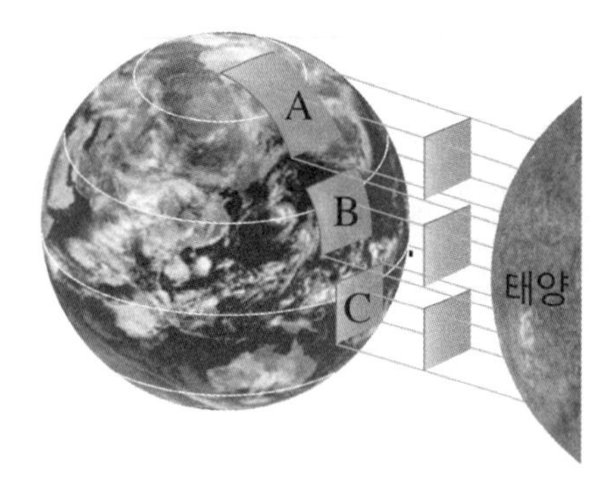

▲ 위도에 따른 복사 에너지의 분포

2. 대기 대순환

위도에 따른 에너지 불균형을 해소하기 위해 전 지구적인 규모로 대기의 순환이 일어나는 것을 말한다.

(1) 단일 세포 순환 모형 (지구의 자전 X)

① 지구가 자전하지 않는 대기 순환 모형이다.

② 적도 지방에서는 뜨거워진 공기가 상승하여 상승 기류가, 극지방에서는 차가워진 공기가 하강하여 하강 기류가 나타나 **북반구 지상**에서는 **북풍**만, **남반구 지상**에서는 **남풍**만 나타난다.

③ 지구가 자전하지 않으므로 전향력 또한 존재하지 않는다.

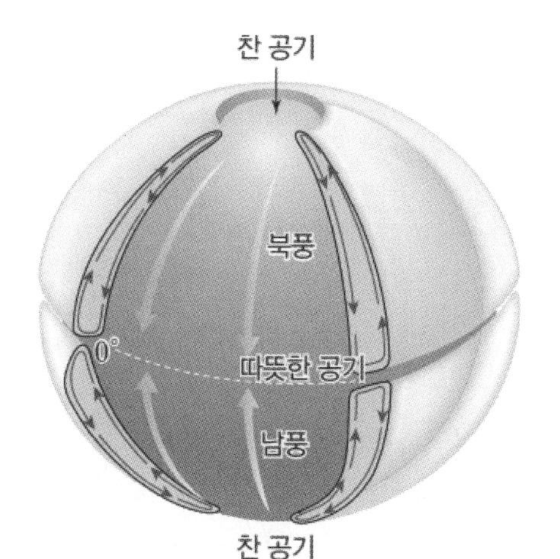

▲ 지구가 자전하지 않을 때 대기 대순환 모형

(2) 대기 대순환 모형 (지구의 자전 O)

지구가 자전하는 대기 순환 모형이다. 지구가 자전하면서 발생하는 힘인 전향력의 영향으로 각 반구에 3개의 순환 세포가 형성된다.

- 해들리 순환 : **적도 ~ 위도 30°** 사이의 **직접 순환**을 말한다. 적도 지방에서 뜨거워진 공기가 직접 상승하여 위도 30° 부근에서 하강하여 지표면을 타고 남쪽으로 이동한 공기가 순환을 이룬다.
  지표면에서는 **동쪽에서 서쪽으로 부는 무역풍이 형성**된다.

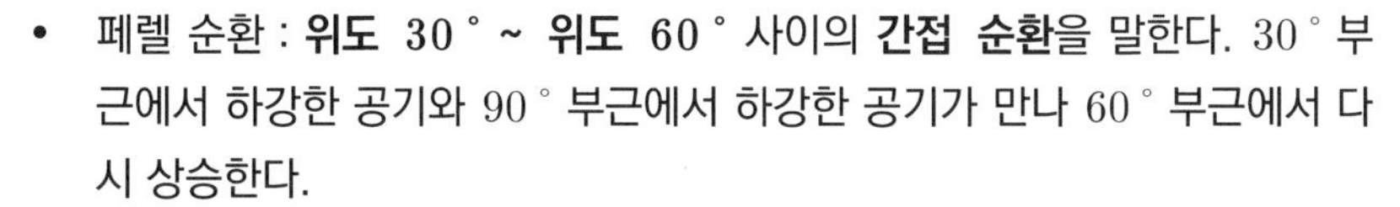

- 페렐 순환 : **위도 30° ~ 위도 60°** 사이의 **간접 순환**을 말한다. 30° 부근에서 하강한 공기와 90° 부근에서 하강한 공기가 만나 60° 부근에서 다시 상승한다.
  지표면에서는 **서쪽에서 동쪽으로 부는 편서풍이 형성**된다.

- 극 순환 : **위도 60° ~ 극** 사이의 **직접 순환**을 말한다. 극지방에서 차가워진 공기가 직접 하강하여 위도 60° 부근에서 따뜻한 공기와 만나 다시 상승한다.
  지표면에서는 **동쪽에서 서쪽으로 부는 극동풍이 형성**된다.

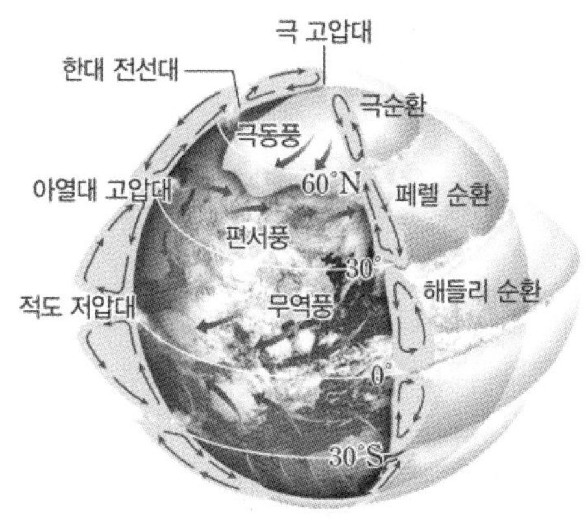

▲ 지구가 자전할 때 대기 대순환 모형

(3) 직접 순환과 간접 순환

해들리 순환과 **극 순환**은 공기의 직접적인 이동에 의해 형성된 열적 순환으로 **직접 순환에 해당**한다.
두 순환 사이에서 형성된 **페렐 순환**은 가열된 공기가 상승하거나 냉각된 공기가 하강하여 형성된 순환이 아니므로 **간접 순환**에 해당한다.

(4) 대기 대순환에 의한 기압대의 형성

① 적도 저압대(열대 수렴대) : 적도 지역의 뜨거운 공기가 상승하여 저기압 지대가 형성된다.

② 중위도 고압대(아열대 고압대) : 위도 30° 부근은 대기 대순환의 하강으로 고기압 지대가 형성된다.

③ 한대 전선대 : 위도 60° 에서 **남쪽의 따뜻한 공기**와 **북쪽의 찬 공기**가 만나 **정체 전선을 형성**되어 저기압 지대가 형성된다.

④ 극 고압대 : 극 지역의 찬 공기가 하강하여 고기압 지대가 형성된다.

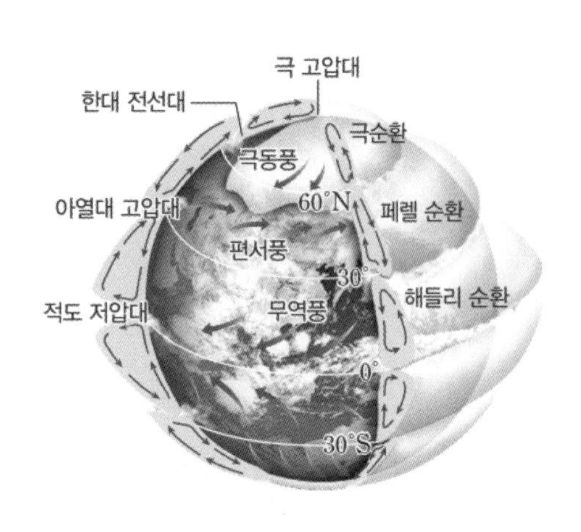

▲ 지구의 대기 대순환

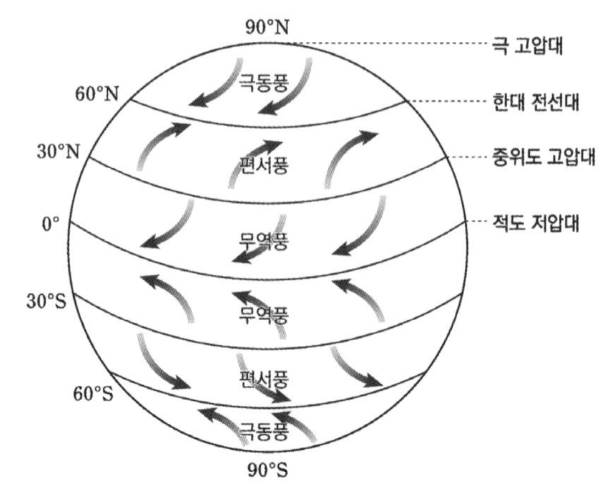

▲ 대기 대순환에 의한 기압대 형성

+ 시야 넓히기 : 대기 대순환에 의한 지표면의 풍향

대기 대순환에 의해서 지표면에서는 위도별로 다른 풍향이 나타나게 된다.

지표면에서 부는 바람의 남북 방향 성분은 대기 대순환에 의해 0° ~ 30°N는 **북풍**이, 30°N ~ 60°N는 **남풍**이, 60°N ~ 90°N은 **북풍**이 부는 것을 확인할 수 있다. (남반구에서는 반대)

현재 지구는 자전을 해서 전향력이 생기므로 **북반구에서는 진행 방향의 오른쪽**으로, **남반구에서는 진행 방향의 왼쪽으로 휘어지며 분다.**

따라서 0° ~ 30°는 무역풍이, 30° ~ 60°은 편서풍이, 60° ~ 90°N은 극동풍이 부는 것이다.

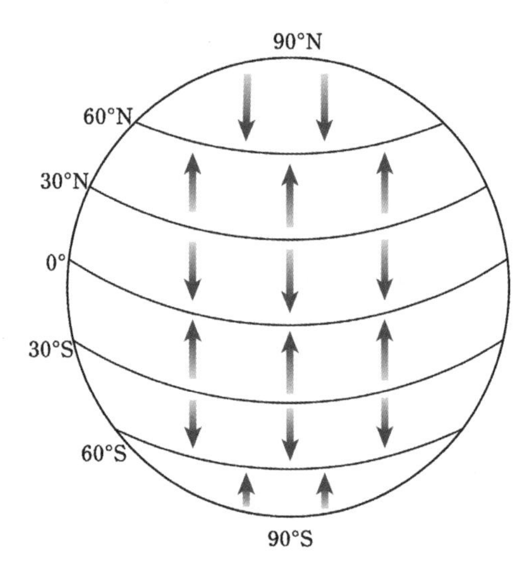

▲ 대기 대순환에 의해 지표에서 부는 바람의 남북 방향 성분

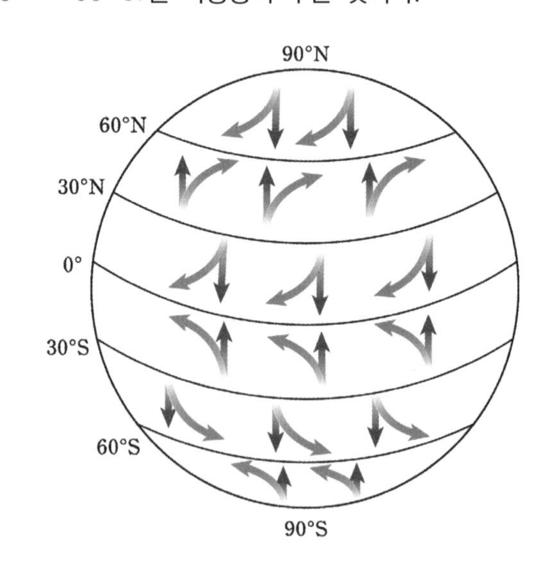

▲ 전향력이 고려된 지표면의 풍향

❙ 지구의 대기 대순환과 해수의 표층 순환 - 표층 순환

1. 전 세계 해수의 표층 해류

표층에서 이동하는 해류를 **표층 해류**라 한다. **대기 대순환에서 발생한 바람에 의해** 표층 해류는 동-서 방향으로 흐른다. 동서 방향으로 이동하는 표층 해류는 대륙 분포에 의해 남-북 방향으로 흐르게 된다.

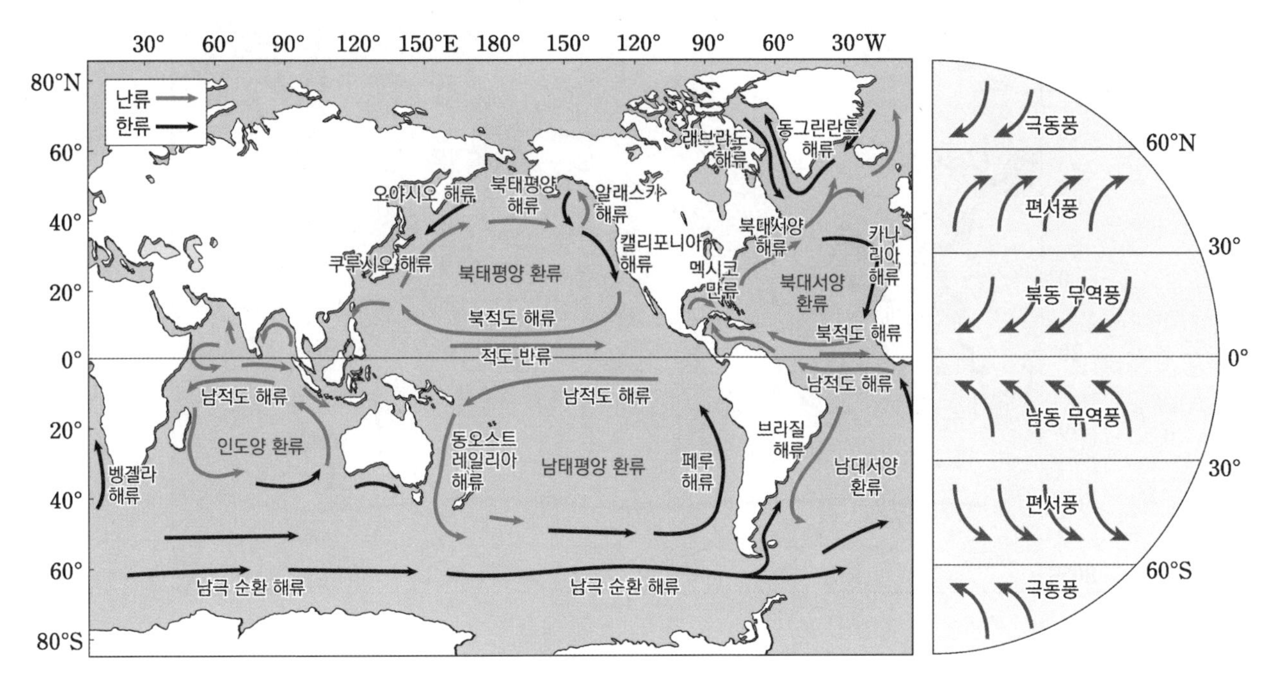

▲ 대기 대순환에 의한 표층 해류의 순환

(1) 동-서 방향의 해류

- 무역풍 지대 : **무역풍**의 영향으로 **동에서 서**로 흐르는 북적도 해류와 남적도 해류가 형성된다.
  (두 해류의 영향으로 반대 방향인 서에서 동으로 흐르는 적도 반류도 존재한다.)
- 편서풍 지대 : 편서풍의 영향으로 **서에서 동**으로 흐르는 북태평양 해류, 북대서양 해류, **남극 순환 해류** 등이 형성된다.
  (남극 순환 해류는 극동풍에 의해 형성되는 것이 아니라는 것을 기억하자)

(2) 남-북 방향의 해류

무역풍이나 편서풍에 의해 동-서 방향으로 흐르던 해류가 **대륙 분포로 인해 막히면 남-북 방향으로 흐르게 된다**.

- 무역풍에 의한 해류 : 무역풍의 영향으로 흐르던 해류가 **대륙의 동안**에 막히면 더 이상 서쪽으로 이동하지 못하고 남-북 방향으로 흐르게 된다.
- 편서풍에 의한 해류 : 편서풍의 영향으로 흐르던 해류가 **대륙의 서안**에 막히면 더 이상 동쪽으로 이동하지 못하고 남-북 방향으로 흐르게 된다.

2. 해류의 표층 순환

표층 해류의 이동은 여러 개의 순환을 이루는데 이를 표층 순환이라 한다. 표층 순환은 북반구와 남반구가 서로 대칭을 이루며 위도에 따라 열대 순환, 아열대 순환, 아한대 순환으로 구분된다. (북반구와는 달리 남반구에는 아한대 순환이 존재하지 않는다.)

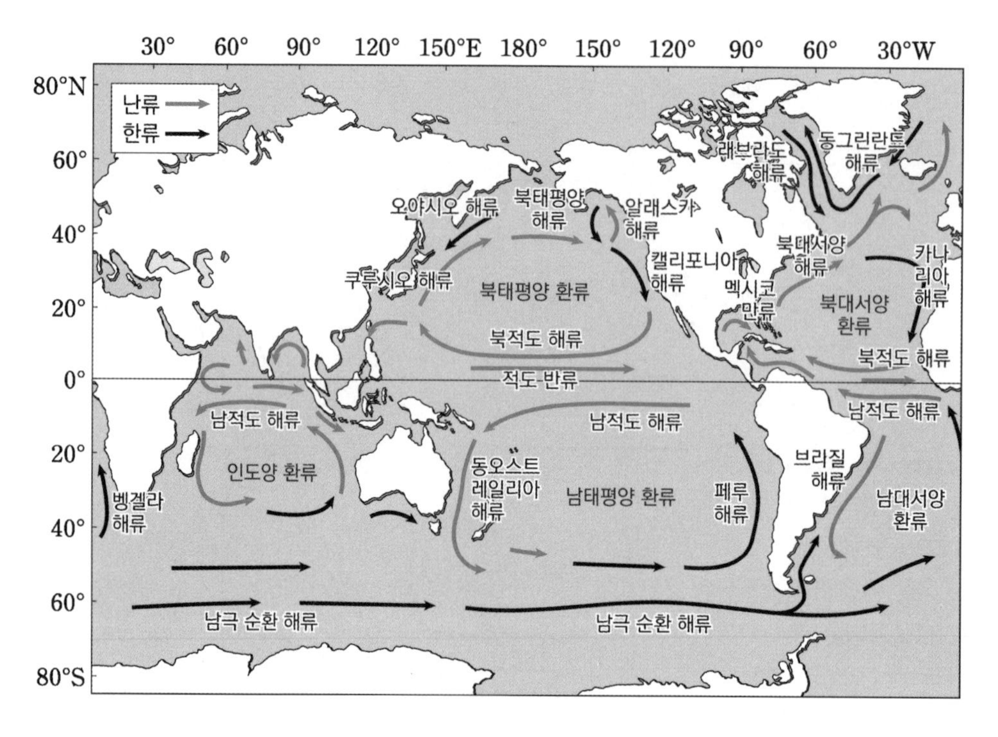

▲ 전 세계 주요 표층 해류

(1) 열대 순환

적도 부근에서 일어나는 해수의 순환으로, **북적도 해류**와 **남적도 해류**가 **적도 반류**와 합쳐지며 순환하는 표층 순환이다. 열대 순환은 북반구와 남반구가 적도 부근을 경계로 대칭적 형태를 보인다.

북반구 : 북적도 해류 → 적도 반류 → 북적도 해류
남반구 : 남적도 해류 → 적도 반류 → 남적도 해류

(2) 아열대 순환

- **무역풍과 편서풍의 영향**을 받아 형성되는 해수의 순환이다.
- 무역풍대에서 동 → 서 방향으로 형성되는 적도 해류가 대륙에 막혀 북반구에서는 북쪽으로 흐르고 남반구에서는 남쪽으로 흐른다.
- 이 해류들이 편서풍대에서 서 → 동 방향으로 흐르다가 다시 대륙에 막히면 북반구에서는 남쪽으로 흐르고 남반구에서는 북쪽으로 흐르며 적도 해류를 만나 거대한 순환을 이룬다. (태평양과 대서양의 아열대 순환은 반드시 암기하자)
- 아열대 순환은 **북반구**와 **남반구**에서 적도 부근을 경계로 **대칭적인 형태를 보인다**.

북태평양 : 북적도 해류 → 쿠로시오 해류 → 북태평양 해류 → 캘리포니아 해류 → 북적도 해류
(시계 방향)

남태평양 : 남적도 해류 → 동오스트레일리아 해류 → 남극 순환류 → 페루 해류 → 남적도 해류
(반시계 방향)

북대서양 : 북적도 해류 → 멕시코 만류 → 북대서양 해류 → 카나리아 해류 → 북적도 해류
(시계 방향)

남대서양 : 남적도 해류 → 브라질 해류 → 남극 순환류 → 벵겔라 해류 → 남적도 해류
(반시계 방향)

(3) 아한대 순환

편서풍과 극동풍의 영향을 받아 형성되는 해수의 순환이다. 대륙이 존재하는 **북반구에서만 나타나며** 대륙이 없어 해류의 흐름을 막지 않는 남반구에서는 형성되지 않는다.

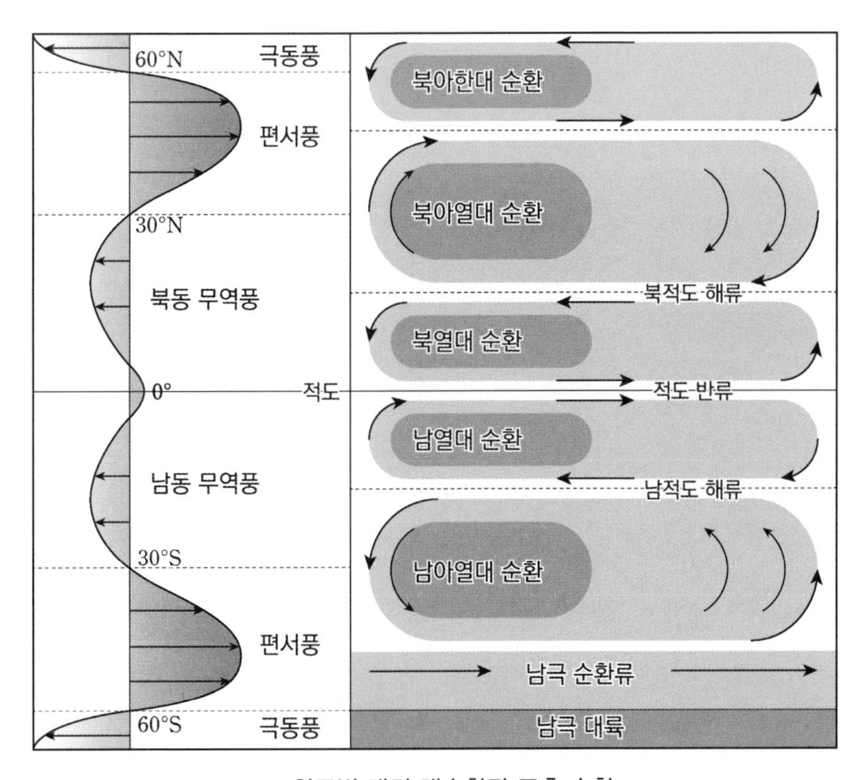

▲ 위도별 대기 대순환과 표층 순환

3. 난류와 한류

앞서 표층 해류는 **위도별 에너지 불균형 해소**에 기여한다고 배웠다. **저위도에서 고위도**로 흐르는 해류를 **난류**라 하고 난류는 **열을 전달**한다. **고위도에서 저위도**로 흐르는 해류를 **한류**라 하고 한류는 **열을 흡수**한다.
(난류가 반드시 수온이 높은 게 아니고 한류가 반드시 수온이 낮은 게 아니다. 어느 위도로 흐르는지 파악해야 한다.)

(1) 난류 (앞선 해류 자료를 통해 난류를 직접 찾아보자.)

같은 위도에서 주변 해역보다 수온과 염분이 높고, 용존 산소량과 영양 염류가 적어 식물성 플랑크톤이 적다.

(2) 한류 (앞선 해류 자료를 통해 한류를 직접 찾아보자.)

같은 위도에서 주변 해역보다 수온과 염분이 낮고, 용존 산소량과 영양 염류가 많아 식물성 플랑크톤이 많다. 식물성 플랑크톤이 많아 **좋은 어장이 형성**된다.

+ 시야 넓히기 : 해류가 기후에 미치는 영향

- 난류는 열에너지를 주변 지역으로 방출하여 기후를 따뜻하게 한다.
- 실제로 비슷한 위도에 있는 캐나다의 퀘백과 영국의 런던에서 1월 평균 기온을 비교해 보면 런던의 기온이 16 °C정도 높은 것을 확인할 수 있다.
- 이는 북대서양 아열대 순환의 일부인 멕시코 만류의 영향으로 난류가 저위도에서 고위도로 흐르며 주변 지역으로 열에너지를 방출하기 때문이다.

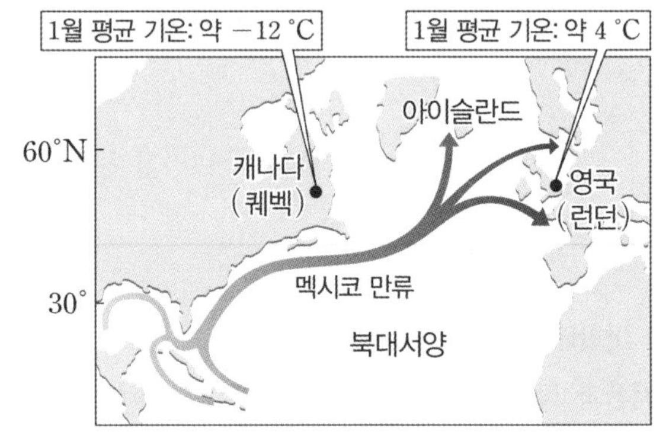

▲ 해류의 영향

4. 우리나라 주변의 표층 해류

우리나라 주변에 흐르는 난류의 근원은 북태평양 아열대 순환의 일부인 쿠로시오 해류다. 또한, 우리나라 주변으로 여러 난류와 한류가 흐른다.

난류	• 황해 난류 : 쿠로시오 해류의 일부가 황해로 북상하여 흐른다. • 대마 난류 : 쿠로시오 해류의 일부가 대한 해협을 거쳐 동해로 흘러 북상한다. (대마 난류를 쓰시마 난류라고도 한다.) • 동한 난류 : 대마 난류의 일부가 동해로 흘러가면서 조경 수역을 만든다.
한류	• 연해주 한류 : 러시아 연안을 따라 남하하는 한류다. • 북한 한류 : 연해주 한류의 일부가 동해안을 따라 흘러가면서 생성되며 조경 수역을 만든다.
조경 수역	• **난류와 한류가 만나는 해역**으로 난류성 어종과 한류성 어종이 모두 잡혀 좋은 어장이 형성된다. • 우리나라에서는 동해안에서 동한 난류와 북한 한류가 만나 형성된다. **여름철**에는 난류의 세기가 강하여 **조경 수역**의 위치가 **북상**하고, **겨울철**에는 한류의 세기가 강하여 **조경 수역**의 위치가 **남하한**다.

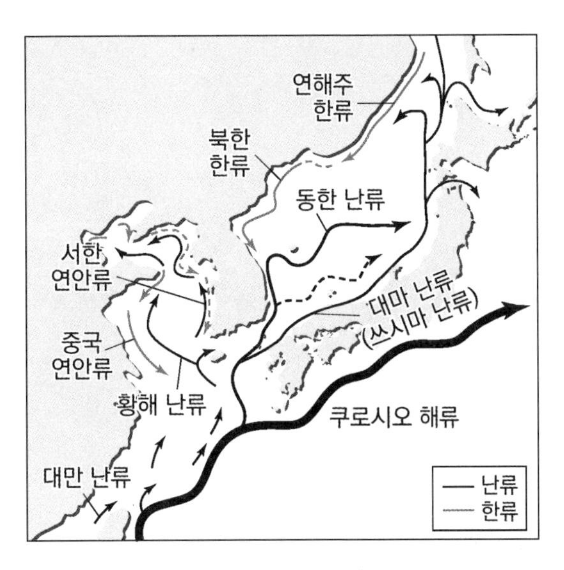

▲ 우리나라 주변의 표층 해류

memo

Theme 04 - 2 지구 대기 대순환과 해수의 표층 순환

2022학년도 6월 모의평가 지Ⅰ 15번

그림은 해수면 부근에서 부는 바람의 남북 방향의 연평균 풍속을 나타낸 것이다. ㉠과 ㉡은 각각 60°N과 60°S 중 하나이다.

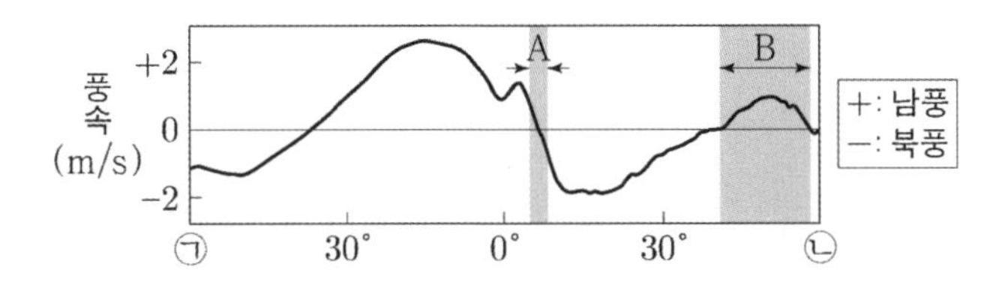

이 자료에 대한 설명으로 옳은 것만을 <보기>에서 있는 대로 고른 것은?

<보 기>

ㄱ. ㉠은 60°S이다.
ㄴ. A에서 해들리 순환의 하강 기류가 나타난다.
ㄷ. 페루 해류는 B에서 나타난다.

① ㄱ ② ㄷ ③ ㄱ, ㄴ ④ ㄴ, ㄷ ⑤ ㄱ, ㄴ, ㄷ

추가로 물어볼 수 있는 선지

1. 온대 저기압은 주로 해들리 순환과 페렐 순환의 경계 부근에서 형성된다. (O , X)
2. 표층 순환은 적도 부근을 중심으로 북반구와 남반구가 거의 대칭을 이룬다. (O , X)
3. 우리나라에서는 주로 페렐 순환에 의해 지상에서 남풍 계열의 바람이 분다. (O , X)

정답 : 1. (X), 2. (O), 3. (O)

01 2022학년도 9월 모의평가 지Ⅰ 15번

KEY POINT #연평균 풍속, #북풍, #남풍

문항의 발문 해석하기

남북 방향의 연평균 풍속이 의미하는 바가 무엇인지 생각하고, ㉠과 ㉡을 각각 북반구와 남반구 중 무엇인지 판단하는 방법을 알아야 한다.

문항의 자료 해석하기

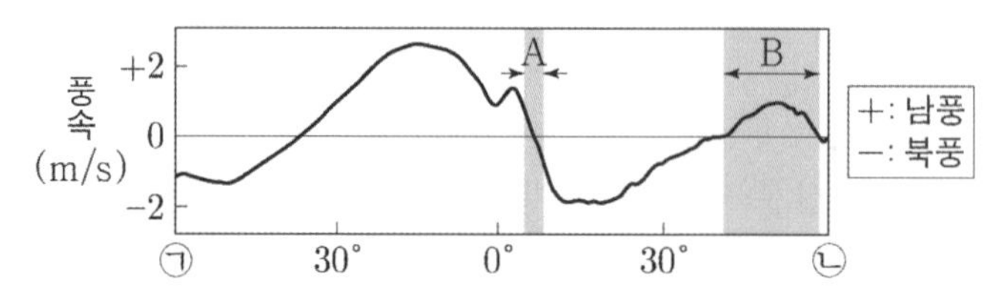

1. 가로축에는 위도에 관련된 자료가, 세로축에는 풍속과 관련된 자료가 나타나 있다.
   (+)값은 남풍, (-)값은 북풍이라는 것을 통해 북반구, 남반구를 파악할 수 있다.
2. 적도를 기준으로 북쪽에는 북동 무역풍이, 남쪽에는 남동 무역풍이 분다.
   따라서 $0°$ ~ $30°$ 에서 남풍이 부는 곳은 남반구이다. 자료에서는 남풍에 해당하는 (+) 값이 나타나는 부분이 남반구이기 때문에 ㉠은 60°S이다. 마찬가지로 (-) 값이 나타나는 부분은 북반구이며, ㉡은 60°N이다.

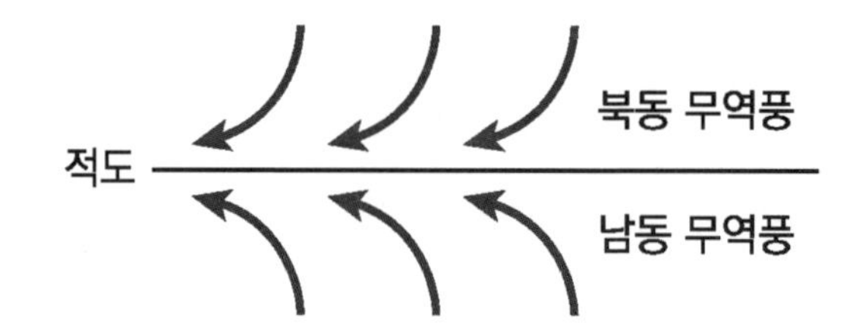

선지 판단하기

ㄱ 선지 ㉠은 60°S이다. (O)

자료에서 위도 $0°$ 를 기준으로 왼쪽의 $0°$ ~ $30°$ 부근은 남동 무역풍이 나타나므로 ㉠은 남반구다. 따라서 ㉠은 $60°$ S이다.

ㄴ 선지 A에서 해들리 순환의 하강 기류가 나타난다. (X)

A는 적도 부근에서 북동 무역풍과 남동 무역풍이 만나 상승 기류가 나타나는 지역이다.

ㄷ 선지 페루 해류는 B에서 나타난다. (X)

페루 해류는 남태평양 아열대 순환을 이루는 표층 해류다. B는 북반구이므로 페루 해류가 나타날 수 없다.

기출문항에서 가져가야 할 부분

1. 북반구와 남반구를 판단할 수 있는 근거 생각하기
2. 대기 대순환에 의한 무역풍, 편서풍, 극동풍의 풍향 생각하기
3. 표층 순환이 나타나는 해역의 위도 암기하기

┃기출 문제로 알아보는 유형별 정리

[대기 대순환]

1 대기 대순환의 형성

① 대기 대순환의 형성과 전향력 2018년 10월 학력평가 12번

그림은 대기 대순환에 의해 지표 부근에서 부는 바람 A, B, C와 북태평양의 주요 표층 해류 ㉠, ㉡, ㉢을 나타낸 것이다.

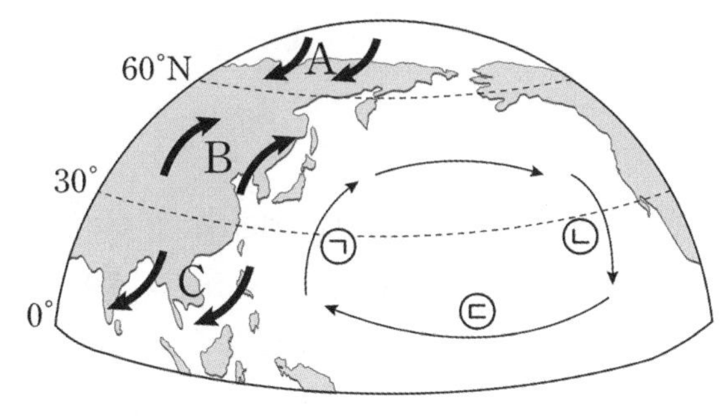

ㄱ. 페렐 순환에 의해 형성된 바람은 B이다. (O)

- B는 위도 $30°$ ~ $60°$ 에서 형성되었으므로 페렐 순환이다.
- 대기 대순환은 형성 과정을 **반드시 암기**해야 한다.
  1. 적도 부근에서 뜨거워진 공기가 상승하여 북반구와 남반구로 이동한다.
  2. 위도 $30°$ 부근에서 전향력에 의해 공기가 하강한 후 지표면을 따라 위, 아래로 흐른다.
  3. 극 부근에서 차가워진 공기가 하강하여 저위도로 이동한다.
  4. 위도 $60°$ 부근 지표면에서 해들리 순환의 하강으로 형성된 따뜻한 공기와 극 순환의 하강으로 형성된 찬 공기가 만나 정체 전선이 형성되어 다시 공기의 상승이 일어나며 **3개의 순환 세포**가 만들어져 대기 대순환이 완성된다.

  이때 이동하는 바람은 **전향력**에 의해 **북반구**에서는 **진행 방향의 오른쪽**으로, **남반구**에서는 **진행 방향의 왼쪽**으로 휘어져서 이동하게 된다.
- 이때 위도 $0°$ ~ $30°$ 에서는 해들리 순환이, 위도 $30°$ ~ $60°$ 에서는 페렐 순환이, $60°$ ~ 극에서는 극순환이 나타난다. 대기 대순환 형성 과정에 의해 해들리 순환과 극순환은 직접 순환, 페렐 순환은 간접 순환이다.
- 지표면에서는 전향력에 의해 $0°$ ~ $30°$ 에서는 동 → 서로 이동하는 무역풍이, $30°$ ~ $60°$ 에서는 서 → 동으로 이동하는 편서풍이, $60°$ ~ 극에서는 동 → 서로 이동하는 극동풍이 형성된다.

2 대기 대순환과 위도별 기압대의 형성

① 대기 대순환의 단면도 2017년 4월 학력평가 10번

다음은 북반구의 대기 대순환에 의한 기후의 특징이다.

> ◦ 적도 지역에는 저압대, 극 지역에는 고압대가 형성된다.
> ◦ 30°N 지역은 연평균 증발량이 강수량보다 많다.
> ◦ 60°N 지역에는 한대 전선대가 형성된다.

③ 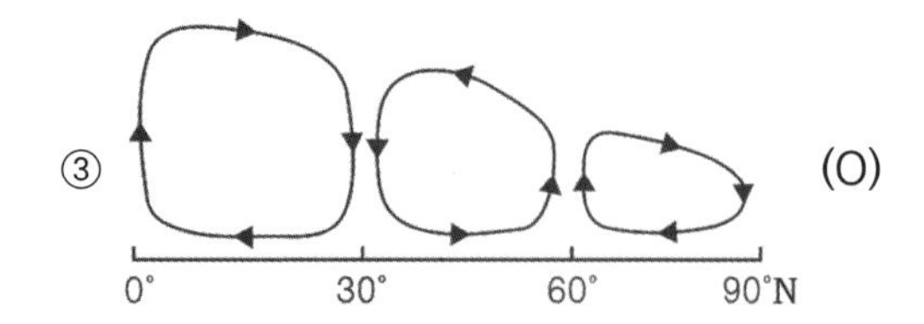

(O)

- **적도 부근**은 해들리 순환의 상승으로 저압대가 나타난다. **적도 저압대**라고 불린다.
- **위도 30° 부근**은 해들리 순환과 페렐 순환의 하강으로 고압대가 나타난다. **중위도 고압대**라고 불린다.
- **위도 60° 부근**은 지표면에서 찬 공기와 따뜻한 공기가 만나 전선이 형성되며 상승 기류가 나타나 저압대가 나타난다. **한대 전선대**라고 불린다.
- 극 부근은 극 순환의 하강으로 고압대가 나타난다. **극 고압대**라고 불린다.
- 각 순환 세포의 연직 높이를 비교해보면 해들리 순환에서 가장 높게 나타나고, 극 순환에서 가장 낮게 나타나는 것을 확인할 수 있다. 이처럼 순환 세포마다 높이가 다른 이유는 **극지방 쪽으로 갈수록 온도가 낮아져 공기가 잘 상승하지 않기 때문**이라는 것 또한 알아두자.

② 위도별 기압 분포 2022학년도 수능 10번

그림은 평균 해면 기압을 위도에 따라 나타낸 것이다.

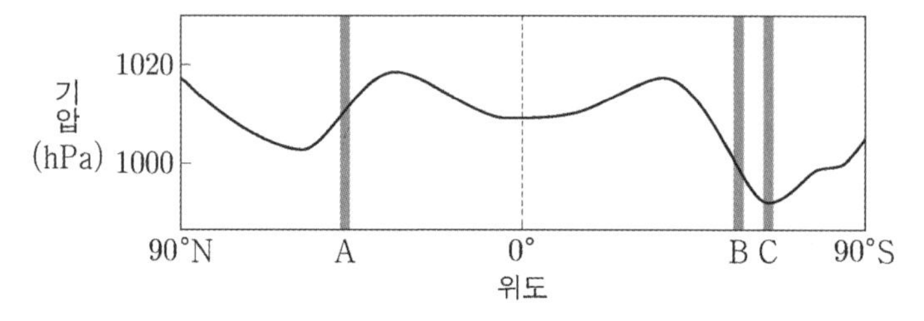

ㄷ. C 해역에서는 대기 대순환에 의해 표층 해수가 발산한다. (O)

- C는 위도 60° 에서 저압대가 나타나는 한대 전선대 부근이다. 따라서 저기압이 나타나 표층 해수의 발산이 나타난다. (Theme 05의 '저기압성 용승'을 함께 떠올려야 한다.)
- 위도별 기압대를 평균 해면 기압 및 평균 염분 자료와 연결지어 생각할 수 있도록 하자.

③ 대류권 계면이란? 2023년 7월 학력평가 13번

그림은 북반구의 대기 대순환을 나타낸 것이다. A, B, C는 각각 해들리 순환, 페렐 순환, 극순환 중 하나이다.

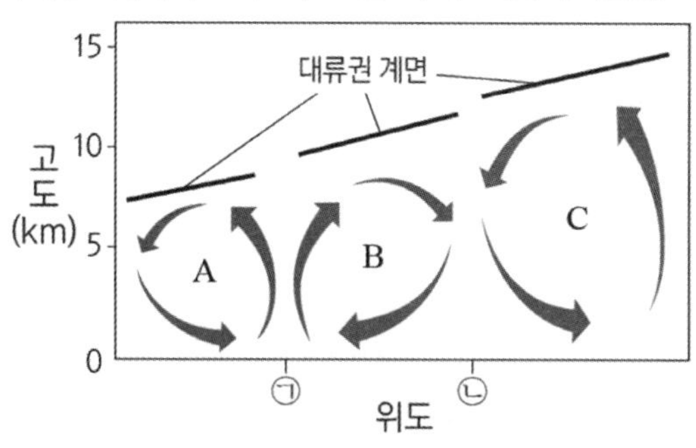

ㄱ. A의 지상에는 동풍 계열의 바람이 우세하게 분다. (O)

- 대기 대순환 사이에서 **상승 기류**가 나타나는 ㉠은 $60°$ 부근, **하강 기류**가 나타나는 ㉡은 $30°$ 부근이다. 따라서 A는 극 순환, B는 페렐 순환, C는 해들리 순환이다. 극 순환이 부는 지상에서는 극동풍이 분다.
- 대류권 계면이란 성층권과 대류권 사이의 경계를 말한다.
  대류권 계면의 높이는 여러 가지 원인이 있지만 가장 큰 원인은 성층권에서 일어나는 대기의 상승 기류의 세기에 따라 달라진다.
  상승 기류가 강한 적도 부근에서는 **대류권 계면의 높이가 높고**, **상승 기류가 약한 극 지방**에서는 **대류권 계면의 높이가 낮다**.
- 대기 대순환의 상승 기류와 하강 기류를 통해 $30°$, $60°$를 구분할 수 있어야 한다.

3 대기 대순환과 에너지 수송

① 대기와 해양의 에너지 수송 2020학년도 6월 모의평가 6번

그림은 대기와 해양에서 남북 방향으로의 연평균 에너지 수송량을 위도별로 나타낸 것이다. A와 B는 각각 대기와 해양 중 하나이다.

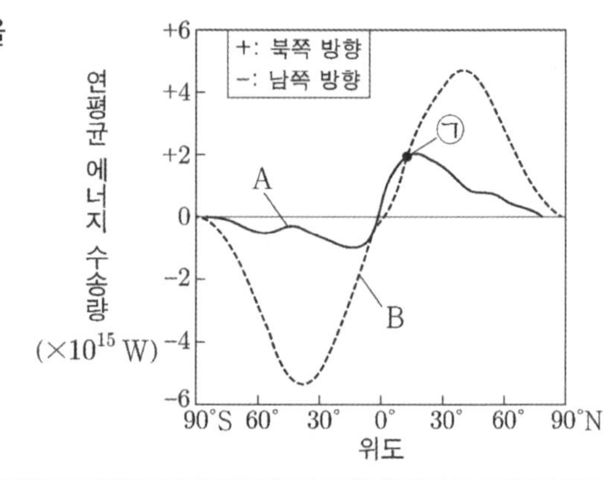

ㄱ. A는 대기에 해당한다. (X)

- 대기와 해수 중 저위도의 남는 에너지를 에너지가 부족한 고위도로 수송을 많이 하는 것은 대기이다. 따라서 B가 대기에 해당한다.
- 표층 해수에 비해서 **대기가 더 빠르게 이동하고 이동**량 또한 많기 때문에 **연평균 에너지 수송량은 대기가 더 많다.**

② 태양 복사 에너지의 흡수와 지구 복사 에너지의 방출 지Ⅱ 2019학년도 6월 모의평가 2번

그림은 복사 평형을 이루고 있는 지구가 흡수한 연평균 태양 복사 에너지와 방출한 연평균 지구 복사 에너지를 위도에 따라 나타낸 것이다.

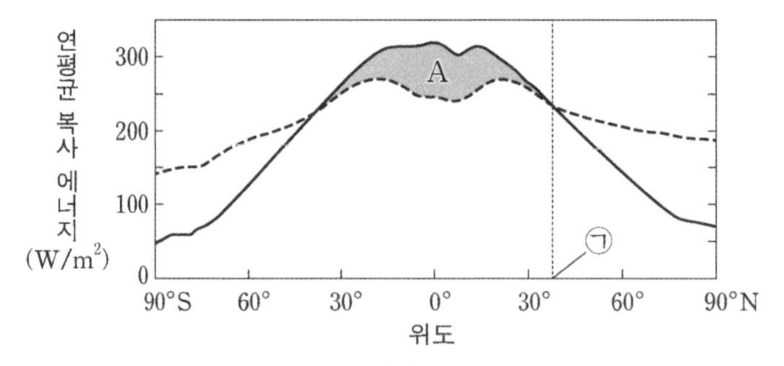

ㄴ. ㉠에서 남북 방향의 에너지 수송은 일어나지 않는다. (X)

- ㉠은 흡수한 태양 복사 에너지와 방출한 지구 복사 에너지의 양이 같은 **위도 38° 부근**이다.
  위도 38° 부근은 에너지 수송이 최대로 나타나는 곳이다. 지구 복사 에너지와 태양 복사 에너지 그래프의 교점이라고 해서 에너지 수송이 일어나지 않는 것이 아니다.
- 위도 38°를 기준으로 고위도는 에너지 부족, 저위도는 에너지 과잉이므로 위도 38°는 에너지를 최대한 흘려보내 주는 역할을 한다고 생각하자.

추가로 물어볼 수 있는 선지 해설

1. 온대 저기압은 페렐 순환과 극 순환의 경계 부근인 위도 60° 부근의 한대 전선대부근에 형성된 정체 전선으로부터 형성된다.
2. 해수의 표층 순환은 아한대 순환을 제외하고 북반구와 남반구가 거의 대칭을 이룬다.
3. 페렐 순환은 지구 표면에 편서풍을 형성한다. 북반구에서의 편서풍은 위도 30° 부근에서 하강한 공기가 북쪽으로 이동하며 전향력에 의해 휘어져 주로 남서풍의 형태로 지상에서 분다.

Theme 04 - 2 지구 대기 대순환과 해수의 표층 순환

2016학년도 수능 지Ⅰ 9번

그림은 태평양의 주요 표층 해류가 흐르는 해역 A, B, C를 나타낸 것이다.

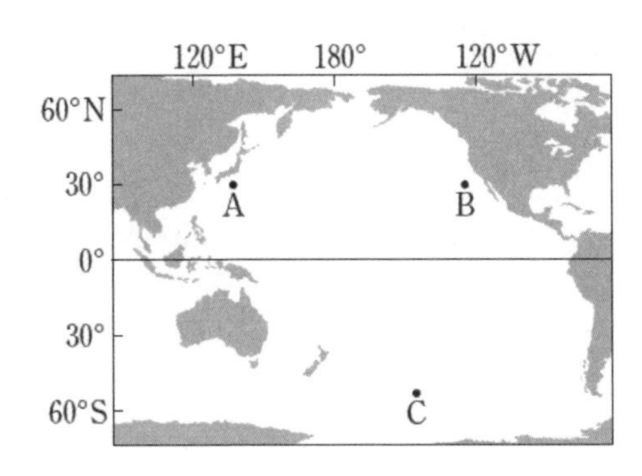

이에 대한 설명으로 옳은 것만을 <보기>에서 있는 대로 고른 것은?

<보 기>

ㄱ. C의 표층 해류는 극동풍에 의해 형성된다.
ㄴ. 표층 해류의 용존 산소량은 B보다 A에 많다.
ㄷ. 남반구 아열대 표층 순환의 방향은 시계 반대 방향이다.

① ㄱ ② ㄴ ③ ㄷ ④ ㄱ, ㄴ ⑤ ㄴ, ㄷ

추가로 물어볼 수 있는 선지

1. A와 B는 북반구 아열대 순환이다. (O , X)
2. 난류의 수온은 한류보다 항상 높다. (O , X)
3. 적도 반류는 위도 0° 부근에서 흐른다. (O , X)

정답 : 1. (O), 2. (X), 3. (X)

02 2016학년도 수능 지 I 9번

KEY POINT #태평양 표층 해류, #아열대 표층 순환, #극동풍

문항의 발문 해석하기

암기한 태평양의 주요 해류를 떠올려야 한다.

문항의 자료 해석하기

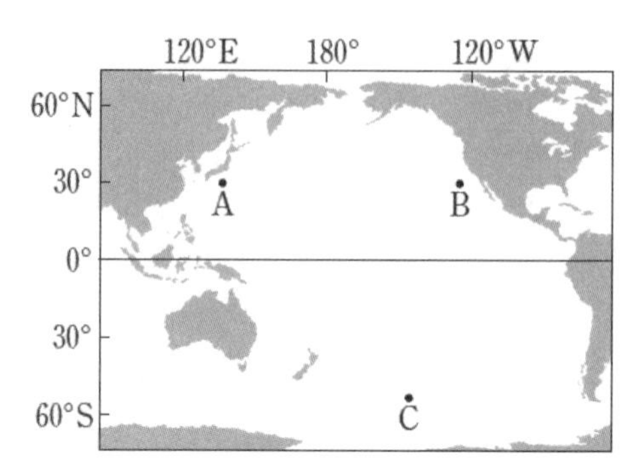

1. 자료의 위치로 봤을 때 A는 쿠로시오 해류, B는 캘리포니아 해류, C는 남극 순환 해류가 흐르고 있다. 자료에 나오지 않은 다른 해류도 함께 떠올릴 수 있도록 하자.
2. A와 B는 비슷한 위도에 위치하고 있다. 그리고 각각 난류와 한류가 흐르고 있는 해역인 것을 자료만 보고 판단할 수 있어야 한다.
3. C는 남극 순환 해류가 흐르고 있는 해역이다. C는 '남극'이라고 해서 극동풍에 의해서 생기는 것이 절대 아니다. 남극 순환 해류는 편서풍에 의해 생긴다는 것을 명심하자.

선지 판단하기

ㄱ 선지 C의 표층 해류는 극동풍에 의해 형성된다. (X)

남극 순환 해류는 편서풍에 의해 형성된다.

ㄴ 선지 표층 해류의 용존 산소량은 B보다 A에 많다. (X)

용존 산소량은 수온이 낮은 한류에 더 많다. 따라서 난류인 A는 B보다 용존 산소량이 적다.
이는 같은 위도이기에 비교가 가능한 것이다. 만약 두 해역이 다른 위도였다면 다른 조건을 더 살펴봐야 한다.

ㄷ 선지 남반구 아열대 표층 순환의 방향은 시계 반대 방향이다. (O)

남반구 아열대 표층 순환은 남적도 해류, 동오스트레일리아 해류, 남극 순환 해류, 페루 해류로 이루어져 있다. 이를 암기하고 있다면 해류가 시계 반대 방향으로 이동한다는 것을 확인할 수 있다.

기출문항에서 가져가야 할 부분

1. p.121를 통해 전 세계 표층 해류 모두 암기하기
2. 남극 순환 해류는 편서풍에 의해 생긴다는 사실 이해하기
3. p.123를 통해 열대, 아열대, 아한대 표층 순환 이해하기

기출 문제로 알아보는 유형별 정리

1 아열대 순환

① 북태평양 아열대 순환 2015년 4월 학력평가 6번

그림은 북태평양의 표층 해류를 나타낸 것이다.

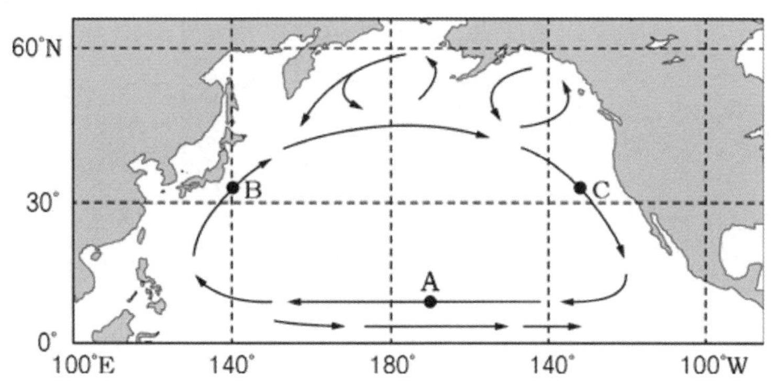

ㄷ. 북태평양에서 아열대 순환의 방향은 시계 방향이다. (O)

- 북적도 해류부터 시작해서 쿠로시오 해류, 북태평양 해류, 캘리포니아 해류를 거쳐 다시 북적도 해류로 돌아오는 북태평양 아열대 순환의 방향은 **시계 방향**이다.
- 가장 대표적으로 물어보는 아열대 순환이다. 이들은 무역풍과 편서풍에 의해서 형성되는 해류와 대륙에 가로막혀 형성되는 해류가 순환하는 것이다. 반드시 암기와 함께 각종 개념을 이해할 수 있도록 해야 한다.

② 남태평양 아열대 순환 2015년 10월 학력평가 11번

그림은 남태평양의 아열대 순환을 나타낸 것이다.

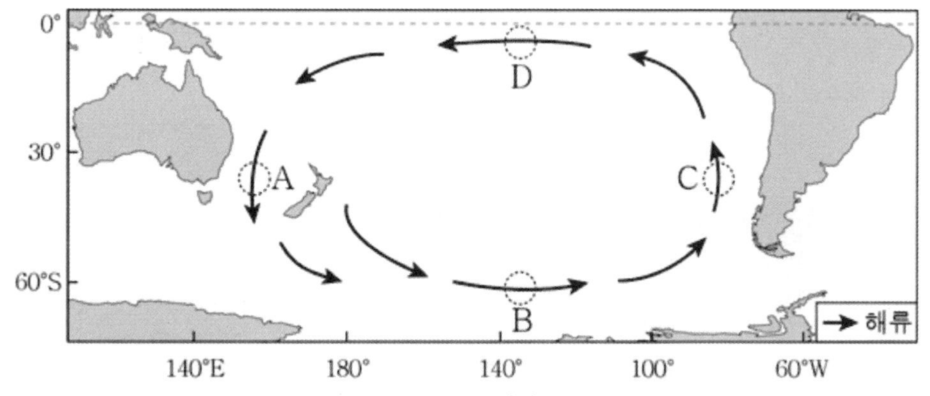

ㄴ. 표층 해수의 용존 산소량은 B 해역이 D 해역보다 많다. (O)

- 표층 해수의 용존 산소량은 수온이 낮을수록, 염분이 낮을수록 많아진다. 이때, B는 D보다 고위도 이므로 표층 수온이 낮아 용존 산소량이 더 많을 것이다. (동일 위도였다면 한류가 흐르는 지역의 용존 산소량이 더 높다.)
- A는 동오스트레일리아 해류, B는 남극 순환류, C는 페루 해류, D는 남적도 해류이다. 각 해류의 순환 방향은 **반시계 방향**이다.
- 남극 순환류는 이름 때문에 극동풍에 의해서 생겼을 것이라는 오해를 하면 안 된다. 남극 순환류는 편서풍으로 인해 형성되었기에 아열대 순환에 포함되는 것이다.

③ 대서양 아열대 순환 2019년 7월 학력평가 9번

그림은 대서양의 표층 순환을 나타낸 것이다. A~D는 해류이다.

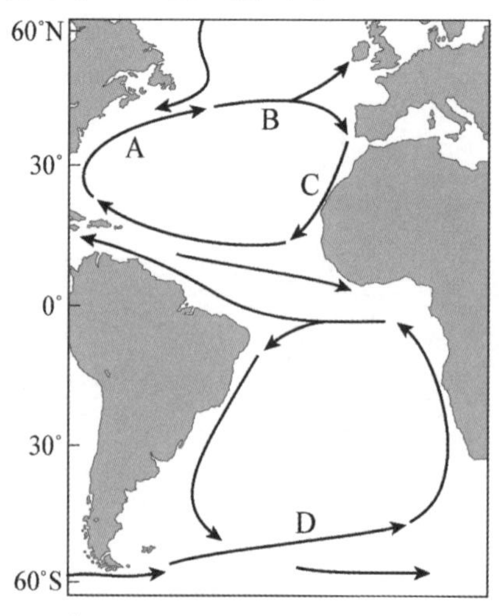

ㄴ. B와 D는 편서풍의 영향을 받는다. (O)

- B는 북대서양 해류, D는 남극 순환류이다. 두 해류 모두 편서풍에 의해서 서 → 동 방향으로 흐른다.
- 북대서양 아열대 순환은 북적도 해류로 시작해서 멕시코 만류, 북대서양 해류, 카나리아 해류를 거쳐 다시 북적도 해류로 돌아온다.

  남대서양 아열대 순환은 남적도 해류로 시작해서 브라질 해류, 남극 순환류, 벵겔라 해류를 거쳐 다시 남적도 해류로 돌아온다.
- **북대서양 아열대 순환은 시계 방향, 남대서양 아열대 순환은 반시계 방향**이므로 적도 부근을 경계로 대칭적이라는 것도 함께 알아두자.

2 열대 순환

① 적도 반류와 열대 순환의 생성 2013학년도 6월 모의평가 5번

그림은 북반구에서 해수의 표층 순환을 나타낸 것이다.

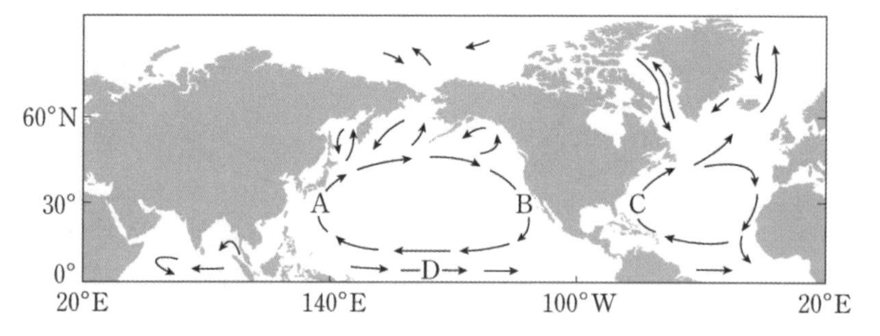

ㄷ. D를 지나는 해류는 편서풍에 의해 형성된다. (X)

- D는 **위도 5°N 근처**에서 형성되는 적도 반류이다.

  적도 부근에서는 무역풍에 의해 표층 해수가 동→서 방향으로 이동하면서 해수면의 경사가 생겨 다시 서→동 방향으로 이동하는 적도 반류가 형성된다.
- 열대 순환은 적도 반류와 적도 해류가 순환하며 생긴다. 또한, 적도 반류는 북적도 해류와 남적도 해류 사이에서 형성된다는 사실을 함께 기억하자.

3 아한대 순환

① 아한대 순환, 암기해야 하나? 2021학년도 9월 모의평가 10번

그림은 어느 해 태평양에서 유실된 컨테이너에 실려 있던 운동화가 발견된 지점과 표층 해류 A와 B의 일부를 나타낸 것이다.

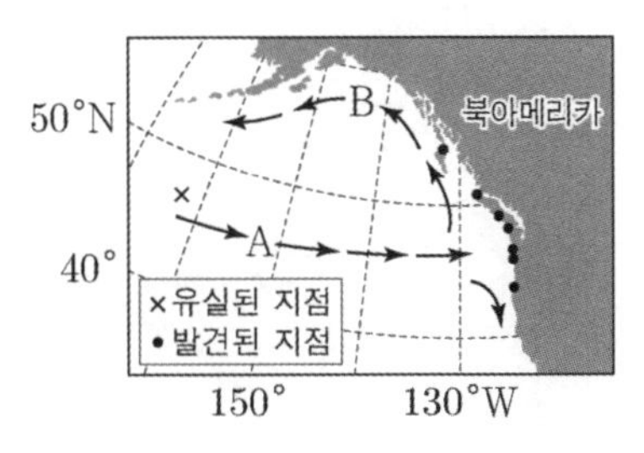

ㄴ. B는 아열대 순환의 일부이다. (X)

- B는 북태평양 해류인 A가 북아메리카 대륙을 만나 북상하면서 형성된 아한대 순환의 일부이다.
- 아한대 순환을 구성하는 해류의 이름을 암기할 이유는 전혀 없지만, **아한대 순환이 생기는 과정** 정도는 **이해**하고 넘어갈 수 있어야 한다.

4 난류, 한류

① 난류와 한류의 특징 2019년 3월 학력평가 11번

그림 (가)는 북태평양의 두 해역 A, B의 위치를, (나)는 A-B구간에서 측정한 표층 해수의 수온과 염분을 나타낸 것이다.

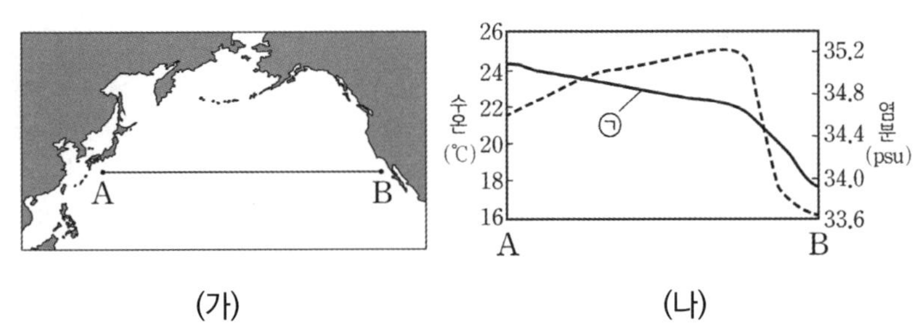

(가) (나)

ㄱ. ㉠은 염분이다. (X)

- A는 쿠로시오 해류가 흐르는 지역이므로 난류가, B는 캘리포니아 해류가 흐르는 지역이므로 한류가 흐른다. 이때 난류는 수온과 염분이 높게 나타난다. 염분은 대륙 주변에서 담수의 유입 등으로 대양 중앙에 비해 낮게 나타나므로 ㉠은 염분이 아닌 수온 그래프이다.
- 난류와 한류에서의 염분, 수온을 암기할 수 있어야 한다. 그러나 이때 가장 중요한 것은 난류와 한류를 비교하기 위해서는 같은 위도대여야 한다는 것이다. **저위도에서 흐르는 한류와 고위도에서 흐르는 난류** 중 어떤 해류가 따뜻하겠는가? **저위도의 한류가 더 따뜻할 것**이다. (물론 위도 차이가 클 경우이다.)
  따라서 난류와 한류를 비교하기 전에는 **같은 위도대인지를 먼저 파악**해야 한다.
- 그리고 이 문제에서 **대륙 주변 해수**는 대양 중심부 해수보다 **염분이 낮다**는 사실 또한 알려주고 있다. 염분과 연결 지어서 생각하자.

5 조경 수역

① 조경 수역의 생성과 북상, 남하 2021년 4월 학력평가 10번

그림은 우리나라 주변의 해류를 나타낸 것이다. A, B, C는 각각 동한 난류, 북한 한류, 쿠로시오 해류 중 하나이다.

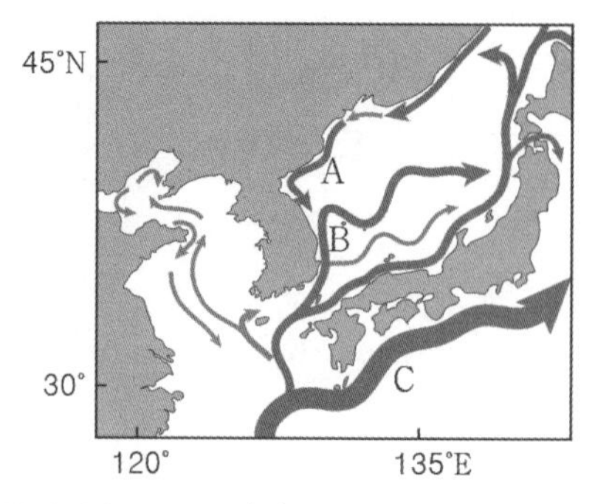

ㄴ. 동해에서는 A와 B가 만나 조경 수역이 형성된다. (O)

- A는 북한 한류, B는 동한 난류이다. 이때 한류와 난류가 만나 조경 수역이 형성된다.
- 조경 수역은 한류성 어종과 난류성 어종이 모두 잡히는 곳이기 때문에 좋은 어장이 형성된다.
  이때 조경 수역의 위치는 난류와 한류의 세기에 따라서 달라진다. 북반구에서 **한류의 세기가 강해지면 조경 수역의 위치는 남하**하고, **난류의 세기가 강해지면 조경 수역의 위치는 북상**한다.

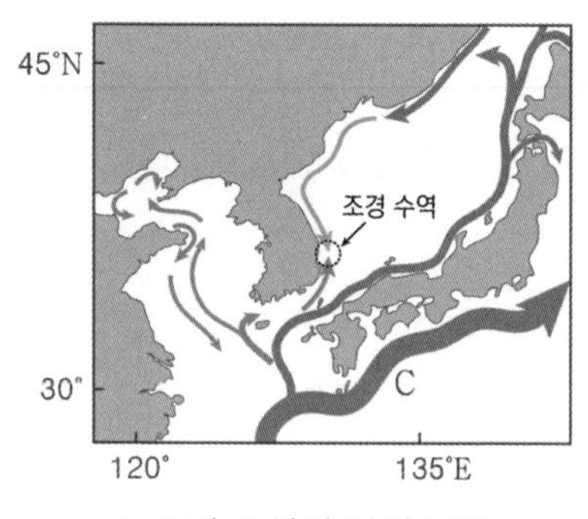

▲ 조경 수역의 위치 남하

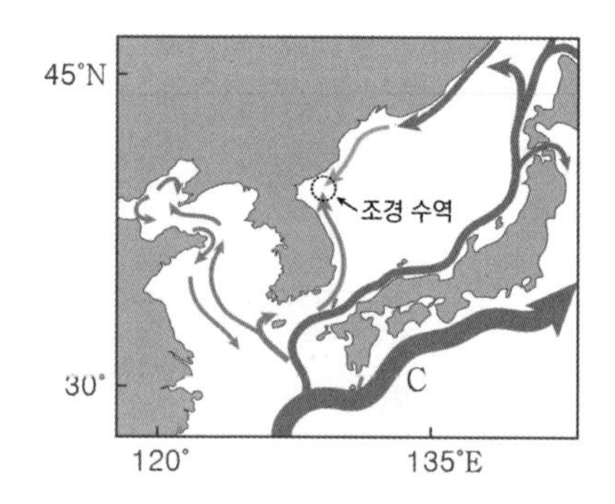

▲ 조경 수역의 위치 북상

② 아한대 순환과 조경 수역 2017학년도 6월 모의평가 12번

그림은 북태평양의 표층 순환을 나타낸 것이다.

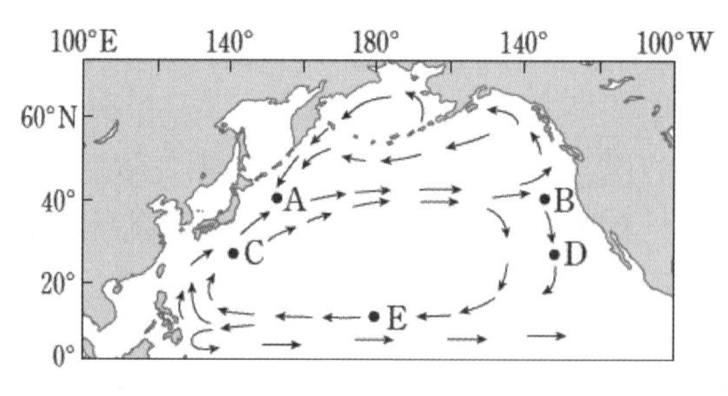

ㄱ. 조경 수역은 A가 B보다 잘 형성된다. (O)

- 조경 수역은 한류와 난류가 만나는 곳에서 형성된다. B는 북태평양 해류가 대륙을 만나 남, 북으로 흐르므로 조경 수역이 형성되기 어렵다. 그러나 A는 쿠로시오 해류가 북상하고 아한대 순환의 일부가 남하하므로 조경 수역이 형성될 수 있다.
- 아한대 순환을 구성하는 해류의 종류를 암기할 필요는 없다. 고위도에서 저위도로 이동하는 해수의 흐름은 한류라는 것 정도는 알아두자.

추가로 물어볼 수 있는 선지 해설

1. A는 쿠로시오 해류, B는 캘리포니아 해류로 북태평양 아열대 순환의 일부다.
2. 같은 위도에 흐르는 난류와 한류의 수온 중 더 높은 것은 난류다. 그러나 난류라고 해서 반드시 한류보다 따뜻한 것은 절대 아니다. 극지방 부근에서 흐르는 난류는 적도 부근에서 흐르는 한류보다 수온이 낮다. 위도를 반드시 확인하자.
3. 적도 반류는 위도 $5°\mathrm{N}$ 부근에서 흐른다.

Chapter

03 해수의 심층 순환

해수의 심층 순환

1. 심층 순환

표층 순환은 바다의 깊이를 고려해봤을 때 매우 일부이다. 표층뿐만 아니라 바람의 영향이 거의 없는 심층에도 해류가 존재하는데 이렇게 **심층에서 일어나는 순환**을 심층 순환이라 한다.
심층 순환은 표층에서 수온이 낮아지거나 염분이 높아져 **밀도가 커진 해수가 심해로 가라앉아 형성**된다.
따라서 심층 순환은 수온과 염분의 변화에 의한 밀도 변화로 형성되므로 **열염 순환이라고도 한다.**
심층 순환이 형성되는 과정은 다음과 같다.
겨울철 극지방에서 냉각된 표층 해수가 얼어 **염분**이 **높아지면 밀도가 커진 해수가 심층으로 침강**한다. 이후 침강한 해수는 저위도로 이동하여 온대나 열대 해역에 걸쳐 매우 천천히 상승하고 표층의 순환을 따라 다시 극 쪽으로 이동한다.

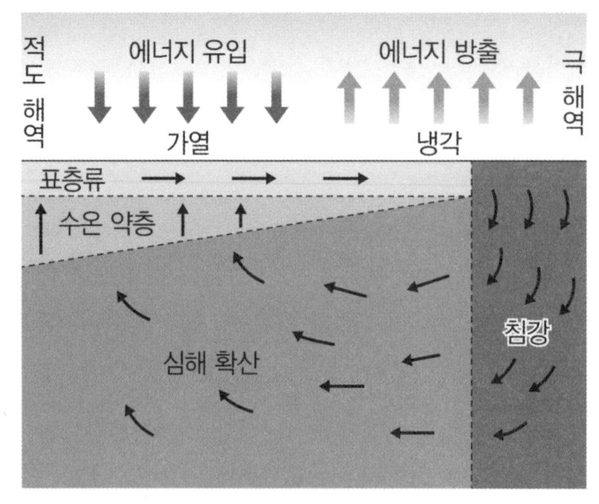

▲ 심층 순환 모형

+ 시야 넓히기 : 심층 순환의 발생 원리 모형

(가) 그림은 수돗물이 담긴 수조에 물감을 첨가한 얼음물을 넣은 것이다. **얼음물은 수돗물에 비해 온도가 낮아서 밀도가 크기 때문**에 수조 밑바닥을 따라 흐른다.
(나) 그림은 수돗물이 담긴 수조에 물감을 첨가한 소금물을 넣은 것이다. 얼음물과 마찬가지로 **소금물은 수돗물에 비해 염분이 높아서 밀도가 크기 때문**에 수조 밑바닥을 따라 흐른다.
이처럼 주변보다 밀도가 큰 해수는 침강하여 심해의 밑바닥을 따라 흐르게 된다는 것을 알아두자.

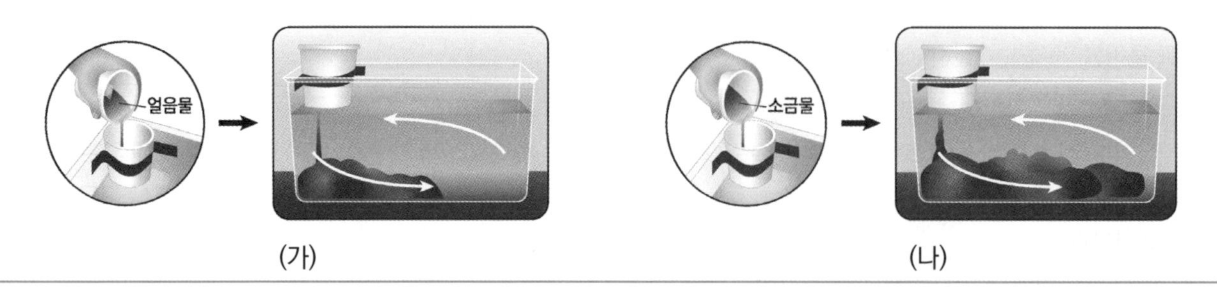

2. 심층 순환의 관측

심층 순환은 심해에서 매우 느리게 일어나기 때문에 심층 순환의 흐름을 **직접 관측하기 어렵다**. 따라서 해수의 수온과 염분 및 밀도를 조사하여 간접적으로 흐름을 알아낼 수 있다.

이 흐름은 **수괴**를 통해서 알 수 있는데, 표층에서 침강하면서 **수온과 염분이 거의 일정하게 유지되는 해수 덩어리**를 **수괴**라 한다. 수괴는 성질이 다른(밀도가 다른) 수괴와 잘 섞이지 않기 때문에 수온과 염분이 거의 변하지 않는다.
(물과 기름의 밀도가 달라 섞이지 않는 것을 생각하면 된다.)
수괴의 측정은 수온 염분도를 이용해서 파악할 수 있다.

+ 시야 넓히기 : 수온 염분도를 이용한 수괴의 이동

지중해에서 대서양으로 넘어가는 해수 C는 **다른 해수들과 섞이지 않고 흐르는 것**을 확인할 수 있다. 이때 수온 염분도를 통해 해수의 밀도는 B 〉 C 〉 A 순인 것을 알 수 있다.
밀도가 가장 큰 해수 B가 가장 아래쪽에 위치하고, 밀도가 가장 작은 해수 A가 가장 위쪽에 있는 것을 파악할 수 있다. 해수의 이동은 수괴의 성질을 이용하여 관측할 수 있는 것이다.

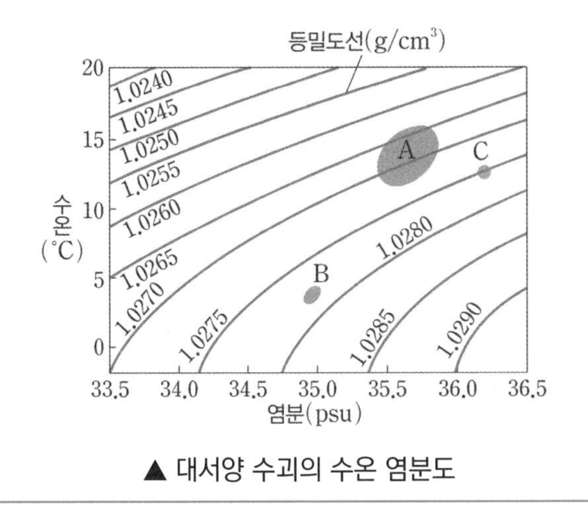

▲ 대서양 수괴의 수온 염분도

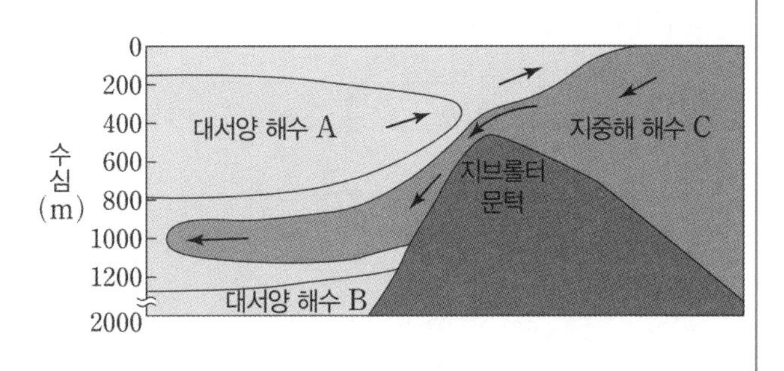

▲ 대서양으로 이동하는 지중해의 해수

3. 대서양의 심층 순환

대서양에서는 거대한 심층 순환이 관측되는데, 남극 대륙 주변과 북대서양 주변 해역 등에서 침강이 일어난다. 대표적인 심층 순환들을 알아보자.

(1) 남극 저층수

① **남극 웨델해**(80°S 부근) **주변**에서 만들어져서 해저를 따라 **북쪽으로 이동하여** 30°N **까지 흐른다**.
② 겨울철 결빙으로 염분이 높아져서 밀도가 커진 해수가 심층으로 가라앉아 형성된다.
③ 지구상에서 **밀도가 가장 큰 수괴**로 대서양에서 **수심이 가장 깊은 곳을 따라 흐른다**.

(2) 북대서양 심층수

① **북반구의 그린란드 해역**(60°N 부근)에서 만들어져서 **남쪽으로 확장하며** 60°S **까지 흐른다**.
② 표층수의 냉각으로 인해 해수가 침강하여 형성된다.
③ 남극 저층수보다 밀도가 작아 **남극 저층수 위쪽을 따라 흐른다**.

(3) 남극 중층수

① 60°S **부근**에서 침강하여 흐르면서 수심 약 1000m의 중층을 따라 **북쪽으로 이동하여** 20°N **까지 흐른다**.
② 북대서양 심층수보다 밀도가 작아 **북대서양 심층수와 표층수 사이에서 흐른다**.

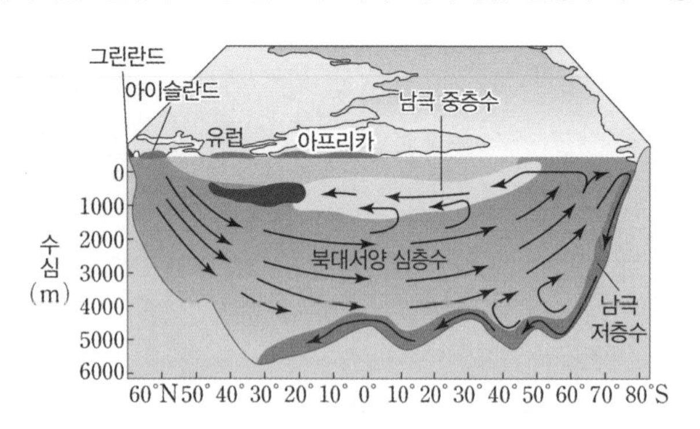

▲ 대서양의 심층 순환 모습

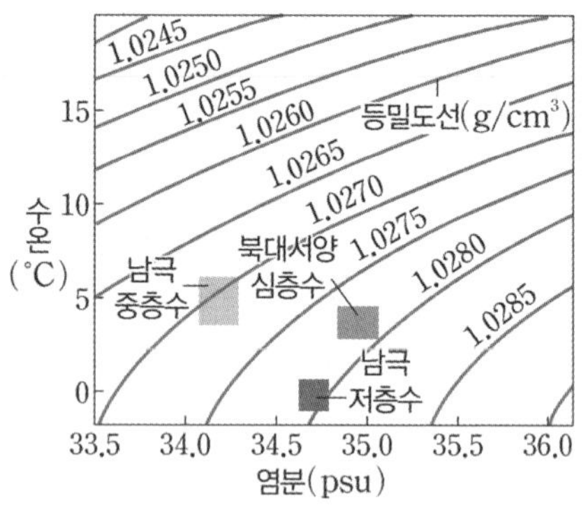

▲ 대서양 수괴의 수온 염분도

+ 시야 넓히기 : 표층 순환과 연결되어 흐르는 심층 순환의 형성 장소

오른쪽 그림과 같이 표층수와 심층수는 서로가 **컨베이어 벨트와 같이 연결**되어 순환하고 있다.

㉠ 부근의 **그린란드 해역**에서는 따뜻하고 염분이 높은 해수가 캐나다 북부로부터 불어온 찬 바람에 의해 냉각되면서 가라앉아 **북대서양 심층수**가 형성된다.
㉡ 부근의 **웨델해**에서는 수온이 낮은 해수가 결빙하는 과정에서 염분이 높아져 밀도가 커진 해수가 침강하여 **남극 저층수**가 형성된다.

어느 한쪽의 흐름이 약해진다면 다른 한쪽도 흐름이 약해진다는 것을 알아두자.

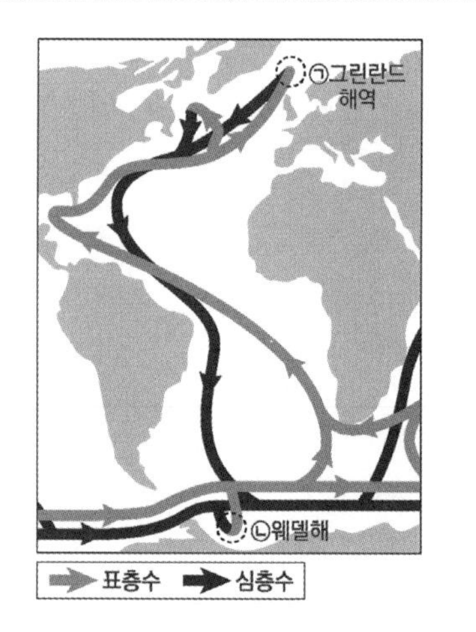

▲ 대서양 해수의 흐름

4. 심층 순환의 역할

심층 순환은 거의 전 수심과 전 위도에 걸쳐 일어나면서 해수를 순환시킨다. 따라서 다양한 역할을 수행한다.

(1) 해수의 열에너지 수송

심층 순환은 표층 순환과 거대한 컨베이어 벨트와 같이 연결되어 저위도의 남는 열에너지를 고위도로 수송하여 **위도 간 열에너지 불균형**을 **해소**시킨다. (한 번 순환하는 데 약 1000년이 걸린다.)

(2) 물질 공급

① 극지방에서 용존 산소를 머금고 침강한 심층 해수는 산소가 부족한 **심해층에 산소를 공급해주는 역할**을 한다.
(p.103 심해층에서 용존 산소의 양이 조금씩 늘어나는 이유다.)

② 차가운 심해의 영양 염류를 표층으로 운반하여 해양 생물의 생존에 도움을 준다.

(3) 전 지구적 기후 변화

심층 순환이 약해지면 컨베이어 벨트와 같이 연결된 **표층 순환도 약해져** 지구 전반적인 영역에 걸쳐 기후 변화가 일어난다.

+ 시야 넓히기 : 심층 해수와 영거 드라이아스 빙하기

과거 그린란드 지역에서 녹은 빙하가 극지방 해역으로 흘러 들어갔다. 그 결과 극지방의 염분이 낮아지고 밀도가 낮아져서 침강이 약해지는 연쇄 반응이 일어났다. 침강이 약해짐으로써 심층 순환의 세기가 약해지고 표층 순환의 세기가 약해져 극지방으로의 에너지 전달이 약해졌다. 그 영향으로 지구에는 소빙하기가 찾아왔다.

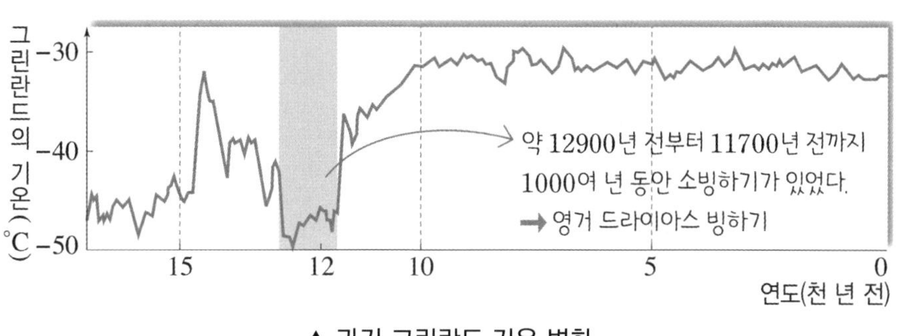

▲ 과거 그린란드 기온 변화

memo

Theme 04 - 3 해수의 심층 순환

2022학년도 9월 모의평가 지Ⅰ 3번

그림은 대서양의 심층 순환을 나타낸 것이다. 수괴 A, B, C는 각각 남극 저층수, 남극 중층수, 북대서양 심층수 중 하나이다.

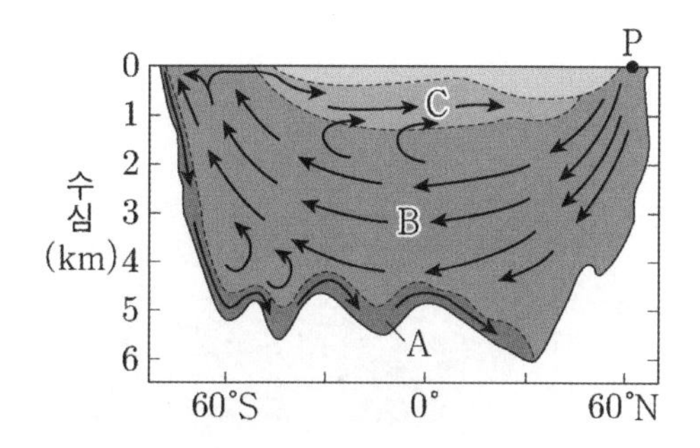

이에 대한 설명으로 옳은 것만을 <보기>에서 있는 대로 고른 것은?

<보 기>

ㄱ. A는 남극 저층수이다.
ㄴ. 밀도는 C가 A보다 크다.
ㄷ. 빙하가 녹은 물이 해역 P에 유입되면 B의 흐름은 강해질 것이다.

① ㄱ ② ㄴ ③ ㄷ ④ ㄱ, ㄴ ⑤ ㄴ, ㄷ

추가로 물어볼 수 있는 선지

1. 남극 저층수의 침강은 7월이 1월보다 약하다. (O , X)
2. 남극 중층수는 남극 대륙 주변의 웨델해에서 생성된다. (O , X)
3. 해수의 결빙으로 인해 빙하 주변 표층 해수의 밀도는 커진다. (O , X)

정답 : 1. (X), 2. (X), 3. (O)

01 2022학년도 9월 모의평가 지Ⅰ 3번

KEY POINT #대서양 심층 순환, #빙하

문항의 발문 해석하기

대서양 심층 순환의 특징을 생각해야 한다. 또한 세 가지 심층 순환의 밀도에 의한 해수의 위치를 알아야 한다.

문항의 자료 해석하기

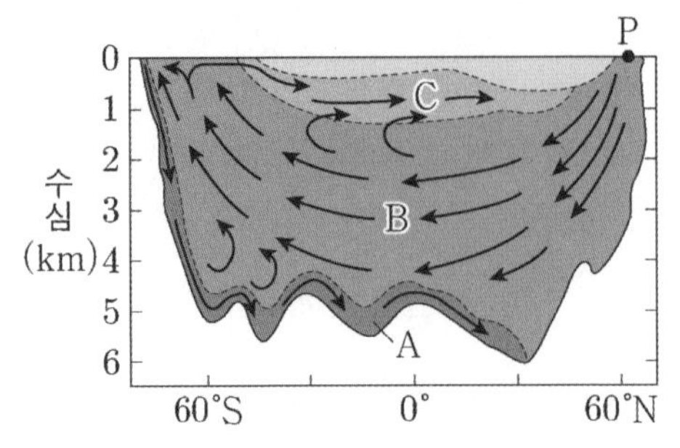

1. 대서양 심층 순환 세 종류의 밀도는 남극 저층수 〉 북대서양 심층수 〉 남극 중층수이다. 따라서 밀도가 가장 큰 남극 저층수는 가장 밑바닥인 A, 그 다음인 북대서양 심층수는 B, 남극 중층수는 C에 해당한다.
2. P는 북대서양 심층수가 침강하는 극지방에 위치하고 있다.

선지 판단하기

ㄱ 선지 A는 남극 저층수이다. (O)

밀도가 가장 커 가장 밑바닥을 따라 북쪽으로 흐르는 A는 남극 저층수이다.

ㄴ 선지 밀도는 C가 A보다 크다. (X)

남극 중층수인 C는 밀도가 가장 작아 표층수 바로 아래에서 흐른다. 따라서 밀도는 C가 남극 저층수인 A보다 작다.

ㄷ 선지 빙하가 녹은 물이 해역 P에 유입되면 B의 흐름은 강해질 것이다. (X)

빙하가 녹은 물이 P에 유입되면 염분이 낮아진다. 염분이 낮아지면 밀도가 작아지므로 해수의 침강이 약해진다. 해수의 침강이 약해지면 심층 순환의 세기도 약해지므로 B의 흐름은 약해질 것이다.

기출문항에서 가져가야 할 부분

1. 대서양 심층 순환의 종류 및 밀도 암기하기
2. 극지방 밀도 변화와 심층 순환 연쇄적으로 이해하기
3. 염분과 밀도의 관계 이해하기

기출 문제로 알아보는 유형별 정리

1 심층 순환의 형성

① 심층 순환의 생성과 연직 단면도 　　　　2021학년도 9월 모의평가 16번

그림은 대서양 심층 순환의 일부를 모식적으로 나타낸 것이다. 수괴 A, B, C는 각각 북대서양 심층수, 남극 저층수, 남극 중층수 중 하나이다.

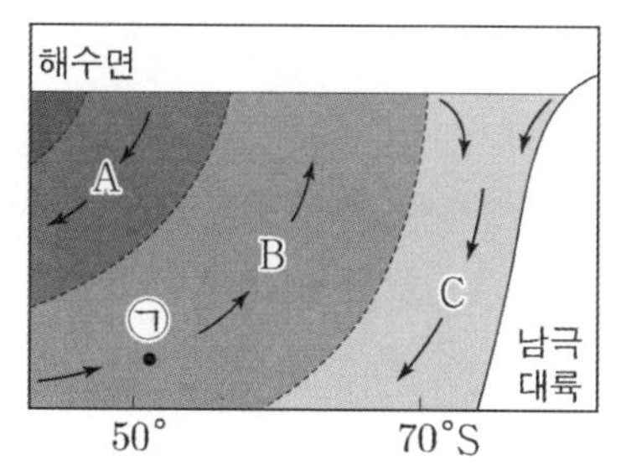

ㄷ. C는 표층 해수에서 (증발량 - 강수량) 값의 감소에 의한 밀도 변화로 형성된다. (X)

- (증발량 - 강수량) 값은 염분과 비례한다. 따라서 이 값이 커지면 염분이 늘어나 밀도가 커진다.
  C에 해당하는 남극 저층수는 밀도가 커지면 침강이 활발해지면서 형성된다.
  따라서 (증발량 - 강수량) 값이 감소하면 밀도가 작아져 심층 순환이 잘 형성되지 않는다.
- 그렇다면 **(증발량 - 강수량) 값이 증가하면 밀도가 커져 심층 순환이 형성될까?**
  그렇지 않다. 남극 저층수가 염분 변화로 인해 형성되는 것은 (증발량 - 강수량) 값 증가에 의한 염분 증가로 생기는 것이 아닌 겨울철 해수의 결빙에 의해 염분이 증가하여 형성될 것이다.
- 이처럼 어느 지역에서의 밀도, 염분, 수온 등의 물리량 변화를 문제에서 물어본다면 상황에 맞게 대처하도록 하자.

② 심층 순환의 세기 변화 　　　　지Ⅱ 2017학년도 수능 3번

ㄷ. 극지방의 빙하가 녹을 경우 해수의 심층 순환이 강화될 것이다. (X)

- 빙하에는 염분이 섞여 있지 않기 때문에 빙하가 녹는다면 주변 해역의 염분은 낮아질 것이다. 따라서 밀도가 낮아지며 침강이 약해져서 심층 순환은 약화될 것이다.
- 이처럼 해수의 물리량과 심층 순환의 세기 변화는 연쇄적으로 생각할 수 있어야 한다.

2 대서양의 심층 순환

① 대서양 심층 순환의 종류 2020년 3월 학력평가 16번

그림 (가)는 대서양의 심층 순환을, (나)는 수온 - 염분도를 나타낸 것이다. (나)의 A, B, C는 각각 북대서양 심층수, 남극 중층수, 남극 저층수 중 하나이다.

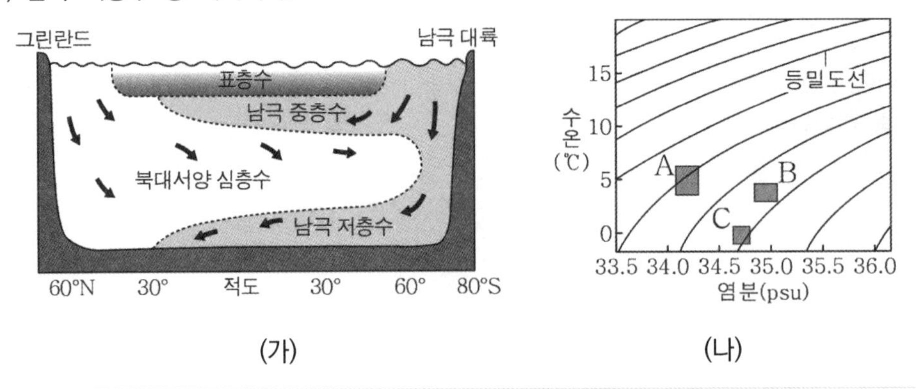

(가) (나)

- 대서양의 심층 순환 3가지는 반드시 외워야 하는 자료이다. (가)의 자료처럼 대서양의 단면도가 자료로 주어진다면 북반구, 남반구를 파악한 후 각 순환의 밀도를 떠올려야 한다.
- 수온-염분도를 (나) 자료처럼 준다면 밀도를 생각해서 각 심층 순환을 바로 떠올릴 수 있어야 한다. (아니면 (나) 자료에 있는 각 심층 순환의 수온과 염분을 외우는 것도 좋은 방법이다.)

② 대서양 심층 순환의 이동 2021년 7월 학력평가 12번

표는 심층 순환을 이루는 수괴에 대한 설명을 나타낸 것이다. (가), (나), (다)는 각각 남극 저층수, 북대서양 심층수, 남극 중층수 중 하나이다.

구분	설명
(가)	해저를 따라 북쪽으로 이동하여 30°N에 이른다.
(나)	수심 1000m 부근에서 20°N까지 이동한다.
(다)	수심 약 1500~4000m 사이에서 60°S까지 이동한다.

- 위 자료처럼 그림으로 자료를 주지 않아도 머릿속으로 대서양의 단면도가 떠올라야 한다. 또한 심층 순환이 생성되는 위치(위도)와 어느 위도까지 이동하는지 떠올릴 수 있어야 한다.

3 심층 순환의 실험

① 심층 순환과 해수의 물리량을 판단하자　　　　지II 2017학년도 9월 모의평가 4번

다음은 북대서양 심층수와 남극 저층수의 발생 원리를 알아보기 위한 모형실험이다.

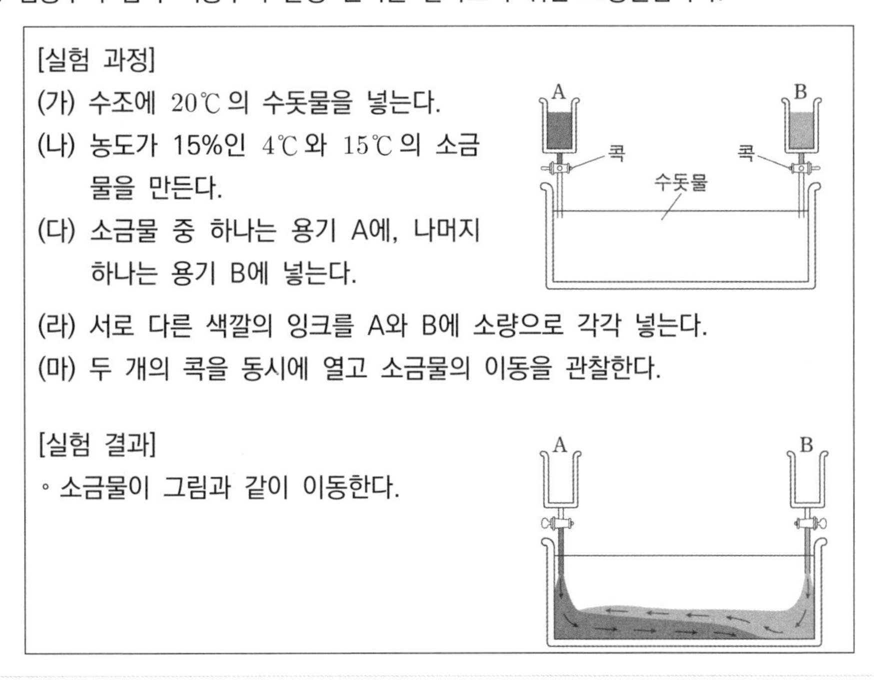

- [실험 과정]으로 나오는 대표적인 테마다. 주로 해수의 물리량을 이용한 문제로 출제된다. 물리량을 보고 밀도를 파악해서 해당하는 해수를 찾을 수 있어야 한다.
- 심층 순환이 실험 과정 문제로 출제된다면 편안한 마음으로 해수의 물리량을 파악해서 대입만 시키자.

추가로 물어볼 수 있는 선지 해설

1. 남극 저층수의 침강은 주로 겨울철에 일어난다. 남반구의 겨울은 7월이므로 침강은 7월에 활발하다.
2. 남극 중층수는 남극 대륙 주변이 아닌 위도 50°S ~ 60°S부근에서 형성된다.
3. 해수의 결빙이 일어날 때 순수한 물만 얼고 염류는 주변 해수로 빠져나오므로 주변 해수의 염분이 증가하고 밀도 또한 증가한다.

memo

Theme 04 - 3 해수의 심층 순환

2021학년도 수능 지Ⅰ 13번

그림은 북대서양 심층 순환의 세기 변화를 시간에 따라 나타낸 것이다.

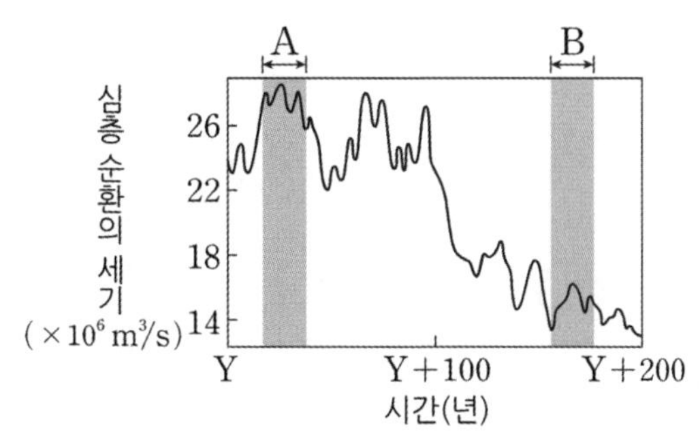

A 시기와 비교할 때, B 시기의 북대서양 심층 순환과 관련된 설명으로 옳은 것만을 <보기>에서 있는 대로 고른 것은?

<보　기>

ㄱ. 북대서양 심층수가 형성되는 해역에서 침강이 약하다.
ㄴ. 북대서양에서 고위도로 이동하는 표층 해류의 흐름이 강하다.
ㄷ. 북대서양에서 저위도와 고위도의 표층 수온 차가 크다.

① ㄱ　② ㄴ　③ ㄱ, ㄷ　④ ㄴ, ㄷ　⑤ ㄱ, ㄴ, ㄷ

추가로 물어볼 수 있는 선지

1. 심층 순환이 약해지면 위도 간 열수지 불균형이 심해진다. (O , X)
2. 해수의 평균 유속은 심층수와 표층수가 대체로 비슷하다. (O , X)
3. 그린란드 주변의 빙하가 녹은 물이 유입되면 북대서양에서 해수의 순환은 약해질 것이다. (O , X)

정답 : 1. (O), 2. (X), 3. (O)

02 2021학년도 수능 지Ⅰ 13번

KEY POINT #북대서양 심층 순환, #표층 수온 차

문항의 발문 해석하기

심층 순환의 세기는 해수의 침강과 관련이 있다는 것을 생각해야 한다.

문항의 자료 해석하기

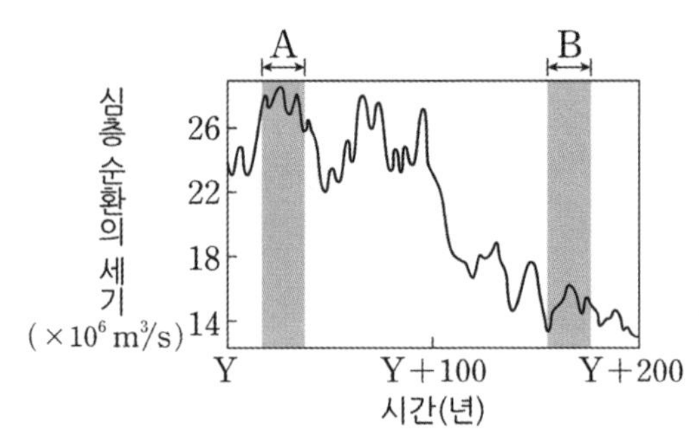

1. 시간이 지나면서 심층 순환의 세기가 감소하고 있는 것을 확인할 수 있다. 이는 극지방 해수의 침강이 느려졌다는 것을 의미한다. 해수의 침강은 밀도가 작을수록 느리게 일어난다.
   극지방에서 해수의 밀도가 작아지는 이유로는 수온 상승 또는 염분 감소가 있다.
2. 심층 순환의 세기가 약해진 B 시기는 A보다 표층 순환의 세기도 약할 것이다. 컨베이어 벨트와 같이 연결되어 있기 때문에 하나가 약해지면 다른 하나도 약해지는 것이다.

선지 판단하기

ㄱ 선지 북대서양 심층수가 형성되는 해역에서 침강이 약하다. (O)

심층 순환의 세기가 약해졌기 때문에 극지방에서의 침강이 약해졌다고 판단할 수 있다.

ㄴ 선지 북대서양에서 고위도로 이동하는 표층 해류의 흐름이 강하다. (X)

심층 순환의 세기가 약해지면서 표층 순환의 세기도 함께 약해졌기 때문에 표층 해류의 흐름도 약해졌다.

ㄷ 선지 북대서양에서 저위도와 고위도의 표층 수온 차가 크다. (O)

심층 순환 약화로 표층 순환의 세기가 약해지면서 저위도의 남는 에너지가 고위도로 잘 전달되지 못한다. 따라서 저위도는 더 뜨거워지고 고위도는 더 추워져 표층 수온 차이는 커진다.

기출문항에서 가져가야 할 부분

1. 심층 순환의 약화 원인 이해하기
2. 심층 순환과 표층 순환의 관계 이해하기
3. 심층 순환과 해수의 침강 연결하기

기출 문제로 알아보는 유형별 정리

1 심층 순환과 표층 순환의 연결

① 심층 순환의 세기와 표층 순환 2020년 10월 학력평가 1번

그림 (가)는 북대서양의 표층 순환과 심층 순환의 일부를, (나)는 고위도 해역에서 결빙이 일어날 때 해수의 움직임을 나타낸 것이다.

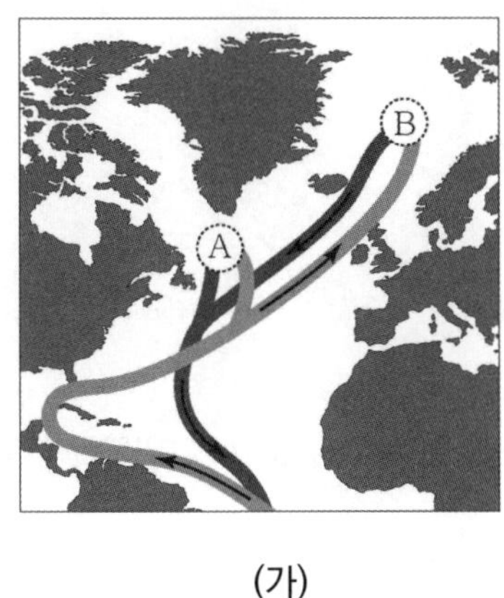

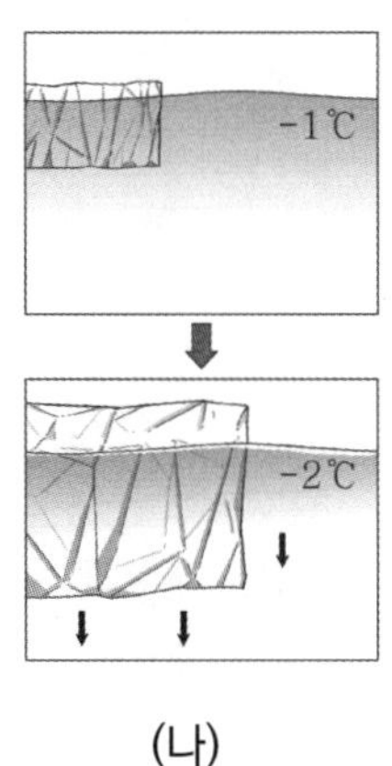

(가) (나)

ㄷ. A와 B에 빙하가 녹은 물이 유입되면 북대서양의 심층 순환이 강화될 것이다. (X)

- 빙하가 녹은 물이 극지방에 유입되면 염분이 낮아지므로 밀도가 감소하고 침강이 약해져 심층 순환 또한 약해질 것이다.
- (가) 자료처럼 **심층 순환은 표층 순환**과 컨베이어 벨트와 같이 연결되어 있기 때문에 어느 한쪽에서 세기 변화가 일어난다면 다른 한쪽도 같은 변화가 일어난다고 생각할 수 있어야 한다.
- 겨울철 해수의 결빙에 의한 염분 증가는 (나) 자료처럼 진행된다고 생각하면 된다.

② 전 세계 표층 순환과 심층 순환 지Ⅱ 2018년 10월 학력평가 14번

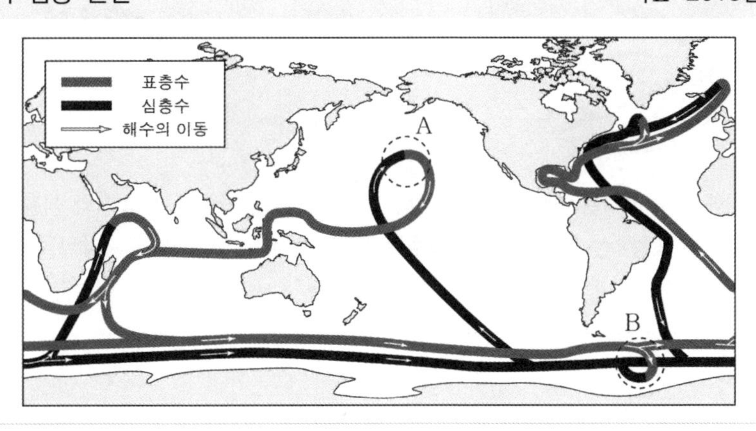

- 위 자료처럼 전 세계 해수의 표층수와 심층수는 연결되어 있다는 사실을 기억하자.

2 북반구와 남반구에서 바라보는 해수의 순환

① 남반구에서의 해수의 순환 　　　　　　　　　　　　　　　지Ⅱ 2017년 7월 학력평가 17번

그림은 전 지구적인 해수의 순환을 나타낸 것이다.

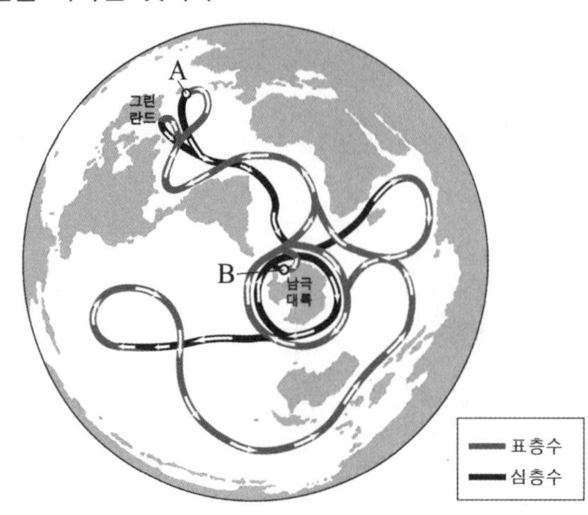

- 위 자료는 **남반구 위에서 내려다본 해수의 순환**이다. 대체로 저위도에서 고위도로 이동하는 표층수와 고위도에서 침강해서 움직이는 심층수의 모습을 이해하자.
- 남극 대륙 주변을 회전하고 있는 표층수는 남극 순환류일 것이다.
  이는 **편서풍에 의해서 생긴다**는 사실을 함께 기억하자.

② 북반구에서의 해수의 순환 및 순환의 단면도 　　　　　　　　　　　　　2021년 4월 학력평가 7번

그림은 대서양 표층 순환과 심층 순환의 일부를 확대하여 나타낸 것이다. ㉠과 ㉡은 각각 표층수와 심층수 중 하나이다.

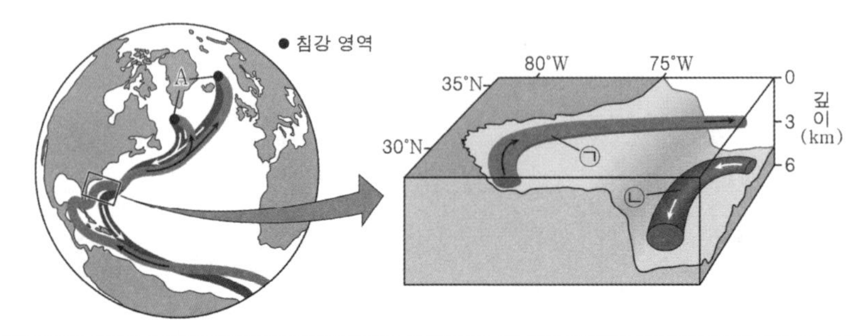

- 왼쪽 자료는 **북반구 위에서 내려다본 해수의 순환**이다. 또한, 오른쪽 자료는 표층수와 심층수를 구분할 수 있는 해수의 연직 단면도이다. 대체로 표층수는 고위도로, 심층수는 저위도로 이동하고 있다는 사실을 함께 기억하자.

추가로 물어볼 수 있는 선지 해설

1. 심층 순환이 약해지면 연쇄적 반응에 의해 표층 순환이 약해져 저위도의 남는 에너지가 고위도로 잘 전달되지 못하므로 위도별 열수지 불균형이 심해진다.
2. 표층 순환은 수 년~수십 년마다 순환하지만, 심층 순환은 한번 순환하는데 1000년 이상 걸린다. 따라서 해수의 평균 유속은 표층수가 더 빠르다.
3. 빙하가 녹은 물이 유입되면 염분이 낮아져 밀도가 함께 낮아지므로 연쇄적 반응에 의해 심층 순환의 세기가 약해져 표층 순환의 세기도 함께 약해지므로 북대서양 전체의 순환은 약해질 것이다.

memo

01 지II 2016학년도 대학수학능력시험 2번

그림은 해수에 녹아 있는 두 기체 A와 B의 수심에 따른 농도를 나타낸 것이다. A와 B 중 하나는 산소이고 다른 하나는 이산화 탄소이다.

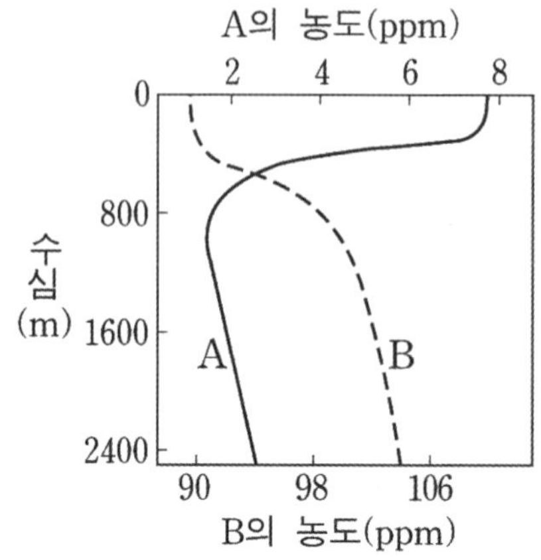

이에 대한 설명으로 옳은 것만을 <보기>에서 있는 대로 고른 것은?

<보 기>

ㄱ. A의 농도는 표층에서 가장 낮다.
ㄴ. B는 이산화 탄소이다.
ㄷ. 심해층의 A는 극지방의 표층 해수로부터 공급된다.

① ㄱ ② ㄴ ③ ㄱ, ㄷ ④ ㄴ, ㄷ ⑤ ㄱ, ㄴ, ㄷ

02 지II 2019학년도 9월 모의평가 1번

그림은 겨울철 동해의 혼합층 두께를 나타낸 것이다.

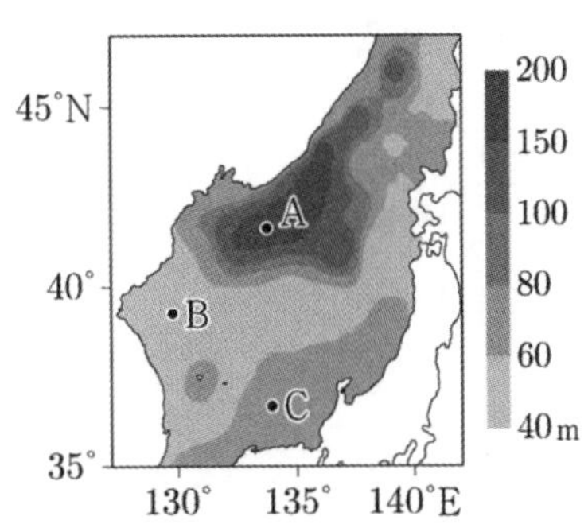

이 자료에서 해역 A, B, C에 대한 설명으로 옳은 것만을 <보기>에서 있는 대로 고른 것은?

<보 기>

ㄱ. 바람의 세기는 A가 B보다 강하다.
ㄴ. 혼합층 두께는 B가 C보다 두껍다.
ㄷ. A의 혼합층 두께는 겨울이 여름보다 얇다.

① ㄱ ② ㄴ ③ ㄱ, ㄷ ④ ㄴ, ㄷ ⑤ ㄱ, ㄴ, ㄷ

03 지II 2017학년도 6월 모의평가 13번

그림 (가)는 어느 해역의 깊이에 따른 수온과 염분을, (나)는 수온-염분도를 나타낸 것이다.

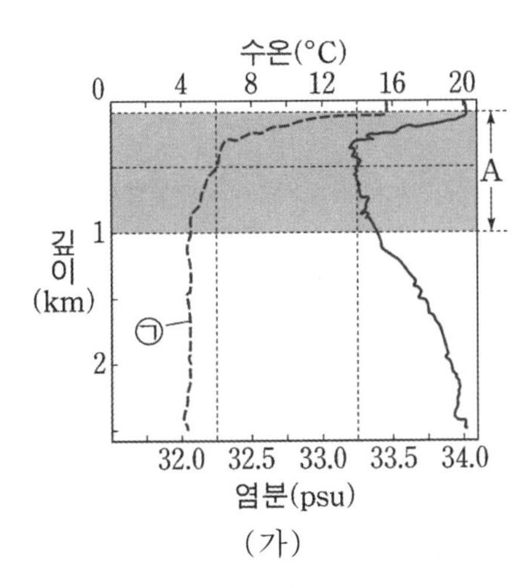

(가)

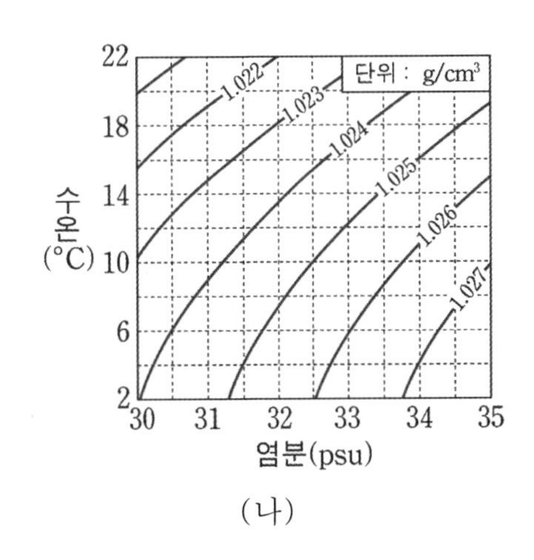

(나)

이 자료에 대한 설명으로 옳은 것만을 <보기>에서 있는 대로 고른 것은? [3점]

<보 기>

ㄱ. ㉠은 염분을 나타낸다.
ㄴ. 깊이 500m의 해수 밀도는 1.026g/cm^{3}보다 크다.
ㄷ. 구간 A에서 해수의 밀도 변화는 수온보다 염분에 더 영향을 받는다.

① ㄱ ② ㄴ ③ ㄷ ④ ㄱ, ㄴ ⑤ ㄴ, ㄷ

04 2021학년도 9월 모의평가 5번

그림 (가)는 우리나라 주변 해역 A, B, C를, (나)는 세 해역 표층 해수의 수온과 염분을 수온 - 염분도에 나타낸 것이다. B와 C의 수온과 염분 분포는 각각 ㉠과 ㉡ 중 하나이다.

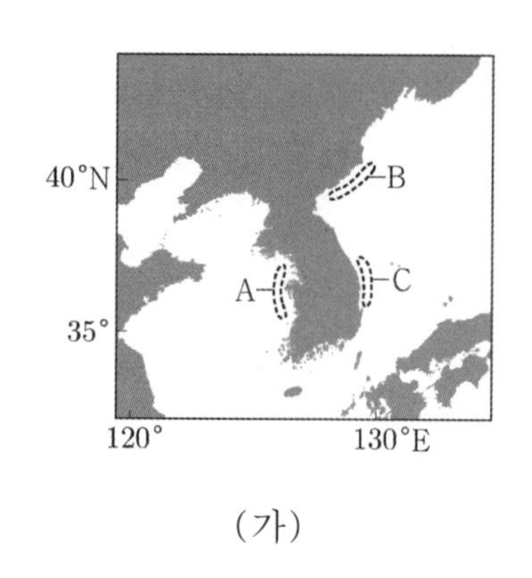

(가)

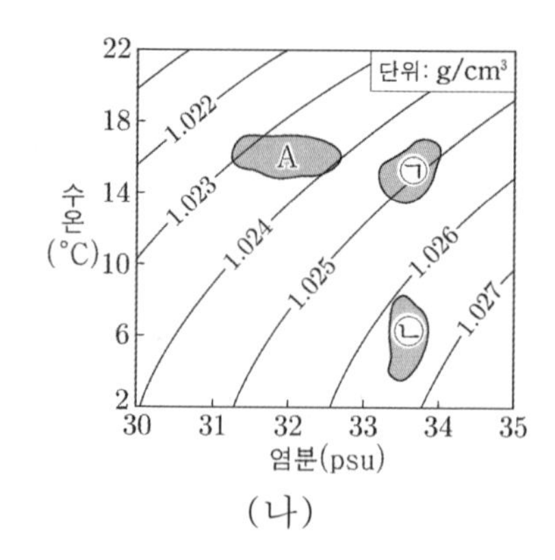

(나)

이 자료에 대한 설명으로 옳은 것만을 <보기>에서 있는 대로 고른 것은?

<보 기>

ㄱ. ㉡은 B에 해당한다.
ㄴ. 해수의 밀도는 A가 C보다 크다.
ㄷ. B와 C의 해수 밀도 차이는 수온보다 염분의 영향이 더 크다.

① ㄱ ② ㄴ ③ ㄱ, ㄷ ④ ㄴ, ㄷ ⑤ ㄱ, ㄴ, ㄷ

05 2021년 4월 학력평가 11번

그림 (가)와 (나)는 어느 해역에서 1년 동안 해수면으로부터 깊이에 따라 측정한 염분과 수온 분포를 각각 나타낸 것이다.

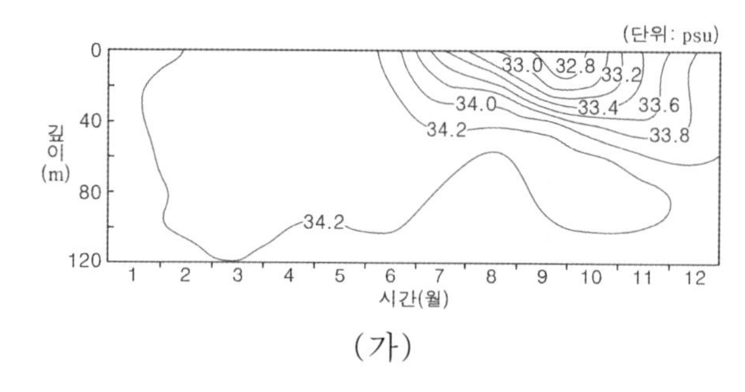

(가)

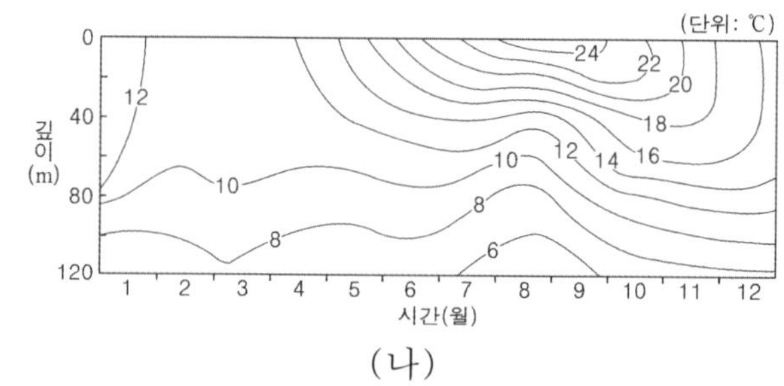

(나)

이 자료에 대한 설명으로 옳은 것만을 <보기>에서 있는 대로 고른 것은? [3점]

<보 기>

ㄱ. 해수면에서의 염분은 2월보다 9월이 작다.
ㄴ. 수온의 연교차는 깊이 0m보다 80m에서 크다.
ㄷ. 깊이 0 ~ 20m 구간에서 해수의 평균 밀도는 3월보다 8월이 크다.

① ㄱ ② ㄴ ③ ㄱ, ㄷ ④ ㄴ, ㄷ ⑤ ㄱ, ㄴ, ㄷ

06 2021년 7월 학력평가 8번

그림 (가)와 (나)는 어느 시기 우리나라 주변의 표층 수온과 표층 염분을 나타낸 것이다.

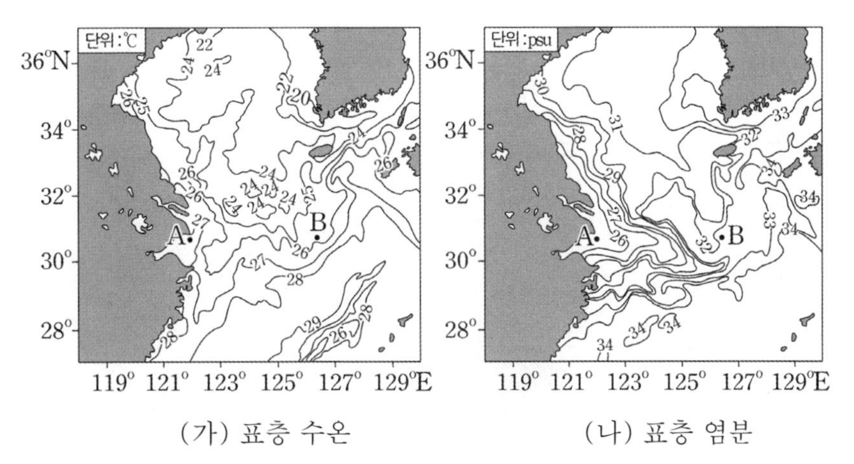

(가) 표층 수온 (나) 표층 염분

이에 대한 설명으로 옳은 것만을 <보기>에서 있는 대로 고른 것은?

<보 기>

ㄱ. 겨울철에 관측한 것이다.
ㄴ. A 해역에는 담수 유입이 일어나고 있다.
ㄷ. 표층 해수의 밀도는 A 해역이 B 해역보다 크다.

① ㄱ ② ㄴ ③ ㄱ, ㄷ ④ ㄴ, ㄷ ⑤ ㄱ, ㄴ, ㄷ

07 2022학년도 9월 모의평가 12번

그림 (가)는 어느 날 우리나라 주변 표층 해수의 수온과 염분 분포를, (나)는 수온-염분도를 나타낸 것이다.

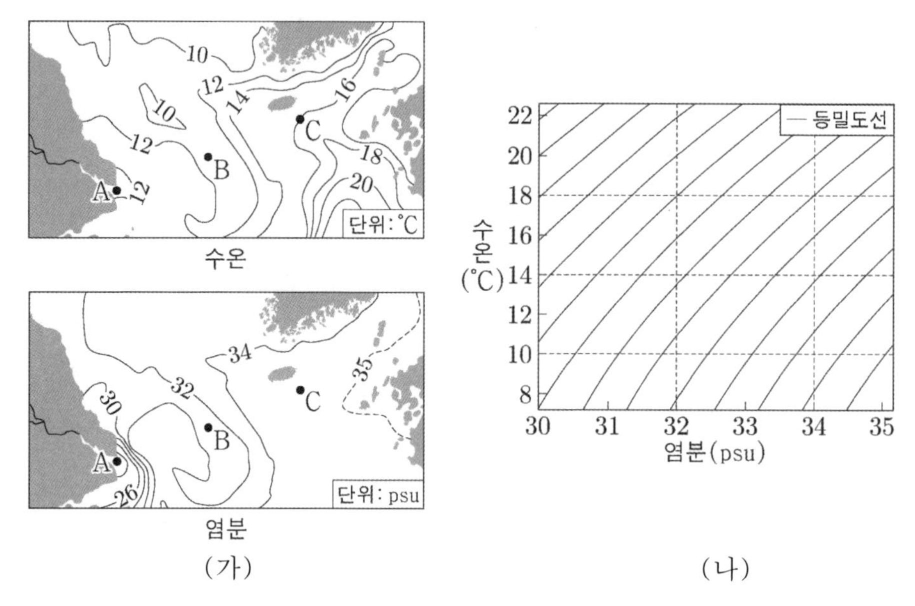

(가) (나)

이 자료에서 해역 A, B, C의 표층 해수에 대한 설명으로 옳은 것만을 <보기>에서 있는 대로 고른 것은? [3점]

<보 기>

ㄱ. 강물의 유입으로 A의 염분이 주변보다 낮다.
ㄴ. 밀도는 B가 C보다 작다.
ㄷ. 수온만을 고려할 때, 산소 기체의 용해도는 B가 C보다 작다.

① ㄱ ② ㄷ ③ ㄱ, ㄴ ④ ㄴ, ㄷ ⑤ ㄱ, ㄴ, ㄷ

08 2022학년도 대학수학능력시험 3번

그림은 어느 고위도 해역에서 A 시기와 B 시기에 각각 측정한 깊이 50～500m의 해수 특성을 수온-염분도에 나타낸 것이다.

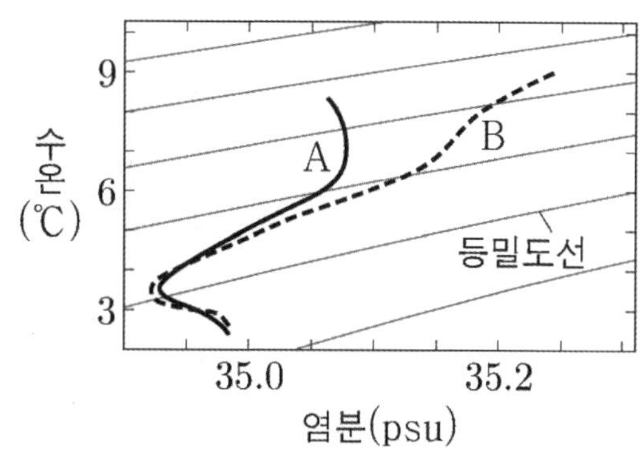

이 해역의 수온과 염분은 유입된 담수의 양에 의해서만 변화하였다. 이 자료에 대한 설명으로 옳은 것만을 <보기>에서 있는 대로 고른 것은?

<보 기>

ㄱ. A 시기에 깊이가 증가할수록 밀도는 증가한다.

ㄴ. 50m 깊이에서 산소의 용해도는 A 시기가 B 시기보다 높다.

ㄷ. 유입된 담수의 양은 A 시기가 B 시기보다 적다.

① ㄱ ② ㄷ ③ ㄱ, ㄴ ④ ㄴ, ㄷ ⑤ ㄱ, ㄴ, ㄷ

09 지II 2015학년도 6월 모의평가 19번

그림 (가)와 (나)는 지구가 복사 평형을 이룰 때, 위도별 복사 에너지 수지와 에너지 수송량을 각각 나타낸 것이다.

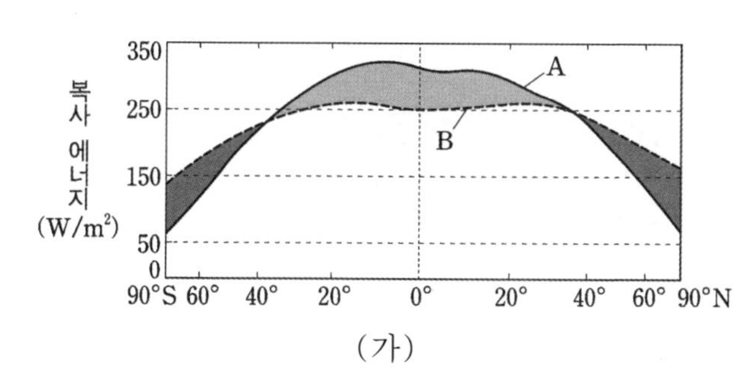

(가)

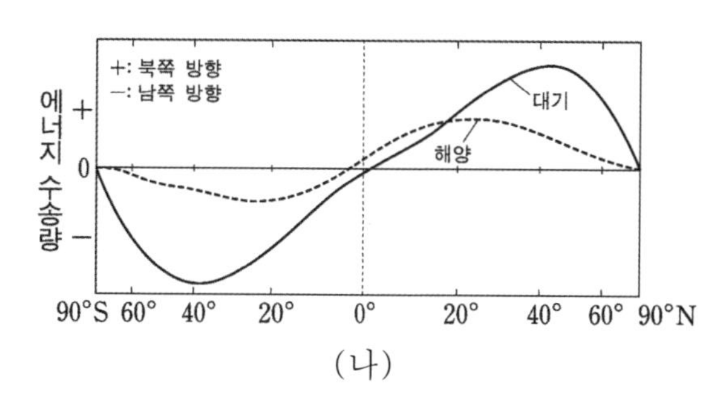

(나)

이에 대한 설명으로 옳은 것은?

① A는 지구 복사 에너지이다.

② B는 적도 지역에서 최대이다.

③ 대기에 의한 에너지 수송량은 해양보다 크다.

④ A와 B의 차이가 가장 큰 위도에서 에너지 수송량이 최대이다.

⑤ 에너지 수송량이 최대인 위도에서 해양에 의한 수송량이 대기보다 크다.

10 2021학년도 9월 모의평가 10번

그림은 어느 해 태평양에서 유실된 컨테이너에 실려 있던 운동화가 발견된 지점과 표층 해류 A와 B의 일부를 나타낸 것이다.

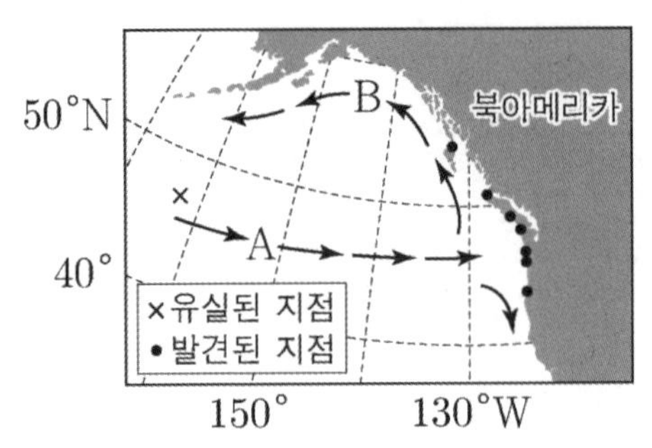

이에 대한 설명으로 옳은 것만을 <보기>에서 있는 대로 고른 것은? [3점]

<보 기>

ㄱ. 1월의 평년 풍향 분포에 해당한다.
ㄴ. 지역 A의 표층 해류의 방향과 북태평양 해류의 방향은 반대이다.
ㄷ. 지역 B의 고기압은 해들리 순환의 하강으로 생성된다.

① ㄱ ② ㄴ ③ ㄱ, ㄷ ④ ㄴ, ㄷ ⑤ ㄱ, ㄴ, ㄷ

11 2020학년도 대학수학능력시험 7번

그림은 1월과 7월의 지표 부근의 평년 풍향 분포 중 하나를 나타낸 것이다.

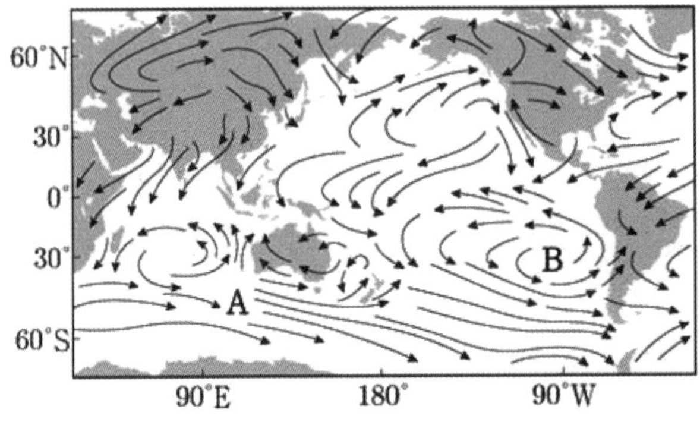

이 자료에 대한 설명으로 옳은 것만을 <보기>에서 있는 대로 고른 것은?

<보 기>

ㄱ. 1월의 평년 풍향 분포에 해당한다.
ㄴ. 지역 A의 표층 해류의 방향과 북태평양 해류의 방향은 반대이다.
ㄷ. 지역 B의 고기압은 해들리 순환의 하강으로 생성된다.

① ㄱ ② ㄴ ③ ㄷ ④ ㄱ, ㄴ ⑤ ㄱ, ㄷ

12 2020학년도 9월 모의평가 16번

그림은 대기 대순환에 의해 지표 부근에서 부는 동서 방향 바람의 연평균 풍속을 위도에 따라 나타낸 것이다.

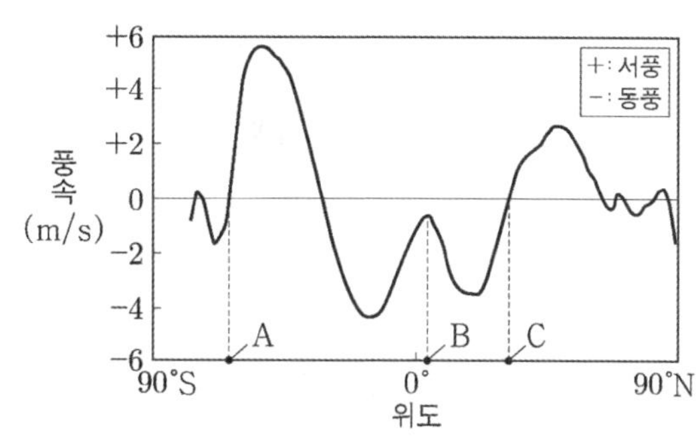

이 자료에 대한 설명으로 옳은 것만을 <보기>에서 있는 대로 고른 것은?

<보 기>

ㄱ. 남북 방향의 온도 차는 A가 C보다 작다.
ㄴ. B에서는 해들리 순환의 상승 기류가 나타난다.
ㄷ. C에 생성되는 고기압은 지표면 냉각에 의한 것이다.

① ㄱ ② ㄴ ③ ㄷ ④ ㄱ, ㄴ ⑤ ㄴ, ㄷ

13 2021학년도 6월 모의평가 5번

그림 (가)와 (나)는 서로 다른 계절에 관측된 우리나라 주변 표층 해류의 평균 속력과 이동 방향을 나타낸 것이다.

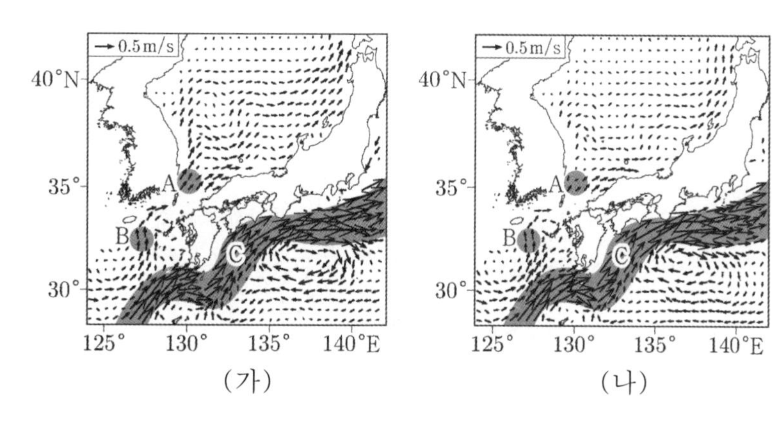

이 자료에 대한 설명으로 옳은 것만을 <보기>에서 있는 대로 고른 것은?

<보 기>

ㄱ. (가)와 (나)의 평균 속력 차는 해역 A보다 B에서 크다.
ㄴ. 동한 난류의 평균 속력은 (나)보다 (가)가 빠르다.
ㄷ. 해역 C에 흐르는 해류는 북태평양 아열대 순환의 일부이다.

① ㄱ ② ㄴ ③ ㄷ ④ ㄱ, ㄴ ⑤ ㄴ, ㄷ

14 2020년 4월 학력평가 10번

그림 (가)는 북태평양 해역의 일부를, (나)는 (가)의 A-B 구간과 C-D 구간에서의 수심에 따른 해류의 평균 유속과 방향을 나타낸 것이다.

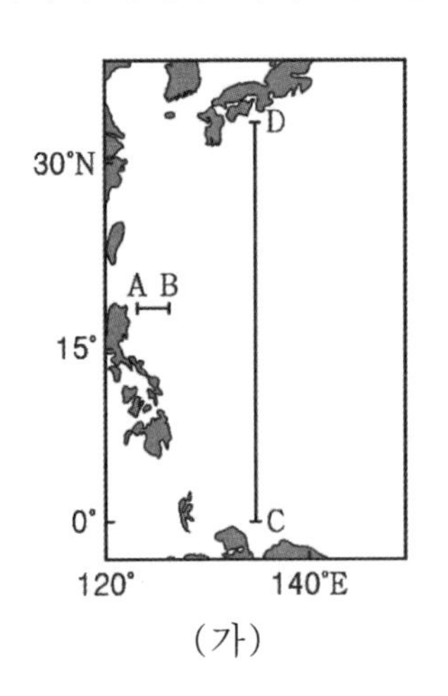

(가)

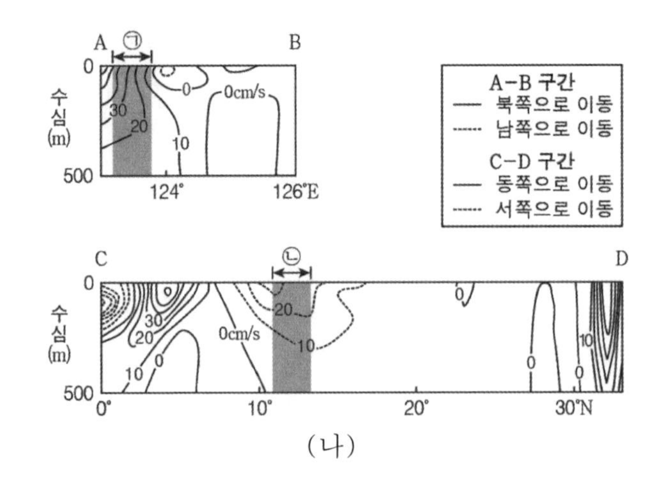

(나)

이에 대한 설명으로 옳은 것만을 <보기>에서 있는 대로 고른 것은? [3점]

<보 기>

ㄱ. ㉠ 구간에는 난류가 흐른다.
ㄴ. ㉡ 구간의 표층 해류는 무역풍의 영향을 받아 흐른다.
ㄷ. 북태평양에서 아열대 표층 순환의 방향은 시계 반대 방향이다.

① ㄱ ② ㄷ ③ ㄱ, ㄴ ④ ㄴ, ㄷ ⑤ ㄱ, ㄴ, ㄷ

15 2015년 7월 학력평가 11번

그림은 북반구의 대기 대순환을 나타낸 것이다.

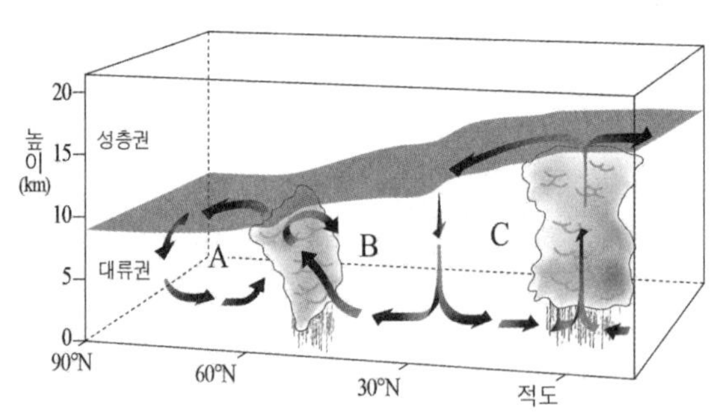

이에 대한 설명으로 옳은 것만을 <보기>에서 있는 대로 고른 것은?

<보 기>

ㄱ. 한대 전선대는 A와 B 순환의 경계에서 형성된다.
ㄴ. 대류권 계면의 높이는 고위도보다 저위도에서 높다.
ㄷ. 지표의 냉각과 가열에 의해 형성된 직접 순환은 A와 C이다.

① ㄱ ② ㄴ ③ ㄱ, ㄷ ④ ㄴ, ㄷ ⑤ ㄱ, ㄴ, ㄷ

16 2018학년도 6월 모의평가 13번

그림 (가)와 (나)는 1월과 7월의 평년 기압 분포를 순서 없이 나타낸 것이다.

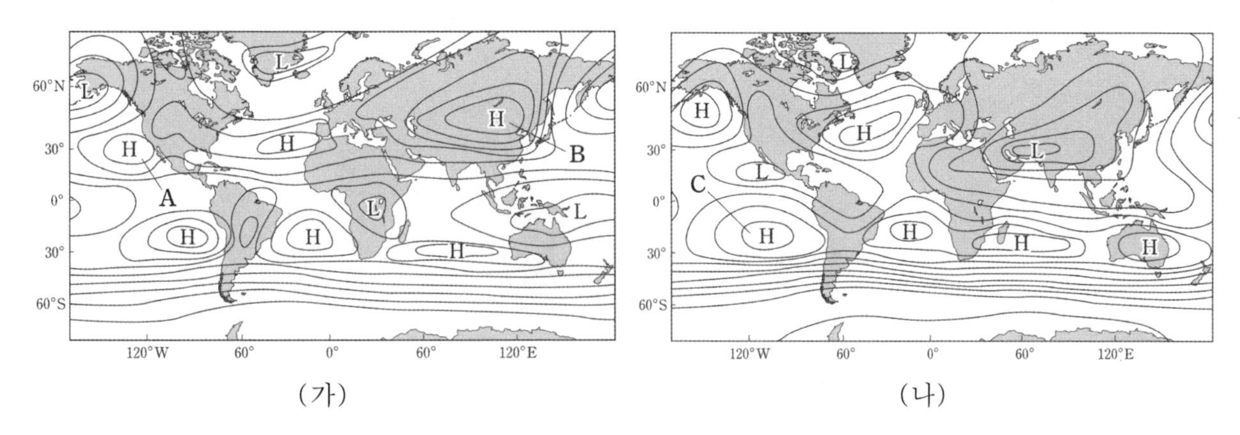

(가)　　　　　　　　　　　　(나)

이에 대한 설명으로 옳은 것만을 <보기>에서 있는 대로 고른 것은? [3점]

<보 기>

ㄱ. (가)는 1월의 평년 기압 분포에 해당한다.
ㄴ. 고기압 A와 C는 해들리 순환의 하강으로 생성된다.
ㄷ. 고기압 B는 지표면 냉각으로 생성된다.

① ㄱ　② ㄷ　③ ㄱ, ㄴ　④ ㄴ, ㄷ　⑤ ㄱ, ㄴ, ㄷ

17 2018년 3월 학력평가 6번

그림은 남반구의 세 해역 A, B, C를 나타낸 것이다.

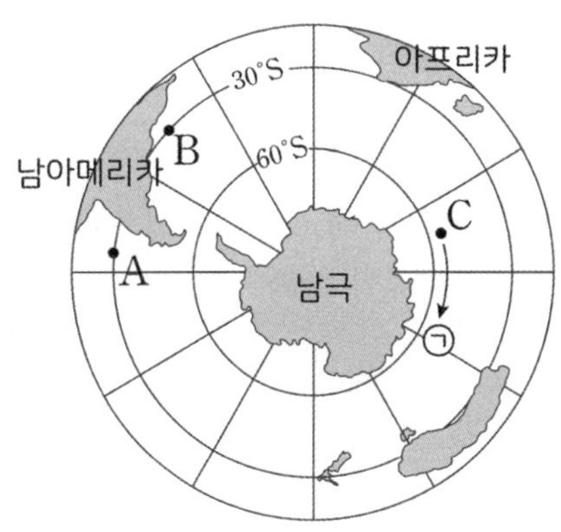

이에 대한 옳은 설명만을 <보기>에서 있는 대로 고른 것은? [3점]

<보 기>

ㄱ. A 해역에는 난류가 흐르고 있다.
ㄴ. 표층 염분은 A 해역이 B 해역보다 높다.
ㄷ. C 해역에서 표층 해류는 ㉠ 방향으로 흐른다.

① ㄱ　② ㄷ　③ ㄱ, ㄴ　④ ㄴ, ㄷ　⑤ ㄱ, ㄴ, ㄷ

18 2019학년도 9월 모의평가 12번

그림은 남극 대륙과 그 주변의 전형적인 기압 배치를 나타낸 것이다.

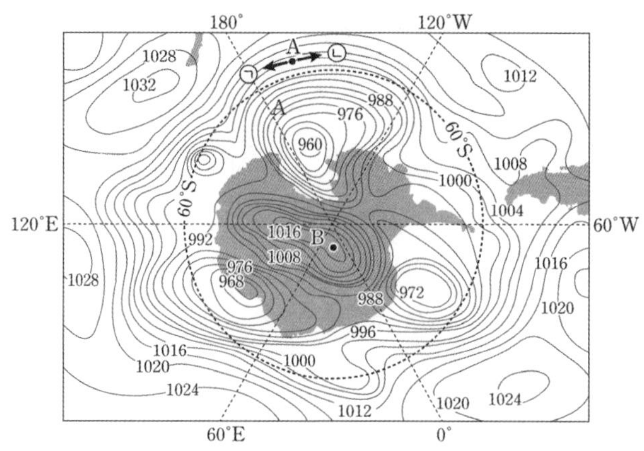

이에 대한 설명으로 옳은 것만을 <보기>에서 있는 대로 고른 것은? [3점]

<보 기>

ㄱ. A해역에서는 극동풍이 나타난다.
ㄴ. A해역에서 해류는 ㉡ 방향으로 흐른다.
ㄷ. B지역에서는 하강 기류가 발달한다.

① ㄱ ② ㄷ ③ ㄱ, ㄴ ④ ㄴ, ㄷ ⑤ ㄱ, ㄴ, ㄷ

19 2019학년도 대학수학능력시험 14번

그림은 태평양 주변에서의 1월과 7월의 평년 기압 분포 중 하나를 나타낸 것이다.

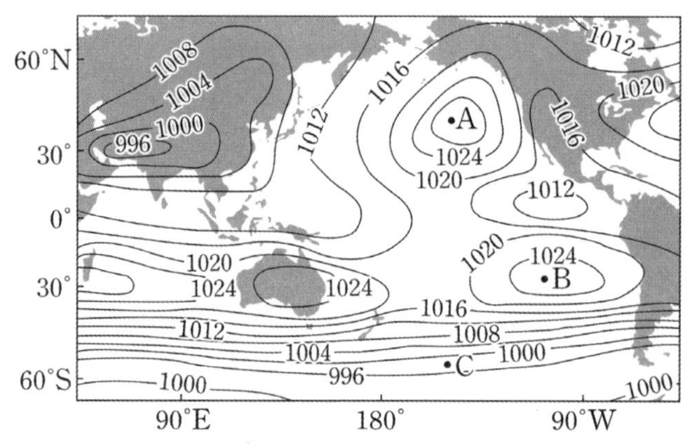

이에 대한 설명으로 옳은 것만을 <보기>에서 있는 대로 고른 것은?

<보 기>

ㄱ. 이 평년 기압 분포는 1월에 해당한다.
ㄴ. A와 B 지점의 고기압은 해들리 순환의 하강으로 생성된다.
ㄷ. C 지점의 표층 해류는 동쪽에서 서쪽으로 흐른다.

① ㄱ ② ㄴ ③ ㄱ, ㄷ ④ ㄴ, ㄷ ⑤ ㄱ, ㄴ, ㄷ

20 지Ⅱ 2019학년도 6월 모의평가 2번

그림은 복사 평형을 이루고 있는 지구가 흡수한 연평균 태양 복사 에너지와 방출한 연평균 지구 복사 에너지를 위도에 따라 나타낸 것이다.

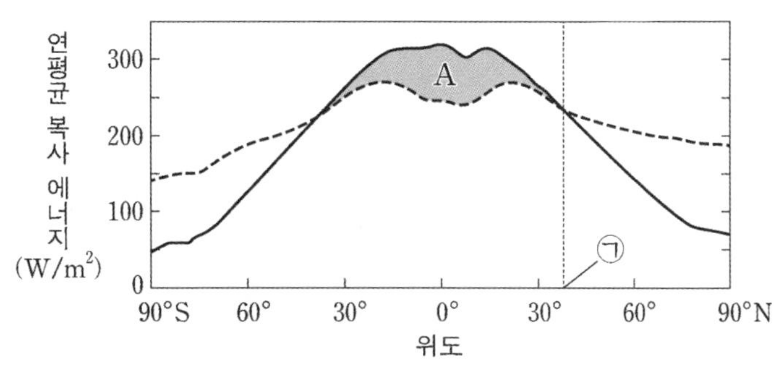

이에 대한 설명으로 옳은 것만을 <보기>에서 있는 대로 고른 것은?

<보 기>

ㄱ. A는 에너지 과잉이다.
ㄴ. ㉠에서 남북 방향의 에너지 수송은 일어나지 않는다.
ㄷ. 태양 복사에서 최대 복사 에너지 세기(강도)를 내는 파장은 가시광선 영역에 있다.

① ㄱ ② ㄴ ③ ㄱ, ㄷ ④ ㄴ, ㄷ ⑤ ㄱ, ㄴ, ㄷ

21 2018학년도 9월 모의평가 4번

그림 (가)는 위도에 따른 태양 복사 에너지 입사량과 지구 복사 에너지 방출량을 모식적으로 나타낸 것이고, (나)는 태풍의 위성 사진을 나타낸 것이다.

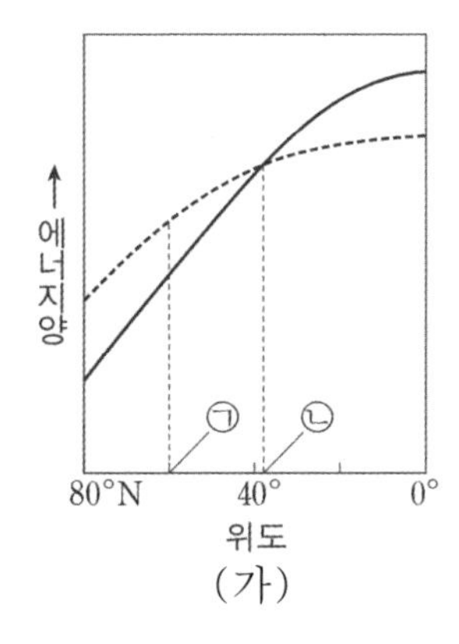

(가)

(나)

이에 대한 설명으로 옳은 것만을 <보기>에서 있는 대로 고른 것은? [3점]

<보 기>

ㄱ. ㉠에서 지구 복사 에너지 방출량은 태양 복사 에너지 입사량보다 많다.
ㄴ. 남북 방향 에너지 수송량은 ㉡에서 가장 적다.
ㄷ. (나)의 태풍은 저위도의 과잉 에너지를 고위도 방향으로 이동시킨다.

① ㄱ ② ㄴ ③ ㄱ, ㄷ ④ ㄴ, ㄷ ⑤ ㄱ, ㄴ, ㄷ

22 2019학년도 6월 모의평가 13번

그림은 대기와 해양에서 남북 방향으로의 연평균 에너지 수송량을 위도별로 나타낸 것이다.

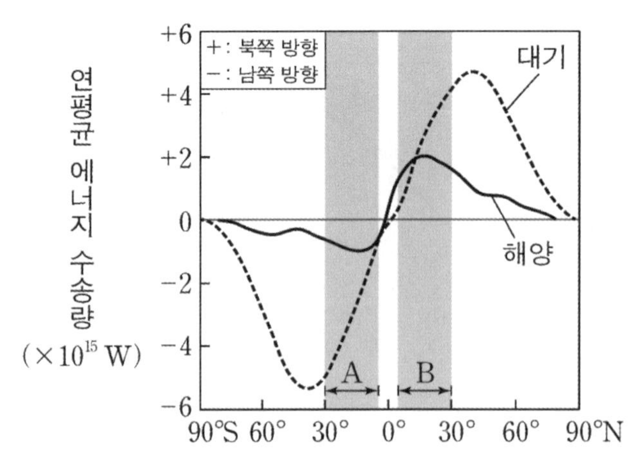

이에 대한 설명으로 옳은 것만을 <보기>에서 있는 대로 고른 것은? [3점]

<보 기>

ㄱ. 흡수하는 태양 복사 에너지양과 방출하는 지구 복사 에너지양의 차는 38°S가 0°보다 크다.

ㄴ. $\frac{\text{대기에 의한 에너지 수송량}}{\text{해양에 의한 에너지 수송량}}$은 A지역이 B지역보다 크다.

ㄷ. 위도별 에너지 불균형은 대기와 해양의 순환을 일으킨다.

① ㄱ ② ㄷ ③ ㄱ, ㄴ ④ ㄴ, ㄷ ⑤ ㄱ, ㄴ, ㄷ

23 2022학년도 9월 모의평가 15번

그림은 해수면 부근에서 부는 바람의 남북 방향의 연평균 풍속을 나타낸 것이다. ㉠과 ㉡은 각각 60°N과 60°S 중 하나이다.

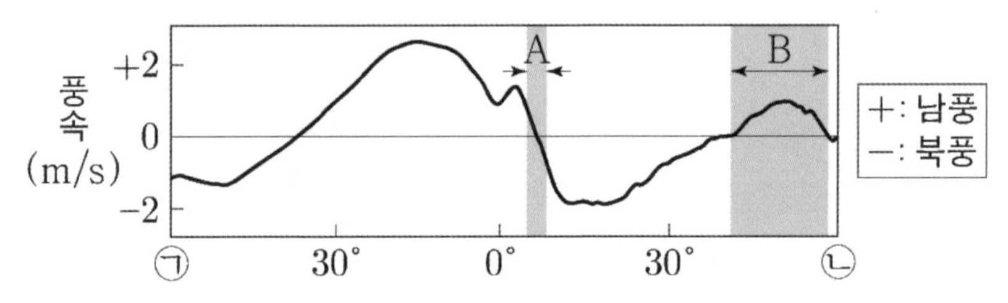

이 자료에 대한 설명으로 옳은 것만을 <보기>에서 있는 대로 고른 것은?

<보 기>

ㄱ. ㉠은 60°S이다.

ㄴ. A에서 해들리 순환의 하강 기류가 나타난다.

ㄷ. 페루 해류는 B에서 나타난다.

① ㄱ ② ㄴ ③ ㄷ ④ ㄱ, ㄴ ⑤ ㄱ, ㄷ

24 2022학년도 대학수학능력시험 10번

그림은 평균 해면 기압을 위도에 따라 나타낸 것이다.

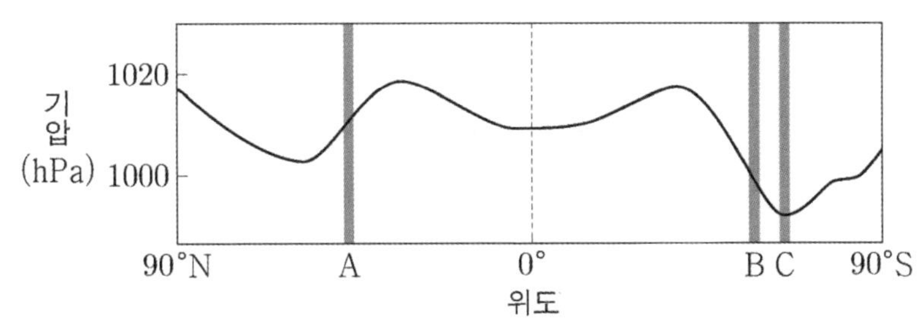

이 자료에 대한 설명으로 옳은 것만을 <보기>에서 있는 대로 고른 것은? [3점]

<보 기>

ㄱ. A는 대기 대순환의 간접 순환 영역에 위치한다.
ㄴ. B 해역에서는 남극 순환류가 흐른다.
ㄷ. C 해역에서는 대기 대순환에 의해 표층 해수가 발산한다.

① ㄱ ② ㄷ ③ ㄱ, ㄴ ④ ㄴ, ㄷ ⑤ ㄱ, ㄴ, ㄷ

25 2021년 4월 학력평가 7번

그림은 대서양 표층 순환과 심층 순환의 일부를 확대하여 나타낸 것이다. ㉠과 ㉡은 각각 표층수와 심층수 중 하나이다.

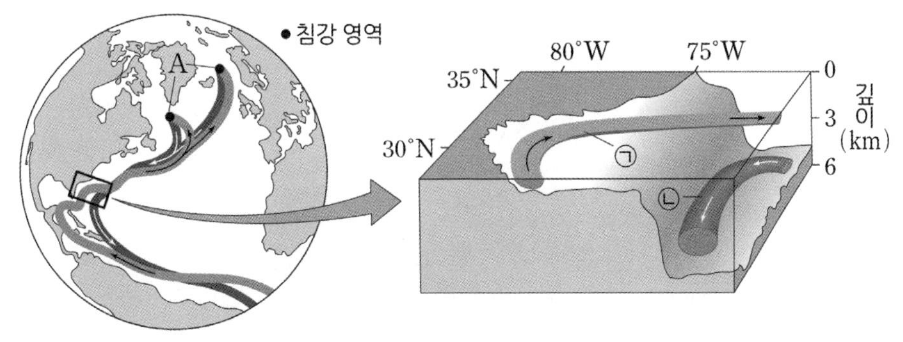

이에 대한 설명으로 옳은 것만을 <보기>에서 있는 대로 고른 것은?

<보 기>

ㄱ. ㉡에서 형성되는 수괴는 A에 해당한다.
ㄴ. A와 B는 심층 해수에 산소를 공급한다.
ㄷ. 심층 순환은 표층 순환보다 느리다.

① ㄱ ② ㄴ ③ ㄱ, ㄷ ④ ㄴ, ㄷ ⑤ ㄱ, ㄴ, ㄷ

26 2021학년도 6월 모의평가 10번

그림 (가)는 대서양의 해수 순환의 모식도를, (나)는 ㉠과 ㉡에서 형성되는 각각의 수괴를 수온-염분도에 A와 B로 순서 없이 나타낸 것이다.

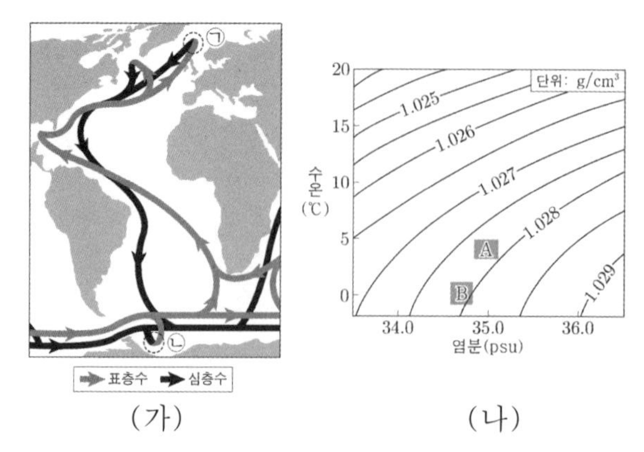

(가) (나)

이에 대한 설명으로 옳은 것만을 <보기>에서 있는 대로 고른 것은? [3점]

<보 기>

ㄱ. ㉡에서 형성되는 수괴는 A에 해당한다.
ㄴ. A와 B는 심층 해수에 산소를 공급한다.
ㄷ. 심층 순환은 표층 순환보다 느리다.

① ㄱ ② ㄴ ③ ㄱ, ㄷ ④ ㄴ, ㄷ ⑤ ㄱ, ㄴ, ㄷ

27 지II 2017년 7월 학력평가 17번

그림은 전 지구적인 해수의 순환을 나타낸 것이다.

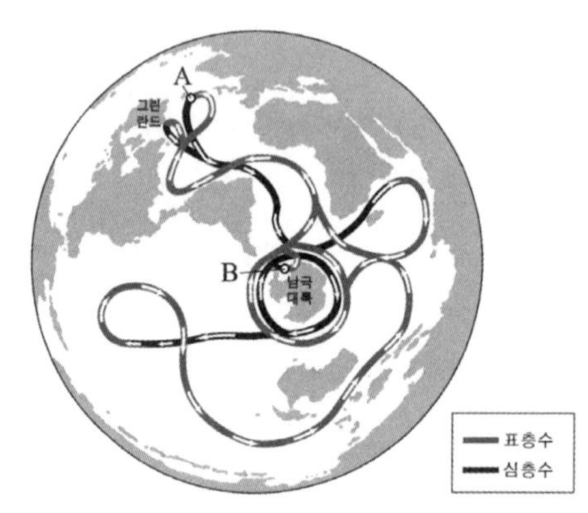

이에 대한 설명으로 옳은 것만을 <보기>에서 있는 대로 고른 것은?

<보 기>

ㄱ. A 해역에서 해수의 침강은 심해층에 산소를 공급한다.
ㄴ. B 해역에서 침강한 해수는 남극 저층수를 형성할 것이다.
ㄷ. 지구 온난화가 심해지면 A 해역에서 침강이 강해질 것이다.

① ㄱ ② ㄷ ③ ㄱ, ㄴ ④ ㄴ, ㄷ ⑤ ㄱ, ㄴ, ㄷ

28 지II 2017학년도 대학수학능력시험 3번

다음은 해수의 결빙에 따른 염분의 변화를 알아보기 위한 실험이다.

[실험 과정]

(가) 페트병에 물 500g과 소금 20g을 넣어 완전히 녹인 후, 소금물 50g을 비커 A에 담는다.

(나) (가)의 페트병을 냉동실에 넣고 소금물이 절반 정도 얼었을 때, 페트병을 꺼내어 얼지 않고 남은 소금물 50g을 비커 B에 담는다.

(다) A와 B에 있는 소금물 50g씩을 각각 증발 접시에 담아 물이 완전히 증발할 때까지 가열한 후, 남은 소금의 질량을 측정한다.

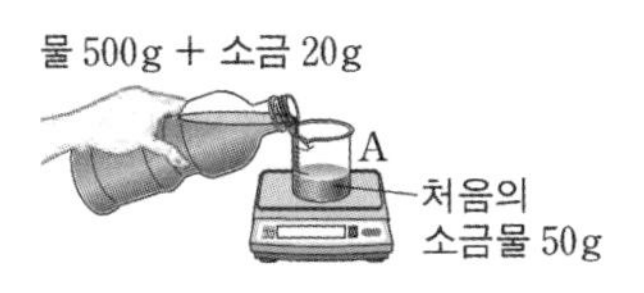

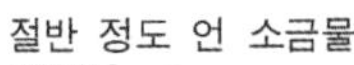

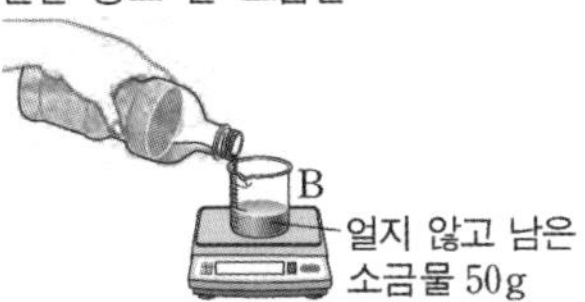

[실험 결과]

구분	A의 소금물	B의 소금물
남은 소금의 질량(g)	㉠	㉡

[결론]

결빙이 있는 해역에서는 해수의 염분이 증가한다.

이에 대한 설명으로 옳은 것만을 <보기>에서 있는 대로 고른 것은? [3점]

<보 기>

ㄱ. ㉡이 ㉠보다 크다.

ㄴ. (나)의 페트병 속에 남은 얼음을 녹인 물은 A의 소금물보다 염분이 낮다.

ㄷ. 극지방의 빙하가 녹을 경우 해수의 심층 순환이 강화될 것이다.

① ㄱ ② ㄷ ③ ㄱ, ㄴ ④ ㄴ, ㄷ ⑤ ㄱ, ㄴ, ㄷ

29 2022학년도 6월 모의평가 11번

그림은 심층 해수의 연령 분포를 나타낸 것이다. 심층 해수의 연령은 해수가 표층에서 침강한 이후부터 현재까지 경과한 시간을 의미한다.

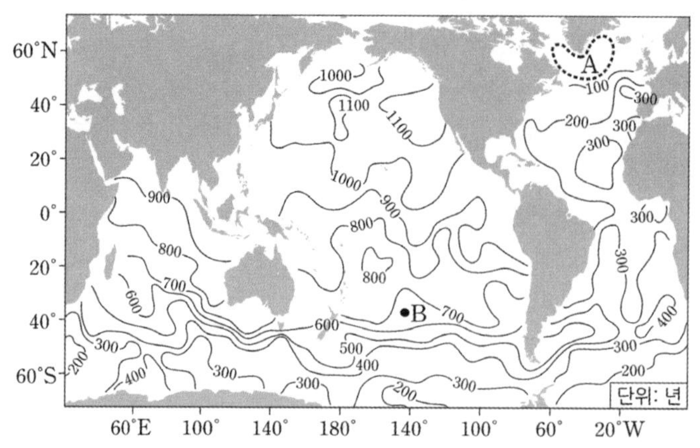

이 자료에 대한 설명으로 옳은 것만을 <보기>에서 있는 대로 고른 것은?

<보 기>

ㄱ. 심층 해수의 평균 연령은 북태평양이 북대서양보다 많다.
ㄴ. A 해역에는 표층 해수가 침강하는 곳이 있다.
ㄷ. B에는 저위도로 흐르는 심층 해수가 있다.

① ㄱ ② ㄷ ③ ㄱ, ㄴ ④ ㄴ, ㄷ ⑤ ㄱ, ㄴ, ㄷ

30 2021학년도 대학수학능력시험 13번

그림은 북대서양 심층 순환의 세기 변화를 시간에 따라 나타낸 것이다.

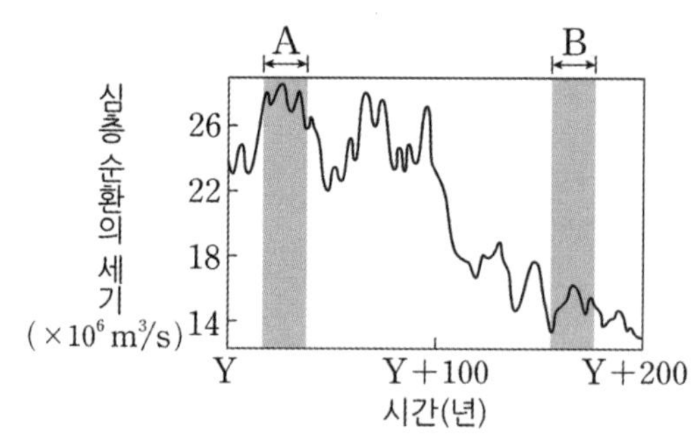

A 시기와 비교할 때, B 시기의 북대서양 심층 순환과 관련된 설명으로 옳은 것만을 <보기>에서 있는 대로 고른 것은? [3점]

<보 기>

ㄱ. 북대서양 심층수가 형성되는 해역에서 침강이 약하다.
ㄴ. 북대서양에서 고위도로 이동하는 표층 해류의 흐름이 강하다.
ㄷ. 북대서양에서 저위도와 고위도의 표층 수온 차가 크다.

① ㄱ ② ㄴ ③ ㄱ, ㄷ ④ ㄴ, ㄷ ⑤ ㄱ, ㄴ, ㄷ

Theme

05

대기와 해양의 상호작용

Chapter

01 해수의 용승과 침강

해수의 용승과 침강

1. 에크만 수송

북반구에서의 해수는 평균적으로 바람 진행 방향의 오른쪽 90° 방향으로 이동하고 남반구에서의 해수는 평균적으로 바람 진행 방향의 왼쪽 90° 방향으로 이동하는 것을 에크만 수송이라 한다. (에크만 수송은 지구과학Ⅱ 과목에서 심층적으로 다룬다. 지구과학1에서는 용승과 침강에 대해 이해하기 위해서 필요한 개념이므로 에크만 수송 자체에 대해 깊이 있게 알 필요는 없다.)

+ 시야 넓히기 : 에크만 수송(북반구)

- **지구의 전향력**으로 인해 북반구에 존재하는 표면 해수는 **바람 방향의 오른쪽으로 45° 편향**되어 흐른다. 표면 해수에서 수심이 깊어지면, 해수의 흐름은 계속해서 오른쪽으로 편향되고 유속은 느려진다. 이때의 형태를 **에크만 나선**이라 한다.
- 에크만 나선을 따라 내려가다 보면 표면 해수의 이동 방향과 반대가 되는 층이 나타나게 되는데 이 층까지를 모두 **에크만층**이라고 한다. **에크만층**에서 북반구 **해수의 평균적인 이동 방향은 바람 방향의 오른쪽 90° 방향**으로 나타나는데, 이를 **에크만 수송**이라고 한다.

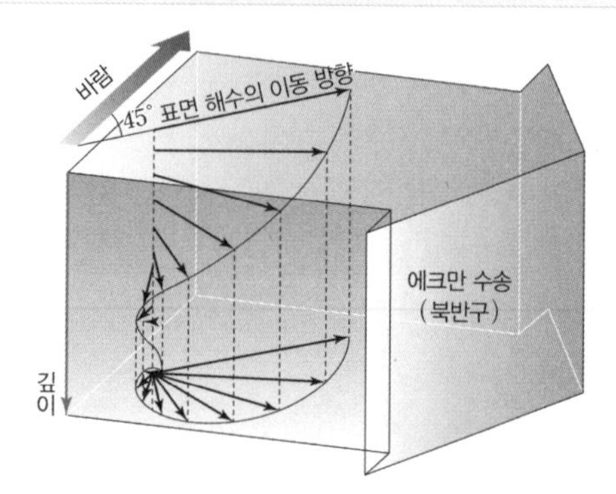

▲ 에크만 수송에 의한 해수의 이동

2. 용승과 침강

(1) 용승

표층 해수의 발산에 의해 **심층의 차가운 해수가 표층으로 올라오는 현상**을 말한다.

(2) 침강

표층 해수의 수렴 또는 **냉각**에 의해 **표층의 해수가 심층으로 내려가는 현상**을 말한다.

(3) 전 세계 주요 용승 해역

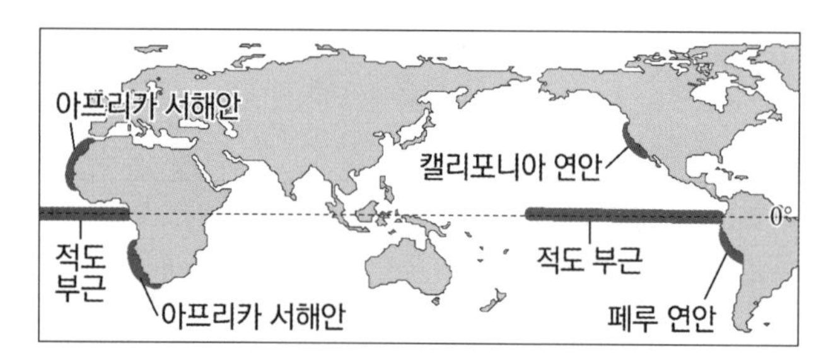

① **적도 용승**
⇒ 적도 부근

② **연안 용승**
⇒ 캘리포니아 연안, 아프리카 서해안, 페루 연안

3. 용승과 침강의 종류

용승과 침강은 주로 에크만 수송에 의해서 나타난다. 용승과 침강이 일어나는 이유는 여러 가지가 있는데, 주로 연안에서 육지에 가로막혀 발생하거나. 기압에 의해 발생하거나, 대기 대순환에 의해서 발생한다.

(1) 연안 용승과 연안 침강

① **연안 용승** : 대륙의 연안에서 에크만 수송에 의해 **표층 해수가 먼 바다 쪽으로 이동**하면 **연안에는 해수의 양이 부족**해진다. **이를 보충해주기 위해 심층의 차가운 해수가 올라오는 현상**이다.

② **연안 침강** : 대륙의 연안에서 에크만 수송에 의해 **표층 해수가 대륙의 연안 쪽으로 이동**하면 **연안에는 해수의 양이 넘쳐**난다. **이를 해소하기 위해 심층으로 해수가 내려가는 현상**이다.

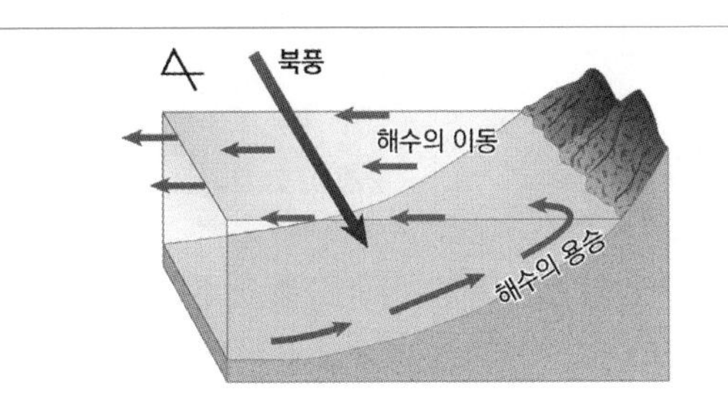

▲ 연안 용승 (북반구)

- 대륙의 서해안에서 **북풍**이 지속적으로 불고 있다. 에크만 수송에 의해 **해수는 바람 방향의 오른쪽90° 로 이동**하므로 서쪽으로 이동한다.
- 이를 보충해주기 위해서 **심층의 차가운 물이 올라오**는 연안 용승이 발생한다.

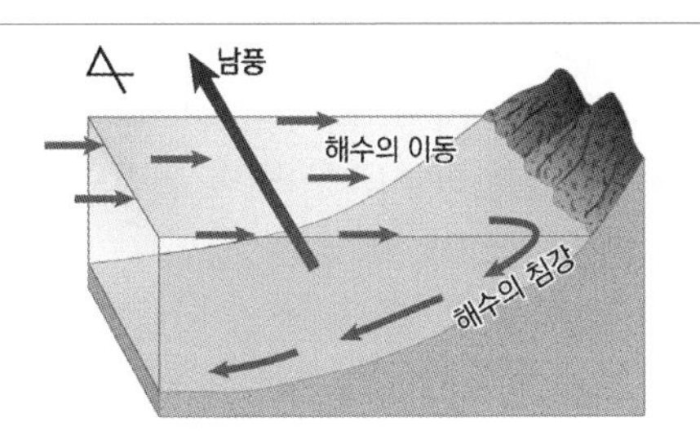

▲ 연안 침강 (북반구)

- 대륙의 서해안에서 **남풍**이 지속적으로 불고 있다. 에크만 수송에 의해 **해수는 바람 방향의 오른쪽 90° 로 이동**하므로 동쪽으로 이동한다.
- 해수의 **진행 방향에는 대륙이 있으므로** 해수는 계속해서 쌓이다가 연안 침강이 발생한다.

+ 직접 해보기 : 연안 용승과 연안 용승을 직접 그려보자

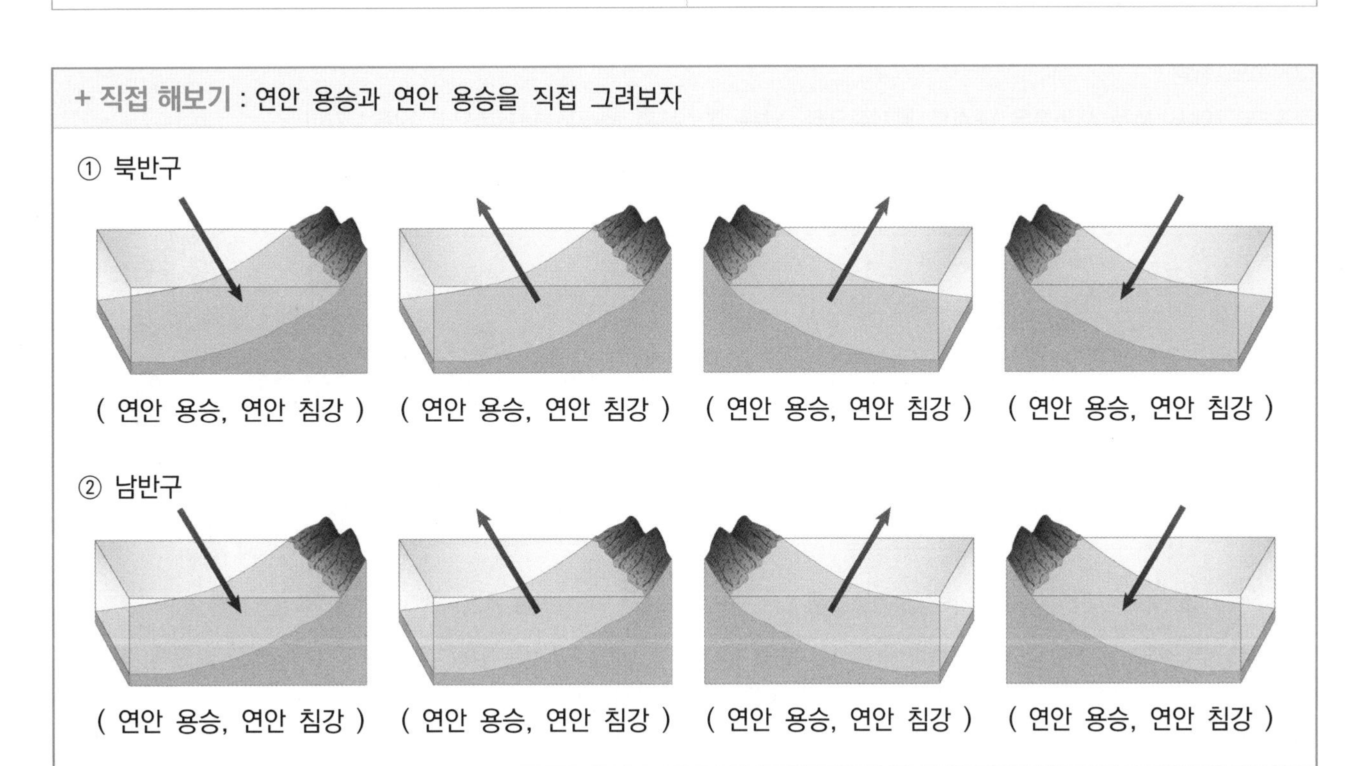

(2) 저기압성 용승과 고기압성 침강

① **저기압성 용승** : 북반구 저기압에서의 바람은 **반시계 방향으로 수렴**한다. 이때, 에크만 수송에 의해 **표층 해수**는 저기압 중심에서 **바깥쪽으로 발산**한다. 따라서 저기압 중심부에서는 용승이 일어난다.

② **고기압성 침강** : 북반구 고기압에서의 바람은 **시계 방향으로 발산**한다. 이때, 에크만 수송에 의해 **표층 해수**는 고기압 바깥쪽에서 **안쪽으로 수렴**한다. 따라서 고기압 중심부에서는 침강이 일어난다.

- **저기압**에서 **반시계 방향**으로 바람이 불고 있다.
  에크만 수송에 의해 북반구의 해수는 **바람 방향의 오른쪽 90°로 이동**하므로 발산한다.
- 해수가 저기압 바깥쪽으로 발산하므로 이를 보충해 주기 위해서 심층의 차가운 물이 올라오는 저기압성 용승이 발생한다.

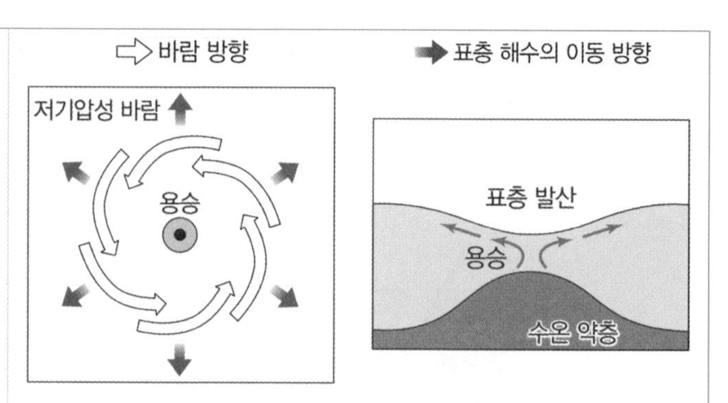

▲ 저기압성 용승(북반구)과 표층 해수의 단면도

- **고기압에서 시계 방향**으로 바람이 불고 있다.
  에크만 수송에 의해 북반구의 해수는 **바람 방향의 오른쪽 90°로 이동**하므로 수렴한다.
- 해수가 고기압 안쪽으로 수렴하므로 계속해서 쌓이는 해수가 내려가는 고기압성 침강이 발생한다.

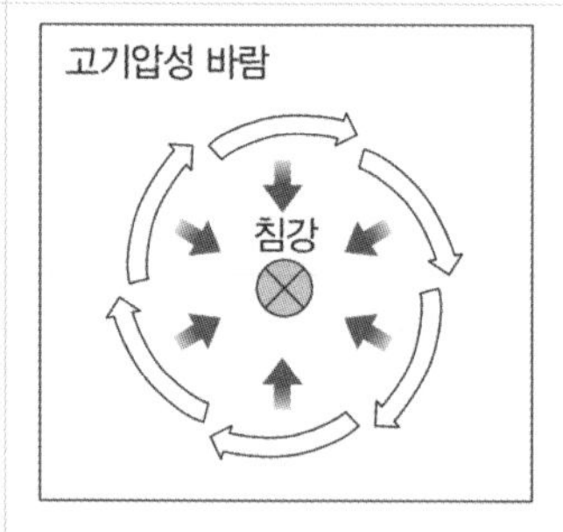

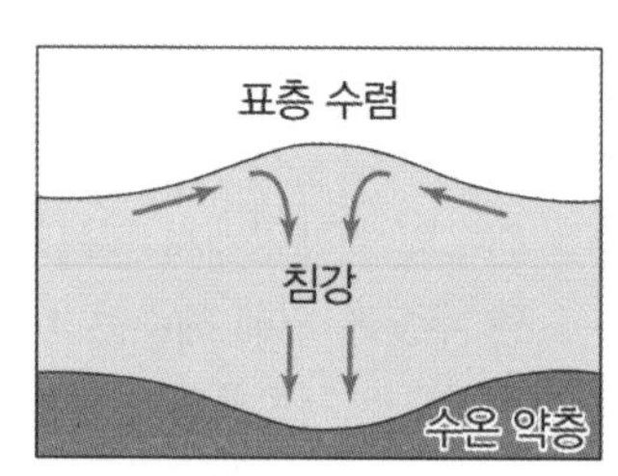

▲ 고기압성 침강(북반구)과 표층 해수의 단면도

(3) 적도 용승

적도 부근에서 **북동 무역풍은 해수를 북서쪽**으로, **남동 무역풍은 해수를 남서쪽으로 이동**시킨다.
적도 용승은 이를 채우기 위해 심층에서 차가운 해수가 올라오는 현상이다.

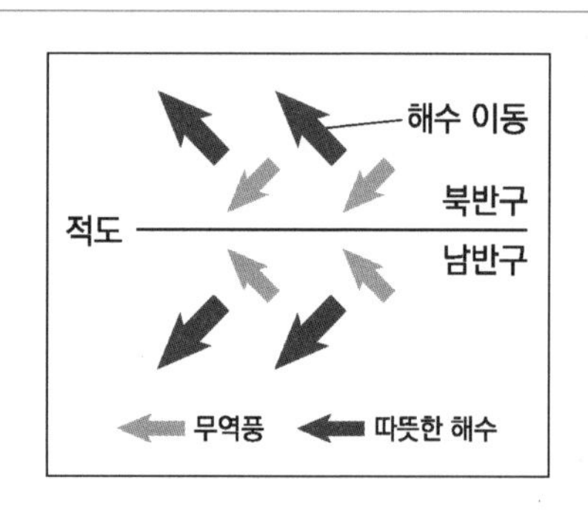

▲ 적도 부근에서의 대기와 해수의 흐름

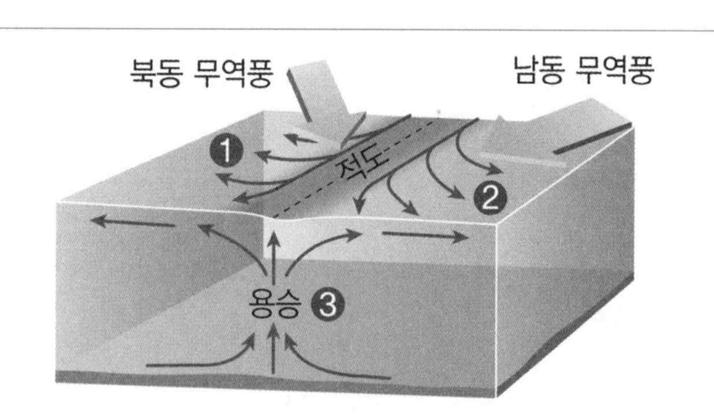

▲ 적도 해역에서 일어나는 용승

- 적도 부근에서는 **전향력**에 의해 **북반구**에서는 **북동 무역풍**이, **남반구**에서는 **남동 무역풍**이 나타난다고 배웠다. 따라서 이 두 무역풍이 만나는 적도 부근에서의 해수 이동을 왼쪽 그림처럼 나타낼 수 있다.
- **에크만 수송**에 의해 **북반구의 해수는 북서 방향**으로, **남반구의 해수는 남서 방향**으로 이동하므로 **적도에서의 해수는 발산**한다. 해수의 발산에 의해 적도에서는 **용승**이 일어난다.

4. 용승과 침강의 영향

(1) 용승의 영향

① 용승이 일어나는 지역은 수온이 낮아져 주변의 **대기가 냉각**되어 **안개**가 자주 발생하고, 강수량이 적어져 건조지대가 형성된다.

② **영양 염류가 풍부한 심해의 해수**가 솟아오르며 표층의 해양 생물에게 공급되어 **좋은 어장을 형성**한다.
(영양 염류들은 식물성 플랑크톤의 먹이가 되고 식물성 플랑크톤은 작은 물고기들의 먹이이기 때문이다.)

(2) 침강의 영향

① 침강이 일어나는 지역은 따뜻한 표층의 해수가 모이므로 표층 수온이 상승하고 **수온 약층의 시작 깊이가 깊어진다**.

② 표층에 녹아 있는 많은 양의 **용존 산소가 심층으로 이동**하여 **심층의 해양 생물에게** 필요한 **산소가 공급**된다.

+ 시야 넓히기 : 연안 용승의 영향

북아메리카 서해안은 대표적으로 용승이 나타나는 곳이다. 수온 자료를 보면 연안에서 수온이 낮은 것을 확인할 수 있다. 이 지역에는 지속적으로 **북풍**이 불어 에크만 수송에 의해 해수가 **먼 바다 쪽으로 밀려나 용승이 발생하는 것**이다. 용승이 발생하면 영양 염류가 풍부한 심층의 해수가 연안에 공급되면서 식물성 플랑크톤의 농도가 짙어진다.

우리나라 동해안에서도 지속적인 **남풍**에 의해서 용승이 발생할 수 있다. 아래 자료에서 우리나라 동해안에 냉수대가 발달하여 수온이 낮은 것을 확인할 수 있다.

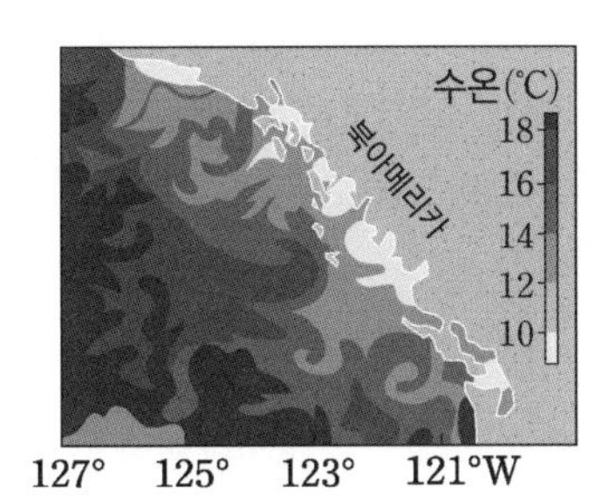

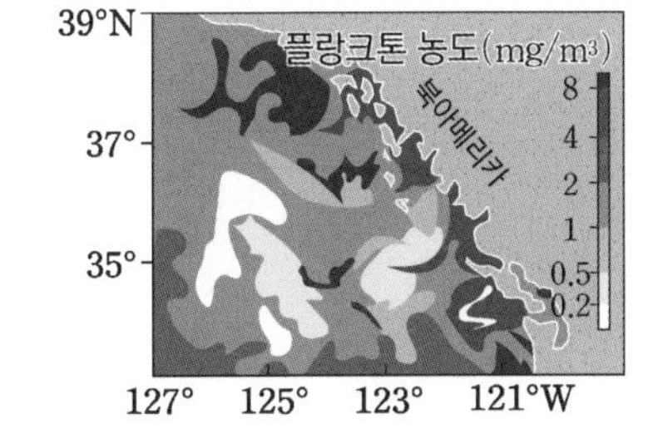

▲ 북아메리카 서해안의 수온과 식물성 플랑크톤 농도

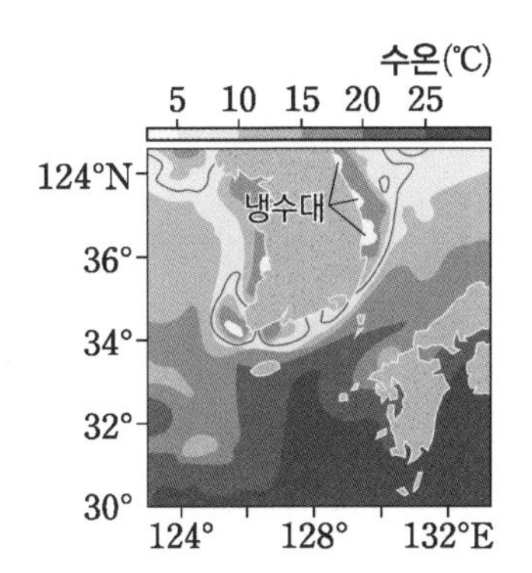

▲ 우리나라 동해안의 용승

memo

Theme 05 - 1 해수의 용승과 침강

2020년 3월 학력평가 지Ⅰ 16번

그림은 우리나라에서 연안 용승이 발생한 A 해역의 위치와 3일간의 표층 수온 변화를 나타낸 것이다.

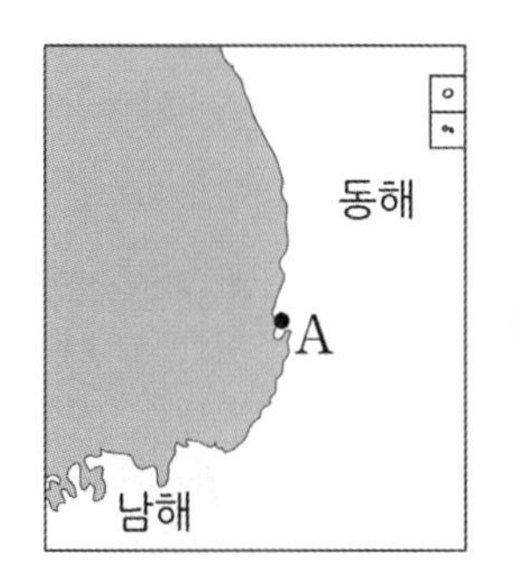

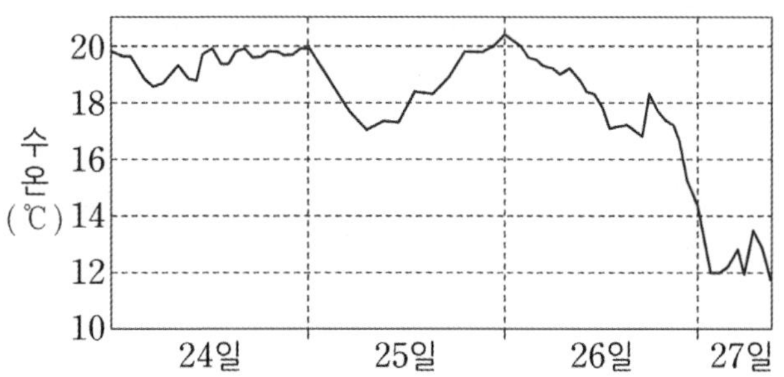

A 해역에 대한 옳은 설명만을 <보기>에서 있는 대로 고른 것은?

<보 기>

ㄱ. 연안 용승은 24일보다 26일에 활발하였다.

ㄴ. 연안 용승이 일어나는 기간에는 북풍 계열의 바람이 우세하였다.

ㄷ. 표층 해수의 용존 산소량은 24일보다 26일에 대체로 높았을 것이다.

① ㄱ ② ㄷ ③ ㄱ, ㄴ ④ ㄱ, ㄷ ⑤ ㄴ, ㄷ

추가로 물어볼 수 있는 선지

1. 해수가 수렴하여 침강이 일어나면 좋은 어장이 형성된다. (O , X)
2. 용승이 일어나면 안개가 자주 발생한다. (O , X)
3. 적도 반류는 무역풍의 직접적인 영향으로 형성된다. (O , X)

정답 : 1. (X), 2. (O), 3. (X)

01 2020년 3월 학력평가 지Ⅰ 16번

KEY POINT #우리나라, #연안 용승, #북풍 계열

문항의 발문 해석하기

용승이 일어나기 위한 여러 조건을 생각해야 한다. 그래프를 해석해서 나타날 수 있는 변화에 대해서 생각해야 한다.

문항의 자료 해석하기

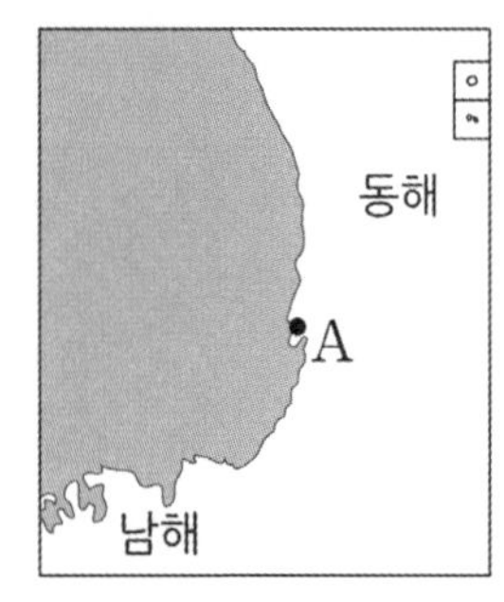

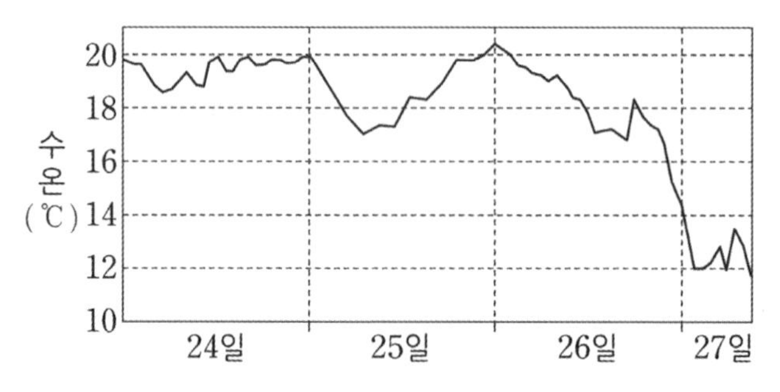

1. 우리나라는 북반구에 위치한다. 따라서 에크만 수송은 바람 방향의 오른쪽 90° 로 이동한다. A 지역에서 용승이 일어난다는 것은 표층 해수가 먼 바다 쪽으로 이동한다는 것이다.
2. 수온 그래프를 보면 26일 ~ 27일에 수온이 낮아진 것을 확인할 수 있다. 따라서 이 시기에 A 지역에서 연안 용승이 발생했을 것이다.

선지 판단하기

ㄱ 선지 연안 용승은 24일보다 26일에 활발하였다. (O)

24일보다 26일에 표층 수온이 더 낮으므로 연안 용승은 26일에 활발했을 것이다.

ㄴ 선지 연안 용승이 일어나는 기간에는 북풍 계열의 바람이 우세하였다. (X)

해수가 먼 바다 쪽으로 이동하기 위해서 A 지역에서는 오른쪽 그림과 같이 남풍 계열의 바람이 불어야 한다. 만약 북풍 계열의 바람이 우세했다면 연안 쪽으로 해수가 쌓여 연안 침강이 일어났을 것이다.

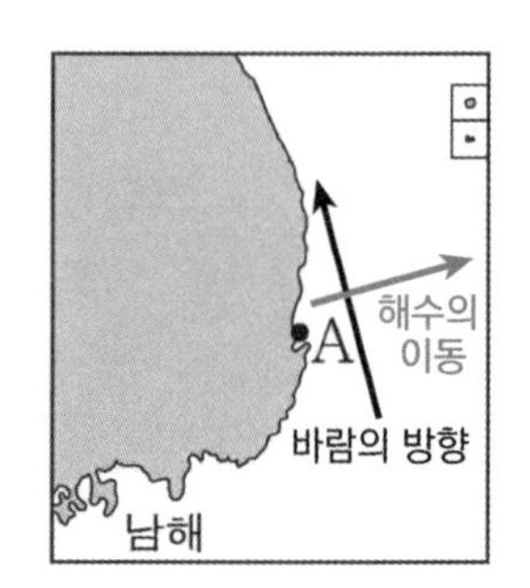

ㄷ 선지 표층 해수의 용존 산소량은 24일보다 26일에 대체로 높았을 것이다. (O)

표층 해수의 용존 산소량은 수온의 영향을 받는다. 용존 기체의 농도는 수온이 낮을수록 올라가므로 용승의 영향을 받아 수온이 낮아진 26일에 용존 산소량이 높아졌을 것이다.

기출문항에서 가져가야 할 부분

1. 북반구, 남반구의 에크만 수송 이해하기
2. 에크만 수송을 이용해서 연안 용승의 조건 생각하기
3. 용존 기체 농도와 수온 및 염분 관계 이해하기

기출 문제로 알아보는 유형별 정리

1 용승

① 저기압성 용승 2021학년도 6월 모의평가 18번

그림은 북반구 해상에서 관측한 태풍의 하층(고도 2km 수평면) 풍속 분포를 나타낸 것이다.

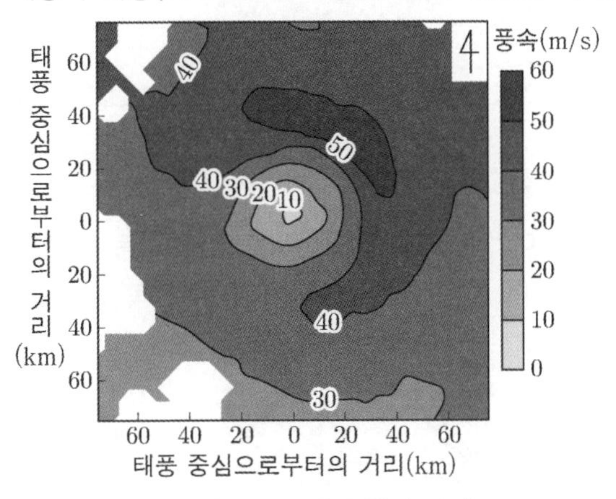

ㄴ. 태풍 중심 부근의 해역에서 수온 약층의 차가운 물이 용승한다. (O)

- 태풍은 열대 저기압이다. **북반구 저기압** 주변은 바람이 **반시계 방향**으로 회전하고, 에크만 수송에 의해 해수는 **바람 방향의 오른쪽 90° 로 이동**한다. 따라서 저기압 중심부에서 바깥쪽으로 물이 이동해 **용승**이 일어나는 것이다.
- 남반구의 경우도 함께 알아두자. **남반구 저기압** 주변은 바람이 **시계 방향**으로 회전하고, 에크만 수송에 의해 해수는 **바람 방향의 왼쪽 90° 로 이동**한다. 따라서 **북반구와 마찬가지로 저기압 주변에서 용승**이 일어나는 것이다.

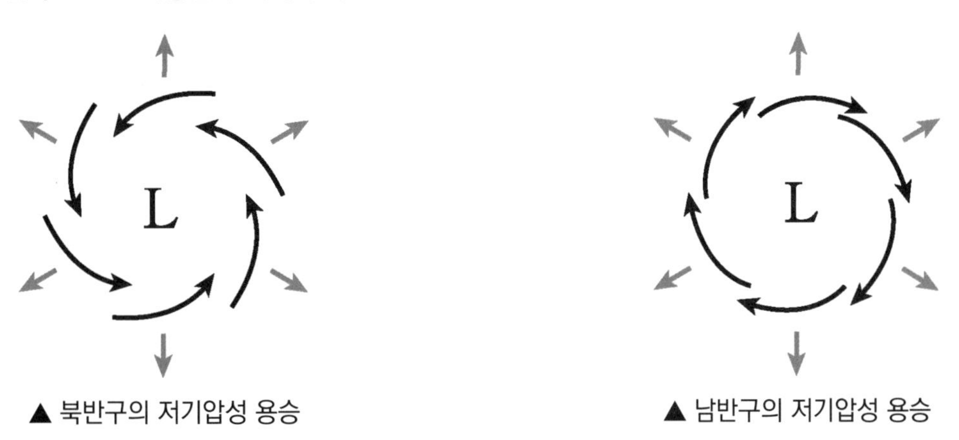

▲ 북반구의 저기압성 용승　　▲ 남반구의 저기압성 용승

② 적도 용승 2023학년도 수능 14번

그림은 1월과 7월의 지표 부근의 평년 바람 분포 중 하나를 나타낸 것이다.

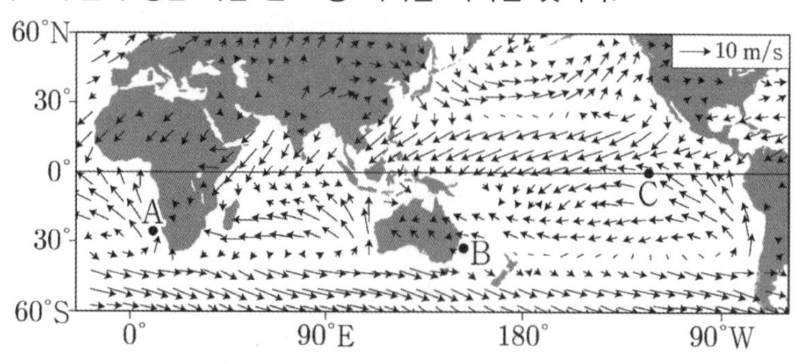

ㄷ. C에서는 대기 대순환에 의해 표층 해수가 수렴한다. (X)

- 적도 부근은 해들리 순환의 상승으로 대기의 수렴이 일어난다. 따라서 북동 무역풍과 남동 무역풍은 수렴한다. 이에 따라 적도 부근에서는 용승이 일어난다는 사실을 기억해야 한다. 북동 무역풍과 남동 무역풍에 의해 표층 해수는 각각 북서쪽, 남서쪽으로 이동하면서 오른쪽 그림과 같이 적도 용승이 일어나게 된다.

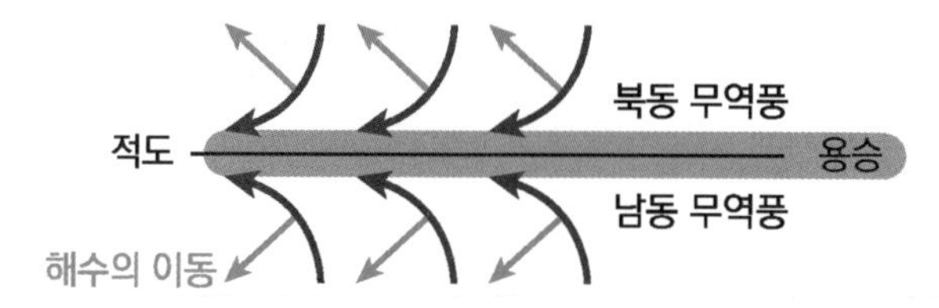

#2 침강

① 고기압성 침강

- 침강에 대한 최근 기출 문제는 없다. 연안 침강은 p.172에서 다루었으므로 북반구와 남반구에서의 고기압성 침강에 대해 알아보자.
- 아래 그림과 같이 **북반구 고기압** 주변의 바람은 **시계 방향**으로 회전한다. 이때, 에크만 수송에 의해 해수는 **바람 방향의 오른쪽 90°로 이동**한다. 따라서 고기압 중심부로 해수가 몰리기 때문에 침강이 일어나는 것이다.
- 남반구의 경우도 함께 알아두자. **남반구 고기압** 주변의 바람은 **반시계 방향**으로 회전한다. 이때, 에크만 수송에 의해 해수는 **바람 방향의 왼쪽 90°로 이동**한다. 따라서 고기압 중심부로 해수가 몰리기 때문에 들어와 침강이 일어나는 것이다.

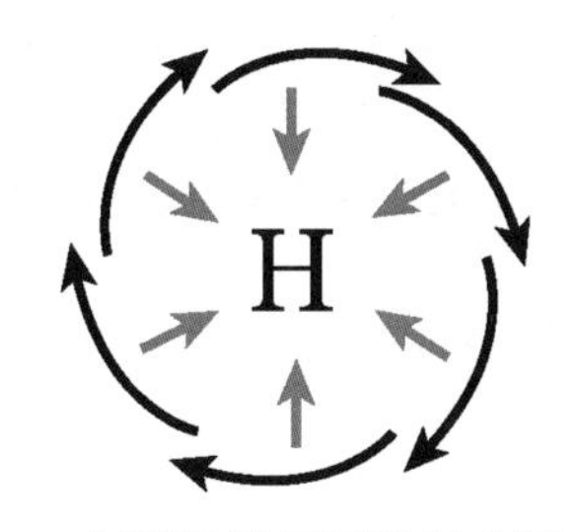

▲ 북반구의 고기압성 침강

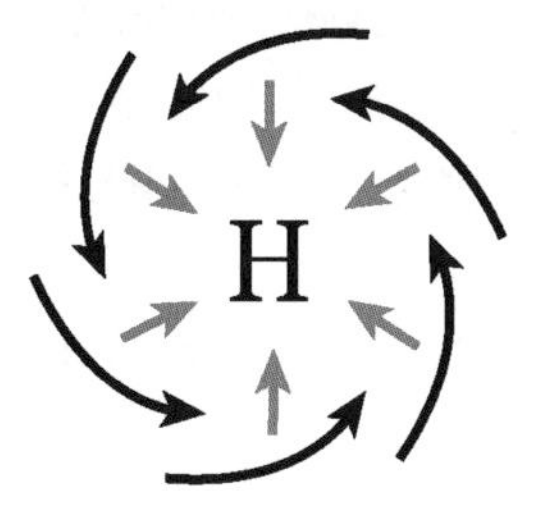

▲ 남반구의 고기압성 침강

추가로 물어볼 수 있는 선지 해설
1. 해수가 발산하여 용승이 일어나면 좋은 어장이 형성된다.
2. 용승이 일어나면 대기가 안정되므로 안개가 발생한다.
3. 적도 반류는 무역풍에 의해 직접적으로 형성되는 것이 아니다. 이는 무역풍에 의해 북적도 해류, 남적도 해류가 서쪽으로 이동하므로 해수면의 경사가 생겨 흐르는 것이다.

Chapter

02 엘니뇨와 라니냐

엘니뇨와 라니냐

1. 열대 태평양의 엘니뇨와 라니냐

(1) 평상시 열대 태평양의 수온 분포

① 평상시의 열대 태평양에는 **무역풍에 의해 동 → 서 방향으로 해수의 이동**이 일어난다. 따라서 **동태평양의 따뜻한 표층 해수가 서태평양으로 이동**한다.

② 이때 **부족해진 해수를 채우기 위해 동태평양 페루 연안**에서는 **용승**이 일어나 **표층 수온이 낮아지고 온난 수역의 두께가 얇아진다.**

③ **서태평양 부근**에서는 무역풍으로 몰려오는 따뜻한 해수로 인해 **표층 수온이 높아지고 온난 수역의 두께가 두꺼워진다.**

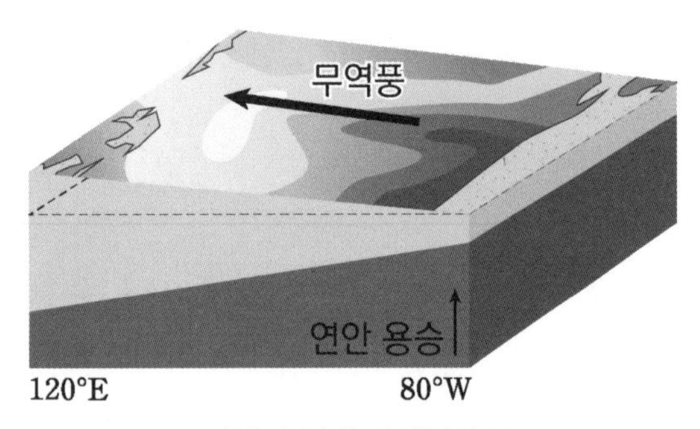

▲ 평상시 열대 태평양의 구조

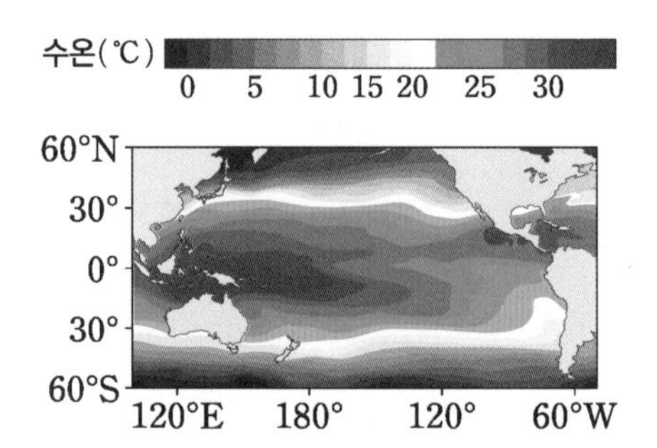

▲ 평상시 열대 태평양의 해수면 온도

(2) 엘니뇨 시기

① 평상시에 비해 **동태평양**과 **중앙 태평양 적도 부근 해수의 수온이 높아지는 현상**이다.
이는 무역풍의 약화로 발생한다.

② 무역풍이 약해지면서 **동태평양에서 서태평양으로 가는** 따뜻한 **표층 해수가 덜 이동**하게 된다.
따라서 동태평양 해역에서의 용승이 약해진다. 또한, **동태평양 해역**의 **표층 수온이 평상시에 비해 높아지고 평상시에 비해 온난 수역의 두께가 두꺼워진다.**

③ 평상시에 비해 **서태평양 부근**에 **따뜻한 해수가 덜 이동하기 때문에 표층 수온이 낮아지고 온난 수역의 두께가 얇아진다.** (평상시에 비해 서태평양 부근의 수온이 낮아지는 것이지 동, 서태평양의 온도가 역전되지는 않는다.)

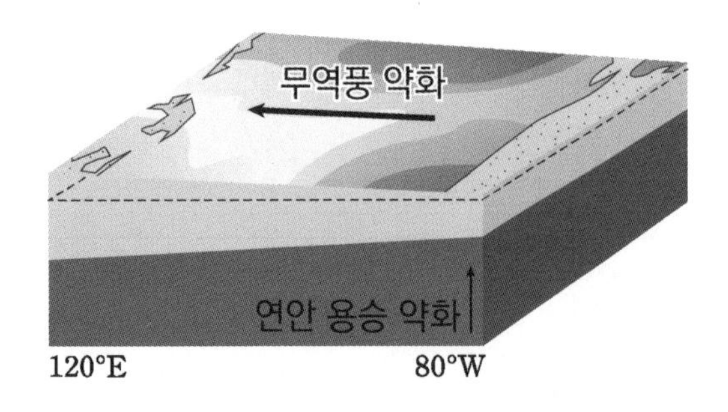

▲ 엘니뇨 시기 열대 태평양의 구조

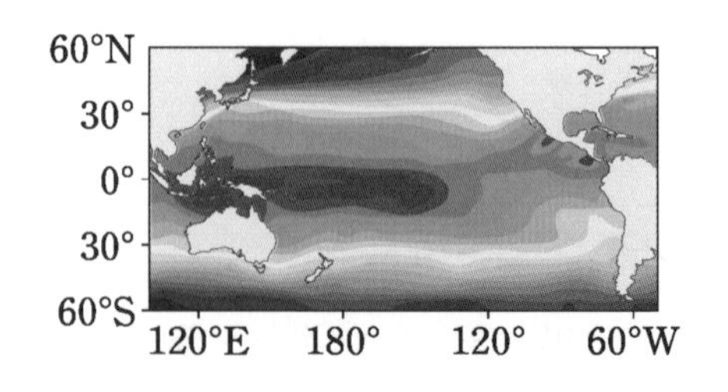

▲ 엘니뇨 시기 열대 태평양의 해수면 온도

(3) 라니냐 시기

① 평상시에 비해 **동태평양**과 **중앙 태평양 적도 부근 해수의 수온이 낮아지는 현상**이다.
이는 **무역풍의 강화로 발생**한다.

② 무역풍이 강해지면서 **동태평양에서 서태평양으로 가는** 따뜻한 **표층 해수가 더 이동**하게 된다.
따라서 **동태평양 해역에서의 용승이 강해진다**. 또한, **동태평양 해역의 표층 수온이 평상시에 비해 낮아지고 평상시에 비해 온난 수역의 두께가 얇아진다**.

③ 평상시에 비해 **서태평양 부근에 따뜻한 해수가 더 이동하기 때문에 표층 수온이 높아지고 온난 수역의 두께가 두꺼워진다**.

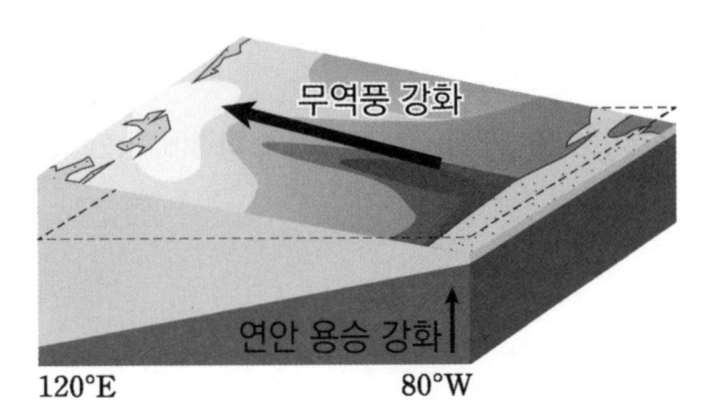

▲ 라니냐 시기 열대 태평양의 구조

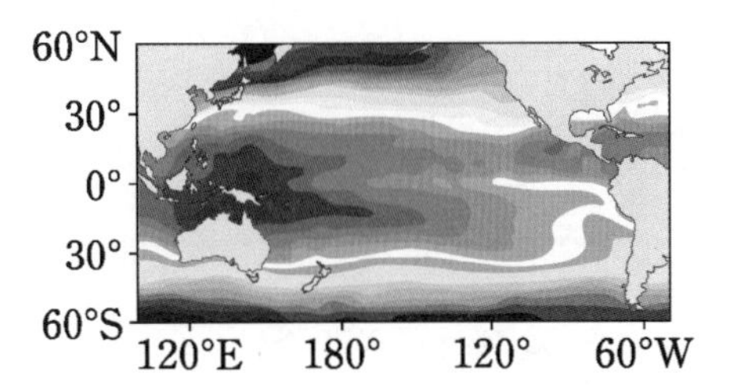

▲ 라니냐 시기 열대 태평양의 해수면 온도

2. 워커 순환

무역풍이 부는 열대 **서태평양**에는 상대적으로 **따뜻한 해수**로 인해 열과 수증기를 공급받은 **공기의 상승**이, 열대 **동태평양**에는 상대적으로 **차가운 해수**(용승에 의한)로 인해 열과 수증기를 빼앗긴 **공기의 하강**이 나타난다. 이로 인해 열대 태평양 지역에서는 **동서 방향의 거대한 순환이 형성**되는데, 이를 **워커 순환**이라 한다.

(1) 평상시 대기 순환

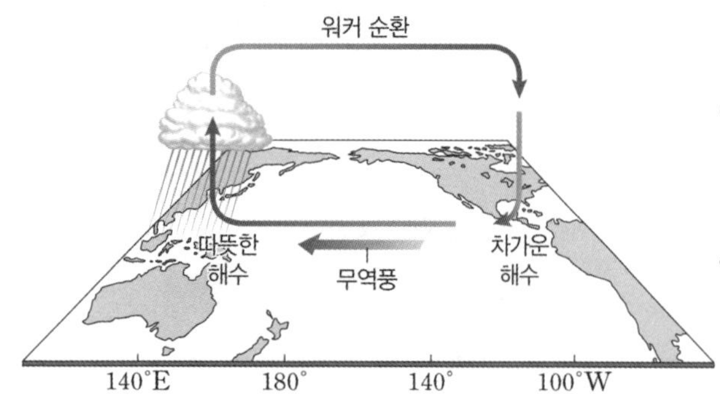

▲ 평상시 워커 순환

- 수온이 따뜻한 서태평양에서는 공기의 상승에 의한 저기압이 나타나 **강수량이 많다**.
- 수온이 차가운 동태평양에서는 공기의 하강에 의한 고기압이 나타나 **강수량이 적다**.

(2) 엘니뇨 시기

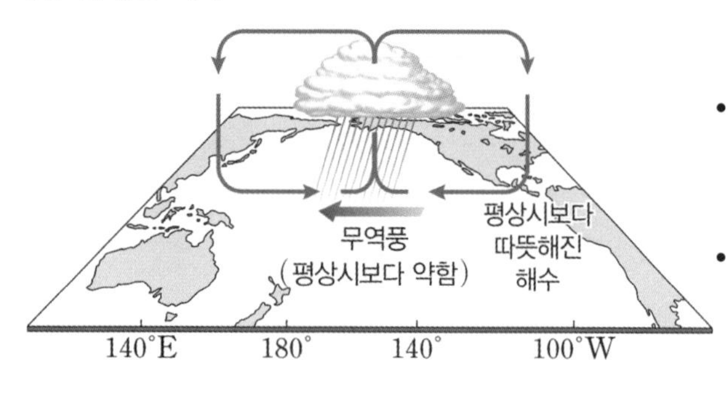

▲ 엘니뇨 시기 워커 순환

- **평상시에 비해 수온이 차가워진** 서태평양에서는 공기의 하강에 의한 고기압이 나타나 **강수량이 적어진다**.
- **평상시에 비해 수온이 높아진** 동태평양에서는 공기의 상승에 의한 저기압이 나타나 **강수량이 많아진다**.

(3) 라니냐 시기

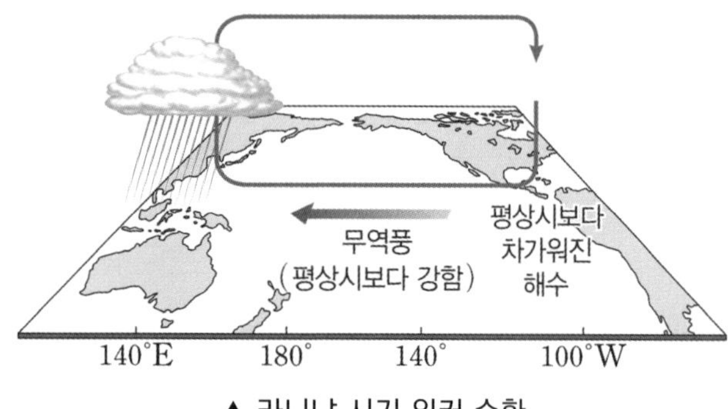

▲ 라니냐 시기 워커 순환

- **평상시에 비해 수온이 더 높아진** 서태평양에서는 평상시보다 강한 상승 기류에 의해 더 강한 저기압이 나타나 **강수량이 더 많아진다**.
- **평상시에 비해 수온이 더 낮아진** 동태평양에서는 평상시보다 강한 하강 기류에 의해 더 강한 고기압이 나타나 **강수량이 더 적어진다**.

3. 엘니뇨 남방 진동(엔소, ENSO)

(1) 남방 진동

수년에 걸쳐 **열대 태평양의 동서 기압 분포**가 서로 **반대로 나타나는 주기적인 현상**을 **남방 진동**이라 한다. 한쪽의 기압이 증가하면 한쪽의 기압이 감소하는 **시소와 같은 분포를 보인다**.

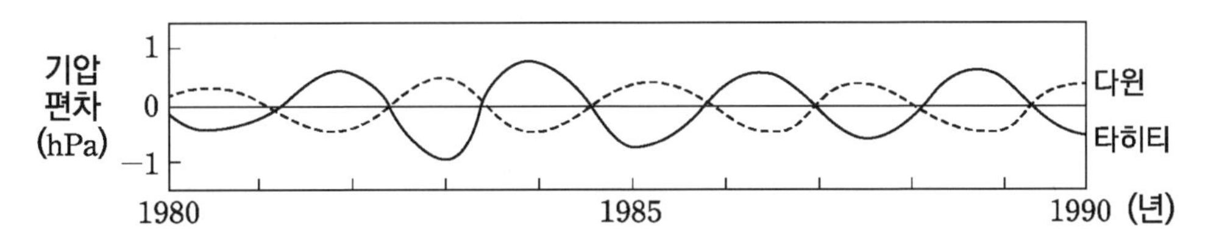

▲ 서태평양 다윈 섬과 동태평양 타히티 섬의 기압 분포

(2) 남방 진동 지수

엘니뇨, 라니냐의 규모와 크기는 남방 진동 지수로 알 수 있다.

남방 진동 지수 = (타히티의 해면 기압 편차 − 다윈의 해면 기압 편차)

- **평상시**에는 동태평양 부근인 **타히티의 기압이 높고** 서태평양 부근인 **다윈의 기압이 낮으므로** 남방 진동 지수는 **양의 값(+)**을 갖는다.
- **엘니뇨 시기**에는 동태평양 부근인 **타히티의 기압이 낮고** 서태평양 부근인 **다윈의 기압이 높으므로** 남방 진동 지수는 **음의 값(−)**을 갖는다.
- **라니냐 시기**에는 동태평양 부근인 **타히티의 기압이 더 높고** 서태평양 부근인 **다윈의 기압이 더 낮으므로** 남방 진동 지수는 평상시에 비해 **더 큰 양의 값(+)**을 갖는다.

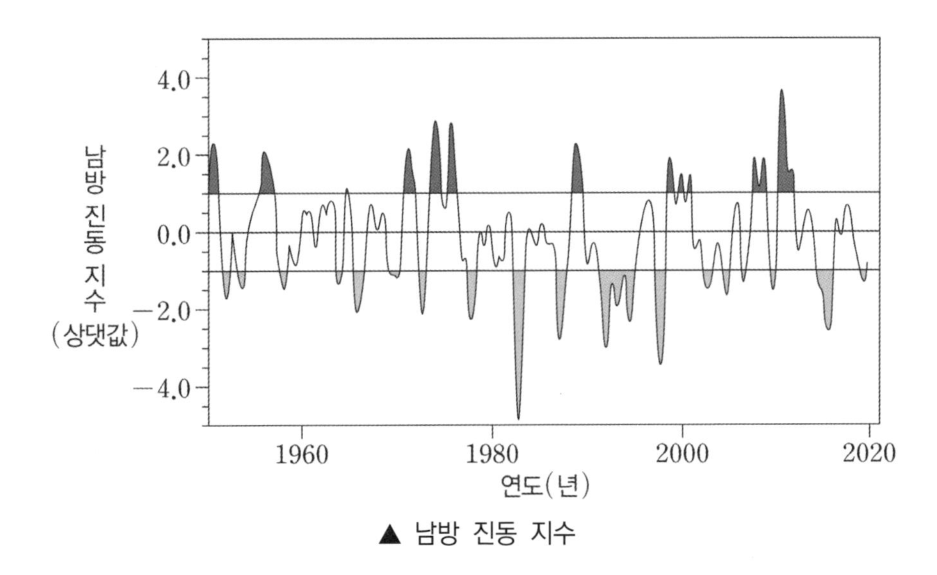

▲ 남방 진동 지수

(3) 엘니뇨 남방 진동(엔소, ENSO)

① **엘니뇨**와 **라니냐**는 **해양에서 발생하는 현상**이고 **남방 진동**은 **대기에서 나타나는 현상**이다.

② 두 현상은 독립적으로 나타나는 것이 아닌 **대기와 해양의 끊임없는 상호 작용의 결과**로 나타나는 것이다.

③ 대기의 변화와 해양의 변화가 **서로 영향을 주고받아 나타나는 현상**을 합쳐서 **엘니뇨 남방 진동 또는, 엔소**(ENSO, El Niño-Southern Oscillation)라 한다.

memo

2023학년도 수능 지Ⅰ 17번

그림 (가)는 태평양 적도 부근 해역에서 관측한 바람의 동서 방향 풍속 편차를, (나)는 이 해역에서 A와 B 중 어느 한 시기에 관측된 20°C 등수온선의 깊이 편차를 나타낸 것이다. A와 B는 각각 엘니뇨와 라니냐 시기 중 하나이고, (+)는 서풍, (−)는 동풍에 해당한다. 편차는 (관측값−평년값)이다.

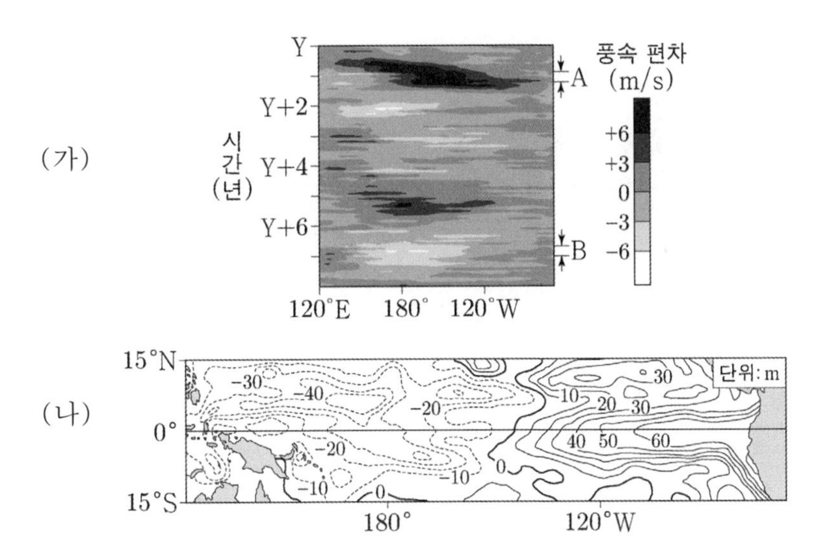

이에 대한 설명으로 옳은 것만을 <보기>에서 있는 대로 고른 것은?

<보 기>

ㄱ. (나)는 B에 해당한다.
ㄴ. 동태평양 적도 부근 해역에서 해수면 높이는 B가 평년보다 낮다.
ㄷ. 적도 부근의 (동태평양 해면 기압 - 서태평양 해면 기압)값은 A가 B보다 크다.

① ㄱ ② ㄴ ③ ㄷ ④ ㄱ, ㄷ ⑤ ㄴ, ㄷ

추가로 물어볼 수 있는 선지

1. 서태평양과 동태평양 적도 해역의 해수면의 높이차는 엘니뇨 시기에 더 크다. (O , X)
2. 동태평양 적도 해역에서 수온 약층이 시작하는 깊이는 라니냐 시기에 더 깊다. (O , X)
3. 엘니뇨와 라니냐의 영향력은 북태평양에 한정되어 있다. (O , X)

정답 : 1. (X), 2. (X), 3. (X)

01 2023학년도 수능 지Ⅰ 17번

KEY POINT #20 ° C 등수온선, #해수면 높이

문항의 발문 해석하기

엘니뇨, 라니냐 관련된 문제인 것을 보고 엘니뇨, 라니냐와 관련된 이미지를 머릿속으로 떠올릴 수 있어야 한다. 20 ° C 등수온선 관련 적도 부근의 단면을 직접 그려볼 수 있어야 한다.

문항의 자료 해석하기

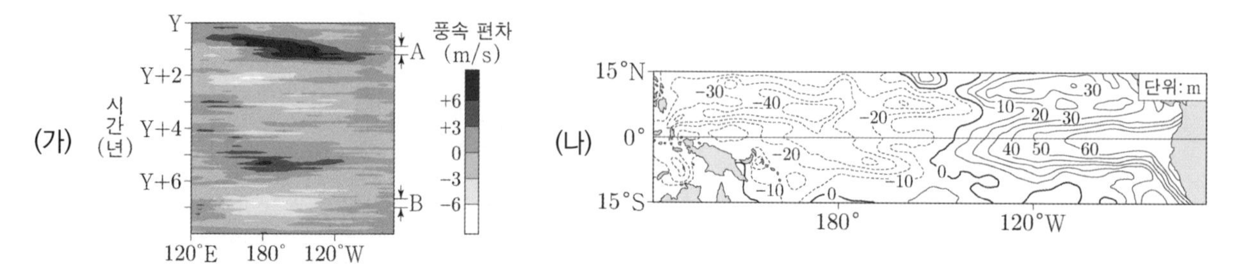

1. 풍속 변화를 나타내는 (가) 자료를 통해 A, B가 엘니뇨와 라니냐 중 어떤 시기인지 판단할 수 있다.
   A 시기는 (+)값을 나타내고 있으므로 서풍이 상대적으로 강해졌다. 적도 부근은 무역풍에 의해 동풍이 불고 있으므로 이 시기는 무역풍이 약해진 엘니뇨 시기인 것을 파악할 수 있다.
   B 시기는 (-)값을 나타내고 있으므로 동풍(무역풍)이 강해진 라니냐 시기인 것을 파악할 수 있다.
2. (나)에서 20 ° C 등수온선이라는 단어를 보면 평상시, 엘니뇨, 라니냐 시기의 적도 태평양 부근의 단면도를 떠올릴 수 있어야 한다. (20 ° C 등수온선은 전체 해수의 온도 중 따뜻한 편에 속한다.)

선지 판단하기

ㄱ 선지 (나)는 B에 해당한다. (X)

(나)는 동태평양에 따뜻한 해수의 양이 많아졌으므로 A에 해당하는 엘니뇨 시기다.
만약 라니냐 시기였다면 동태평양에서 20 ° C 등수온선의 깊이가 얕아졌을 것이다.

ㄴ 선지 동태평양 적도 부근 해역에서 해수면 높이는 B가 평년보다 낮다. (O)

B는 라니냐 시기다. 라니냐 시기에는 무역풍이 강해져 동 → 서로 이동하는 해수의 양이 많아진다. 따라서 동태평양 부근에서 해수면의 높이는 평상시보다 낮아진다.

ㄷ 선지 적도 부근의 (동태평양 해면 기압 - 서태평양 해면 기압)값은 A가 B보다 크다. (X)

엘니뇨 시기의 동태평양은 평상시보다 상승 기류가 발달해 상대적으로 기압이 낮아지고, 서태평양은 평상시보다 하강 기류가 발달해 상대적으로 기압이 높아진다. 라니냐 시기는 반대의 현상이 나타난다. 따라서 적도 부근의 (동태평양 해면 기압 - 서태평양 해면 기압)값은 A보다 B가 크다.

기출문항에서 가져가야 할 부분

1. 20 ° C 등수온선에 대한 자료를 준다면 동태평양 부근을 먼저 파악하기
2. 무역풍과 해수면의 높이의 관계 이해하기
3. 엘니뇨, 라니냐 시기의 단면도를 직접 그려보기

기출 문제로 알아보는 유형별 정리

[해수면, 수온 약층]

1 해수면 높이

① 자료를 통한 해수면 높이의 이해 2017년 3월 학력평가 13번

그림 (가)와 (나)는 열대 태평양에서 엘니뇨 시기와 라니냐 시기의 해수면 높이를 순서 없이 나타낸 모식도이다.

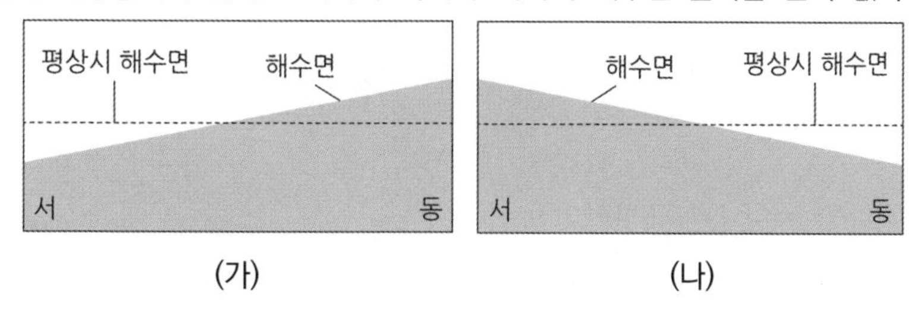

(가) (나)

ㄱ. (가)는 엘니뇨, (나)는 라니냐 시기에 해당한다. (O)

- (가)는 **동태평양의 해수면이 높아지고 서태평양의 해수면이 낮아졌다**. 따라서 **엘니뇨 시기**이다.
  (나)는 **동태평양의 해수면이 낮아지고 서태평양의 해수면이 높아졌다**. 따라서 **라니냐 시기**이다.
- 해수면의 높이가 달라지는 이유는 **무역풍의 세기 변화 때문**이다. (따뜻한 해수의 열팽창에 의해서도 변화한다.)
  만약 해수면의 높이 변화에 대해서 물어본다면 위 자료를 떠올릴 수 있도록 하자.

② 동태평양과 서태평양 해수면 높이 차 2022년 7월 학력평가 15번

그림 (가)와 (나)는 태평양 적도 부근 해역에서 엘니뇨와 라니냐 시기의 표층 풍속 편차(관측값 − 평년값)를 순서 없이 나타낸 것이다.

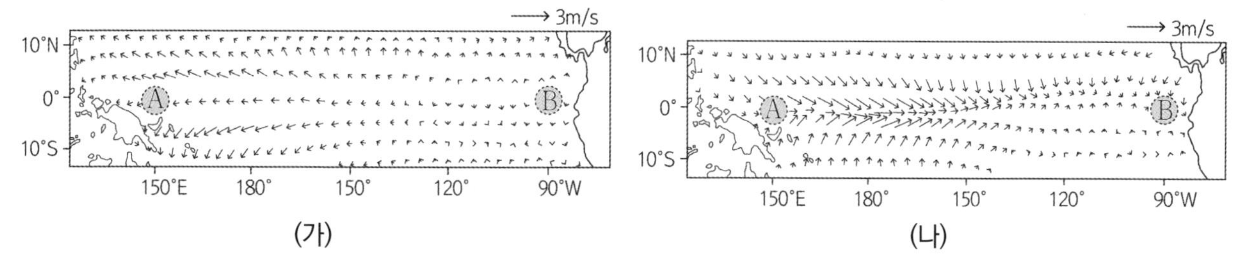

(가) (나)

ㄷ. A 해역과 B 해역의 해수면 높이 차는 (가)일 때가 (나)일 때보다 크다. (O)

- (가) 자료는 상대적으로 동 → 서로 바람이 불고 있으므로 라니냐 시기이다.
  (나) 자료는 상대적으로 서 → 동으로 바람이 불고 있으므로 엘니뇨 시기이다.
  A는 서태평양, B는 동태평양이다. **두 지역 간의 해수면 높이 차는 라니냐 시기**인 (가)가 **더 크다**.
- 무역풍의 세기와 해수면 높이를 이해할 수 있어야 한다.
  무역풍의 세기가 강해질수록 동 → 서로 이동하는 해수의 양이 많아지므로 서태평양 해수면의 높이는 증가하고 동태평양 해수면의 높이는 감소한다.
- 수험장에서 갑자기 개념이 떠오르지 않는다면 **직접 그림을 그려 해결할 수 있도록 하자**.

2 20 ° C 등수온선

① 자료를 통한 20 ° C 등수온선의 이해 지II 2019년 10월 학력평가 16번

그림 (가)와 (나)는 엘니뇨와 라니냐 시기의 태평양 적도 해역의 연직 수온 분포를 순서 없이 나타낸 것이다.

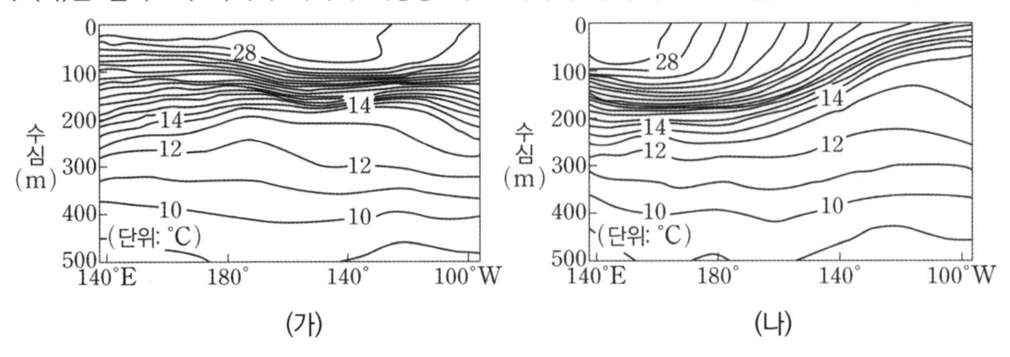

ㄱ. (가)는 엘니뇨 시기, (나)는 라니냐 시기이다. (O)

- (가)와 (나) 자료의 동태평양을 비교해 보자. 상대적으로 (나) 자료의 동태평양을 보면 따뜻한 해수층의 두께가 (가) 자료의 두께보다 얇은 것을 확인할 수 있다. 이는 **용승의 영향으로 수온이 낮아진 것**이다. 따라서 (가)는 용승의 세기가 약해진 엘니뇨 시기, (나)는 용승의 세기가 강해진 라니냐 시기이다.
- 수온에 대해서 판단할 때는 항상 동태평양의 용승을 생각해서 문제를 해결하자. (나) 자료의 동태평양을 보면 등수온선의 깊이가 얕은 곳에 밀집되어 형성된 것을 확인할 수 있다. 이는 용승의 영향으로 차가운 해수가 위로 올라왔기 때문이다.
- 다른 문제들을 풀다 보면 20 ° C 등수온선이라는 용어가 자주 등장할 텐데, 위 자료와 같이 **동태평양에서 20 ° C 등수온선은 엘니뇨 때 깊어지고, 라니냐 때 얕아지는 것**이라고 기억하자.

3 수온 약층

① 자료를 통한 수온 약층의 이해 지II 2019년 10월 학력평가 16번

그림 (가)와 (나)는 엘니뇨와 라니냐 시기의 태평양 적도 해역의 연직 수온 분포를 순서 없이 나타낸 것이다.

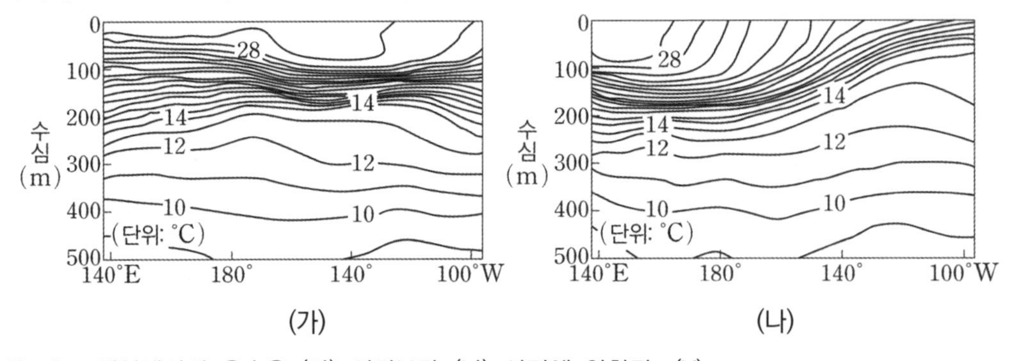

ㄴ. 동태평양 적도 해역에서의 용승은 (가) 시기보다 (나) 시기에 약하다. (X)

- (나) 시기는 (가) 시기보다 동태평양의 수온이 낮다. 이는 용승에 의해 나타나는 형상이다.
  따라서 (나) 시기에 용승이 더 강하다고 판단할 수 있다.
- 위 자료를 보면 체감이 될 것이다.
  (나) 자료처럼 동태평양의 등수온선이 더 위로 솟아 있는 것은 용승 현상이 강하게 일어났기 때문이다.
- (가), (나) 자료처럼 **수온 분포가 밀집되어 있는 부분이 수온 약층이라는 것을 이해해야 한다.**

② 수온 약층 시작 깊이 편차 2023학년도 6월 모의평가 16번

그림은 동태평양 적도 부근 해역의 강수량 편차와 수온 약층 시작 깊이 편차를 나타낸 것이다. A, B, C는 각각 엘니뇨와 라니냐 시기 중 하나이고, 편차는 (관측값 - 평년값)이다. 이 해역에 대한 설명으로 옳은 것만을 있는 대로 고른 것은?

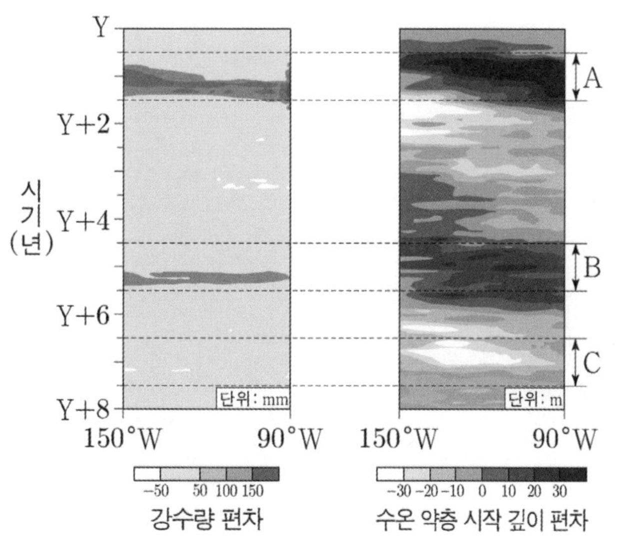

ㄷ. 평균 해수면 높이는 A가 C보다 높다. (O)

- A 시기에는 수온 약층 시작 깊이가 깊어졌으므로 평년에 비해 용승이 덜 일어나는 엘니뇨 시기이다. C 시기에는 수온 약층 시작 깊이가 얕아졌으므로 평년에 비해 용승이 더 잘 일어나는 라니냐 시기이다.
  따라서 동태평양의 평균 해수면 높이는 엘니뇨 시기인 A가 더 높다.
- 이처럼 **수온 약층이 시작하는 깊이에 대해서 물어본다면 용승 현상의 강화, 약화로 판단할 수 있도록 하자**. 앞선 '자료를 통한 수온 약층의 이해'를 참고한다면 더 도움이 될 것이다.

추가로 물어볼 수 있는 선지 해설
1. 엘니뇨 시기에는 무역풍의 약화로 해수가 평상시보다 덜 이동하므로 해수면의 높이 편차가 줄어든다. 2. 라니냐 시기의 동태평양에서는 용승이 강화되므로 수온 약층이 시작되는 깊이가 얕아진다. 3. 엘니뇨와 라니냐는 적도 태평양 부근에서만 발생하는 현상이지만, 전 세계적으로 영향을 끼친다.

memo

Theme 05 - 2 엘니뇨와 라니냐

2023학년도 9월 모의평가 지I 15번

그림 (가)는 동태평양 적도 해역과 서태평양 적도 해역의 시간에 따른 해면 기압 편차를, (나)는 (가)의 A와 B 중 한 시기의 태평양 적도 해역의 깊이에 따른 수온 편차를 나타낸 것이다. A와 B는 각각 엘니뇨 시기와 라니냐 시기 중 하나이고, 편차는 (관측값−평년값)이다.

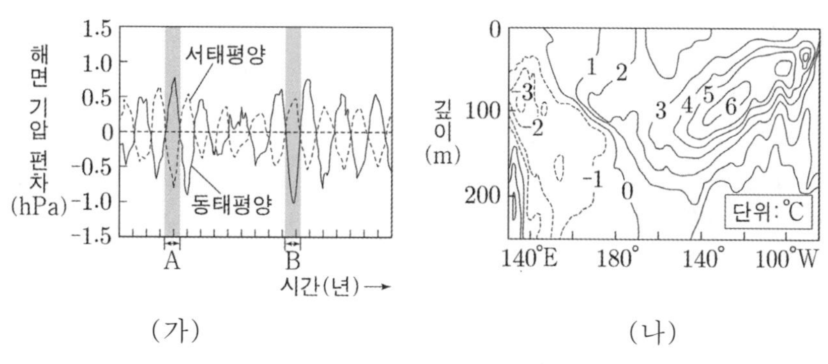

이에 대한 설명으로 옳은 것만을 <보기>에서 있는 대로 고른 것은?

<보 기>

ㄱ. (나)는 B에서 측정한 것이다.

ㄴ. 적도 부근에서 (서태평양 평균 수온 편차 - 동태평양 평균 수온 편차) 값은 A가 B보다 크다.

ㄷ. 적도 부근에서 $\frac{\text{동태평양 평균 해면 기압}}{\text{서태평양 평균 해면 기압}}$은 A가 B보다 크다.

① ㄱ ② ㄷ ③ ㄱ, ㄴ ④ ㄴ, ㄷ ⑤ ㄱ, ㄴ, ㄷ

추가로 물어볼 수 있는 선지

1. 무역풍이 강해지면 동태평양 적도 해역의 표층 수온은 낮아진다. (O , X)
2. 워커 순환이 강해지면 동태평양의 적도 부근에서 따뜻한 해수층의 두께는 두꺼워진다. (O , X)
3. 평상시보다 서태평양 적도 해역의 표층 수온이 낮아졌다면 동태평양 적도 부근에서 용승이 약해졌을 것이다. (단, 엘니뇨 시기 또는 라니냐 시기 중 하나이다.) (O , X)

정답 : 1. (O), 2. (X), 3. (O)

02 2023학년도 9월 모의평가 지Ⅰ 15번

KEY POINT #해면 기압, #수온 편차

문항의 발문 해석하기

엘니뇨, 라니냐 관련된 문제인 것을 보고 엘니뇨, 라니냐와 관련된 이미지를 머릿속으로 떠올릴 수 있어야 한다. 수온 관련 적도 부근의 모습을 그려볼 수 있어야 한다.

문항의 자료 해석하기

1. (가) 자료에서 서태평양과 동태평양에서 남방 진동에 의해 해면 기압 편차가 주기적으로 교차하는 것을 확인할 수 있다.
2. (가) 자료에서 기압 편차에 대한 자료를 주고 있다. 동태평양의 용승이 강해지는 라니냐 시기에는 하강 기류가 발달해 기압이 높아지고 엘니뇨 시기에는 반대의 현상이 나타난다. 따라서 A는 라니냐, B는 엘니뇨 시기다.

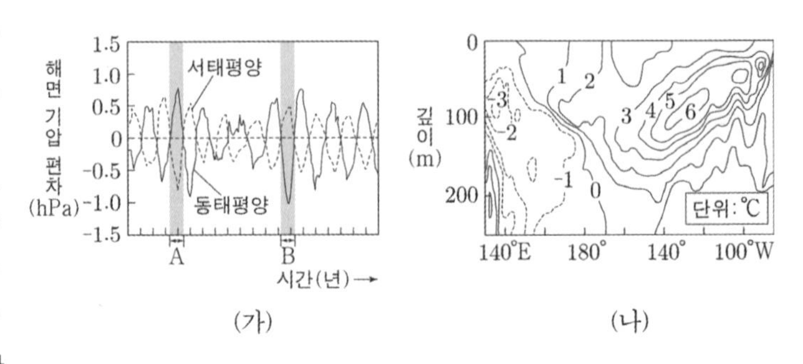

(가) (나)

3. (나) 자료에서 수온에 대한 자료를 주고 있다. 동태평양 부근에서 수온이 높아졌으므로 엘니뇨 시기라고 판단할 수 있다. 이는 무역풍의 약화로 평년보다 용승이 약하게 일어나기 때문에 발생한다.

TIP.

엘니뇨, 라니냐를 구분하기 위해서는 **동태평양을 먼저 살펴보자**.
동태평양은 용승의 영향으로 수온 및 기압의 변화가 다른 해역에 비해 뚜렷하게 나타나기 때문이다.
다만 풍속의 변화는 적도 태평양 전체를 파악하면 구분이 더 쉽다.

선지 판단하기

ㄱ 선지 (나)는 B에서 측정한 것이다. (O)

B는 엘니뇨 시기다. (나)의 동태평양에서 수온이 증가했으므로 평년보다 용승이 약해진 엘니뇨 시기라고 할 수 있다.

ㄴ 선지 적도 부근에서 (서태평양 평균 수온 편차 - 동태평양 평균 수온 편차) 값은 A가 B보다 크다. (O)

라니냐 시기는 서태평양의 수온이 따뜻한 해수에 의해 평년보다 더 올라가고 동태평양의 수온이 용승에 의해 평년보다 더 내려간다. 엘니뇨 시기는 반대의 현상이 나타난다. 따라서 (서태평양 평균 수온 편차 - 동태평양 평균 수온 편차) 값은 A가 B보다 크다.

ㄷ 선지 적도 부근에서 $\frac{\text{동태평양 평균 해면 기압}}{\text{서태평양 평균 해면 기압}}$은 A가 B보다 크다. (O)

엘니뇨 시기의 동태평양은 평상시보다 상승 기류가 발달해 상대적으로 기압이 낮아지고, 서태평양은 평상시보다 하강 기류가 발달해 상대적으로 기압이 높아진다. 라니냐 시기는 반대의 현상이 나타난다.

따라서 $\frac{\text{동태평양 평균 해면 기압}}{\text{서태평양 평균 해면 기압}}$은 A가 B보다 크다. (가) 자료로도 쉽게 판단할 수 있다.

기출문항에서 가져가야 할 부분

1. 열대 태평양에서 수온 및 기압의 변화가 나타난다면 동태평양에 대한 자료를 먼저 해석하기
2. 무역풍의 세기와 용승의 관계를 파악하고 엘니뇨, 라니냐를 판단하기
3. 엘니뇨, 라니냐 시기 열대 태평양의 단면도를 직접 그려보며 머릿속으로 항상 이미지화하기

기출 문제로 알아보는 유형별 정리

[기압, 구름]

1 해면 기압

① 적도 해역 대기 순환 모형 2019년 7월 학력평가 12번

그림 (가)와 (나)는 평상시와 엘니뇨 발생 시기의 태평양 적도 해역 대기 순환을 순서 없이 나타낸 것이다. (가)보다 (나)일 때 큰 값을 갖는 것만을 고른 것은?

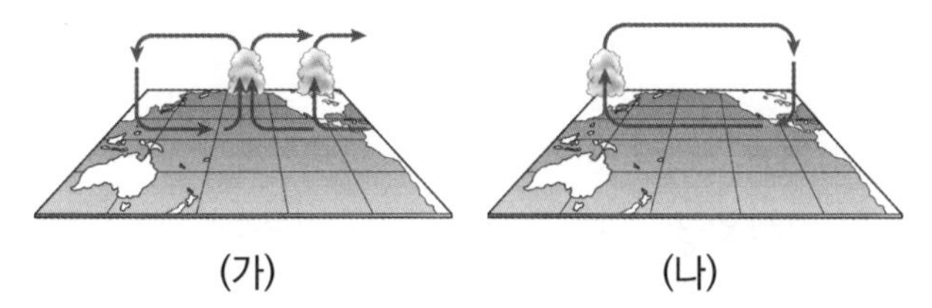
(가) (나)

ㄱ. 무역풍의 세기 (O)

- 상승 기류가 (가)는 상대적으로 동쪽에 위치해 있고, (나)는 서쪽에 위치해 있으므로 (가)는 엘니뇨 시기, (나)는 평상시다. 이때, 무역풍의 세기는 엘니뇨 시기보다 평상시에 강하다.
- (가) 자료를 자세하게 보면 **상승 기류가 동태평양과 중앙 태평양 부근에 위치한 것**을 확인할 수 있다.
  다른 기출 문제들을 풀다 보면 항상 동태평양과 서태평양만 비교하지, 중앙 태평양에 대해서 물어본 적은 없을 것이다. 실제로 **엘니뇨 시기에는 중앙 태평양** (서경 150도 부근이다.) **쪽에서도 상승 기류가 발생**한다.
  우리는 문제를 풀 때 **중앙 태평양과 동태평양의 기압 배치가 비슷하게 일어나는 것으로 기억하자**.

② 동태평양과 서태평양의 기압 지Ⅱ 2019학년도 수능 12번

그림 (가)는 태평양 적도 부근 해역에서 무역풍의 동서 성분 풍속 편차를, (나)는 해역 A와 B에서의 기압 편차를 나타낸 것이다. a 시기와 b 시기는 각각 엘니뇨 시기와 라니냐 시기 중 하나이고, A와 B는 각각 동태평양 적도 부근 해역과 서태평양 적도 부근 해역 중 하나이다. 편차는 (관측값-평년값)이다. (단, 무역풍에서 서쪽으로 향하는 방향을 양(+)으로 한다.)

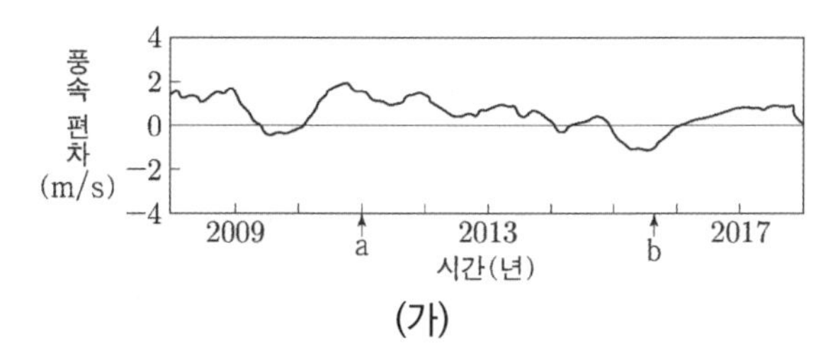

(가)

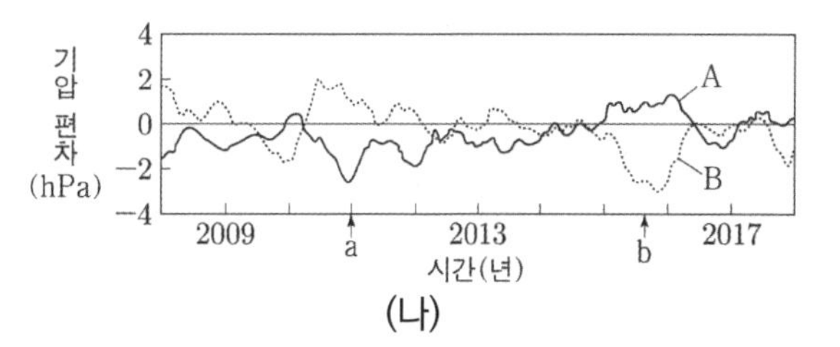

(나)

ㄱ. A는 동태평양 적도 부근 해역이다. (X)

- (가) 자료를 통해 a는 (+) 값이 나타나므로 무역풍의 세기가 강해진 라니냐 시기, b는 (-) 값이 나타나므로 무역풍의 세기가 약해진 엘니뇨 시기라는 것을 알 수 있다.
  이때, (나) 자료를 보면 a 시기에 A는 기압 하강, B는 기압 상승이 일어난 것을 확인할 수 있다. 따라서 A는 평상시보다 기압이 낮아진 서태평양, B는 평상시보다 기압이 높아진 동태평양이다.
- 동태평양과 서태평양의 기압을 판단하는 기준은 평상시에 비해 따뜻한 해수가 늘었냐 줄었냐로 판단하자.
  무역풍 세기의 변화로 따뜻한 해수의 양이 늘었다면 **상승 기류가 더 발생**하여 저기압이, 차가운 해수의 양이 늘었다면 **하강 기류가 더 발생**하여 고기압이 발생한다고 생각하자.

2 적도 태평양 동서 방향 풍속 편차

① 표층 해류 속도 편차를 주는 경우 　　　2018학년도 9월 모의평가 14번

그림 (가)는 동태평양 적도 부근 해역 표층 해류의 평년 속도를, (나)는 엘니뇨 또는 라니냐가 일어난 어느 시기 표층 해류의 속도 편차(관측 속도-평년 속도)를 나타낸 것이다. (나)의 A해역에 대한 설명으로 옳은 것은?

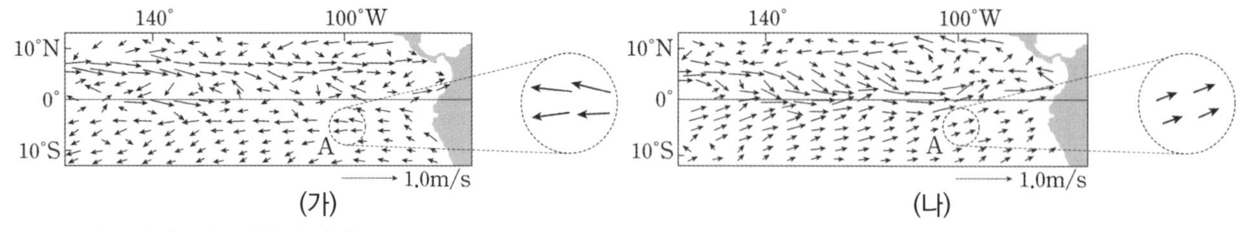

ㄱ. 해류는 평년보다 약하다. (O)

- (가)는 무역풍이 불고 있기 때문에 표층 해류가 서쪽을 향해 가고 있는 것을 확인할 수 있다. 그러나 (나)에서 표층 해류는 **상대적으로 동쪽을 향해 이동**하고 있는데 이는 편차값이므로 평년에 비해 **무역풍의 세기가 약화**된 엘니뇨 시기라고 할 수 있다. 따라서 (나)의 A해역에서의 해류의 세기는 평년보다 약하다.
- 적도 부근 태평양은 대기 대순환에 의한 무역풍이 일 년 내내 불고 있는 지역이다. (나) 자료처럼 표층 해수가 동쪽으로 이동하는 것처럼 보여도 사실은 평년에 비해 무역풍의 세기가 약해졌기 때문이지 실제로는 무역풍에 의해 서쪽으로 이동하고 있다.
- 위와 같은 자료를 통해 **표층 해류의 속도 편차는 무역풍의 세기와 연결 지어서 생각하자**.

② 동풍과 서풍을 나눠둔 경우 　　　2018학년도 6월 모의평가 19번

그림은 서로 다른 시기에 태평양 적도 부근 해역에서 관측된 바람의 동서 방향 풍속을 나타낸 것이고, (+)는 서풍, (-)는 동풍에 해당한다. (가)와 (나)는 각각 엘니뇨와 라니냐 시기 중 하나이다.

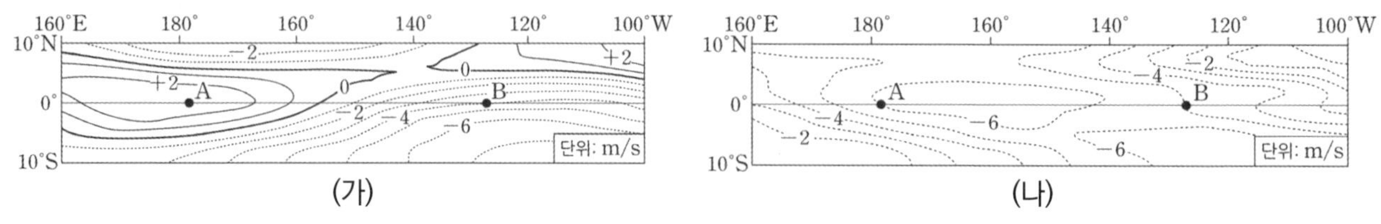

ㄷ. 무역풍으로 인해 발생하는 상승 기류는 (나)보다 (가)일 때 더 동쪽에 위치한다. (O)

- (가) 자료보다 (나) 자료는 전체적으로 더 동풍(-)의 경향을 보인다. 따라서 (나) 시기는 무역풍의 세기가 강화된 라니냐 시기라고 할 수 있다. 이때, 상승 기류는 엘니뇨 시기인 (가)가 더 동쪽에 위치한다.
- (가)와 (나) **모두 동태평양 부근에서는 동풍(-)**이 나타나고 있다. 이는 당연하게도 무역풍에 의해 나타나는 현상이다. 적도 태평양의 전체적인 모습을 보면 **(나)는 전체적으로 동풍(-)**이 나타나지만, **(가)는 A 지역 부근에서 서풍(+)**이 나타나므로 무역풍이 약화되었다는 생각을 가지면 좋을 것이다.
- (가) 지역의 풍향 자료를 통해 A와 B 사이 지역으로 바람이 모이고 있는 것을 확인할 수 있다.
  엘니뇨 시기에는 동태평양과 더불어 중앙 태평양에서도 상승 기류 현상이 강해지기 때문이다.

3 태양 복사 에너지

① 적외선 방출 복사에너지 2021학년도 6월 모의평가 20번

그림 (가)는 어느 해(Y)에 시작된 엘니뇨 또는 라니냐 시기 동안 태평양 적도 부근에서 기상위성으로 관측한 적외선 방출 복사 에너지의 편차(관측값-평년값)를, (나)는 서태평양과 동태평양에 위치한 각 지점의 해면 기압 편차(관측값-평년값)를 나타낸 것이다. (가)의 시기는 (나)의 ㉠에 해당한다. 이 자료에 근거해서 평년과 비교할 때, (가) 시기에 대한 설명으로 옳은 것만을 고른 것은?

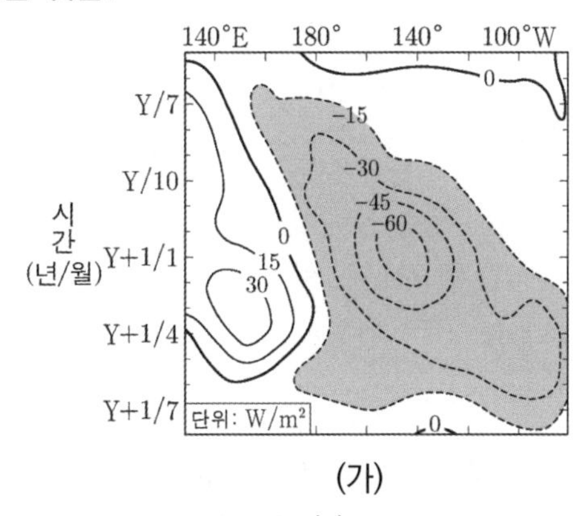

(가)

ㄱ. 동태평양에서 두꺼운 적운형 구름의 발생이 줄어든다. (X)

- (가)는 적외 영상을 통한 복사 에너지의 편차를 측정한 자료이다. 적외선은 주로 온도를 측정하는 데 이용되므로 (가) 자료에서 동태평양은 온도 감소, 서태평양은 온도 상승이 일어났다. 이때, **구름의 고도가 높을수록 온도는 감소하고, 구름의 고도가 낮을수록 온도는 증가한다**. 따라서 동태평양 주변의 구름의 고도는 높고, 서태평양 주변의 구름의 고도는 낮다. 즉, 평상시보다 **동태평양 구름의 고도는 높아졌으므로 구름의 양이 많아진 엘니뇨 시기**이다.
  따라서 동태평양에서 두꺼운 적운형 구름의 발생은 늘어난다.
- 이 문제를 틀린 학생 중 대부분은 (가) 자료를 해수의 수온을 나타낸 자료라고 착각했을 것이다. (가) 자료는 적외선을 통해 **해수의 수온을 나타낸 것이 아닌 구름의 상층부 온도를 통한 구름의 고도를 알려주는 자료라는 것을 기억하자**. 온도가 높은 물체일수록 적외선을 많이 방출한다.
- 위 자료처럼 적외 영상과 엘니뇨, 라니냐는 연쇄적으로 생각해야 할 것이 많으므로 주의하도록 하자.

② 표층에 도달하는 태양 복사 에너지 2021학년도 수능 20번

그림 (가)는 서태평양 적도 부근 해역의 표층에 도달하는 태양 복사 에너지 편차(관측값-평년값)를, (나)는 태평양 적도 부근 해역에서 A와 B 중 한 시기에 1년 동안 관측한 20 °C 등수온선의 깊이 편차를 나타낸 것이다. A와 B는 각각 엘니뇨와 라니냐 시기 중 하나이다.

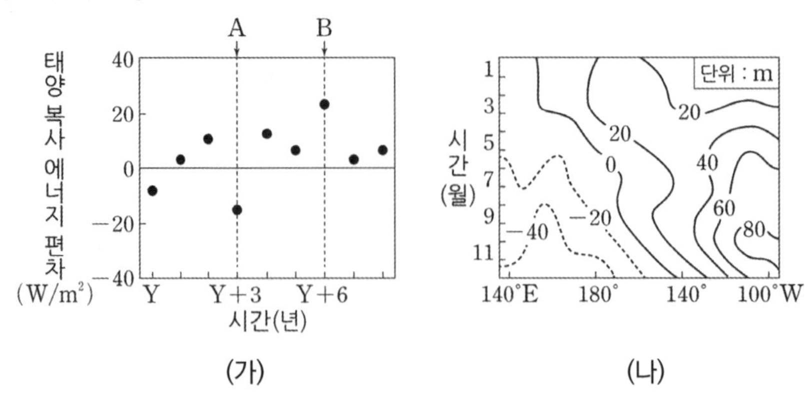

(가) (나)

ㄱ. (나)는 A에 해당한다. (X)

- (가)에서 A는 **평상시보다 표층에 태양 복사 에너지가 적게 들어오므로 구름의 양이 많아진 라니냐 시기, B는 평상시보다 표층에 태양 복사 에너지가 많이 들어오므로 구름의 양이 적어진 엘니뇨 시기**이다.
  이때, (나) 자료에서 동태평양 20 °C 등수온선의 깊이가 깊어졌으므로 용승이 적게 일어난 엘니뇨 시기라고 할 수 있다. 따라서 (나)는 B에 해당한다.
- 이처럼 '**표층에 도달하는**' 태양 복사 에너지는 구름의 양이 적어질수록 많아진다는 것을 알아두자.

추가로 물어볼 수 있는 선지 해설

1. 무역풍이 강화되면 동태평양 적도 부근 해역에서 용승이 강화되므로 표층 수온이 낮아진다.
2. 워커 순환이 강해지면 동태평양 적도 부근 해역에서 용승이 강화되므로 따뜻한 해수층의 두께는 얇아진다.
3. 서태평양의 수온이 낮아졌다면 평상시보다 무역풍이 약해져 따뜻한 해수의 전달이 덜 일어나는 것이므로 엘니뇨 시기다. 엘니뇨 시기에는 동태평양에서 용승이 약화된다.

memo

Chapter

03 고기후와 지구 기후 변화 요인

고기후와 지구 기후 변화 요인 - 고기후

1. 고기후 연구

과거에 지구에 나타났던 기후를 고기후라 한다. 고기후 연구를 통해 과거의 기온과 강수량 등의 정보를 알 수 있다.

연구 방법	내용

(1) 화석 연구

① 시상 화석의 종류와 분포를 통해 과거 기후를 추정할 수 있다.

(2) 나무 나이테 연구

나무 나이테 수, 나이태 사이의 폭과 밀도를 측정하여 나무의 나이 및 과거의 기온과 강수량 변화를 추정할 수 있다.
나무는 따뜻하고 비가 많이 내리는 여름에 집중적으로 성장하고 겨울에는 비교적 성장하지 못한다. 이 겨울 시기에 나이테가 만들어진다. 즉 나무 나이테는 1년에 1개씩 생기며 여름에 성장을 하는 정도에 따라 나이테의 간격 및 밀도가 결정된다.

(3) 빙하 코어 분석

① 빙하가 만들어질 때 공기 방울이 생긴다. 공기 방울 속에 들어있는 공기는 빙하가 생성될 당시의 대기 성분을 그대로 포함하고 있다.
② 따라서 과거 대기 조성을 알 수 있고, 빙하를 구성하는 물 분자의 산소 동위 원소 비율($^{18}O/^{16}O$)로부터 기온 변화를 추정할 수 있다.

(4) 지층의 퇴적물 연구

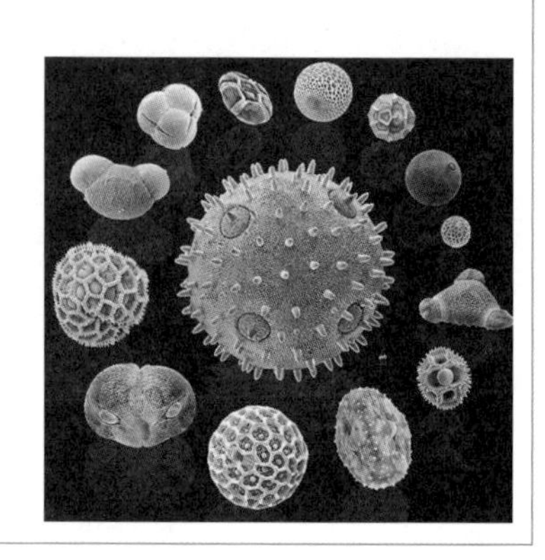

지층 속에 포함된 꽃가루 등의 화석을 분석하여 퇴적물이 쌓일 당시의 환경 및 식물의 분포 등을 알 수 있다.
따뜻한 기후에서 서식하는 활엽수의 꽃가루와 추운 기후에서 서식하는 침엽수의 꽃가루 중 활엽수의 꽃가루 화석이 더 많이 퇴적되어 있다면 그 지역은 따뜻한 기후였다는 것을 알 수 있다.

고기후와 지구 기후 변화 요인 - 자연적 요인

1. 지구 외적 요인

지구 기후 변화의 자연적 요인 중 지구 밖에서 일어나는 천문학적인 원인에 의해 기후가 변화하는 현상을 말한다. 주로 지구의 자전과 공전 운동의 변화와 관련이 있다. 또는 태양 활동의 변화에 의해 생긴다.

(1) 세차 운동 (다른 요인 고려 X)

- **지구의 자전축**이 약 26000년을 주기**로 지구 자전 방향과 반대로 회전**하는데, 이를 **세차 운동**이라 한다. 지구의 자전축이 회전하여 약 **13000년 후에는** 자전축의 경사 방향이 **현재와 반대**가 된다.
  (다른 변화 요인이 없다면 13000년 전과 13000년 후는 똑같다는 사실을 기억하자)
- **현재 북반구**는 원일점에서 여름이다. 하지만 **13000년 후**에는 지구의 세차 운동에 의해 근일점에서 여름이 된다. 다른 변화 요인이 없다면 북반구의 여름이 원일점 → 근일점으로 **태양과 가까워졌으므로 북반구 기온의 연교차는 현재보다 커진다.**
- 13000년 후의 남반구는 반대의 상황을 보일 것이다. 현재 남반구의 여름은 근일점이지만 13000년 후의 여름은 원일점이므로 여름의 위치가 태양에서 멀어진다. 따라서 **남반구 기온의 연교차는 현재보다 작아질 것**이다.

▲ 현재 지구 공전 궤도 ▲ 13000년 후 자전축

+ 시야 넓히기 : 지구의 공전 궤도와 근일점, 원일점

현재 지구의 공전 궤도는 태양을 타원의 초점으로 하는 타원 궤도를 보인다. 따라서 타원의 정중앙에 **태양**이 위치한 것이 아니라 **어느 한쪽으로 치우쳐져 있다**. 이때 **태양과 가장 가까운 지점을 근일점, 태양과 지구가 가장 먼 지점을 원일점**이라 한다. 지구의 자전축이 **태양을 향하는 쪽**을 반구의 **여름, 태양을 향하지 않는 쪽**을 반구의 **겨울**로 정했다. 따라서 **현재 지구의 공전 궤도**를 살펴보자.

① 원일점 : 북반구가 태양 쪽을 바라보고 있으므로 **북반구**의 계절은 **여름**, 바라보지 않는 **남반구**는 **겨울**이다.
② 근일점 : 남반구가 태양 쪽을 바라보고 있으므로 **남반구**의 계절은 **여름**, 바라보지 않는 **북반구**는 **겨울**이다.

왜 더 가까이 있는 근일점일 때 두 반구 모두 여름이 아닐까? 그 이유는 태양 복사의 입사각에 있다. 지구의 자전축이 태양을 향하고 있을 때 태양 복사 에너지가 많이 들어오기 때문에 **태양과의 거리가 아닌 태양을 향하는 쪽**으로 여름과 겨울을 정하는 것이다. (물론 근일점일 때 지구 전체에 입사하는 태양 복사 에너지양이 많은 것은 사실이다.)

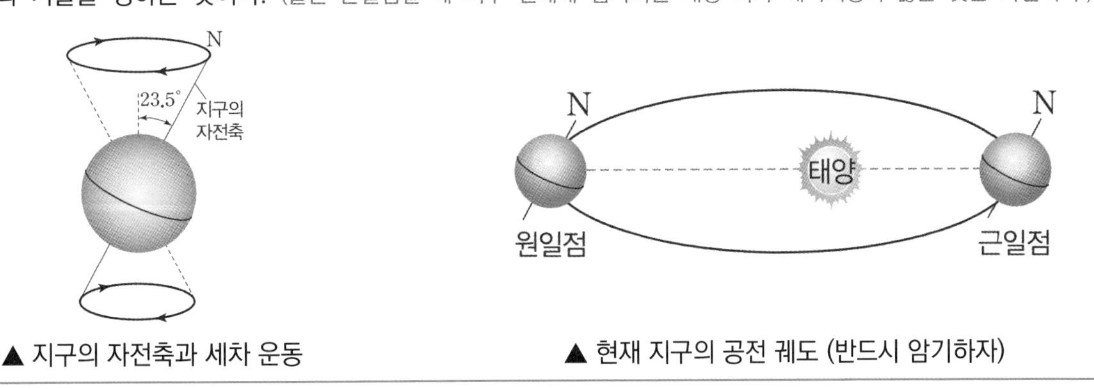

▲ 지구의 자전축과 세차 운동 ▲ 현재 지구의 공전 궤도 (반드시 암기하자)

① 시간에 따른 세차 운동의 모습

세차 운동은 다음과 같은 형태로 진행된다. **6500년마다 $\frac{1}{4}$ 바퀴**씩 회전하는 것을 알 수 있다.

특히 6500년 후 그림과 19500년 후 그림은 정확하게 이해할 수 있어야 한다. 자전축이 어느 곳을 바라보고 있는지 확인할 수 있어야 한다. (펜을 잡고 직접 돌려보는 연습을 해보도록 하자.)

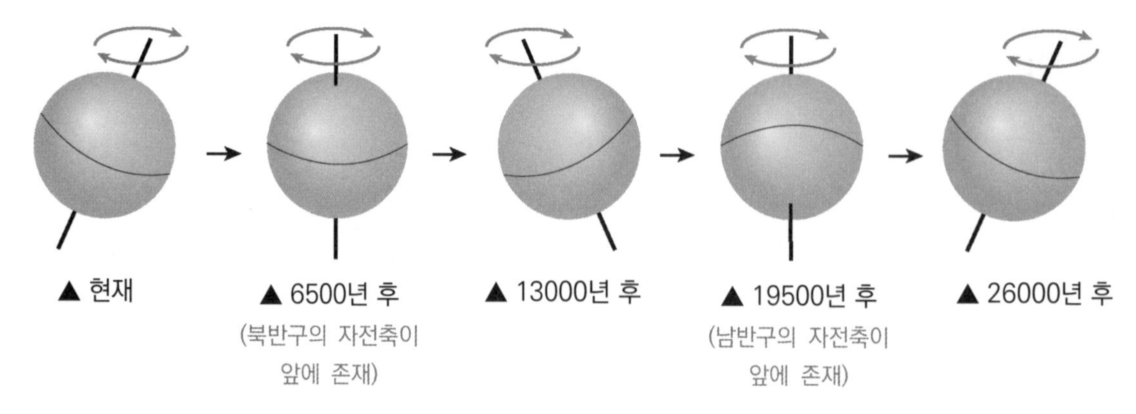

② 현재 세차 운동과 지구 공전 궤도

현재 지구 공전 궤도에서의 계절을 나타낸 그림이다. 태양 쪽을 바라보는 곳의 계절이 여름이라 생각해야 한다.

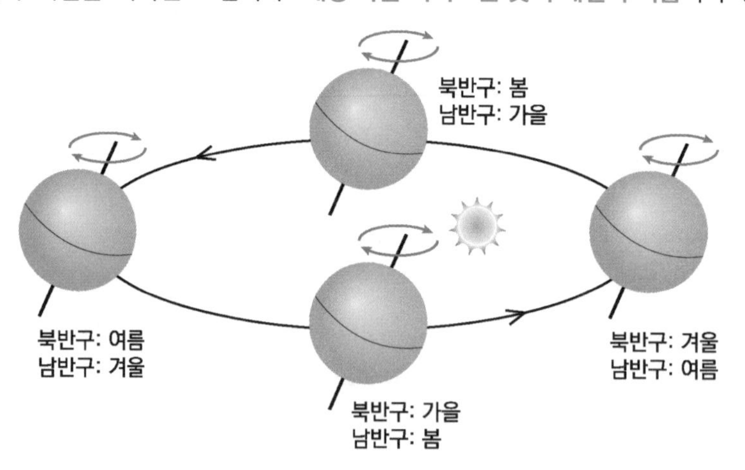

③ 6500년 후 세차 운동과 지구 공전 궤도

현재로부터 6500년 후 세차 운동이 반영된 그림이다. 태양 쪽을 바라보는 곳의 계절이 여름이므로 나머지 위치에서 각 계절이 나타나는 이유를 생각해보자.

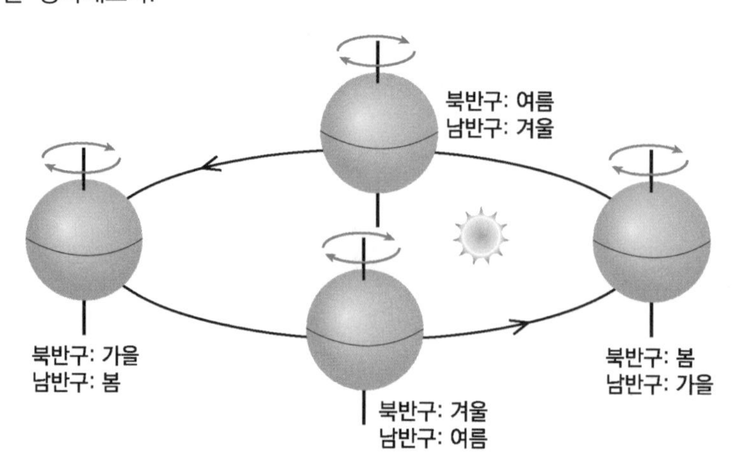

④ 13000년 후 세차 운동과 지구 공전 궤도

현재로부터 13000년 후 세차 운동이 반영된 그림이다. 각 계절이 나타나는 이유를 생각해보자.

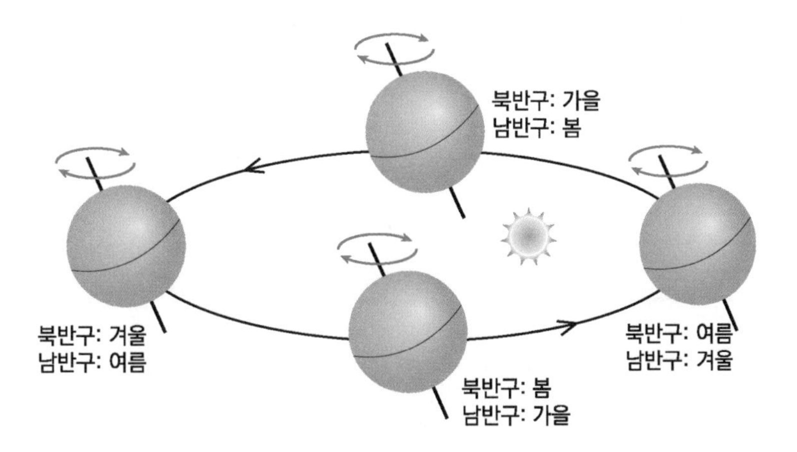

⑤ 19500년 후 세차 운동과 지구 공전 궤도

현재로부터 19500년 후 세차 운동이 반영된 그림이다. 각 계절이 나타나는 이유를 생각해보자.

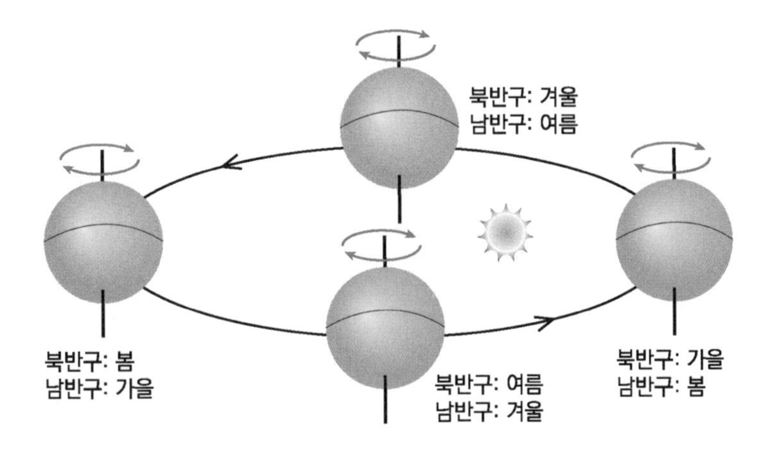

(2) 지구 자전축 기울기의 변화 (다른 요인 고려 X)

- 지구 자전축의 경사각이 약 **41000년을 주기**로 21.5 ° ~ 24.5 ° 사이에서 **기울기가 변한다**.
- 현재 **지구**는 **약 23.5 ° 기울어져 있으며**, 지구 자전축의 기울기가 변화하면 각 위도에서 받는 일사량에 변화가 생기므로 기온의 연교차가 생긴다.

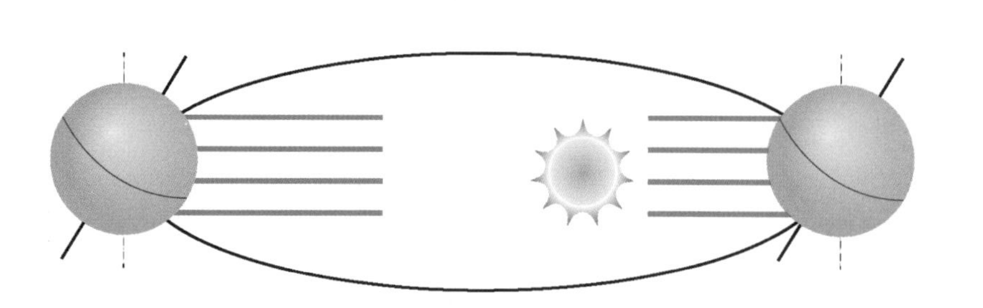

▲ 현재의 자전축 기울기와 입사하는 태양 복사 에너지

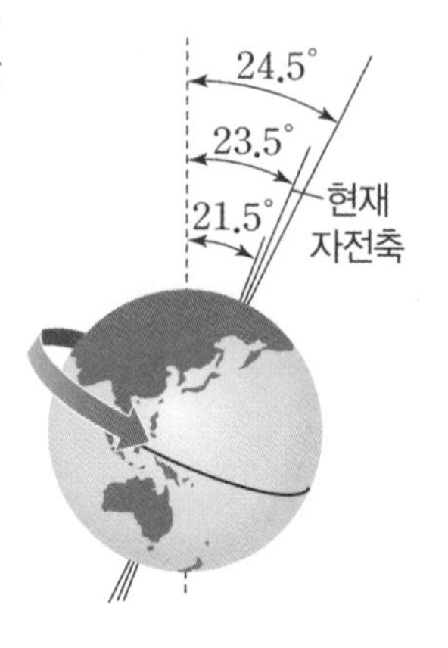

▲ 자전축 기울기의 변화

① **기울기가 증가한 경우** (그림 자료를 함께 보며 이해하도록 하자.)

- 지구 자전축 기울기가 현재보다 커진다면 **북반구와 남반구 모두 기온의 연교차가 커진다**.
- **북반구**는 **원일점**에서 **여름**이다.
  이때 현재에 비해 **북반구가 태양 쪽으로 기울었으므로 북반구 기온**이 **상승**한다. **북반구는 근일점**에서는 **겨울**이고 현재에 비해 **남반구가 태양 쪽으로 기울었으므로 북반구 기온**이 **감소**한다. 따라서 북반구 기온의 **연교차는 커진다**.
- **남반구**는 **원일점**에서 **겨울**이다.
  이때 현재에 비해 **북반구가 태양 쪽으로 기울었으므로 남반구 기온**이 **감소**한다. **남반구는 근일점**에서는 **여름**이고 현재에 비해 **남반구가 태양 쪽으로 기울었으므로 남반구 기온**이 **상승**한다. 따라서 남반구 기온의 **연교차는 커진다**.

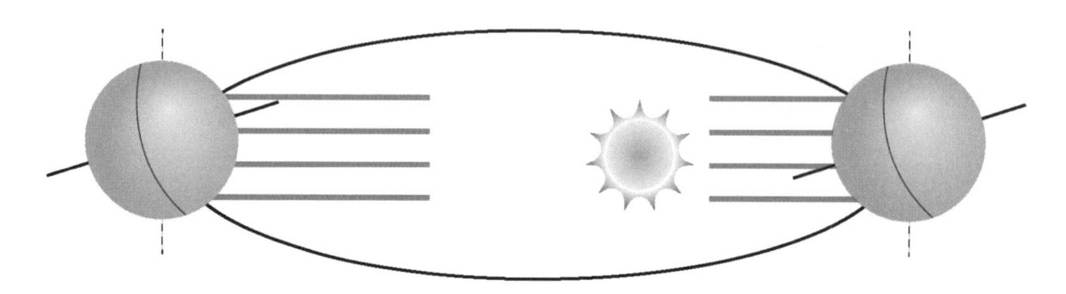

북 : 여름 → 기온 증가
남 : 겨울 → 기온 감소

북 : 겨울 → 기온 감소
남 : 여름 → 기온 증가

▲ 자전축 기울기가 증가했을 때 지구의 공전 궤도

② **기울기가 감소한 경우** (그림 자료를 함께 보며 이해하도록 하자.)

- 지구 자전축 기울기가 현재보다 작아진다면 **북반구와 남반구 모두 기온의 연교차가 작아진다.**
- **북반구**는 **원일점**에서 **여름**이다.
  이때 현재에 비해 **남반구가 태양 쪽으로 기울었으므로 북반구 기온**이 **감소**한다. **북반구는 근일점**에서는 **겨울**이고 현재에 비해 **북반구가 태양 쪽으로 기울었으므로 북반구 기온**이 **상승**한다. 따라서 북반구 기온의 **연교차는 작아진다.**
- 남반구는 원일점에서 겨울이다.
  이때 현재에 비해 **남반구가 태양 쪽으로 기울었으므로 남반구 기온**이 **상승**한다. **남반구는 근일점**에서는 **여름**이고 현재에 비해 **북반구가 태양 쪽으로 기울었으므로 남반구 기온**이 **감소**한다. 따라서 남반구 기온의 **연교차는 작아진다.**

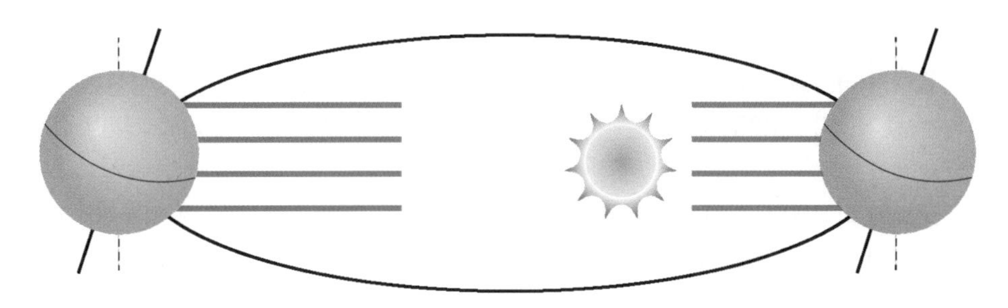

북 : 여름 → 기온 감소
남 : 겨울 → 기온 증가

북 : 겨울 → 기온 증가
남 : 여름 → 기온 감소

▲ 자전축 기울기가 감소했을 때 지구의 공전 궤도

+ 시야 넓히기 : 태양의 남중 고도

남중 고도란 쉽게 말해 태양이 지표면으로부터 얼마나 높게 떠 있는지를 이야기하는 것이다.

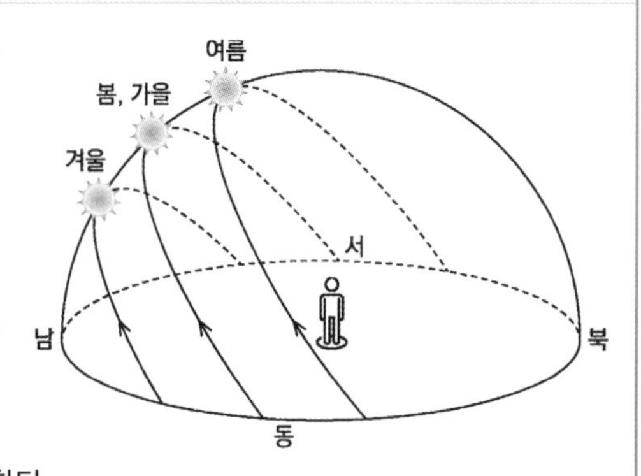

여름철에는 태양이 높게 떠 있어서 좁은 지역에 에너지가 집중되어 온도가 올라가고, 겨울철에는 태양이 낮게 떠 있어서 넓은 지역에 에너지가 분산되어 온도가 내려가는 것이다. 따라서 **여름철이 겨울철보다 남중 고도가 높다.**

이때, 태양의 남중 고도는 지구 자전축 기울기가 변화하면 함께 변화한다.
자전축 기울기가 증가하면 **여름철의 남중 고도는 증가**하고, **겨울철의 남중 고도는 감소**한다.
자전축 기울기가 감소하면 **여름철의 남중 고도는 감소**하고, **겨울철의 남중 고도는 증가**한다.
즉, 다른 변화 요인이 없다면 다음이 성립한다.

자전축 기울기 증가 = 연교차 증가
자전축 기울기 감소 = 연교차 감소

(3) 공전 궤도 이심률의 변화 (다른 요인 고려 X)

① 지구 공전 궤도 이심률은 **약 10만 년을 주기로 변한다**.
이심률이란 **공전 궤도 모양이 납작한 정도**로, 이심률이 **클수록 납작한 타원 모양**이고 **0에 가까울수록 원**에 가깝다. 지구 공전 궤도가 변화하면서 원일점과 근일점의 위치가 변화하게 된다.

② **이심률**이 **작아져** 공전 궤도가 현재보다 **원**에 가까워지면 근일점의 거리는 현재보다 멀어지고, 원일점의 거리는 현재보다 가까워진다.

③ **이심률**이 **커져** 공전 궤도가 현재보다 타원에 가까워지면 근일점의 거리는 현재보다 가까워지고, 원일점의 거리는 현재보다 멀어진다.

원 궤도
타원 궤도
태양
지구

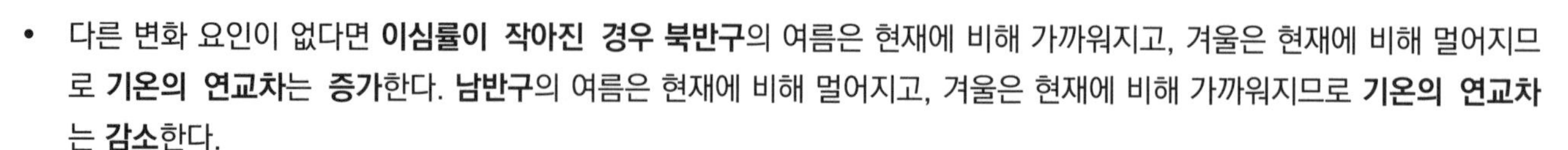

- 다른 변화 요인이 없다면 **이심률이 작아진 경우 북반구**의 여름은 현재에 비해 가까워지고, 겨울은 현재에 비해 멀어지므로 **기온의 연교차**는 **증가**한다. **남반구**의 여름은 현재에 비해 멀어지고, 겨울은 현재에 비해 가까워지므로 **기온의 연교차**는 **감소**한다.
- 다른 변화 요인이 없다면 **이심률이 커진 경우 북반구**의 여름은 현재에 비해 멀어지고, 겨울은 현재에 비해 가까워지므로 **기온의 연교차는 감소**한다. **남반구**의 여름은 현재에 비해 가까워지고, 겨울은 현재에 비해 멀어지므로 **기온의 연교차는 증가**한다.
- 이때 원일점과 근일점 사이의 거리는 변하지 않는다. $a+b=a'+b'=2\ \mathrm{AU}$

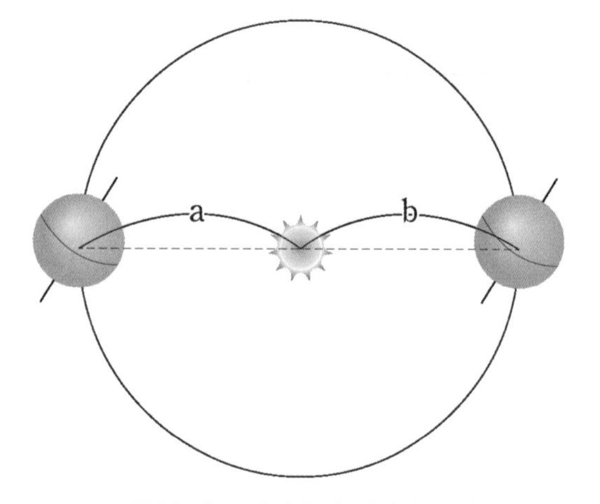

▲ 공전 궤도 이심률이 작아지는 경우

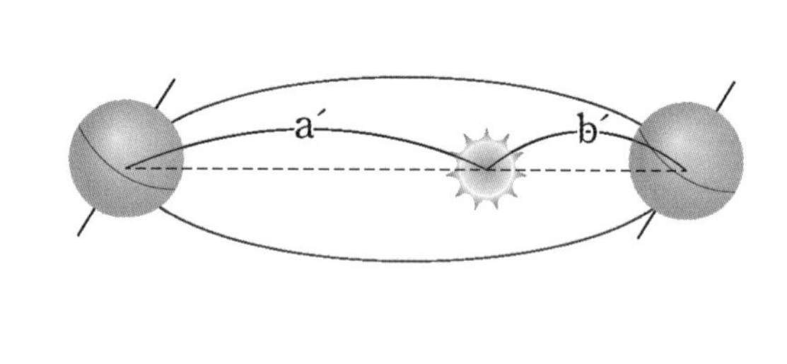

▲ 공전 궤도 이심률이 커지는 경우

(4) 태양 활동의 변화

태양 활동이 달라지면 지구에 도달하는 태양 복사 에너지의 양이 달라진다.
태양 활동의 변화는 흑점 수 변화로 알 수 있다. 역사적으로 소빙하기로 알려진 시기에 태양 흑점 수가 매우 적었던 시기(마운더 극소기)가 존재한다.

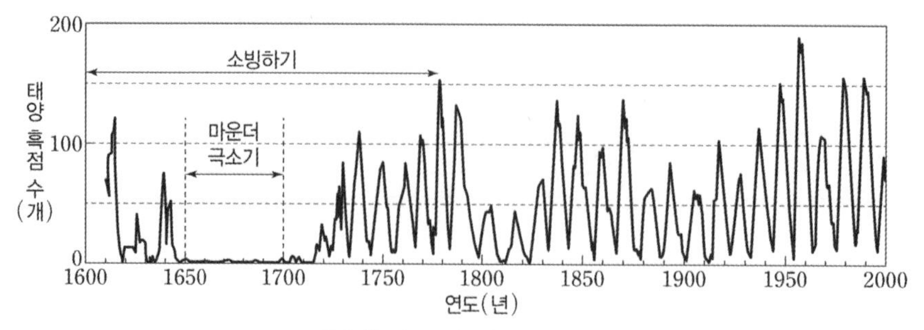

▲ 태양 흑점 수의 변화와 소빙하기

2. 지구 내적 요인

지구 외적 요인뿐만 아니라 지구 내부에서도 기후 시스템 내의 상호 작용 등의 요인에 의해서 기후 변화가 일어난다.

(1) 지표면 상태의 변화

① **극지방의 빙하 면적 변화**는 지표면의 태양 복사의 반사율을 변화시켜 기후를 변화시킨다.

② **빙하가 녹는다면** 지표면의 **반사율이 감소**하여 극지방 **기온이 높아진다**.

(빛은 같은 색깔에 흡수된다. 흰색은 모든 빛을 반사한다.)

(2) 수륙 분포의 변화

① 해류의 경로 변화

- 북아메리카 대륙과 남아메리카 대륙과 연결된 후 북극해로 유입되는 대서양의 따뜻한 표층 해류가 감소하여 북극 주변에 빙하가 형성되었다. 이처럼 해류의 경로 변화는 기후 변화를 야기한다.

▲ 대륙의 이동에 의한 해류 이동 경로의 변화

② 초대륙 형성과 분리

- 초대륙 판게아가 형성되고 분리되는 과정에서 여러 대륙의 기후 변화가 나타났다.
- 예를 들어 판게아 형성 당시 인도 대륙은 남극 근처에 있어 매우 추웠지만 현재는 적도 근처에 있어 온난한 기후를 가진다.

▲ 대륙의 이동

(3) 대기의 투과율 변화

대기의 투과율이 변화하면 지구 기온의 영향을 줄 수 있다.

화산 폭발이 크게 일어나 **많은 양의 화산재**가 분출되어 성층권에 퍼지면, 화산재가 **태양 빛을 반사**시켜 빛의 투과율이 감소하므로 **지표에 도달하는 태양 복사 에너지양이 줄어들어** 지구의 평균 기온이 하강한다.

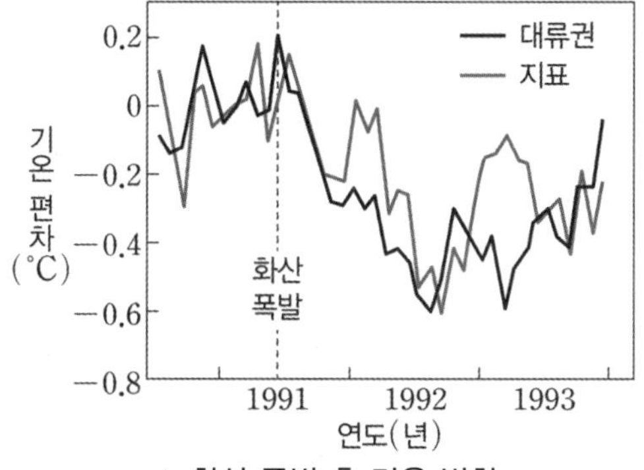

▲ 화산 폭발 후 기온 변화

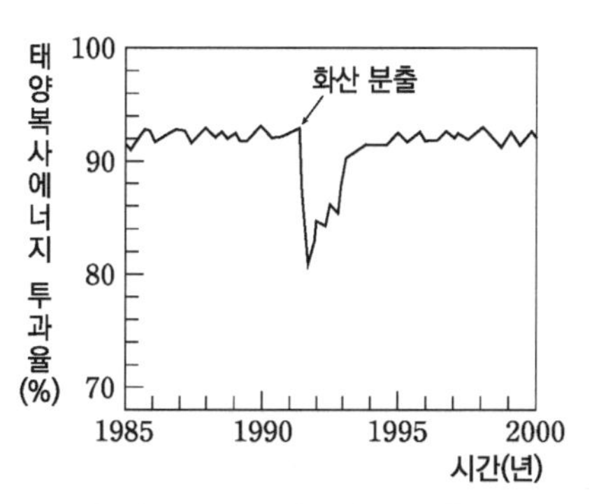

▲ 화산 폭발 후 대기의 투과율 변화

고기후와 지구 기후 변화 요인 - 인위적 요인

1. 온실 기체 증가

인간의 화석 연료 사용으로 인해 배출된 **온실 기체**는 **지구의 기온을 높인다**.

⇒ 온실 기체의 종류로는 수증기, **이산화 탄소**, **메테인**, 오존 등이 있으며 이들에 의해 대기 및 지표의 평균 온도가 상승하고 지구의 기후가 변한다. (온실 효과의 기여도 자체는 이산화 탄소가 메테인보다 높지만, 같은 양이 있을 때는 메테인의 기여도가 더 높다. 이러한 결과는 이산화 탄소의 양이 훨씬 많기 때문에 나타나는 것이다.)

온실 기체	온실 효과 기여도(%)
수증기	30~70
이산화 탄소	9~26
메테인	4~9
오존	3~7

2. 사막화

인간의 과잉 방목, 과잉 경작 등에 의한 사막화 현상은 대기 순환을 변화시켜 지구의 기후를 변화시키는 요인이 된다.

3. 에어로졸 배출

고체나 액체의 작은 방울이 기체 속에 흩어져 있는 것을 에어로졸이라 한다. 에어로졸은 산업 활동이나 화석 연료 사용 과정에서 대기로 배출되며 떠돌아다닌다. 이들은 지표면에 도달하는 태양 복사 에너지를 감소시켜 지구의 기온을 낮추는 역할을 한다.

에어로졸의 크기는 $1\,\mathrm{nm}$~$100\,\mu\mathrm{m}$ 정도로 매우 작은 입자다.

4. 도시화

도로, 건물 등을 건설하여 숲이 도시화되면 지표의 반사율을 변화시켜 기후 변화가 나타난다.

구분	반사율(%)
빙하	50~70
숲	8~15
토양	5~40
모래 사막	20~45
아스팔트	4~12

Theme 05 - 3 고기후와 지구 기후 변화 요인

2022학년도 수능 지Ⅰ 17번

그림 (가)는 현재와 A 시기의 지구 공전 궤도를, (나)는 현재와 A 시기의 지구 자전축 방향을 나타낸 것이다. (가)의 ㉠, ㉡, ㉢은 공전 궤도상에서 지구의 위치이다.

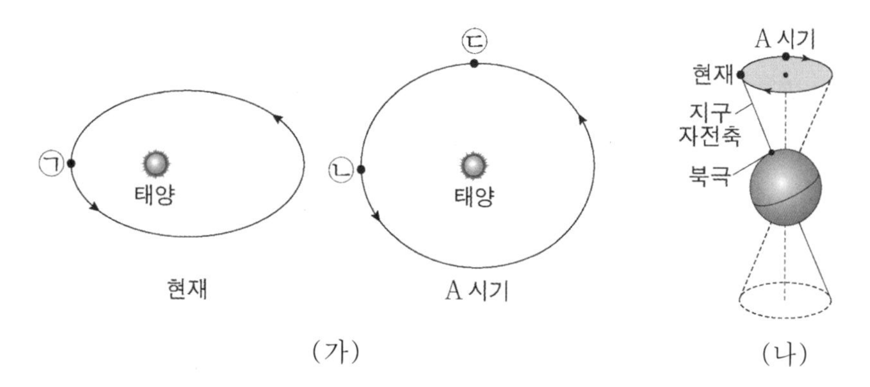

(가) (나)

이에 대한 설명으로 옳은 것만을 <보기>에서 있는 대로 고른 것은? (단, 지구의 공전 궤도 이심률, 세차 운동 이외의 요인은 변하지 않는다고 가정한다.)

<보 기>

ㄱ. ㉠에서 북반구는 여름이다.
ㄴ. 37°N에서 연교차는 현재가 A 시기보다 작다.
ㄷ. 37°S에서 태양이 남중했을 때, 지표에 도달하는 태양 복사 에너지양은 ㉢이 ㉡보다 적다.

① ㄱ ② ㄴ ③ ㄷ ④ ㄱ, ㄴ ⑤ ㄴ, ㄷ

추가로 물어볼 수 있는 선지
1. 6500년 후에 남반구는 근일점에서 가을이다. (O , X)
2. 세차 운동 방향은 지구의 자전 방향과 일치한다. (O , X)
3. 13000년 후 원일점에서 지구의 남극은 태양을 바라보고 있다. (O , X)

정답 : 1. (O), 2. (X), 3. (O)

01 2022학년도 수능 지Ⅰ 17번

KEY POINT #남중, #연교차, #세차 운동

문항의 발문 해석하기

현재의 지구 자전축의 방향과 각도를 생각하고 지문 옆에 공전 궤도와 함께 그려두도록 하자. 현재의 궤도를 자료로 준다면 그릴 필요는 없다.

문항의 자료 해석하기

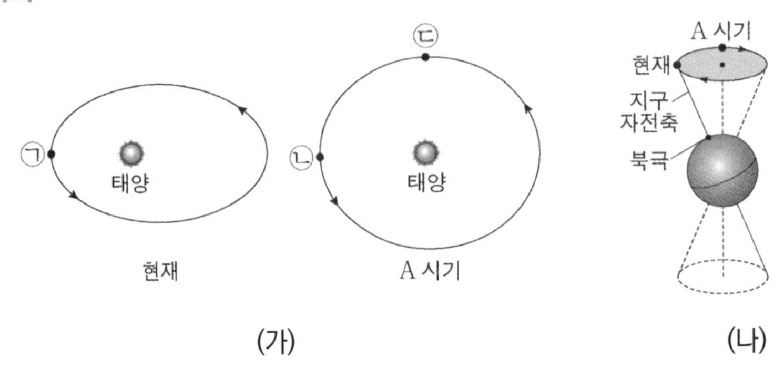

(가) (나)

1. (가) 자료를 통해 현재의 공전 궤도를 이해할 수 있다. ㉠은 근일점이므로 북반구와 남반구는 각각 겨울과 여름인 것을 알 수 있다. A 시기에 변화한 물리량을 판단해보면 이심률이 감소했다.
2. (나) 자료와 연결해서 보면 A 시기에 자전축의 방향이 $\frac{1}{4}$바퀴 회전했다. 따라서 세차 운동이 일어난 6500년 후인 것을 알아야 한다.

TIP.

연교차를 판단하는 우선순위는 세차 운동 → 이심률 → 자전축 기울기라고 생각하며 문제를 풀자.

(실제 지구 기후 변화는 지구의 자전축이 가장 큰 영향을 미친다. 그러나 지구과학1 문제를 더 빨리 풀기 위해서는 직관적으로 판단할 수 있는 근거를 알아두는 것이 좋다. 또한, 교육과정 내에서 서로 다른 요인이 서로 상충되는 방향으로 영향을 미칠 경우 판단할 수 없으므로 한가지 변화를 보고 문제를 풀어도 큰 문제가 없다.)

선지 판단하기

ㄱ 선지 ㉠에서 북반구는 여름이다. (X)

㉠은 현재 지구가 근일점일 때의 위치이므로 북반구의 계절은 겨울이다.

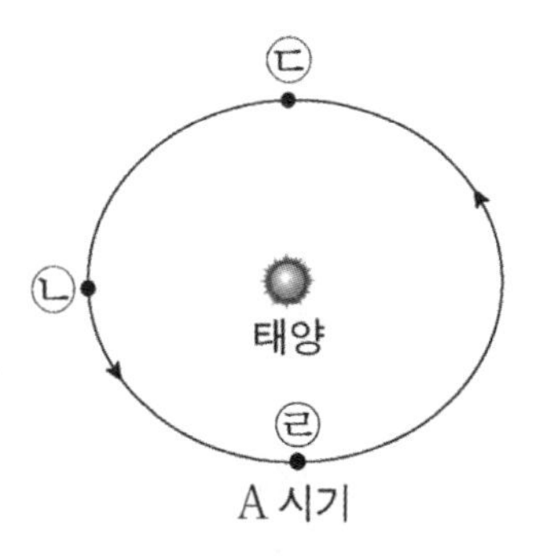

ㄴ 선지 37°N에서 연교차는 현재가 A 시기보다 작다. (O)

연교차를 판단하기 위해 계절을 생각하자. 북반구는 ㉢에서 겨울이고 ㉣ 위치에서 여름이다. 이때, 현재와 비교를 해보자. 현재와 비교한 겨울의 위치는 비슷하지만, 여름의 위치는 가까워졌다. 따라서 연교차는 현재가 A 시기보다 작다.

ㄷ 선지 37°S에서 태양이 남중했을 때, 지표에 도달하는 태양 복사 에너지양은 ㉢이 ㉡보다 적다. (X)

지표에 도달하는 태양 복사 에너지양은 계절로 판단하자. ㉡은 남반구의 가을, ㉢은 남반구의 여름이다. 이때 남반구의 지표에 도달하는 태양 복사 에너지양은 여름인 ㉢이 더 클 것이다.

기출문항에서 가져가야 할 부분

1. 현재의 지구 공전 궤도 이심률 및 세차 운동과 자전축 기울기 각도 그리기
2. 6500년 후 위치별 지구의 계절과 연교차 이해하기
3. 계절과 태양의 남중 고도 이해하기

기출 문제로 알아보는 유형별 정리

[세차 운동]

1 13000년 주기의 세차 운동

① 13000년 전, 13000년 후의 계절 및 연교차 판단 2017학년도 9월 모의평가 15번

그림 (가)와 (나)는 각각 현재와 미래 어느 시점의 지구 자전축의 경사 방향과 경사각을 나타낸 것이다. (나)일 때가 (가)일 때보다 큰 값을 갖는 것만을 있는 대로 고른 것은? (단, 지구 자전축의 경사 방향 및 경사각의 변화 이외의 요인은 변하지 않는다고 가정한다.)

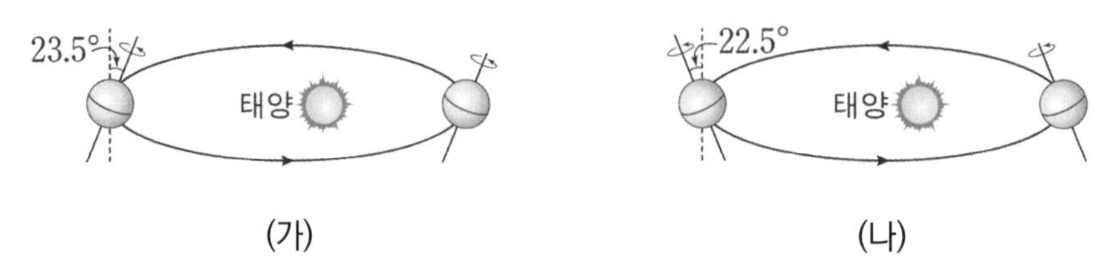

(가) (나)

ㄱ. 남반구 기온의 연교차 (X)

- (가) 자료는 현재의 지구 자전축 경사 방향과 경사각과 같다.
  이때, (나) 자료에 나타난 지구는 **자전축 경사 방향이 180도 바뀌었으므로 세차 운동이 일어났다**고 판단할 수 있다. 이때 지구는 13000년이 지났다고 가정하자.
  13000년 후의 지구는 세차 운동이 일어나 계절이 바뀐다. **남반구는 원일점에서 여름, 근일점에서 겨울**이다. 따라서 현재보다 겨울은 가까워져 따뜻해지고, 여름은 멀어져 시원해졌으므로 연교차는 감소한다.
- 이처럼 세차 운동의 방향이 정반대가 되면 13000년이 지났다고 가정하고 문제를 풀자. (39000년, 65000년이 지난 것과 같은 의미이다.)

② 공전 궤도면의 수직축에 대한 극의 위치 2021년 4월 학력평가 12번

그림 (가)와 (나)는 지구 공전 궤도면의 수직 방향에서 바라보았을 때, 지구 중심을 지나는 지구 공전 궤도면의 수직축에 대한 북극의 상대적인 위치를 나타낸 것이다. (단, 지구 자전축 경사 방향 이외의 요인은 변하지 않는다고 가정한다.)

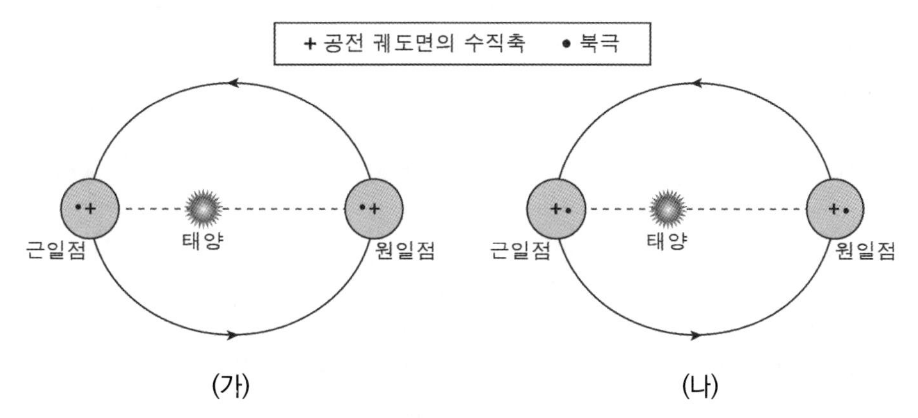

ㄱ. (가)에서 지구가 근일점에 위치할 때 북반구는 겨울이다. (O)

- (가)에서 근일점일 때 **남반구가 태양 쪽을 바라보고 있다**. 따라서 북반구의 계절은 겨울이다.
- 남반구가 태양을 바라보고 있는 것을 어떻게 알았을까?
  우리가 알고 있는 **극은 자전축이 지표면으로 들어가는 곳**을 의미한다. 따라서 (가)와 (나) 자료에 나와 있는 상대적 북극의 위치를 보고 자전축의 방향이라는 것을 알아야 한다.
  (나)는 자전축 방향이 반대이므로 13000년 후 지구의 공전 궤도 모습일 것이다.

2 6500년, 19500년 주기의 세차 운동

① 6500년 전, 6500년 후의 계절 판단 2019학년도 9월 모의평가 14번

그림 (가)는 지구 공전 궤도 이심률의 변화를, (나)는 ㉠ 시기의 지구 자전축 방향과 공전 궤도를 나타낸 것이다. 지구 자전축 세차 운동의 주기는 약 26000년이며 방향은 지구의 공전 방향과 반대이다. (단, 지구 공전 궤도 이심률과 자전축 경사 방향 이외의 요인은 변하지 않는다고 가정한다.)

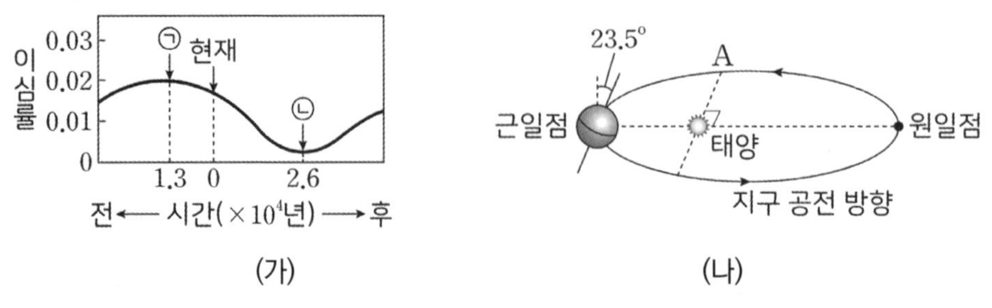

(가) (나)

ㄴ. 현재로부터 약 6500년 전 지구가 A 부근에 있을 때 북반구는 겨울철이 된다. (X)

- **세차 운동은 지구 공전 방향과 반대로 진행**된다. (나) 자료에서 지구 공전은 반시계 방향으로 일어나고 있으므로 세차 운동의 방향은 시계 방향이다. 이때, **(나) 자료는 현재의 공전 궤도가 아니므로 현재의 공전 궤도를 그려두자**.

  6500년 전에는 $\frac{1}{4}$ 바퀴만큼 세차 운동이 거꾸로 일어났으므로 **A 위치에서 북반구가 태양 쪽을 바라본다**.

  따라서 A에서 북반구는 여름철이 된다.
- 6500년이 지나면 세차 운동에 의해 자전축이 $\frac{1}{4}$ 바퀴만큼, 19500년이 지나면 세차 운동에 의해 자전축이 $\frac{3}{4}$ 바퀴만큼 돌아간다. 따라서 **13000년이 지날 때와는 달리 그림을 통해 이해하기 매우 까다롭다**.
  따라서 한손으로 펜을 잡고, 펜을 지구 자전축이라 생각하고 다른 한 손을 태양이라 가정한 후 직접 세차 운동이 일어날 때의 상황을 이해해 보도록 하자. (p.204의 그림을 참고하자.)
- (나) 자료가 현재의 지구 공전 궤도가 아닌 것을 반드시 파악할 수 있어야 한다.

② 6500년 전, 6500년 후의 연교차 판단 | 2023학년도 9월 모의평가 16번

그림 (가)는 지구의 공전 궤도를, (나)는 지구 자전축 경사각의 변화를 나타낸 것이다. 지구 자전축 세차 운동의 방향은 지구 공전 방향과 반대이고 주기는 약 26000년이다. (단, 지구 자전축 세차 운동과 지구 자전축 경사각 이외의 요인은 변하지 않는다고 가정한다.)

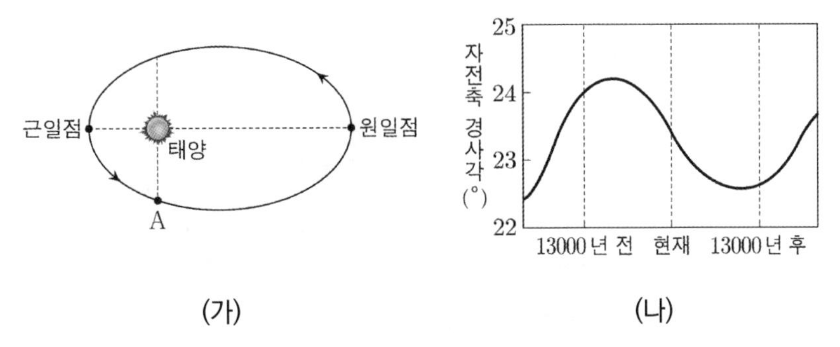

(가) (나)

ㄴ. 35°N에서 기온의 연교차는 약 6500년 전이 현재보다 작다. (X)

- **세차 운동은 지구 공전 방향과 반대로 진행**된다. (가) 자료에서 지구 공전은 반시계 방향으로 일어나고 있으므로 세차 운동의 방향은 시계 방향이다.
  현재 지구는 근일점에서 남반구가 태양을, 원일점에서 북반구가 태양을 바라보고 있다.
  이때, 6500년 전에는 $\frac{1}{4}$ 바퀴만큼 세차 운동이 거꾸로 일어났으므로 A 위치에서 남반구가 태양 쪽을 바라본다.
  따라서 북반구는 A에서 겨울철이 된다.
- 이때 오른쪽 그림과 같이 B 부근에서의 북반구는 여름철이 된다.
  현재의 북반구 겨울의 위치인 **근일점의 태양과의 거리**와 6500년 전 북반구 겨울의 위치인 **A와 태양과의 거리는 큰 변화가 없다**.
  그러나 현재의 북반구 여름의 위치인 **원일점의 태양과의 거리**와 6500년 전 북반구 여름의 위치인 **B와 태양과의 거리**를 보면 **B의 거리가 훨씬 가깝다**. 따라서 연교차는 현재가 더 작다.

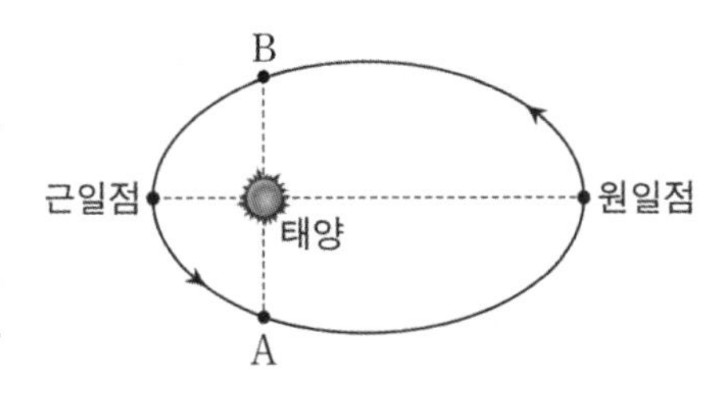

- 이처럼 연교차의 증감을 판단하기 위해서는 각 반구가 여름, 겨울일 때의 위치를 알 수 있어야 한다.

3 근일점과 원일점

① 근일점과 원일점에서의 태양 크기 2020년 10월 학력평가 9번

표는 A, B, C 시기의 지구 공전 궤도 이심률을, 그림은 B 시기에 지구가 근일점과 원일점에 위치할 때 남반구에서 같은 배율로 관측한 태양의 모습을 각각 ㉠과 ㉡으로 순서 없이 나타낸 것이다. ㉠을 관측한 시기가 남반구의 겨울철일 때, 이에 대한 옳은 설명만을 있는 대로 고른 것은? (단, 지구 공전 궤도 이심률 이외의 요인은 변하지 않는다고 가정한다.)

시기	이심률
A	0.011
B	0.017
C	0.023

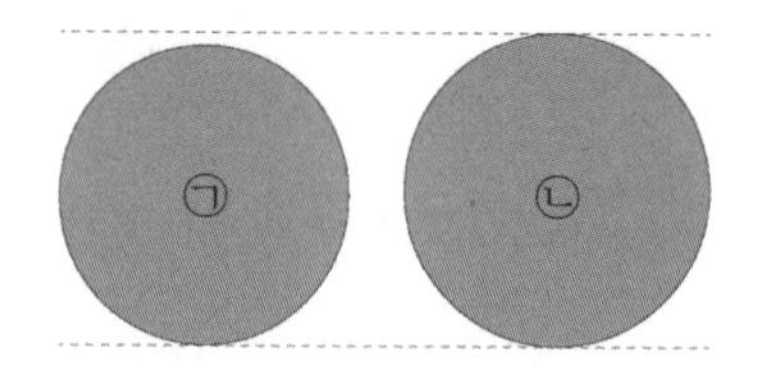

ㄱ. B 시기에 지구가 근일점을 지날 때 북반구는 겨울철이다. (O)

- 그림에서 ㉠은 B 시기에 남반구의 겨울철일 때 태양의 모습이다. ㉠은 ㉡보다 관측한 태양의 크기가 작으므로 ㉠은 원일점, ㉡은 근일점에 위치할 때의 태양의 모습이다. 이때, 원일점에서 남반구는 겨울철이므로 현재의 경사 방향과 같다. 따라서 지구가 근일점을 지날 때 북반구는 겨울철이다.
- 그림 자료를 통해 태양의 크기를 알려주고 있다. 태양과의 거리가 가까운 **근일점에서 태양의 크기는 크게 보이고**, 태양과의 거리가 먼 **원일점에서 태양의 크기는 작게 보인다.**
- 위 문제는 세차 운동을 고려하지 않은 문제다. 따라서 선지에서 설명하는 다른 변화 요인이 없다면 항상 북반구는 근일점에서 겨울, 원일점에서 여름이라는 것을 알아두자.

추가로 물어볼 수 있는 선지 해설

1. 6500년 후는 $\frac{1}{4}$바퀴만큼 세차 운동이 일어났다. 이때 근일점일 때 남반구의 계절은 가을이다.
   p.204를 참고한 후 직접 표현할 수 있도록 하자.
2. 세차 운동의 방향은 지구의 자전 방향과 반대이다.
3. 13000년 후에는 세차 운동에 의해 지구 자전축 방향이 반대가 된다. 이때, 원일점에서 남반구의 계절은 여름이 된다. 따라서 남극은 태양 쪽을 바라보고 있다.

2022년 3월 학력평가 지Ⅰ 17번

그림 (가)는 지구 자전축 경사각과 지구 공전 궤도 이심률의 변화를, (나)는 ㉠ 또는 ㉡ 시기의 지구 자전축 경사각을 나타낸 것이다.

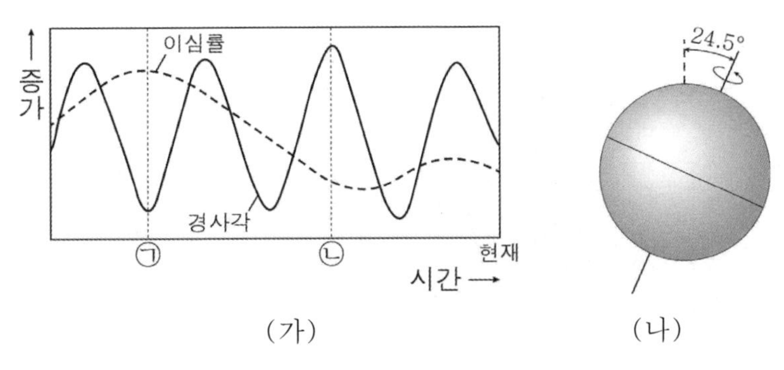

(가) (나)

이에 대한 옳은 설명만을 <보기>에서 있는 대로 고른 것은? (단, 지구 자전축 경사각과 지구 공전 궤도 이심률 이외의 요인은 고려하지 않는다.)

<보 기>

ㄱ. 근일점 거리는 ㉠ 시기가 ㉡ 시기보다 가깝다.
ㄴ. (나)는 ㉠ 시기에 해당한다.
ㄷ. 우리나라에서 기온의 연교차는 현재가 ㉠ 시기보다 크다.

① ㄱ ② ㄴ ③ ㄱ, ㄷ ④ ㄴ, ㄷ ⑤ ㄱ, ㄴ, ㄷ

추가로 물어볼 수 있는 선지

1. 이심률이 커지면 원일점과 근일점 사이의 거리 차는 커진다. (O , X)
2. 지구 자전축 경사각 변화의 주기는 5만 년보다 짧다. (O , X)
3. 다른 변화 요인 고려 없이 지구의 자전축 경사각이 커지면 남반구의 연교차는 작아진다. (O , X)

정답 : 1. (X), 2. (O), 3. (X)

02 2022년 3월 학력평가 지Ⅰ 17번

KEY POINT #연교차, #경사각, #이심률

문항의 발문 해석하기

현재의 지구 자전축의 방향과 각도를 생각하고 지문 옆에 공전 궤도와 함께 그려두도록 하자. 현재의 궤도를 자료로 준다면 그릴 필요는 없다.

문항의 자료 해석하기

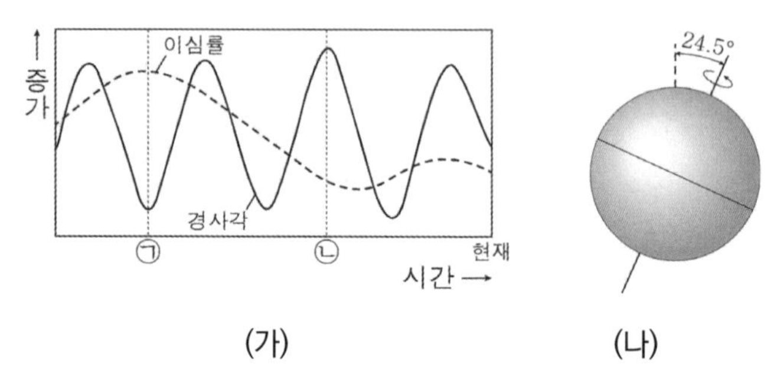

(가) (나)

1. (가) 자료를 통해 ㉠ 시기에는 현재에 비해 이심률이 증가했고, 경사각이 줄어든 그림을 그릴 수 있어야 한다. ㉡ 시기에는 현재에 비해 이심률이 감소했고, 경사각이 늘어난 그림을 그릴 수 있어야 한다.
2. (나)에서 자전축이 $24.5°$ 기울었으므로 현재보다 경사각이 커진 ㉡ 시기라는 것을 알 수 있다.

TIP.

(가), (나) 자료 중 현재의 이심률, 자전축 경사각, 세차 운동이 그려진 자료가 존재하지 않는다. 그렇다면 바로 현재의 그림을 시험지의 빈 곳에 그려두고 나머지와 비교하도록 하자. 또한, 연교차를 판단하는 우선순위는 세차 운동 → 이심률 → 자전축 기울기라고 생각하며 문제를 풀자.

선지 판단하기

ㄱ 선지 근일점 거리는 ㉠ 시기가 ㉡ 시기보다 가깝다. (O)

세차 운동이 고려되지 않은 문제이므로 근일점 거리는 이심률의 영향만 받는다.
이때, ㉠ 시기는 이심률이 커져 근일점에서의 태양과 지구 사이 거리가 줄어든다. 반대로, ㉡ 시기는 이심률이 작아져 근일점에서의 태양과 지구 사이 거리가 늘어난다.

ㄴ 선지 (나)는 ㉠ 시기에 해당한다. (X)

자료 해석을 통해서 (나)는 자전축 기울기가 커진 ㉡ 시기인 것을 알 수 있다.

ㄷ 선지 우리나라에서 기온의 연교차는 현재가 ㉠ 시기보다 크다. (O)

북반구에서 현재보다 이심률이 커지면 연교차는 감소한다. 원일점인 여름일 때 멀어지고, 근일점인 겨울일 때 가까워지기 때문이다. 따라서 연교차는 ㉠ 시기보다 현재가 크다. (자전축 경사각을 통해 해결해도 된다.)

기출문항에서 가져가야 할 부분

1. 연교차 판단하는 순서 알기
2. 이심률이 변화할 때 공전 궤도를 그려 원일점과 근일점에서 태양과의 거리 파악하기
3. 자전축 경사각 기울기에 따른 기온 변화 이해하기

기출 문제로 알아보는 유형별 정리

[자전축 경사각 기울기, 이심률]

1 자전축 경사각 기울기의 변화와 남중 고도

① 경사각 기울기 증가, 감소 2022년 7월 학력평가 14번

그림은 지구 공전 궤도 이심률 변화, 지구 자전축의 기울기 변화, 북반구가 여름일 때 지구의 공전 궤도상 위치 변화를 나타낸 것이다. (단, 지구 공전 궤도 이심률과 자전축의 기울기, 북반구가 여름일 때 지구의 공전 궤도상 위치 이외의 요인은 변하지 않는다고 가정한다.)

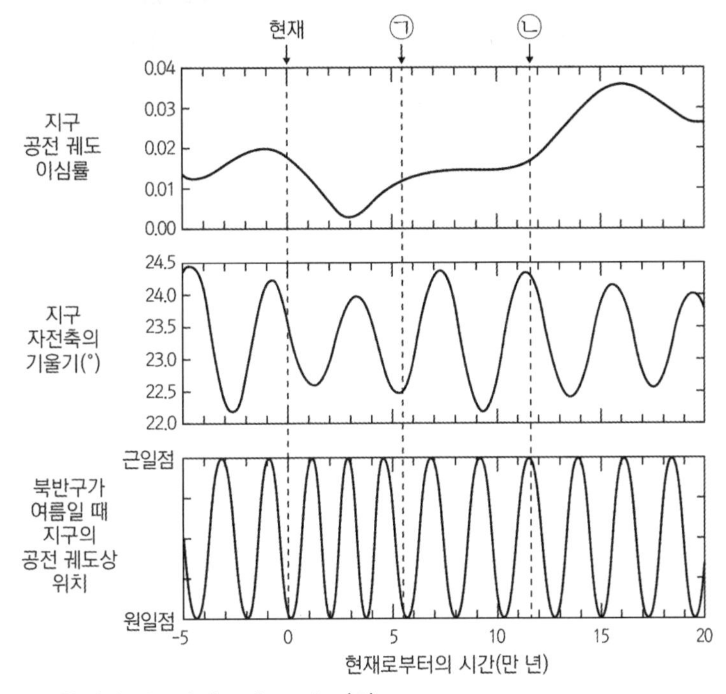

ㄱ. 남반구 기온의 연교차는 현재가 ㉠ 시기보다 크다. (O)

- ㉠ 시기는 현재와 비교했을 때 이심률의 큰 변화는 없고, 세차 운동 또한 일어나지 않았다.
  기울기는 감소했으므로 남반구가 겨울인 원일점의 기온은 증가하고, 남반구가 여름인 근일점의 기온은 감소한다. 따라서 ㉠ 시기의 연교차는 감소하므로 현재의 연교차가 더 크다.
- 위 자료처럼 세차 운동, 이심률, 자전축 기울기에 대한 내용을 **모두 다루고 있을 때** 특정 시기에 대한 내용을 물어본다면 3가지 지구 외적 요인 중 고려하지 않아도 될 물리량을 빼고 생각하자.
- 그림을 그려서 선지를 해결할 수 있다면 매우 잘한 것이다. 완벽히 습득하지 못한 학생들은 다음을 보고 그림을 그려서 왜 이렇게 되는 것인가 생각해보자.
  자전축 기울기 증가 : 북반구, 남반구 연교차 상승(여름 기온 상승, 겨울 기온 하강)
  자전축 기울기 감소 : 북반구, 남반구 연교차 감소(여름 기온 하강, 겨울 기온 상승)

② 남중 고도 2021학년도 6월 모의평가 13번

그림은 지구 자전축 경사각의 변화를 나타낸 것이다. (단, 지구 자전축 경사각 이외의 요인은 변하지 않는다.)

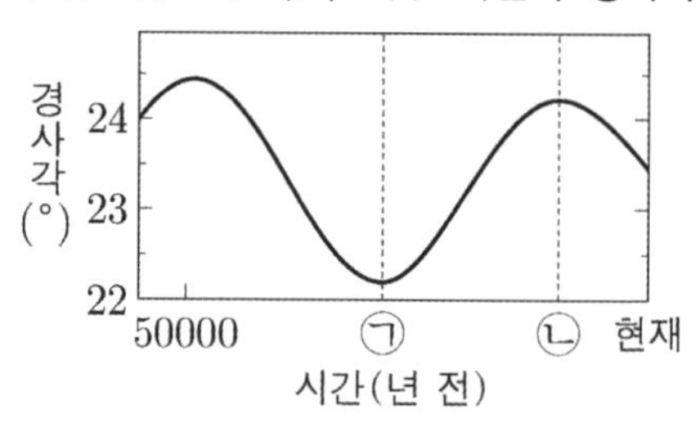

ㄴ. 30°N에서 겨울철 태양의 남중 고도는 현재가 ㉠ 시기보다 높다. (X)

- ㉠ 시기는 현재보다 자전축 경사각이 감소했다. 따라서 북반구가 겨울철일 때 태양의 남중 고도는 증가해야 한다.
- 자전축 경사각과 남중 고도에 대한 선지를 물어본다면 p.207의 내용을 기억하도록 하자.

2 지구의 공전 궤도 이심률 변화

① 이심률 증가, 감소　　2021년 3월 학력평가 15번

그림은 현재와 A 시기에 근일점에 위치한 지구의 모습과 지구 공전 궤도 일부를 나타낸 것이다. (단, 지구 공전 궤도 이심률 이외의 요인은 변하지 않는다.)

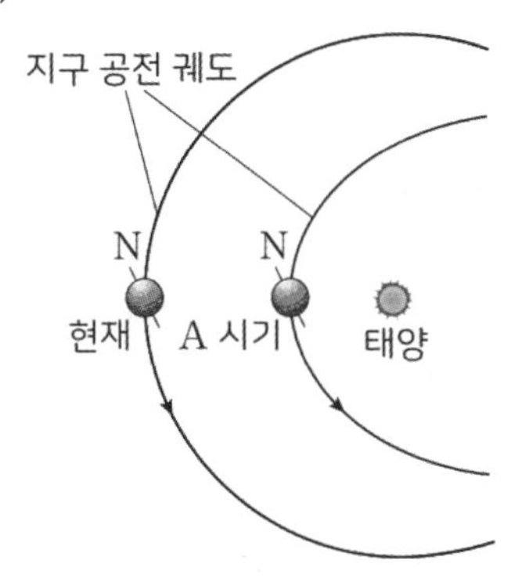

ㄷ. 지구가 원일점에 위치할 때, 지구가 받는 태양 복사 에너지양은 현재가 A 시기보다 많다. (O)

- 두 지구의 모습은 모두 근일점이다. 이때, A 시기에 근일점에서 태양과의 거리가 더 가까워졌으므로 이심률이 늘어난 것이다. 이때, A 시기는 **이심률이 증가했으므로 원일점과 태양 사이의 거리는 증가**했다.
  따라서 A 시기일 때 원일점에서 받는 태양 복사 에너지양은 현재보다 적다.
- 위 자료와 같이 태양과의 거리를 보고 이심률을 판단할 수 있어야 한다.

② 이심률 변화에 따른 근일점과 원일점 사이의 거리　　2018학년도 6월 모의평가 12번

그림은 현재와 미래 어느 시점의 지구 공전 궤도, 자전축의 경사 방향과 경사각을 각각 나타낸 것이다. (나) 시기에 나타날 수 있는 현상에 대한 설명으로 옳은 것만을 있는 대로 고른 것은? (단, 공전 궤도 이심률, 자전축의 경사 방향과 경사각의 변화 이외의 요인은 변하지 않는다고 가정한다.)

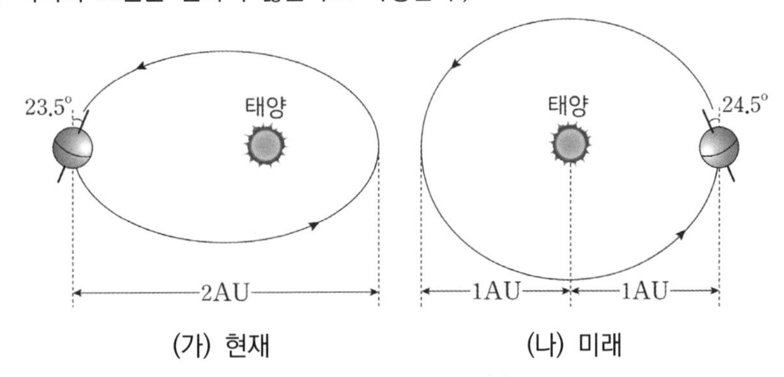

(가) 현재　　(나) 미래

ㄷ. 지구에 입사하는 태양 복사 에너지양은 7월이 1월보다 많다. (X)

- 현재 지구는 근일점에서 1월, 원일점에서 7월이다. 미래에도 이는 변하지 않는다. 이때, (나) 자료를 보면 근일점과 원일점의 구분이 없어지고 1월과 7월에 각각 태양으로부터 똑같은 거리에 지구가 위치해 있다.
  따라서 **지구 전체에 입사하는 태양 복사 에너지양은 1월과 7월 모두 같다**.
- '북반구' 또는 '남반구'처럼 **특정 반구의 태양 복사 에너지양을 물어봤다면** 자전축의 방향과 계절에 따라 **달라졌겠지만**, '지구 전체'에 입사하는 태양 복사 에너지양은 거리가 같다면 같다는 것을 알자.
- 또한, **이심률이 달라져도 근일점과 원일점 사이의 거리는 2AU로 동일한 것을 확인할 수 있다**.

3 지구 외적 요인 문제 TIP.

① 왜 연교차 판단 순서가 세차 운동, 이심률, 경사각 순서?

연교차를 판단하는 순서는 1. 세차 운동 2. 이심률 3. 경사각 변화로 판단하자.
그 이유는 지구의 경사각과 공전 궤도를 직접 그려본다면 알 수 있다.
우선 **세차 운동이 최우선**인 이유는 세차 운동이 일어나면 **계절이 달라지고 태양과의 거리가 달라지기 때문에 온도 변화를 판단하기 쉽다**. 이를 통해 연교차를 추정할 수 있다.
세차 운동을 고려하지 않는 문제라면 **이심률을 다음 순서**로 보자. 마찬가지 이유로 **태양과의 거리를 보고 쉽게 눈으로 연교차를 추정할 수 있기 때문**이다.
경사각 변화는 다른 두 가지를 고려하지 않는 문제일 때 생각하자. 다른 두 가지는 그림을 보고 빠르게 판단할 수 있지만, 경사각 변화는 그 변화가 미묘하기 때문이다. **이는 극단적인 그림을 통해 파악하자**.
세차 운동으로 판단하면 연교차가 감소하고 이심률로 판단하면 연교차가 증가하는 등의 상황에 대해 물어보는 문제가 출제되지는 않는다.
물론 어떤 변화가 일어날 때 나타나는 변화를 암기하고 있다면 이 모든 내용을 따를 필요는 없다.

② 항상 극단적인 그림을 예시로 들자

자료를 통해 **현재 지구의 경사각과 공전 궤도를 주지 않는다면 바로** 현재의 그림을 그려두자.
그 후 세차 운동, 이심률, 경사각 변화가 나타난다면 극단적으로 그림을 그리도록 하자.
극단적으로 그려야 하는 이유는 **알아보기 쉽게 하기 위함**이다. 실제로 수험장에서의 혼란스러운 상황으로 인해 직관적인 판단이 흐려질 때가 있다. 이를 방지하기 위해 **경사각이 커지면 매우 극단적으로 경사각을, 이심률이 커지면 극단적인 타원 궤도를 그리는** 등의 행동을 평상시부터 연습해두자.

③ (단, ~ 이외의 요인은 변하지 않는다.)

수능장에서 지구 외적 요인 문제를 풀 때 우리는 세차 운동, 이심률, 경사각 등의 요인을 모두 생각하고 있어야 한다. 그러나 문제를 풀다 보면 항상 조건으로 (단, 지구 공전 궤도 이심률, 자전축 경사각 이외의 요인은 변하지 않는다.)라는 것을 본 적이 있을 것이다. 이것의 의미는 '**세차 운동은 고려하지 말아라**'라고 하는 것과 같은 의미이다.
항상 지구 외적 요인 문제를 풀 때면 (단, ~)을 먼저 확인하도록 하자.

추가로 물어볼 수 있는 선지 해설

1. 이심률이 커져도 원일점과 근일점 사이의 거리는 변하지 않는다.
   ⇒ 원일점과 근일점 사이의 거리는 평균적으로 항상 $2\mathrm{AU}$라는 것을 기억하자.
2. 지구 자전축 경사각 변화의 주기는 약 41000년이다.
3. 현재보다 지구 자전축 경사각이 커진다면 원일점에서 겨울인 남반구의 기온은 내려가고 근일점에서 여름인 남반구의 기온은 올라가므로 연교차는 커질 것이다.

memo

Chapter

04 기후 변화의 영향

기후 변화의 영향

1. 지구의 열수지 평형

지구는 태양으로부터 복사 에너지를 흡수하고, 흡수한 에너지만큼 우주 공간으로 지구 복사 에너지를 방출하여 복사 평형을 이룬다. 복사 평형에 의해서 지구는 평균 온도가 일정하게 유지된다.

① 태양 복사 에너지 : 주로 가시광선으로, 지구 대기를 거의 통과한다.

② 지구 복사 에너지 : 주로 파장이 긴 적외선으로 대기 중 온실 기체에 잘 흡수된다.

지구 대기에 도달하는 태양 복사 에너지를 100이라 할 때 복사 평형인 지구의 열수지는 다음과 같다.

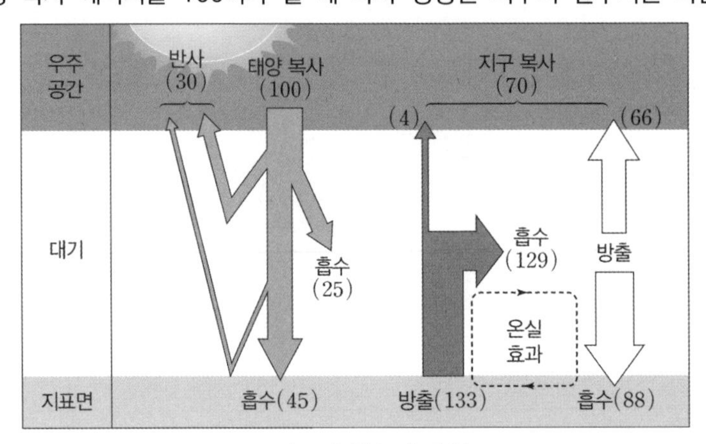

▲ 지구의 열수지 평형

위치	에너지 흡수량	에너지 방출량
대기	• 태양 복사 에너지 25 • 지표면의 방출 에너지 129	• 우주로의 방출 66 • 지구 내부로의 재복사 88
지표면	• 태양 복사 에너지 45 • 대기에서의 재복사 88	• 우주로의 방출 4 • 대기로의 방출 129
우주 공간	• 지표에서 받는 에너지 4 • 대기에서 받는 에너지 66	• 지표가 받는 에너지 45 • 대기가 받는 에너지 25

지구의 열수지는 각각의 숫자를 암기하고 있다면 문제 풀이에 도움이 될 것이다. 또한, 숫자가 바뀔 수 있음을 알아두자.

모든 영역에서의 흡수량과 방출량이 같은 것을 확인할 수 있다.

따라서 **지구는 열수지 평형**을 이루고 있다고 할 수 있다.

- 대기가 흡수한 에너지 : 태양 복사 에너지(25) + 지구 방출 에너지(129) = 154
- 대기가 방출한 에너지 : 우주로의 방출(66) + 지구 내부로 재복사(88) = 154
- 지표면이 흡수한 에너지 : 태양 복사 에너지(45) + 대기에서의 재복사(88) =133
- 지표면이 방출한 에너지 : 우주로의 방출(4) + 대기로의 방출(129) = 133
- 우주에서 지구로 보낸 에너지 : 대기가 흡수한 에너지(25) + 지표가 흡수한 에너지(45) = 70
- 지구에서 우주로 보낸 에너지 : 지표에서 빠져나가는 에너지(4) + 대기에서 빠져나가는 에너지(66) = 70

2. 온실 효과

지구 대기는 짧은 파장의 태양 복사 에너지(가시광선)는 잘 통과시키지만, 긴 파장의 지구 복사 에너지(적외선)는 대부분 흡수한 후 **지표로 재복사**하여 **지표면의 온도를 높이는데**, 이를 **온실 효과**라 한다.

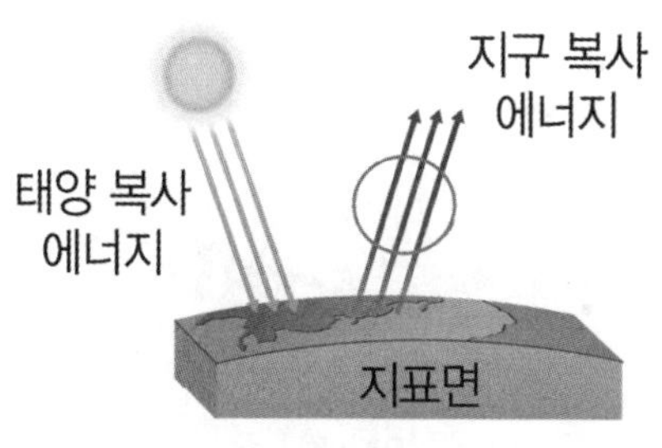

▲ 대기가 없을 때의 복사 에너지 이동

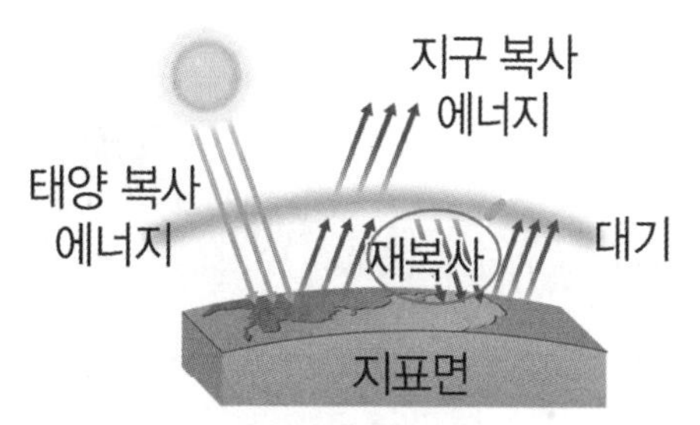

▲ 대기가 있을 때의 복사 에너지 이동
(온실 효과)

3. 지구 온난화

온실 효과가 강화되어 **지구의 평균 기온이 점점 상승하는 현상**이다. 주된 이유는 인간 활동에 의한 대기 중 **온실 기체의 양 증가** 때문이라고 알려져 있다.

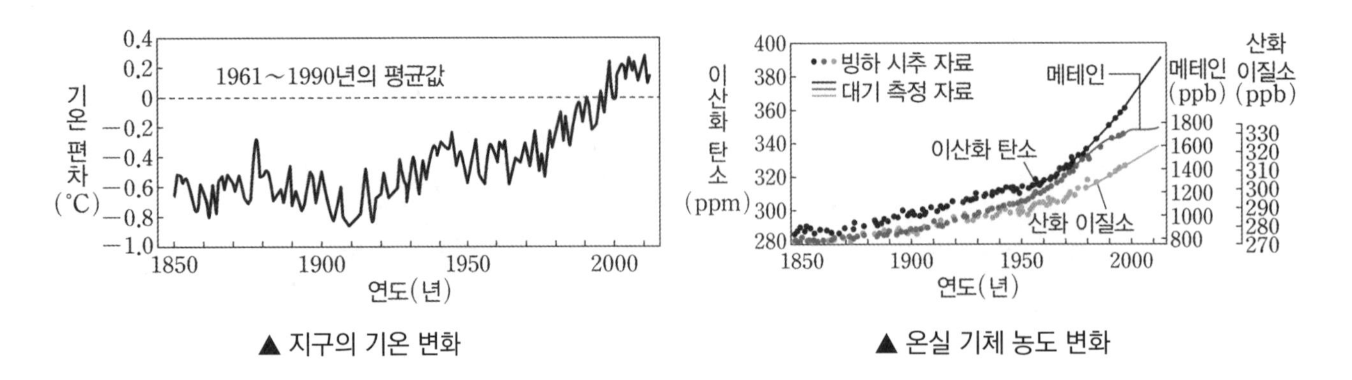

▲ 지구의 기온 변화　　▲ 온실 기체 농도 변화

+ 시야 넓히기 : 지구 온난화의 경향성

아래의 그림은 기후 모형으로 모의실험한 지구의 기온 변화와 실제 관측한 기온을 나타낸 것이다.

- 태양 활동 변화, 화산 활동 등 **자연적 요인만을 고려했을 때** 지구의 기온은 약간 낮아졌다가 다시 회복하는 경향이 있다.
- 자연적 요인과 인위적 요인을 함께 고려했을 때 기온 변화 모형은 관측된 기온 변화와 비슷한 경향을 보인다.
- **현재의 지구 온난화**는 자연적 요인보다는 **인위적 요인에 의해 나타난다**.

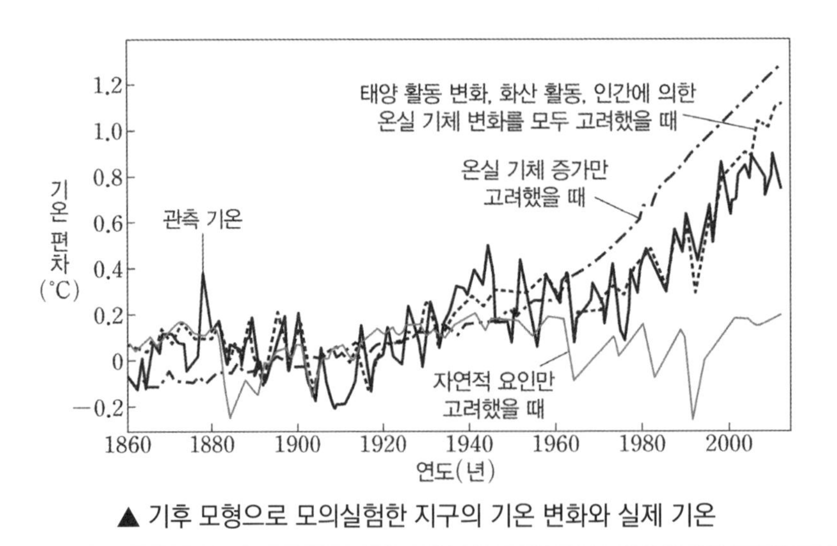

▲ 기후 모형으로 모의실험한 지구의 기온 변화와 실제 기온

(1) 지구 온난화의 영향

① 해수면 상승

해수의 온도가 상승하면 해수의 열팽창이 일어나 해수면이 상승한다. 또한 육지의 빙하가 녹아 바다로 흘러 들어가면 해수면이 상승한다. (바다 위의 빙하는 녹아도 해수면 상승과 큰 관련이 없다.)

② 기후대 변화

전 세계적으로 기후대가 변화하여 저위도에서 자라던 식물이 고위도에서도 자라고 있다. 이로 인한 식량 생산의 변화가 생기고, 해양 생태계의 변화에 의한 수산업 피해, 질병 발생 등의 피해가 생긴다.

③ 기상 이변 발생

태풍, 홍수, 가뭄 등 기상 이변에 의한 피해가 커지고 있다.

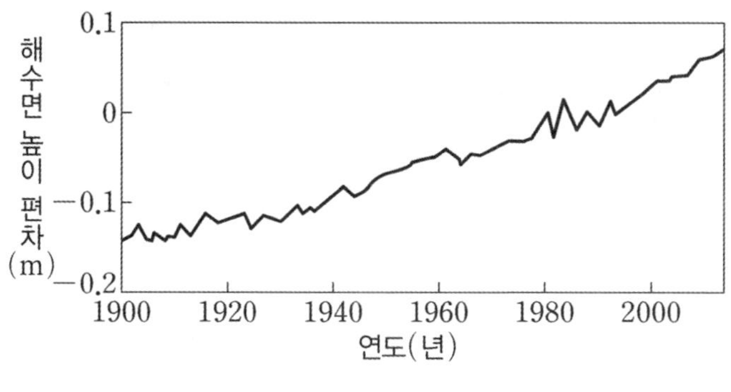

▲ 해수면 높이 변화

▲ 기상 이변으로 인한 홍수 피해

(2) 한반도의 기후 변화 경향성

① 겨울 일수와 열대야 일수 변화 : 겨울 일수가 감소하고, 열대야 일수가 증가하였다.

② 봄꽃의 개화 시기 변화 : 개나리와 벚꽃 등의 봄꽃 개화 시기가 빨라졌다.

③ 아열대 기후 지역 확대 : 대체로 온대 기후인 한반도에 아열대 기후 지역이 확대될 것으로 예상된다.

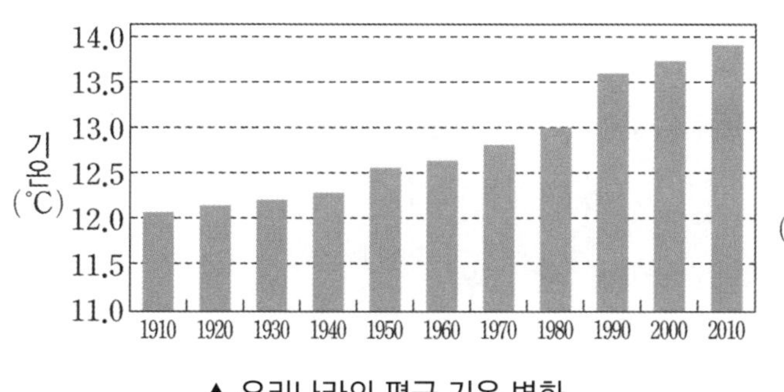

▲ 우리나라의 평균 기온 변화

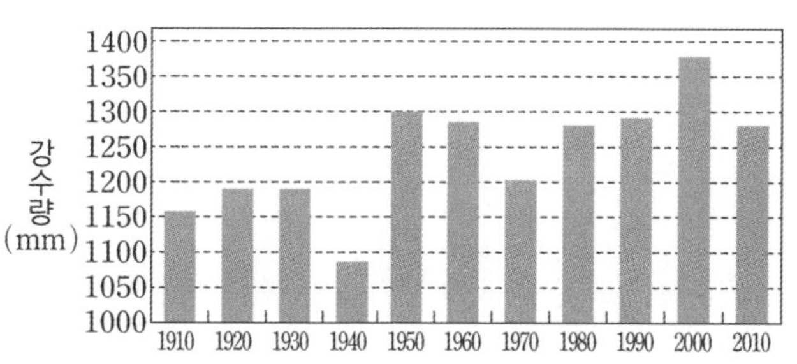

▲ 우리나라의 평균 강수량 변화

+ 시야 넓히기 : 지구 온난화에 의한 미래의 지구 환경 변화

RCP란 대표농도경로의 약자로, 대기오염 물질 및 토지 이용 변화 등과 같은 요인들을 바탕으로 향후 온실 기체 배출량과 대기 중 농도가 2100년까지 어떻게 전개될지 나타내는 4가지 경로 시나리오이다.

- RCP 2.6은 이산화 탄소의 최소 배출량 시나리오, RCP 4.5와 RCP 6.0은 중간 수준의 저감 정책을 실시한 시나리오, RCP 8.5는 고농도 배출(현재 추세) 시나리오다.
- 현재 추세로 온실 기체가 배출된다면 21세기 말에 지구 지표면 온도는 현재보다 약 4°C 상승할 것으로 예측된다.

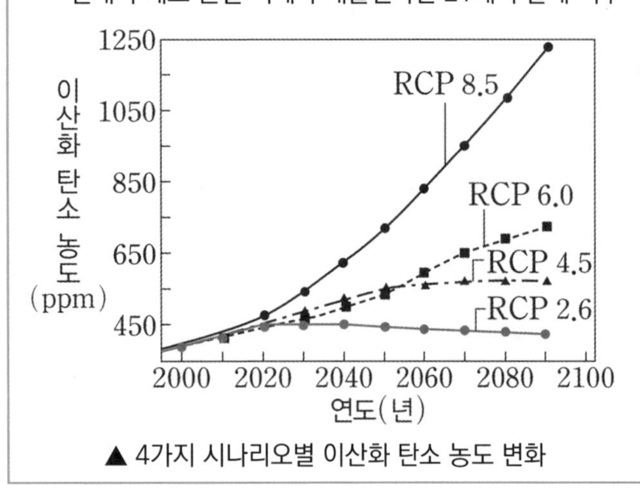

▲ 4가지 시나리오별 이산화 탄소 농도 변화

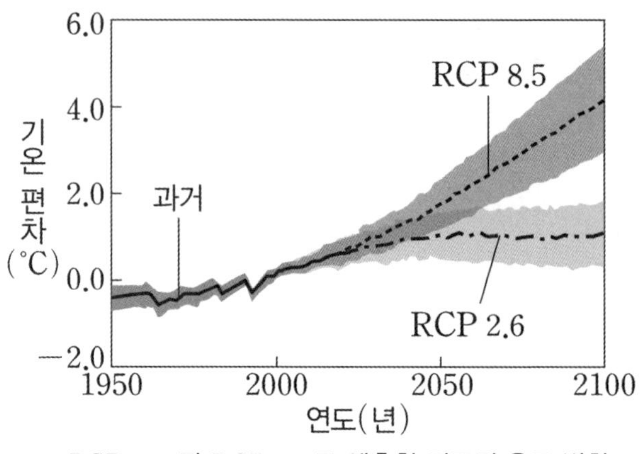

▲ RCP 2.6 과 RCP 8.5로 예측한 지표면 온도 변화

4. 지구 환경 보존을 위한 노력

지구 환경 보존을 위해 여러 국가와 단체들이 협력하고 있다.

(1) 온실 기체 배출량 감소

화석 연료의 사용을 줄이고 대체 에너지를 개발하여 자원을 절약한다.

(2) 지구 환경 보존을 위한 국제 협약

지구 차원의 환경 보호를 위해 세계 각국은 환경 협약을 체결하고 환경 보호에 대한 국가별 의무와 노력을 규정하고 있다.

① 기후 변화에 관한 국제 연합 기본 협약(1992년) : 지구 온난화 방지를 위한 협약
② 교토 의정서(1997년) : 온실 기체의 감축 목표치를 규정한 국제 협약
③ 파리 협정(2015년) : 전 세계 온실 기체 감축을 위한 국제 협약

2022년 7월 학력평가 지I 12번

그림은 지구에 도달하는 태양 복사 에너지의 양을 100이라고 할 때, 복사 평형 상태에 있는 지구의 에너지 출입을 나타낸 것이다.

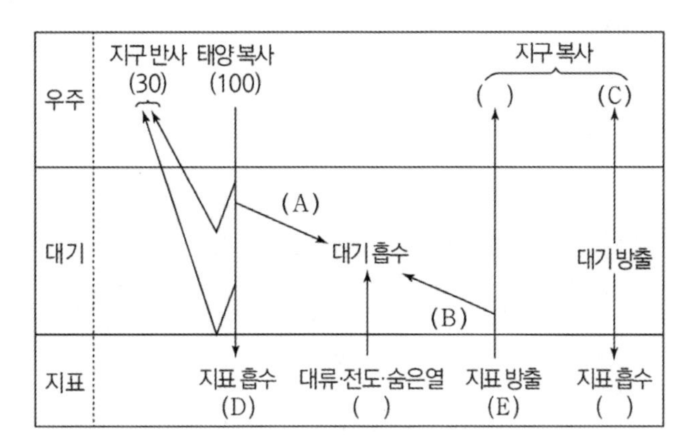

이에 대한 설명으로 옳은 것만을 <보기>에서 있는 대로 고른 것은?

<보 기>

ㄱ. A+B−C=E−D이다.
ㄴ. 지구 온난화가 진행되면 B가 증가한다.
ㄷ. C는 주로 적외선 영역으로 방출된다.

① ㄱ ② ㄴ ③ ㄱ, ㄷ ④ ㄴ, ㄷ ⑤ ㄱ, ㄴ, ㄷ

추가로 물어볼 수 있는 선지

1. 대기는 흡수하는 에너지와 방출하는 에너지가 평형을 이룬다. (O , X)
2. 대기 중 이산화 탄소의 양이 증가하면 대기에서 지표로 재흡수되는 에너지양은 증가한다. (O , X)
3. 화산 폭발이 진행되는 동안 발생하는 다량의 기체 및 화산재는 대기의 태양 복사 에너지 흡수도를 증가시킨다. (O , X)

정답 : 1. (O), 2. (O), 3. (X)

01 2022년 7월 학력평가 지Ⅰ 12번

KEY POINT #복사 평형, #적외선 #지구 온난화

문항의 발문 해석하기

복사 평형을 이루고 있는 지구의 열수지에 관련된 문제다. 모든 영역에서 에너지의 출입과 방출이 같은 값으로 일어나야 한다는 것을 기억하자.

문항의 자료 해석하기

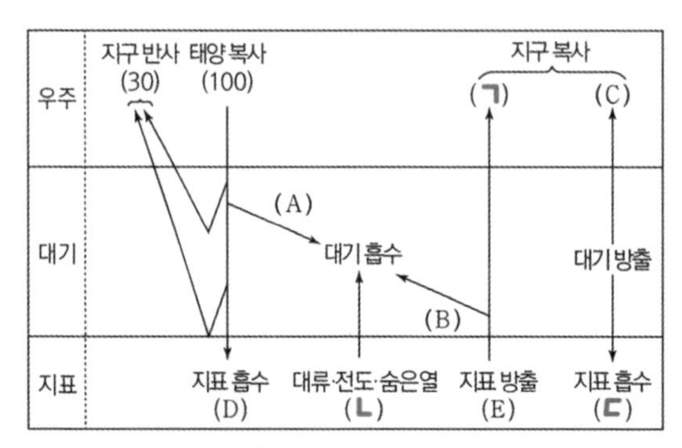

1. 우주, 대기, 지표에서 에너지의 출입 과정을 나타내주고 있다. 이때 지구는 복사 평형을 이루고 있으므로 받는 에너지와 나가는 에너지의 값이 같아야 한다. 다음과 같이 나타낼 수 있다.
2. 우주가 받은 에너지 : 지구 반사(30) + 지구 복사 (ㄱ+C)
   우주가 보낸 에너지 : 대기 흡수(A) + 지표 흡수(D)

   대기가 받은 에너지 : 대기 흡수(A+B) + 대류 전도 숨은열(ㄴ)
   대기가 보낸 에너지 : 지표 흡수(ㄷ) + 지구 복사(C) + 지구 반사

   지표가 받은 에너지 : 지표 흡수(D+ㄷ)
   지표가 보낸 에너지 : 지구 복사(ㄱ) + 대류 전도 숨은열(ㄴ) + 지구 반사

선지 판단하기

ㄱ 선지 A+B-C=E-D이다. (O)

문항의 자료를 이용하면 A+B-C=E-D이라는 것을 확인할 수 있다.

ㄴ 선지 지구 온난화가 진행되면 B가 증가한다. (O)

지구 온난화로 온실 기체가 증가하면 대기가 흡수하는 에너지양은 증가한다.

ㄷ 선지 C는 주로 적외선 영역으로 방출된다. (O)

대기로부터 우주로 방출되는 C는 주로 온도에 의한 적외선의 형태로 방출된다.

기출문항에서 가져가야 할 부분

1. 지구의 열수지 계산을 할 때 방출, 흡수된 에너지를 보고 판단하기
2. 지구의 열수지와 지구 온난화 연결 지어서 생각하기
3. 지구에서 방출되는 에너지는 주로 적외선 영역인 것 암기하기

기출 문제로 알아보는 유형별 정리

[지구의 열수지]

1 지구의 열수지

① 복사 평형 상태의 지구의 열수지 계산 2016년 3월 학력평가 12번

그림은 지구에 도달하는 태양 복사 에너지를 100으로 하였을 때 복사 평형 상태에 있는 지구의 열수지를 나타낸 것이다.

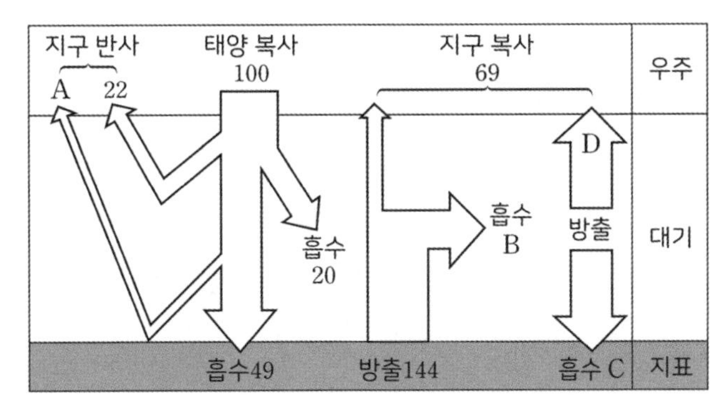

ㄴ. 20+B=C+D이다. (O)

- 20과 B는 대기가 받은 에너지이다. 따라서 대기에서 방출되는 에너지를 위 그래프에서 찾자.
  C는 대기로부터 지표로 흡수되고 있고, D는 대기로부터 우주로 방출되고 있다. 이외의 이동은 없으므로 20+B=C+D 이다.
- 좌변과 우변에 해당하는 값을 각각 찾아서 이용할 수 있도록 하자.

② 지구 온난화와 지구의 열수지 2018년 3월 학력평가 19번

그림 (가)는 1979년부터 2015년까지 북극 빙하 면적의 변화를, (나)는 지구의 열수지를 나타낸 것이다.

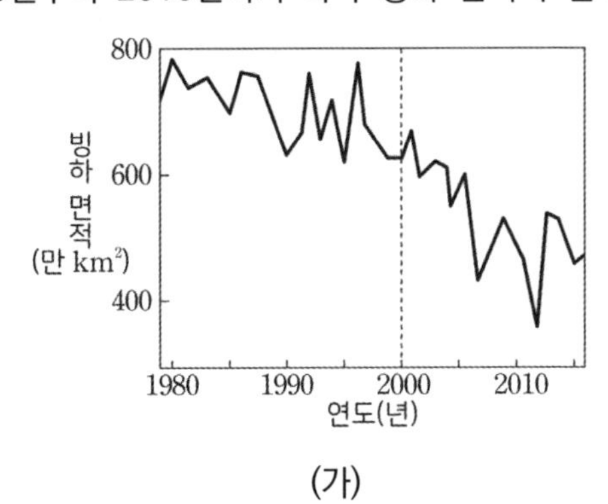

(가)

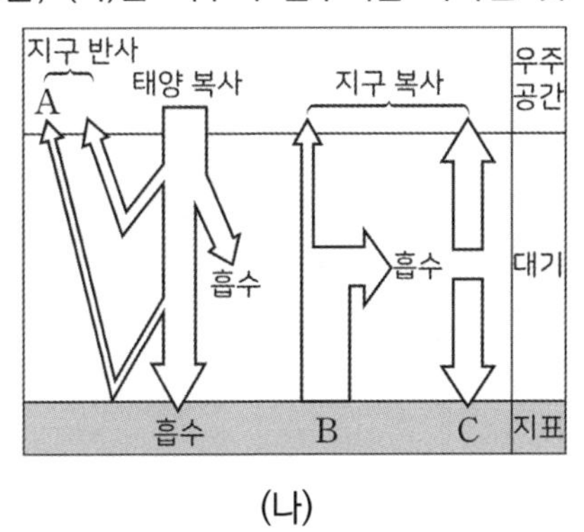

(나)

ㄷ. B와 C에 해당하는 값은 증가하는 추세이다. (O)

- B는 지표에서 방출하는 에너지이고, C는 대기로부터 지표로 재복사되는 에너지이다.
  이때, (가) 자료를 통해 북극 빙하의 면적이 줄어들고 있는 것을 확인할 수 있다.
  이는 온실 효과로 인해 지구 온난화가 가속화되고 있고 할 수 있다.
  우리가 **온실 효과**라고 부르는 것은 온실 효과에 의해 대기로부터 **재복사된 에너지의 양(C)이 늘어나는 것**이다. 지구 기온 상승에 의한 지표에서의 에너지 방출량(B)이 늘어나므로 B와 C에 해당하는 값은 증가하는 추세이다.

추가로 물어볼 수 있는 선지 해설

1. 대기뿐만 아니라 모든 영역에서 지구는 에너지 평형을 이루고 있다.
2. 이산화 탄소는 온실 기체이므로 대기 중 농도가 증가하면 온실 효과에 의해 지표로 재흡수되는 에너지가 증가한다.
3. 다량의 기체 및 화산재는 대기 중을 떠돌며 지표로 입사하는 태양 복사 에너지를 반사하므로 흡수도는 감소한다.

2023학년도 수능 지Ⅰ 1번

그림 (가)는 1850 ~ 2019년 동안 전 지구와 아시아의 기온 편차(관측값-기준값)를, (나)는 (가)의 A 기간 동안 대기 중 CO_2 농도를 나타낸 것이다. 기준값은 1850 ~ 1900년의 평균 기온이다.

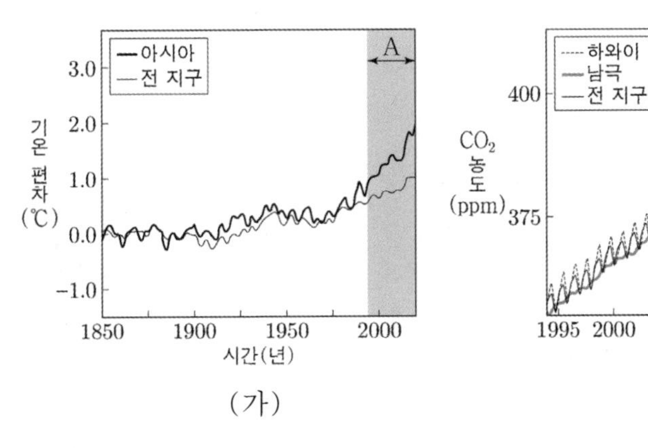

(가) (나)

이 자료에 대한 설명으로 옳은 것만을 <보기>에서 있는 대로 고른 것은?

<보 기>

ㄱ. (가) 기간 동안 기온의 평균 상승률은 아시아가 전 지구보다 크다.
ㄴ. (나)에서 CO_2 농도의 연교차는 하와이가 남극보다 크다.
ㄷ. A 기간 동안 전 지구의 기온과 CO_2 농도는 높아지는 경향이 있다.

① ㄱ ② ㄷ ③ ㄱ, ㄴ ④ ㄴ, ㄷ ⑤ ㄱ, ㄴ, ㄷ

추가로 물어볼 수 있는 선지

1. 지구 해수면의 평균 높이는 현재가 20세기보다 높다. (O , X)
2. 온실 효과 기여도가 가장 높은 기체는 이산화 탄소이다. (O , X)
3. 빙하가 녹으면 태양빛의 지표 반사율이 감소한다. (O , X)

정답 : 1. (O), 2. (X), 3. (O)

02 2023학년도 수능 지Ⅰ 1번

KEY POINT #기온 상승률, #CO_2 농도

문항의 발문 해석하기

우리가 뉴스나 기사들을 통해 알고 있는 지구 온난화에 대한 내용을 떠올리자. 또한 시간이 지나면서 변화하는 전체적인 경향을 볼 수 있도록 해야 한다.

문항의 자료 해석하기

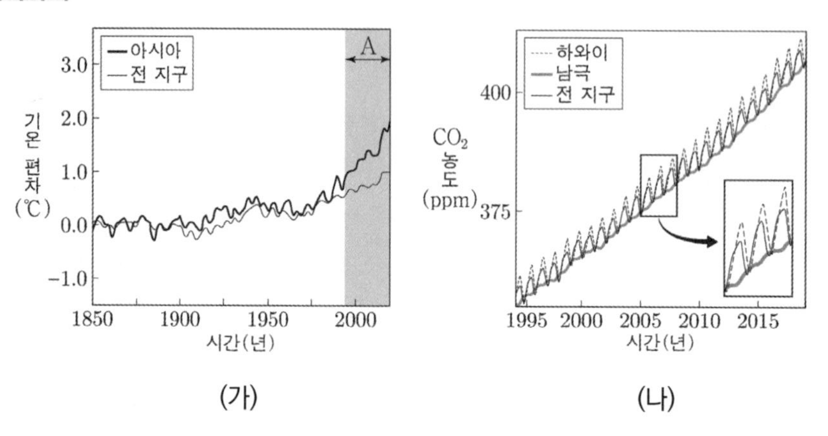

(가) (나)

1. (가) 자료에서 전 지구와 아시아의 기온 상승에 대해서 알려주고 있다. 또한 아시아의 기온 상승 폭이 더 큰 것을 확인할 수 있다.
2. (나) 자료에서 CO_2 농도 상승에 대해서 알려주고 있다. CO_2는 온실 기체의 한 종류로 지구 온난화에 큰 영향을 끼친다. CO_2 농도가 상승하면 온실 효과에 의해 지구 기온도 함께 상승한다.
   또한, CO_2 농도가 주기적으로 변화하는 이유는 겨울철 광합성 감소와 북반구의 난방 사용 등을 이유로 북반구의 겨울철인 1월 부근에 상승하기 때문이다. (북반구의 인구가 더 많기 때문에 이러한 현상이 발생한다.)

선지 판단하기

ㄱ 선지 (가) 기간 동안 기온의 평균 상승률은 아시아가 전 지구보다 크다. (O)

평균적인 경향을 봤을 때 기온 상승률은 아시아가 더 큰 것을 확인할 수 있다.

ㄴ 선지 (나)에서 CO_2 농도의 연교차는 하와이가 남극보다 크다. (O)

(나) 자료를 해석하면 하와이의 연교차가 더 큰 것을 확인할 수 있다.

ㄷ 선지 A 기간 동안 전 지구의 기온과 CO_2 농도는 높아지는 경향이 있다. (O)

A 기간에는 다른 기간에 비해 기온이 큰 폭으로 상승한 것을 확인할 수 있다. 따라서 지구 온난화가 가속화되었다고 볼 수 있으므로 온실 기체인 CO_2의 농도도 함께 상승했을 것이다.

기출문항에서 가져가야 할 부분

1. 알고 있는 지구 온난화 관련 상식을 떠올리기
2. 온실 효과와 지구 온난화의 연관성 생각하기
3. 온실 기체 종류 떠올리기

▎기출 문제로 알아보는 유형별 정리

[지구 온난화]

1 지구 온난화와 온실 기체

① 시간에 따른 평균 기온 편차 그래프 2021학년도 9월 모의평가 14번

그림은 기후 변화 요인 ㉠과 ㉡을 고려하여 추정한 지구 평균 기온 편차(추정값-기준값)와 관측 기온 편차(관측값-기준값)를 나타낸 것이다. ㉠과 ㉡은 각각 온실 기체와 자연적 요인 중 하나이고, 기준값은 1880년~1919년의 평균 기온이다.

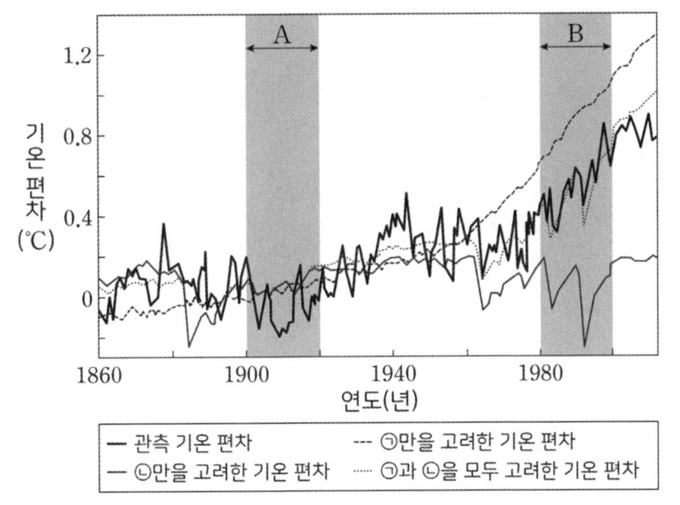

ㄷ. B 시기의 관측 기온 변화 추세는 자연적 요인보다 온실 기체에 의한 영향이 더 크다. (O)

- 현재 우리 지구는 **자연적 요인보다 온실 기체에 의한 온도 상승이 더 크다**. 따라서 ㉠은 온실 기체, ㉡은 자연적 요인이다. 따라서 B 시기의 관측 기온 추세는 온실 기체에 의한 영향이 더 크다.
- 위와 같은 자료처럼 현재 지구는 여러 요인에 의해서 **평균적인 기온이 상승하는 추세**다. 이때, 최근에 들어서 기온은 가파르게 상승하고 있다는 것을 함께 알아두자.

② 온실 기체로 인한 지구 기온 상승 2023학년도 6월 모의평가 3번

그림은 1750년 대비 2011년의 지구 기온 변화를 요인별로 나타낸 것이다.

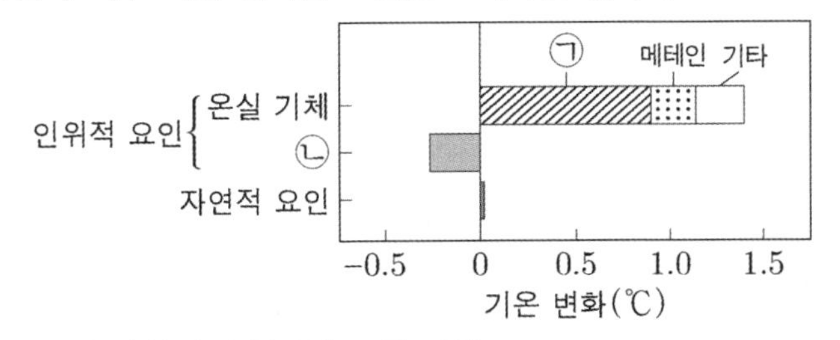

ㄱ. 기온 변화에 대한 영향은 ㉠이 자연적 요인보다 크다. (O)

- 자연적 요인에 의한 기온 상승은 매우 적게 일어난 반면, ㉠에 의한 기온 상승은 1 ° C가량 일어났다.
- 현재 지구는 자연적 요인만으로 지구 온난화가 일어났다고 판단하기 힘들다. 인간의 활동에 의해 지구 온난화가 일어나고 있으며 아마도 ㉠은 **온실 기체 중 수증기 다음으로 가장 큰 영향을 미치는 이산화 탄소**일 것이다.
- 또한, 오히려 기온 감소가 일어나는 ㉡은 태양 빛을 반사하는 에어로졸일 것이다.

2 지구 온난화와 해수면 상승

① 빙하의 융해로 인한 해수면 상승 2022학년도 9월 모의평가 5번

그림 (가)는 2004년부터의 그린란드 빙하의 누적 융해량을, (나)는 전 지구에서 일어난 빙하 융해와 해수 열팽창에 의한 평균 해수면의 높이 편차(관측값 - 2004년 값)를 나타낸 것이다.

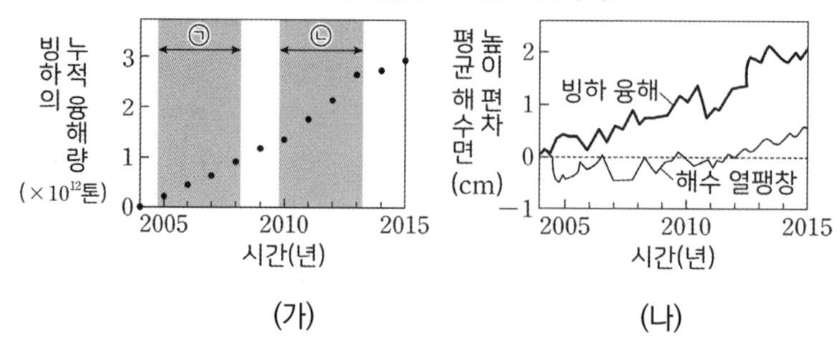

ㄷ. (나)의 전 기간 동안, 평균 해수면 높이의 평균 상승률은 해수 열팽창에 의한 것이 빙하 융해에 의한 것보다 크다. (X)

- (나) 자료를 보면 빙하 융해에 의한 해수면 높이 상승이 더 크다.
- 시간이 지나며 지구 온난화로 인한 빙하의 융해가 늘어나 해수면이 상승하고 있는 사실을 기억하자.

추가로 물어볼 수 있는 선지 해설

1. 평균 해수면 높이는 현재가 20세기보다 높으며 계속해서 증가하는 추세다.
2. 온실 효과 기여도가 가장 높은 기체는 수증기이다.
3. 빙하가 녹으면 지표면의 반사율이 감소한다. (빙하는 빛을 반사하는 흰색이기 때문이다.)

memo

01 2019학년도 대학수학능력시험 12번

표의 (가)와 (나)는 태평양 적도 부근 해역에서 관측된 바람과 구름양의 분포를 엘니뇨 시기와 라니냐 시기로 구분하여 순서 없이 나타낸 것이다.

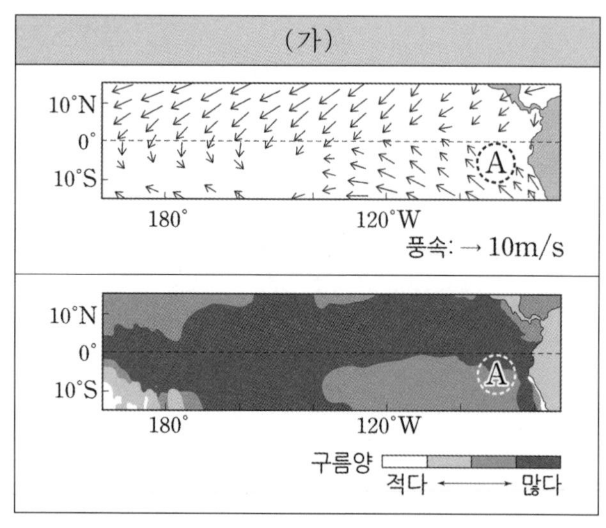

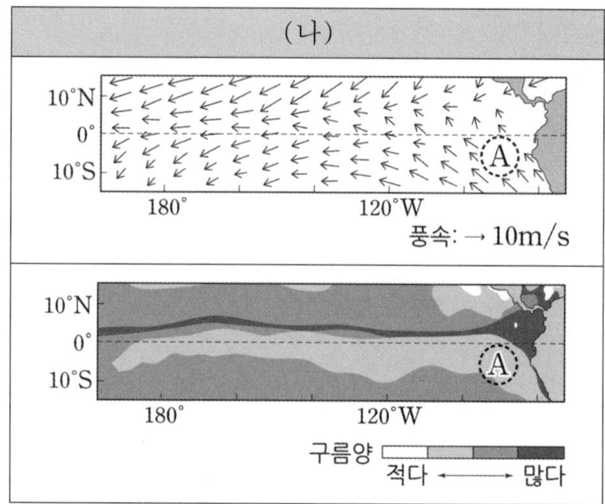

이에 대한 설명으로 옳은 것만을 <보기>에서 있는 대로 고른 것은? [3점]

<보 기>

ㄱ. 태평양 적도 부근 해역에서 구름양은 라니냐 시기가 엘니뇨 시기보다 많다.
ㄴ. A 해역의 수온은 (가)가 (나)보다 높다.
ㄷ. 남적도 해류는 (가)가 (나)보다 강하다.

① ㄱ ② ㄴ ③ ㄷ ④ ㄱ, ㄴ ⑤ ㄱ, ㄷ

02 2021년 3월 학력평가 19번

그림 (가)와 (나)는 각각 엘니뇨 시기와 라니냐 시기에 관측한 태평양적도 부근 해역의 해수면 높이 변화를 순서 없이 나타낸 것이다. 그림에서 (+)인 곳은 해수면이 평년보다 높아진 해역이고, (−)인 곳은 평년보다 낮아진 해역이다.

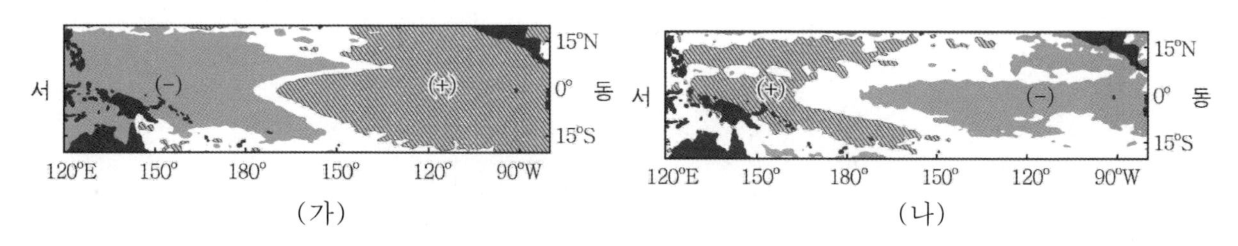

(가) (나)

이에 대한 옳은 설명만을 <보기>에서 있는 대로 고른 것은? [3점]

<보 기>

ㄱ. (가)는 엘니뇨 시기에 관측한 자료이다.
ㄴ. 태평양 적도 부근 해역에서 동서 방향의 해수면 경사는 (가)가 (나)보다 완만한다.
ㄷ. 동태평양 적도 부근 해역에서 표층 수온은 (가)가 (나)보다 낮다.

① ㄱ ② ㄷ ③ ㄱ, ㄴ ④ ㄱ, ㄷ ⑤ ㄴ, ㄷ

03 2020학년도 대학수학능력시험 9번

그림 (가)는 적도 부근 해역에서 동태평양과 서태평양의 해수면 기압 차(동태평양 기압−서태평양 기압)를, (나)는 태평양 적도 부근 해역에서 ㉠과 ㉡ 중 한 시기에 관측된 따뜻한 해수층의 두께 편차(관측값 − 평년값)를 나타낸 것이다. ㉠과 ㉡은 각각 엘니뇨와 라니냐 시기 중 하나이다.

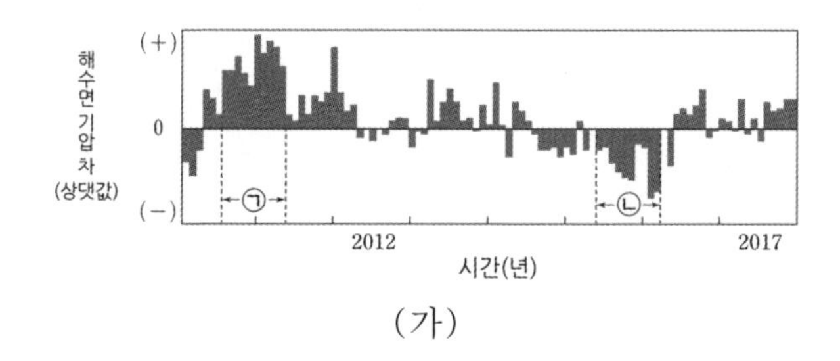

(가)

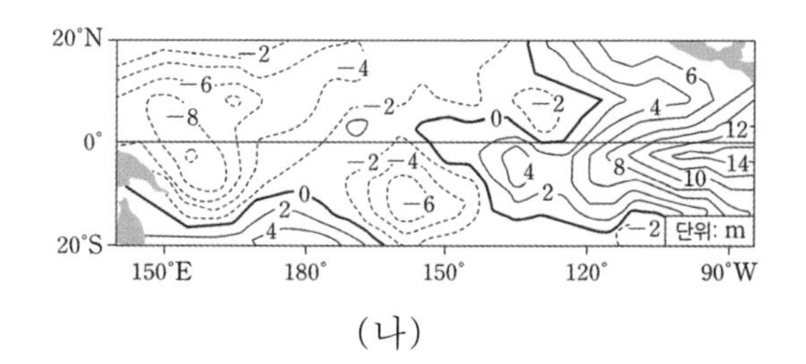

(나)

이에 대한 설명으로 옳은 것만을 <보기>에서 있는 대로 고른 것은? [3점]

<보 기>

ㄱ. (나)는 ㉠에 해당한다.
ㄴ. 서태평양 적도 해역과 동태평양 적도 해역 사이의 해수면 높이 차는 ㉠이 ㉡보다 크다.
ㄷ. 동태평양 적도 부근 해역에서 구름양은 ㉠이 ㉡보다 많다.

① ㄱ ② ㄴ ③ ㄷ ④ ㄱ, ㄴ ⑤ ㄴ, ㄷ

04 2016학년도 9월 모의평가 11번

그림은 동태평양 페루 연안 해역에서 플랑크톤 양과 수온의 변화를 나타낸 것이다. (가)와 (나)는 각각 평상시와 엘니뇨 시기 중 하나이다.

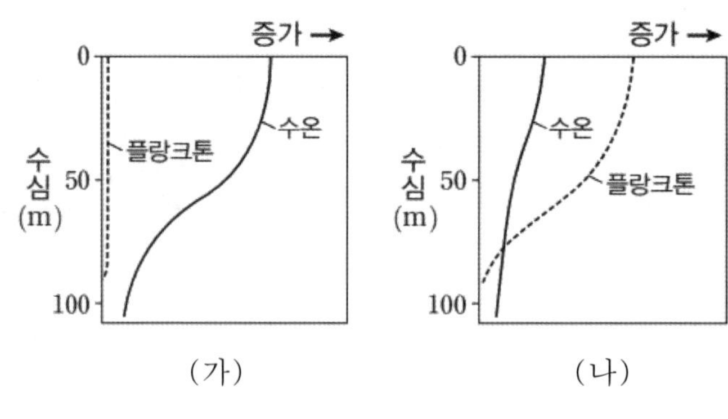

이 해역에 대한 설명으로 옳은 것만을 <보기>에서 있는 대로 고른 것은? [3점]

<보 기>

ㄱ. 강수량은 (나)보다 (가)일 때 더 많다.
ㄴ. 영양 염류의 양은 (가)보다 (나)일 때 더 많다.
ㄷ. 남동 무역풍은 (가)보다 (나)일 때 더 강하다.

① ㄱ ② ㄴ ③ ㄱ, ㄷ ④ ㄴ, ㄷ ⑤ ㄱ, ㄴ, ㄷ

05 2020년 4월 학력평가 11번

그림 (가)와 (나)는 태평양 적도 부근 해역에서 측정한 무역풍의 동서 방향 풍속 편차와 20 ° C 등수온선 깊이 편차의 변화를 시간에 따라 나타낸 것이다. 편차는 (관측값−평년값)이고, (가)에서 무역풍이 서쪽으로 향하는 방향을 양(+)으로 한다.

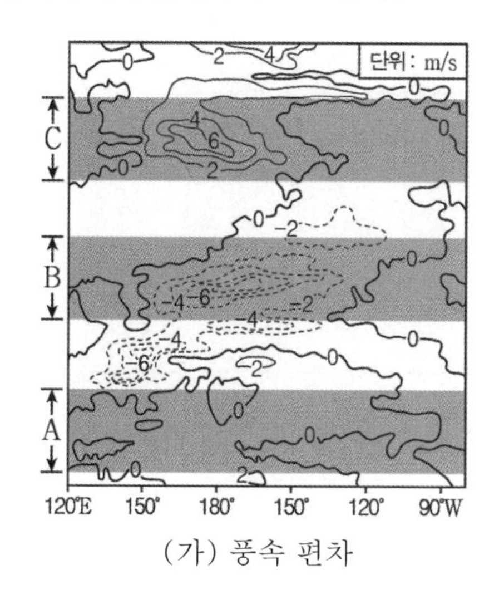

(가) 풍속 편차

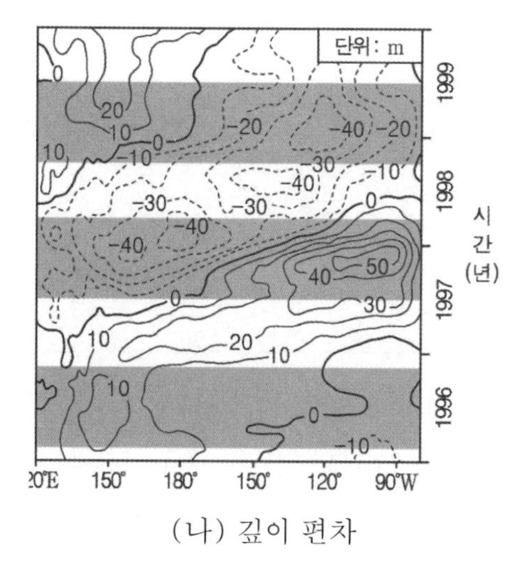

(나) 깊이 편차

A, B, C 시기에 대한 설명으로 옳은 것만을 <보기>에서 있는 대로 고른 것은? [3점]

<보 기>

ㄱ. 동태평양의 용승은 A보다 B가 강하다.

ㄴ. 동태평양과 서태평양의 수온 약층 깊이 차이는 A보다 C가 크다.

ㄷ. $\frac{\text{동태평양의 해수면 평균 기압}}{\text{서태평양의 해수면 평균 기압}}$은 B보다 C가 크다.

① ㄱ ② ㄴ ③ ㄱ, ㄷ ④ ㄴ, ㄷ ⑤ ㄱ, ㄴ, ㄷ

06 2017년 4월 학력평가 11번

그림은 2009년부터 2011년까지 서태평양과 동태평양의 적도 부근 해역에서 관측한 해수면 높이를 나타낸 것이다. A와 B는 각각 엘니뇨와 라니냐 기간 중 하나에 속한다.

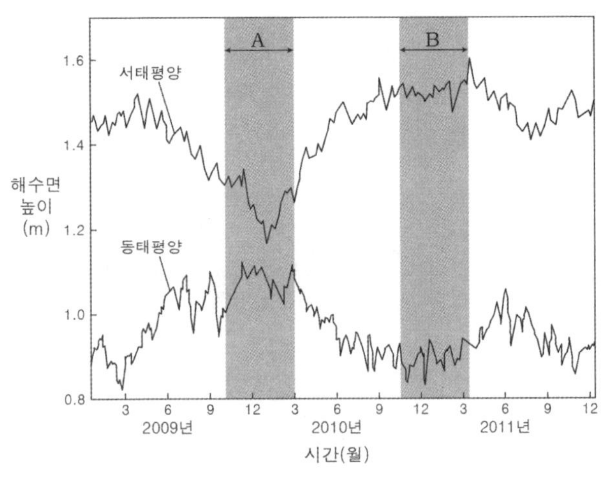

이에 대한 설명으로 옳은 것만을 <보기>에서 있는 대로 고른 것은? [3점]

<보 기>

ㄱ. 서태평양과 동태평양의 해수면 높이 차이는 A 시기가 B 시기보다 크다.
ㄴ. A는 엘니뇨, B는 라니냐 기간에 속한다.
ㄷ. 동태평양 적도 부근 해역의 용승은 A 시기가 B 시기보다 강하다.

① ㄱ ② ㄴ ③ ㄱ, ㄷ ④ ㄴ, ㄷ ⑤ ㄱ, ㄴ, ㄷ

07 2021년 4월 학력평가 13번

그림은 2014년부터 2016년까지 관측한 태평양 적도 부근 해역의해수면 기압 편차(관측 기압−평년 기압)를 나타낸 것이다. A는엘니뇨 시기와 라니냐 시기 중 하나이다.

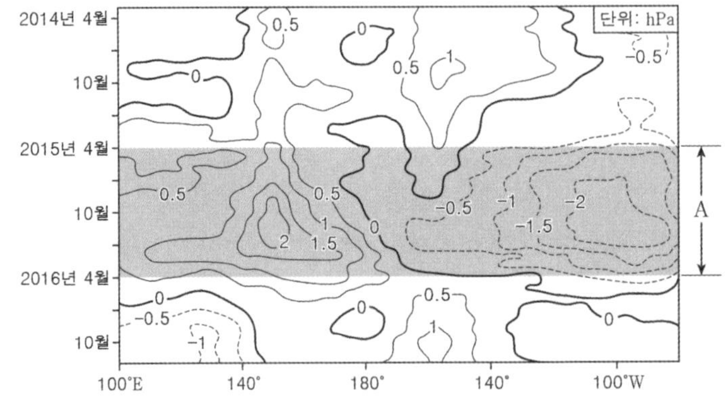

A 시기에 대한 설명으로 옳은 것만을 <보기>에서 있는 대로 고른것은? [3점]

<보 기>

ㄱ. 라니냐 시기이다.
ㄴ. 평상시보다 남적도 해류가 약하다.
ㄷ. 평상시보다 동태평양 적도 부근 해역에서의 용승이 강하다.

① ㄱ ② ㄴ ③ ㄷ ④ ㄱ, ㄷ ⑤ ㄴ, ㄷ

08 2022학년도 6월 모의평가 13번

그림은 동태평양 적도 부근 해역에서 관측된 수온 편차 분포를 깊이에 따라 나타낸 것이다. (가)와 (나)는 각각 엘니뇨와 라니냐시기 중 하나이다. 편차는 (관측값-평년값)이다.

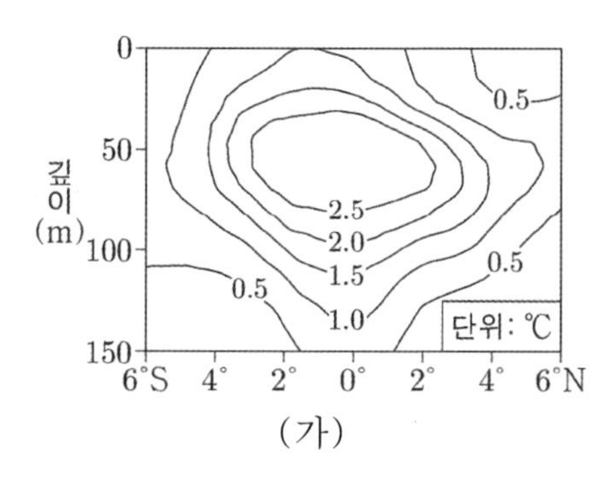

(가)

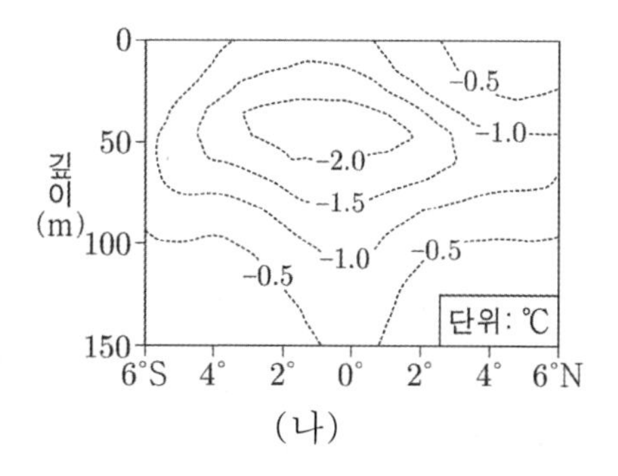

(나)

이 해역에 대한 설명으로 옳은 것만을 <보기>에서 있는 대로 고른 것은? [3점]

<보 기>

ㄱ. (가)는 엘니뇨 시기이다.
ㄴ. 용승은 (나)일 때가 (가)일 때보다 강하다.
ㄷ. (나)일 때 해수면의 높이 편차는 (-) 값이다.

① ㄱ ② ㄷ ③ ㄱ, ㄴ ④ ㄴ, ㄷ ⑤ ㄱ, ㄴ, ㄷ

09 2017년 10월 학력평가 16번

그림은 서로 다른 시기에 관측된 태평양 적도 부근 해역의 수온 편차(관측값-평년값)를 나타낸 것이다. (가)와 (나)는 각각 엘니뇨 시기와 라니냐 시기 중 하나이다.

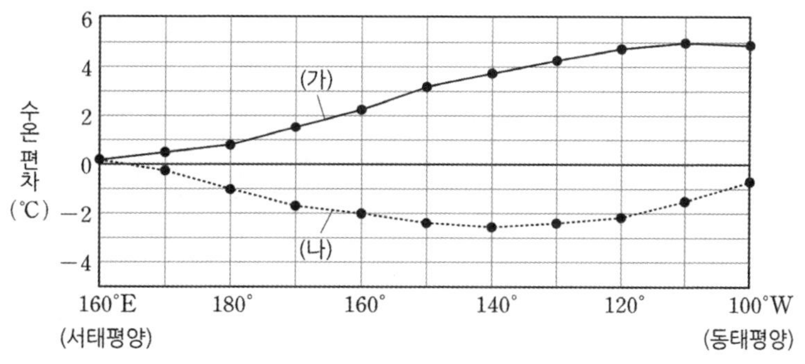

이에 대한 옳은 설명만을 <보기>에서 있는 대로 고른 것은? [3점]

<보 기>

ㄱ. (가)는 엘니뇨 시기이다.
ㄴ. 무역풍의 풍속은 (가)가 (나)보다 크다.
ㄷ. 동태평양 적도 부근 해역의 용승은 (가)가 (나)보다 활발하다.

① ㄱ ② ㄴ ③ ㄱ, ㄷ ④ ㄴ, ㄷ ⑤ ㄱ, ㄴ, ㄷ

10 2018학년도 대학수학능력시험 14번

그림은 엘니뇨 또는 라니냐 중 어느 한 시기의 강수량 편차(관측값-평년값)를 나타낸 것이다.

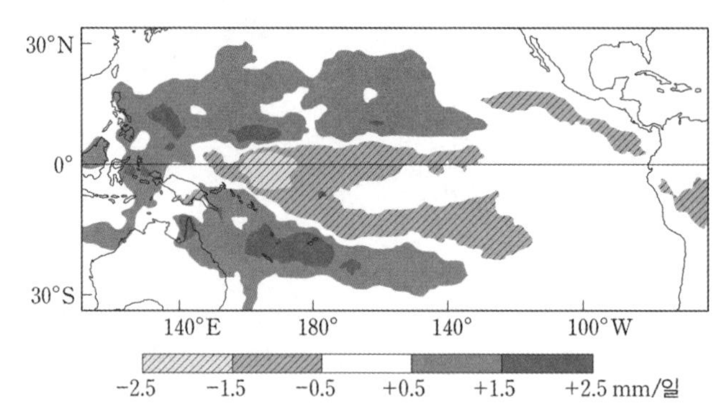

이 자료에 근거해서 평년과 비교할 때, 이 시기에 대한 설명으로 옳은 것만을 <보기>에서 있는 대로 고른 것은? [3점]

<보 기>

ㄱ. 강수량 편차가 +0.05mm/일 이상인 해역은 주로 동태평양 적도 부근에 위치한다.
ㄴ. 서태평양 적도 해역과 동태평양 적도 해역 사이의 해수면 높이 차가 크다.
ㄷ. 남적도 해류가 강하다.

① ㄱ ② ㄴ ③ ㄷ ④ ㄱ, ㄴ ⑤ ㄴ, ㄷ

11 지II 2019학년도 대학수학능력시험 12번

그림 (가)는 태평양 적도 부근 해역에서 무역풍의 동서 성분 풍속 편차를, (나)는 해역 A와 B에서의 기압 편차를 나타낸 것이다. a 시기와 b 시기는 각각 엘니뇨 시기와 라니냐 시기 중 하나이고, A와 B는 각각 동태평양 적도 부근 해역과 서태평양 적도 부근 해역 중 하나이다. 편차는 (관측값-평년값)이다.

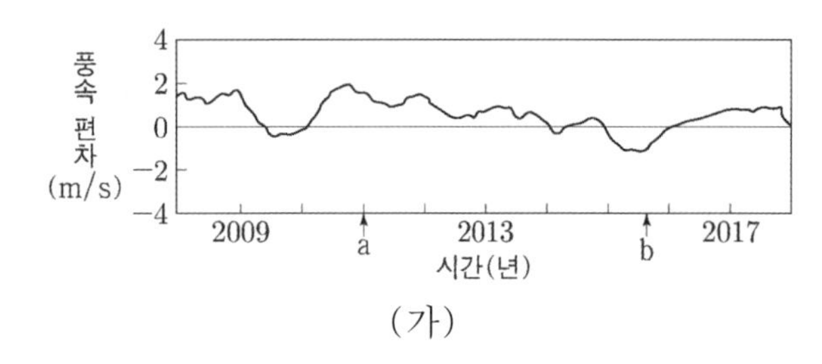

(가)

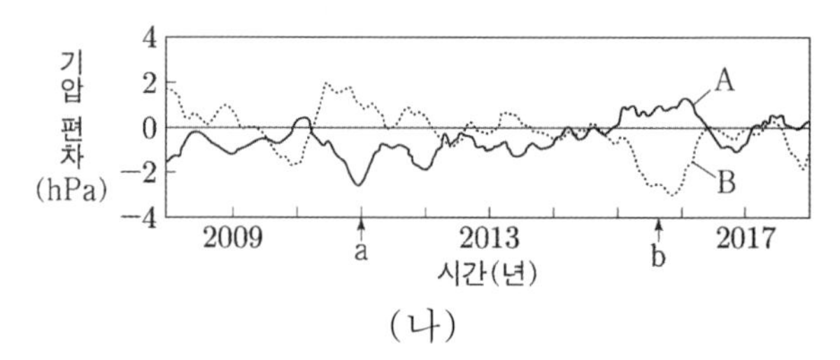

(나)

이 자료에 대한 설명으로 옳은 것만을 <보기>에서 있는 대로 고른 것은? (단, 무역풍에서 서쪽으로 향하는 방향을 양(+)으로 한다.) [3점]

<보 기>

ㄱ. A는 동태평양 적도 부근 해역이다.
ㄴ. a 시기에 표층 수온 편차가 음(-)의 값을 갖는 해역은 B이다.
ㄷ. B에서 수온 약층의 깊이는 b 시기가 a 시기보다 깊다.

① ㄱ ② ㄴ ③ ㄷ ④ ㄱ, ㄴ ⑤ ㄴ, ㄷ

12 2018학년도 9월 모의평가 14번

그림 (가)는 동태평양 적도 부근 해역 표층 해류의 평년 속도를, (나)는 엘니뇨 또는 라니냐가 일어난 어느 시기 표층 해류의 속도 편차(관측 속도−평년 속도)를 나타낸 것이다.

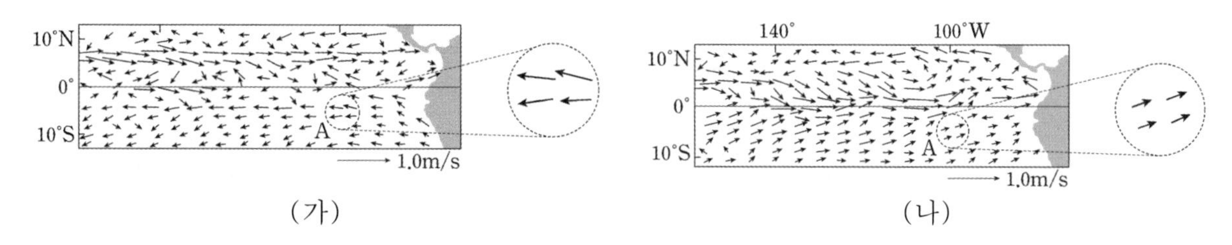

(가) (나)

(나)의 A해역에 대한 설명으로 옳은 것만을 <보기>에서 있는 대로 고른 것은?

<보 기>

ㄱ. 해류는 평년보다 약하다.
ㄴ. 해수면은 평년보다 높다.
ㄷ. 표층 수온은 평년보다 낮다.

① ㄱ ② ㄴ ③ ㄷ ④ ㄱ, ㄴ ⑤ ㄴ, ㄷ

13 지Ⅱ 2020학년도 대학수학능력시험 9번

그림 (가)는 동태평양과 서태평양의 적도 부근 해역에서 관측한 표층 수온을 ∘와 ×로 순서 없이 나타낸 것이다. 그림 (나)는 태평양 적도 부근 해역에서 2년 동안의 강수량 변화에 따른 표층 염분 편차(관측값−평년값)를 나타낸 것이다. A와 B는 각각 엘니뇨와 라니냐 시기 중 하나이고, ㉠은 A와 B 중 하나이다.

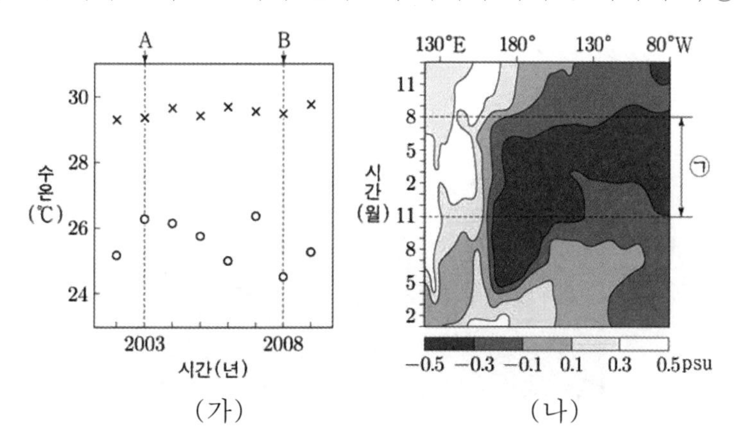

(가) (나)

이 자료에 대한 설명으로 옳은 것만을 <보기>에서 있는 대로 고른 것은? [3점]

<보 기>

ㄱ. (가)에서 시간에 따른 표층 수온 변화는 동태평양이 서태평양보다 크다.
ㄴ. 남적도 해류는 A일 때가 B일 때보다 강하다.
ㄷ. ㉠의 표층 염분 편차는 B일 때 나타난다.

① ㄱ ② ㄴ ③ ㄱ, ㄷ ④ ㄴ, ㄷ ⑤ ㄱ, ㄴ, ㄷ

14 2018학년도 6월 모의평가 19번

그림은 서로 다른 시기에 태평양 적도 부근 해역에서 관측된 바람의 동서 방향 풍속을 나타낸 것이고, (+)는 서풍, (−)는 동풍에 해당한다. (가)와 (나)는 각각 엘니뇨와 라니냐 시기 중 하나이다.

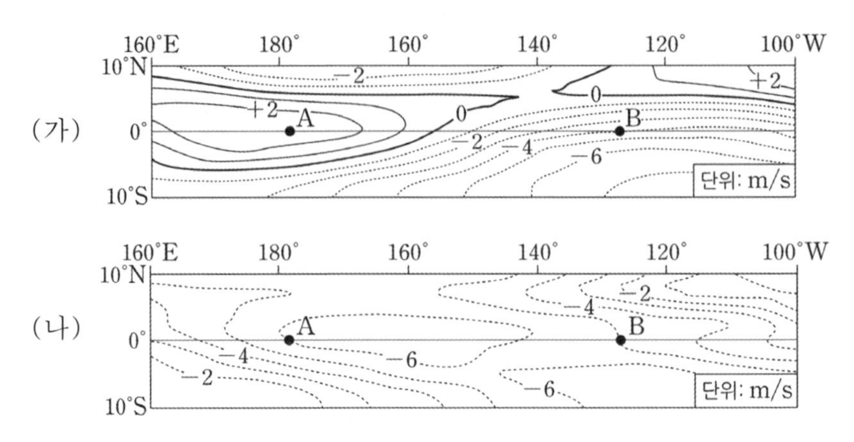

이에 대한 설명으로 옳은 것만을 <보기>에서 있는 대로 고른 것은? [3점]

<보 기>

ㄱ. (가)의 풍속과 (나)의 풍속의 차는 해역 A가 B보다 크다.
ㄴ. 해역 A와 B의 표층 수온 차는 (나)보다 (가)일 때 크다.
ㄷ. 무역풍으로 인해 발생하는 상승 기류는 (나)보다 (가)일 때 더 동쪽에 위치한다.

① ㄱ ② ㄴ ③ ㄱ, ㄷ ④ ㄴ, ㄷ ⑤ ㄱ, ㄴ, ㄷ

15 2018년 7월 학력평가 16번

그림은 동태평양 적도 부근 해역에서 2년 동안의 깊이에 따른 온도를 나타낸 것이다. A와 B는 각각 평상시와 엘니뇨 시기 중 하나이다.

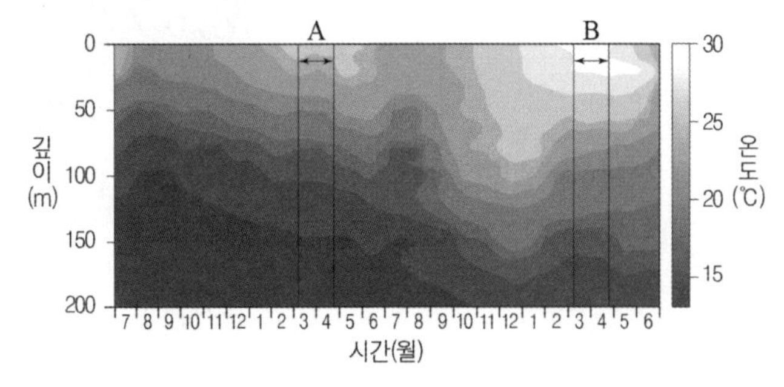

A와 비교한 B에 대한 설명으로 옳은 것만을 <보기>에서 있는 대로 고른 것은?

<보 기>

ㄱ. 무역풍의 세기가 약하다.
ㄴ. 동태평양 적도 부근 해역의 해수면의 높이가 낮다.
ㄷ. 서태평양 적도 부근 해역에서는 상승 기류가 강하다.

① ㄱ ② ㄴ ③ ㄱ, ㄷ ④ ㄴ, ㄷ ⑤ ㄱ, ㄴ, ㄷ

16 2019학년도 6월 모의평가 19번

표의 (가)와 (나)는 태평양 적도 부근 해역에서 관측된 해수면 높이 편차(관측값−평년값)와 엽록소 a 농도 분포를 엘니뇨 시기와 라니냐 시기로 구분하여 순서 없이 나타낸 것이다.

(가)

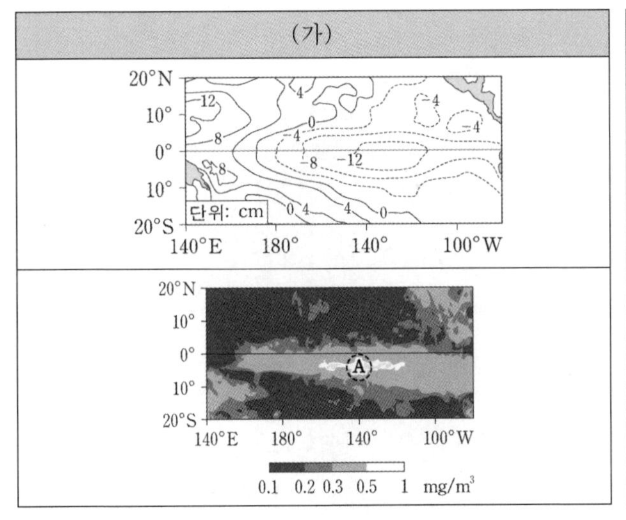

(나)

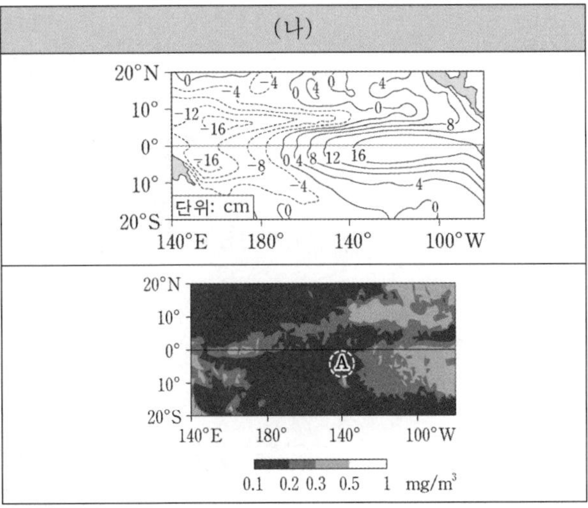

이에 대한 설명으로 옳은 것만을 <보기>에서 있는 대로 고른 것은? [3점]

<보 기>

ㄱ. 무역풍의 세기는 (가)가 (나)보다 강하다.
ㄴ. 동태평양 적도 부근 해역의 따뜻한 해수층의 두께는 (가)가 (나)보다 두껍다.
ㄷ. A해역의 엽록소 a 농도는 엘니뇨 시기가 라니냐 시기보다 높다.

① ㄱ ② ㄷ ③ ㄱ, ㄴ ④ ㄴ, ㄷ ⑤ ㄱ, ㄴ, ㄷ

17 지II 2018학년도 대학수학능력시험 11번

그림은 엘니뇨 또는 라니냐 시기에 태평양 적도 부근 해역에서 관측된, 수온 약층이 나타나기 시작하는 깊이의 편차 (관측 깊이−평년 깊이)를 나타낸 것이다.

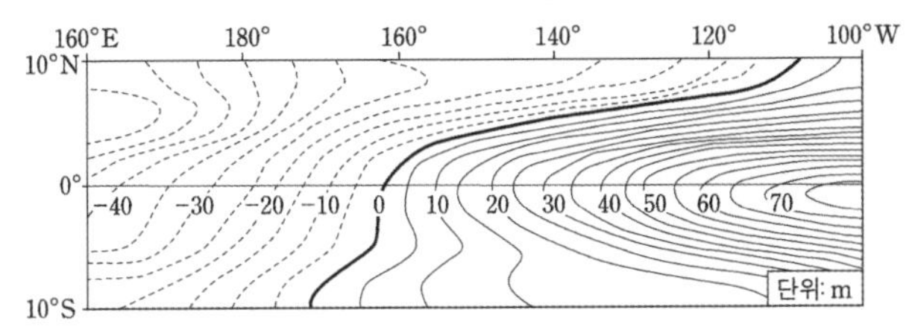

이에 대한 설명으로 옳은 것만을 <보기>에서 있는 대로 고른 것은?

<보 기>

ㄱ. 엘니뇨 시기이다.
ㄴ. 평년에 비해 동태평양 적도 해역에서 혼합층의 두께는 증가한다.
ㄷ. 평년에 비해 동태평양 적도 해역에서 표층 수온은 낮아진다.

① ㄱ ② ㄴ ③ ㄷ ④ ㄱ, ㄴ ⑤ ㄴ, ㄷ

18 지II 2016학년도 대학수학능력시험 15번

그림은 1997년부터 1999년까지 관측한 태평양 적도 해역의 해수면 높이 편차(관측 높이−평년 높이)를 나타낸 것이다.

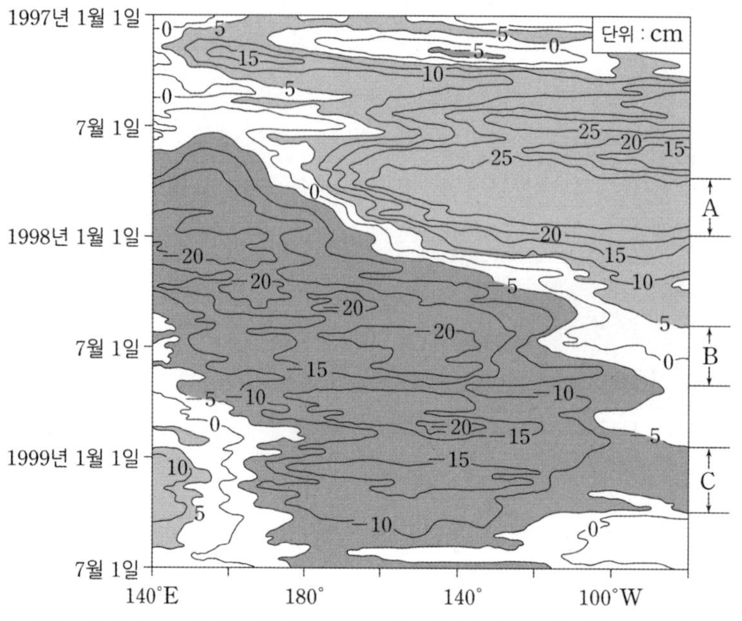

A, B, C 기간을 비교한 설명으로 옳은 것만을 <보기>에서 있는 대로 고른 것은? [3점]

<보 기>

ㄱ. 동태평양 적도 해역에서 해수면 높이는 A보다 C가 낮다.
ㄴ. 무역풍의 세기는 A보다 B가 약하다.
ㄷ. 동태평양 적도 해역에서 수온약층이 나타나는 깊이는 A가 가장 깊다.

① ㄱ ② ㄴ ③ ㄱ, ㄷ ④ ㄴ, ㄷ ⑤ ㄱ, ㄴ, ㄷ

19 2020학년도 9월 모의평가 19번

그림 (가)는 적도 부근 해역에서 서태평양과 동태평양의 겨울철 표층의 평균 수온 차(서태평양 수온 − 동태평양 수온)를, (나)는 (가)의 A와 B 중 한 시기에 관측한 적도 부근 태평양 해역의 동서 방향 풍속 편차(관측값−평년값)를 나타낸 것이다. A와 B는 각각 엘니뇨 시기와 라니냐 시기 중 하나이다. 동쪽으로 향하는 바람을 양(+)으로 한다.

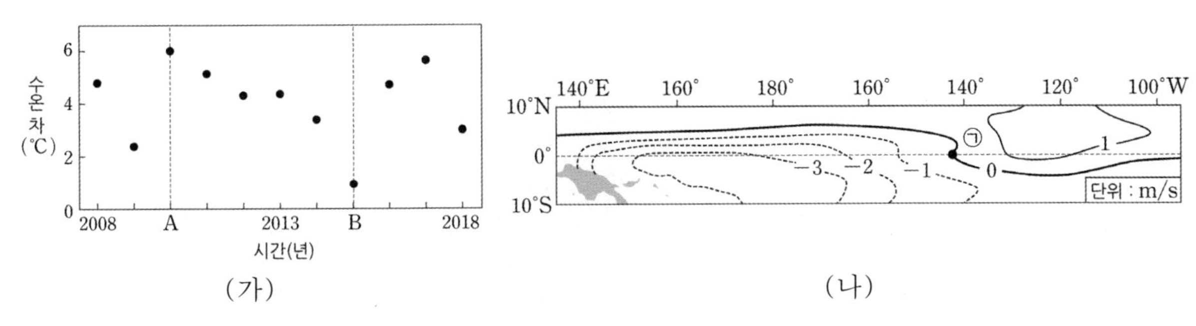

(가) (나)

이 자료에 대한 설명으로 옳은 것만을 <보기>에서 있는 대로 고른 것은? [3점]

<보 기>

ㄱ. (나)는 A에 해당한다.

ㄴ. 상승 기류는 (나)의 ㉠ 해역에서 발생한다.

ㄷ. 서태평양 적도 해역과 동태평양 적도 해역 사이의 해수면 높이 차는 A가 B보다 크다.

① ㄱ ② ㄴ ③ ㄱ, ㄷ ④ ㄴ, ㄷ ⑤ ㄱ, ㄴ, ㄷ

20 2021학년도 6월 모의평가 20번

그림 (가)는 어느 해(Y)에 시작된 엘니뇨 또는 라니냐 시기 동안 태평양 적도 부근에서 기상위성으로 관측한 적외선 방출 복사 에너지의 편차(관측값-평년값)를, (나)는 서태평양과 동태평양에 위치한 각 지점의 해면 기압 편차(관측값-평년값)를 나타낸 것이다. (가)의 시기는 (나)의 ㉠에 해당한다.

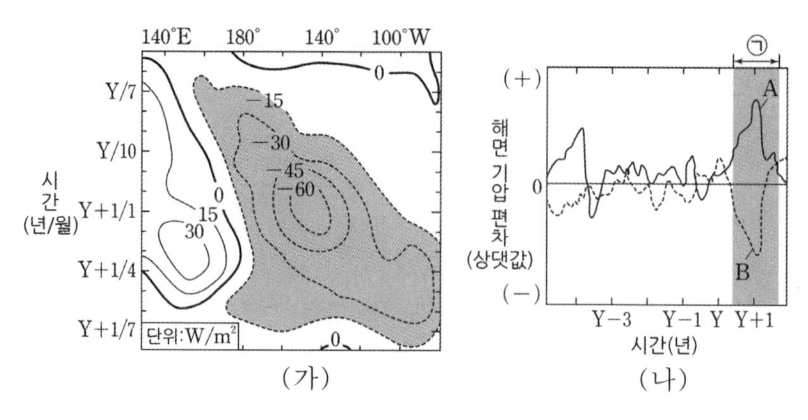

(가) (나)

이 자료에 근거해서 평년과 비교할 때, (가) 시기에 대한 설명으로 옳은 것만을 <보기>에서 있는 대로 고른 것은? [3점]

<보 기>

ㄱ. 동태평양에서 두꺼운 적운형 구름의 발생이 줄어든다.
ㄴ. 워커 순환이 약화된다.
ㄷ. (나)의 A는 서태평양에 해당한다.

① ㄱ ② ㄴ ③ ㄱ, ㄷ ④ ㄴ, ㄷ ⑤ ㄱ, ㄴ, ㄷ

21 2021학년도 9월 모의평가 7번

그림은 태평양 적도 부근 해역에서의 대기 순환 모습을 나타낸 것이다. (가)와 (나)는 각각 엘니뇨와 라니냐 시기 중 하나이다.

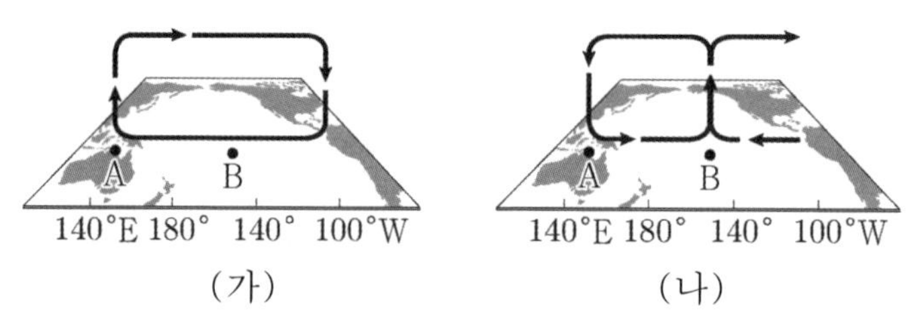

(가) (나)

이에 대한 설명으로 옳은 것만을 <보기>에서 있는 대로 고른 것은? [3점]

<보 기>

ㄱ. 서태평양 적도 부근 무역풍의 세기는 (가)가 (나)보다 강하다.
ㄴ. 동태평양 적도 부근 해역의 용승은 (가)가 (나)보다 강하다.
ㄷ. (B 지점 해면 기압-A 지점 해면 기압)의 값은 (가)가 (나)보다 크다.

① ㄱ ② ㄷ ③ ㄱ, ㄴ ④ ㄴ, ㄷ ⑤ ㄱ, ㄴ, ㄷ

22 2021학년도 대학수학능력시험 20번

그림 (가)는 서태평양 적도 부근 해역의 표층에 도달하는 태양 복사 에너지 편차(관측값−평년값)를, (나)는 태평양 적도 부근 해역에서 A와 B 중 한 시기에 1년 동안 관측한 20 °C 등수온선의 깊이 편차를 나타낸 것이다. A와 B는 각각 엘니뇨와 라니냐 시기 중 하나이다.

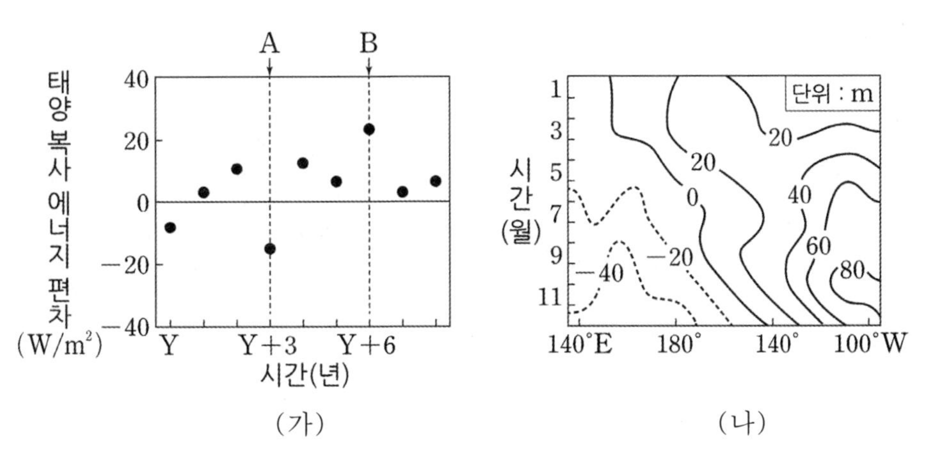

이에 대한 설명으로 옳은 것만을 <보기>에서 있는 대로 고른 것은? [3점]

<보 기>

ㄱ. (나)는 A에 해당한다.

ㄴ. B일 때는 서태평양 적도 부근 해역이 평년보다 건조하다.

ㄷ. 적도 부근에서 $\frac{\text{서태평양 해면 기압}}{\text{동태평양 해면 기압}}$은 A가 B보다 작다.

① ㄱ ② ㄴ ③ ㄱ, ㄷ ④ ㄴ, ㄷ ⑤ ㄱ, ㄴ, ㄷ

23 2022학년도 9월 모의평가 20번

그림의 유형 Ⅰ과 Ⅱ는 두 물리량 x와 y 사이의 대략적인 관계를 나타낸 것이다. 표는 엘니뇨와 라니냐가 일어난 시기에 태평양 적도 부근 해역에서 동시에 관측한 물리량과 이들의 관계 유형을 Ⅰ 또는 Ⅱ로 나타낸 것이다.

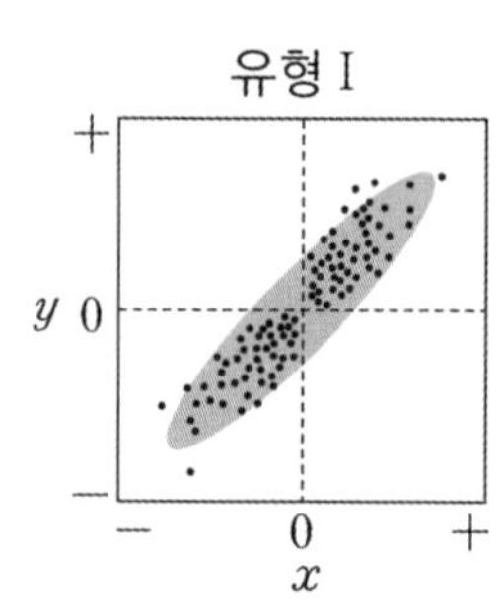

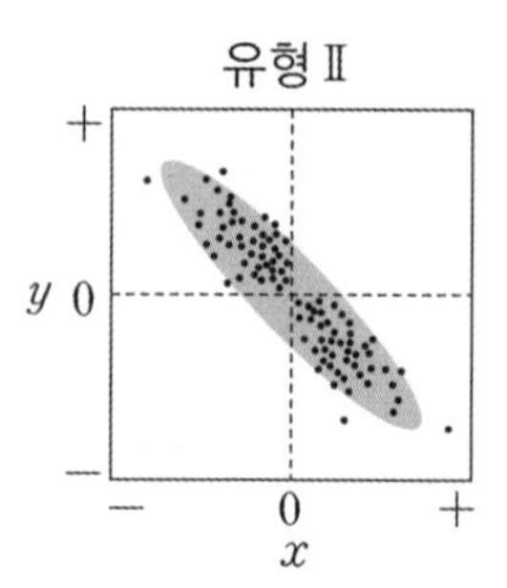

물리량 / 관계 유형	x	y
ⓐ	동태평양에서 적운형 구름양의 편차	(서태평양 해수면 높이−동태평양 해수면높이)의 편차
Ⅰ	서태평양에서의 해면 기압 편차	(㉠)의 편차
ⓑ	(서태평양 해수면 수온−동태평양 해수면수온)의 편차	워커 순환 세기의 편차

(편차=관측값−평년값)

이 자료에 대한 설명으로 옳은 것만을 <보기>에서 있는 대로 고른 것은? [3점]

<보 기>

ㄱ. ⓐ는 Ⅱ이다.
ㄴ. '동태평양에서 수온 약층이 나타나기 시작하는 깊이'는 ㉠에 해당한다.
ㄷ. ⓑ는 Ⅰ이다.

① ㄱ ② ㄷ ③ ㄱ, ㄴ ④ ㄴ, ㄷ ⑤ ㄱ, ㄴ, ㄷ

24 2022학년도 대학수학능력시험 14번

그림은 동태평양 적도 부근 해역에서 A 시기와 B 시기에 관측한 구름의 양을 높이에 따라 나타낸 것이다. A와 B는 각각 엘니뇨 시기와 평상시 중 하나이다.

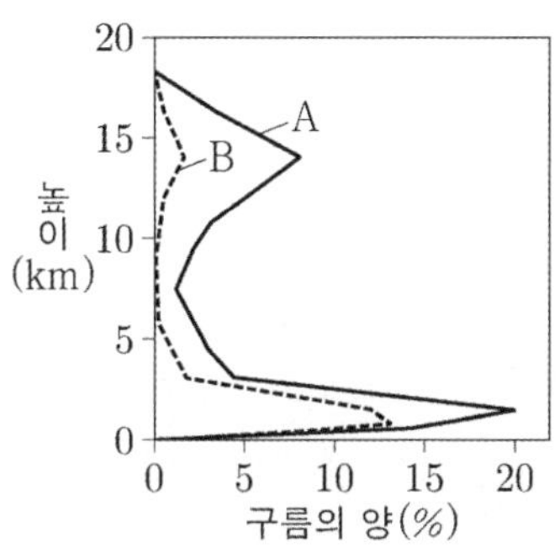

이에 대한 설명으로 옳은 것만을 <보기>에서 있는 대로 고른 것은?

<보 기>

ㄱ. A는 엘니뇨 시기이다.

ㄴ. 서태평양 적도 부근 해역에서 상승 기류는 A가 B보다 활발하다.

ㄷ. 동태평양 적도 부근 해역에서 수온 약층이 나타나기 시작하는 깊이는 A가 B보다 얕다.

① ㄱ　② ㄴ　③ ㄱ, ㄷ　④ ㄴ, ㄷ　⑤ ㄱ, ㄴ, ㄷ

25 2020년 4월 학력평가 12번

그림은 2004년 1월부터 2016년 1월까지 서로 다른 관측소 A와 B에서 측정한 대기 중 이산화 탄소와 메테인의 농도 변화를 나타낸 것이다. A와 B는 각각 30°N과 30°S에 위치한 관측소 중 하나이다.

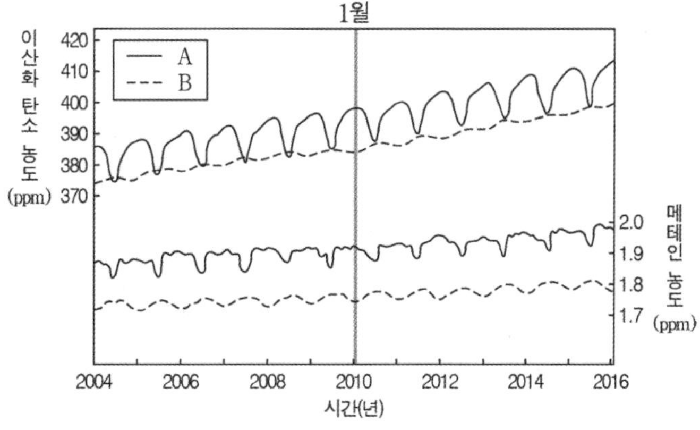

이 자료에 대한 설명으로 옳은 것만을 <보기>에서 있는 대로 고른 것은?

<보 기>

ㄱ. A는 30°N에 위치한 관측소이다.

ㄴ. 2010년 1월에 이산화 탄소의 평균 농도는 A보다 B가 높다.

ㄷ. 이 기간 동안 기체 농도의 평균 증가율은 이산화 탄소보다 메테인이 크다.

① ㄱ　② ㄴ　③ ㄱ, ㄷ　④ ㄴ, ㄷ　⑤ ㄱ, ㄴ, ㄷ

26 2021학년도 6월 모의평가 13번

그림은 지구 자전축 경사각의 변화를 나타낸 것이다.

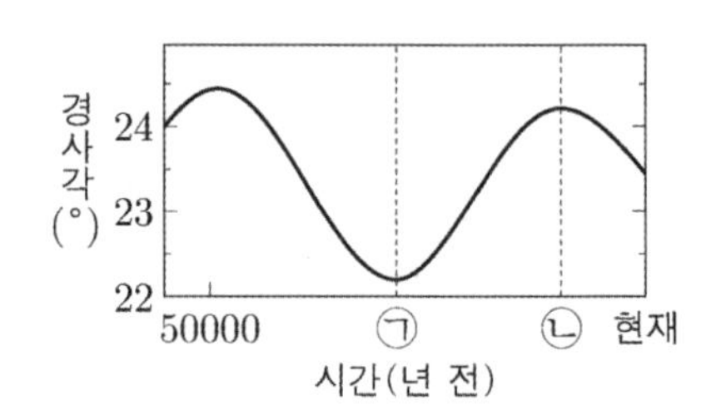

이에 대한 설명으로 옳은 것만을 <보기>에서 있는 대로 고른 것은? (단, 지구 자전축 경사각 이외의 요인은 변하지 않는다.)

<보 기>

ㄱ. 30° S에서 기온의 연교차는 현재가 ㉡ 시기보다 작다.

ㄴ. 30° N에서 겨울철 태양의 남중 고도는 현재가 ㉠ 시기보다 높다.

ㄷ. 1년 동안 지구에 입사하는 평균 태양 복사 에너지양은 ㉠ 시기가 ㉡ 시기보다 많다.

① ㄱ ② ㄴ ③ ㄷ ④ ㄱ, ㄴ ⑤ ㄱ, ㄷ

27 2018학년도 9월 모의평가 6번

다음은 온실 기체의 특성을 알아보기 위한 실험이다.

[실험 과정]

(가) 아랫면을 랩으로 막은 상자, 온도계, 적외선 등을 그림과 같이 설치한다.

(나) 상자 윗면을 랩으로 막고 초기 온도를 측정한 후, 적외선 등을 켜고 상자 안의 온도 변화를 5분간 측정한다.

(다) 상자에 이산화 탄소를 넣은 후 (나) 과정을 수행한다.

(라) 상자에 (다)에서 넣은 이산화 탄소량의 2배를 넣은 후 (나) 과정을 수행한다.

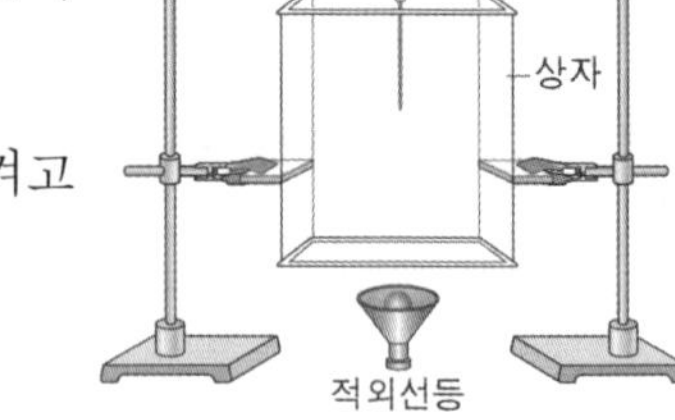

[실험 결과]

실험 과정	(나)	(다)	(라)
초기 온도(℃)	14.0	14.0	14.0
5분 후 온도(℃)	14.7	15.1	(㉠)

이에 대한 설명으로 옳은 것만을 <보기>에서 있는 대로 고른 것은? [3점]

<보 기>

ㄱ. 적외선 등을 상자 아래에서 켠 것은 지표 복사를 나타낸다.

ㄴ. 상자 안 기체의 적외선 흡수량은 (나)가 (다)보다 많다.

ㄷ. ㉠은 15.1보다 크다.

① ㄱ ② ㄴ ③ ㄱ, ㄷ ④ ㄴ, ㄷ ⑤ ㄱ, ㄴ, ㄷ

28 2019학년도 6월 모의평가 12번

그림은 밀란코비치 주기를 이용하여, 위도별로 지구에 도달하는 태양 복사 에너지양의 편차(과거 추정값−현재 평균값)를 나타낸 것이다. 그림에서 북반구는 7월에 여름이고, 1월에 겨울이다.

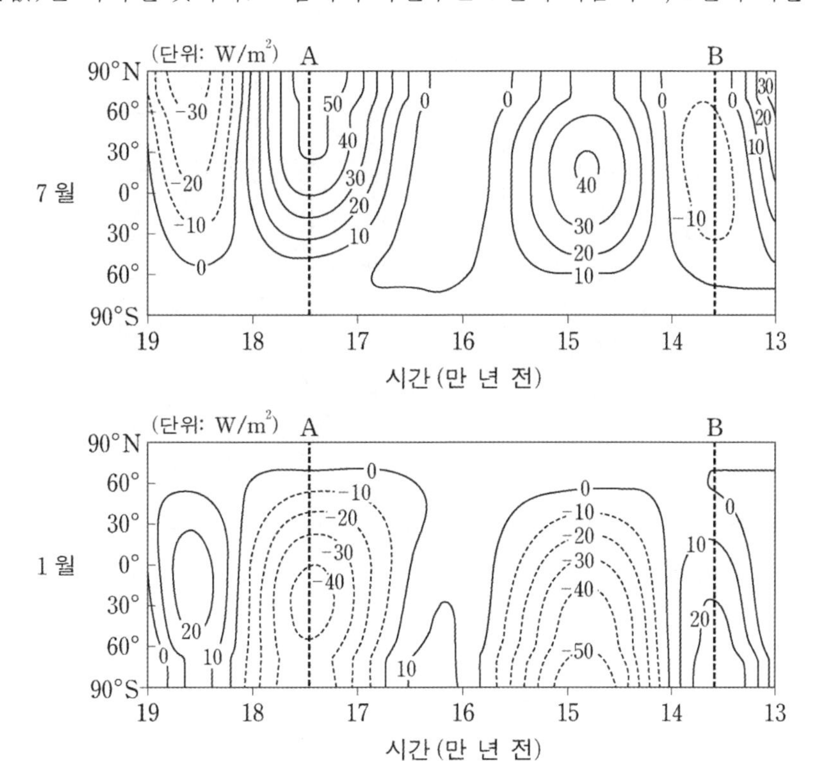

이 자료에 대한 설명으로 옳은 것만을 <보기>에서 있는 대로 고른 것은? (단, 공전 궤도 이심률, 자전축 경사각, 세차 운동 이외의 요인은 고려하지 않는다.) [3점]

<보 기>

ㄱ. 7월의 30°S에 도달하는 태양 복사 에너지양은 A시기가 현재보다 많다.

ㄴ. 1월의 30°N에 도달하는 태양 복사 에너지양은 A시기가 B시기보다 많다.

ㄷ. 30°S에서 기온의 연교차(1월 평균 기온−7월 평균 기온)는 A시기가 B시기보다 크다.

① ㄱ ② ㄴ ③ ㄱ, ㄷ ④ ㄴ, ㄷ ⑤ ㄱ, ㄴ, ㄷ

29 2018년 10월 학력평가 16번

그림은 지구 자전축의 경사각이 22.5°에서 θ로 변할 때, 지구에 도달하는 위도별 태양 복사 에너지의 월별 변화량을 나타낸 것이다.

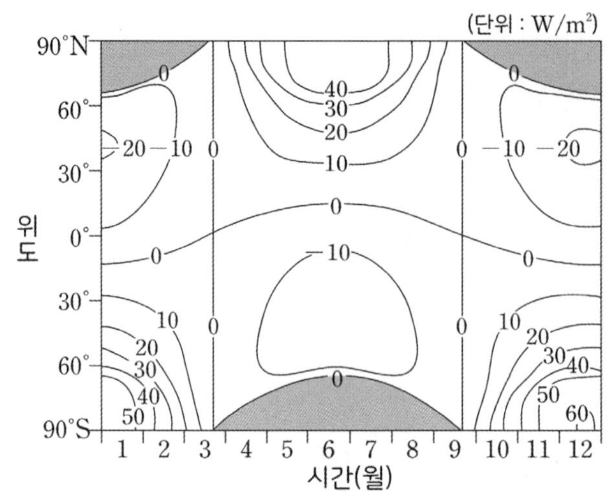

지구 자전축의 경사각이 22.5°에서 θ로 변할 때 증가하는 값만을 <보기>에서 있는 대로 고른 것은? (단, 지구 자전축 경사각 이외의 요인은 변하지 않는다고 가정한다.) [3점]

<보 기>

ㄱ. 지구 공전 궤도면과 자전축이 이루는 각

ㄴ. 위도 40°N에서 여름철에 입사하는 태양 복사 에너지양

ㄷ. 남반구 중위도에서 기온의 연교차

① ㄱ ② ㄷ ③ ㄱ, ㄴ ④ ㄴ, ㄷ ⑤ ㄱ, ㄴ, ㄷ

30 2019학년도 대학수학능력시험 19번

그림 (가)는 2003년부터 2012년까지 남극 대륙과 그린란드의 빙하량 변화를, (나)는 같은 기간 동안 빙하의 총누적 변화량을 나타낸 것이다.

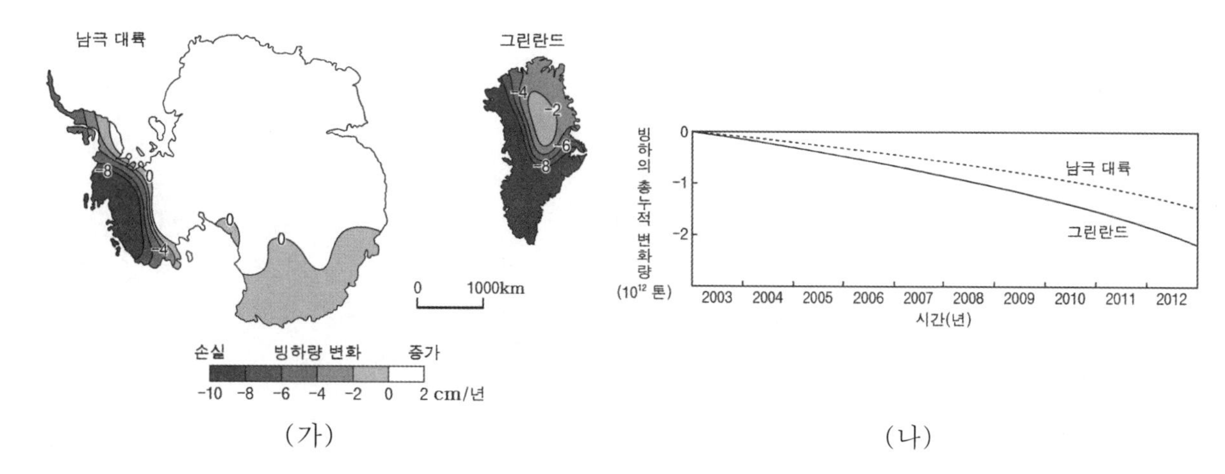

(가) (나)

이 기간 동안의 변화에 대한 설명으로 옳은 것만을 <보기>에서 있는 대로 고른 것은?

<보 기>

ㄱ. $\frac{\text{빙하가 손실된 육지 면적}}{\text{전체 육지 면적}}$의 값은 남극 대륙보다 그린란드가 크다.

ㄴ. 남극 대륙에서는 빙하의 증가량보다 손실량이 크다.

ㄷ. 그린란드의 지표면에서 태양 복사 에너지의 반사율은 증가하였다.

① ㄱ ② ㄷ ③ ㄱ, ㄴ ④ ㄴ, ㄷ ⑤ ㄱ, ㄴ, ㄷ

31 2017학년도 9월 모의평가 15번

그림 (가)와 (나)는 각각 현재와 미래 어느 시점의 지구 자전축의 경사 방향과 경사각을 나타낸 것이다.

(가) (나)

(나)일 때가 (가)일 때보다 큰 값을 갖는 것만을 <보기>에서 있는 대로 고른 것은? (단, 지구 자전축의 경사 방향 및 경사각의 변화 이외의 요인은 변하지 않는다고 가정한다.) [3점]

<보 기>

ㄱ. 남반구 기온의 연교차

ㄴ. 우리나라 겨울철 태양의 남중 고도

ㄷ. 1년 동안 지구에 도달하는 태양 복사 에너지의 양

① ㄱ ② ㄴ ③ ㄷ ④ ㄱ, ㄴ ⑤ ㄴ, ㄷ

32 2017년 3월 학력평가 14번

그림은 1920년부터 2015년까지 북반구와 남반구에서의 기온 편차(관측값-평균값)를 나타낸 것이다.

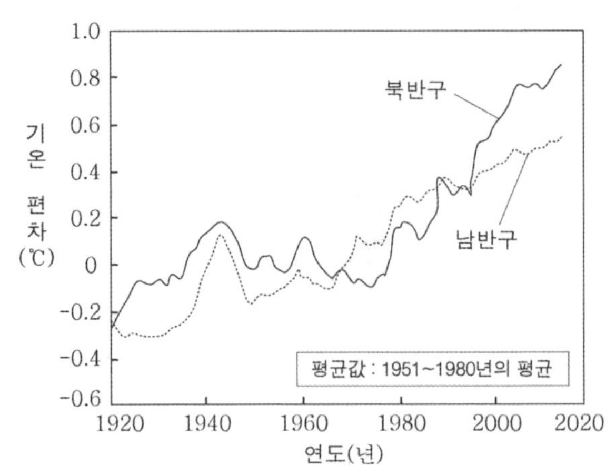

이에 대한 옳은 설명만을 <보기>에서 있는 대로 고른 것은?

<보 기>

ㄱ. 이 기간 동안의 지구 평균 기온은 대체로 상승하였다.
ㄴ. 이 기간 동안의 기온 변화는 남반구보다 북반구에서 더 크다.
ㄷ. 1960년 이후 극지방의 반사율은 대체로 감소하였을 것이다.

① ㄱ ② ㄴ ③ ㄱ, ㄷ ④ ㄴ, ㄷ ⑤ ㄱ, ㄴ, ㄷ

33 2015년 7월 학력평가 15번

다음은 북극권의 다양한 기후 피드백 작용을 나타낸 것이다.

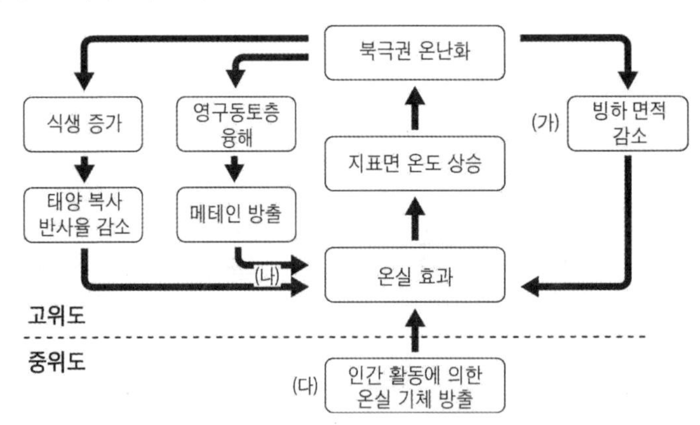

이에 대한 설명으로 옳은 것만을 <보기>에서 있는 대로 고른 것은?

<보 기>

ㄱ. (가)의 결과, 지표면의 반사율이 증가한다.
ㄴ. (나)는 북극권의 온난화를 강화시키는 작용이다.
ㄷ. (다)의 온실 기체 중 가장 많은 양을 차지하는 것은 메테인이다.

① ㄱ ② ㄴ ③ ㄱ, ㄷ ④ ㄴ, ㄷ ⑤ ㄱ, ㄴ, ㄷ

34 2017학년도 9월 모의평가 17번

그림 (가)와 (나)는 1월과 7월에 관측한 (태양 복사 에너지양 − 지구 복사 에너지양)을 순서 없이 나타낸 것이다.

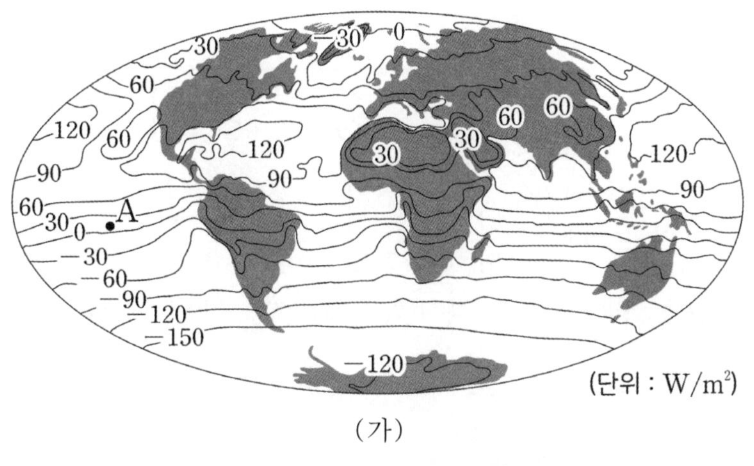

(가)

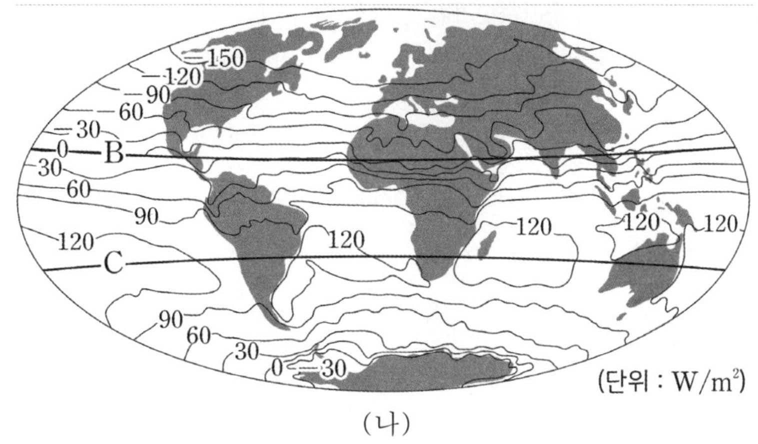

(나)

이에 대한 설명으로 옳은 것만을 <보기>에서 있는 대로 고른 것은? [3점]

<보 기>

ㄱ. (가)는 1월에 관측한 것이다.

ㄴ. (가)의 A 지역에서 에너지는 북쪽 방향으로 이동한다.

ㄷ. (나)에서 에너지 이동량은 B 위도대가 C 위도 대보다 크다.

① ㄱ　② ㄴ　③ ㄷ　④ ㄱ, ㄷ　⑤ ㄴ, ㄷ

35 2016학년도 6월 모의평가 13번

그림은 지구에 도달하는 태양 복사 에너지를 100이라고 할 때, 복사 평형 상태에 있는 지구의 열수지를 나타낸 것이다.

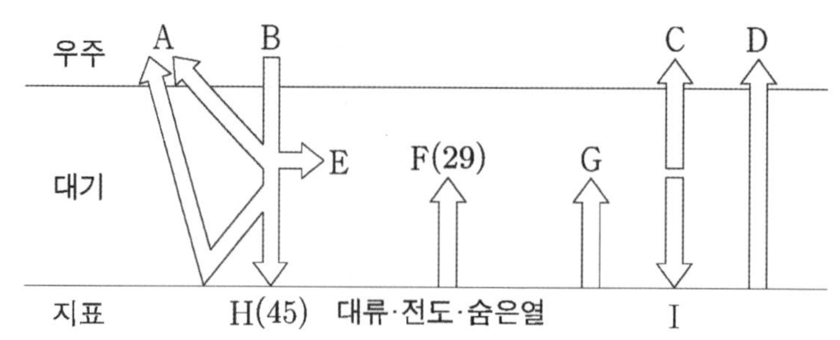

이에 대한 설명으로 옳은 것만을 <보기>에서 있는 대로 고른 것은? [3점]

<보 기>

ㄱ. B+I < A+D+E+G

ㄴ. 대기 중 이산화 탄소의 양이 증가하면 I가 증가한다.

ㄷ. 지표에서 적외선 복사 에너지의 방출량은 흡수량보다 많다.

① ㄱ ② ㄴ ③ ㄱ, ㄷ ④ ㄴ, ㄷ ⑤ ㄱ, ㄴ, ㄷ

36 2020학년도 대학수학능력시험 10번

그림 (가)는 복사 평형 상태에 있는 지구의 열수지를, (나)는 파장에 따른 대기의 지구 복사 에너지 흡수도를 나타낸 것이다. ㉠, ㉡, ㉢은 파장 영역에 해당한다.

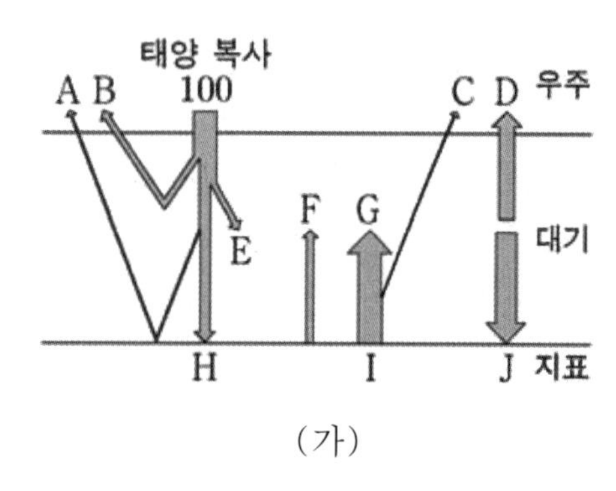

(가)

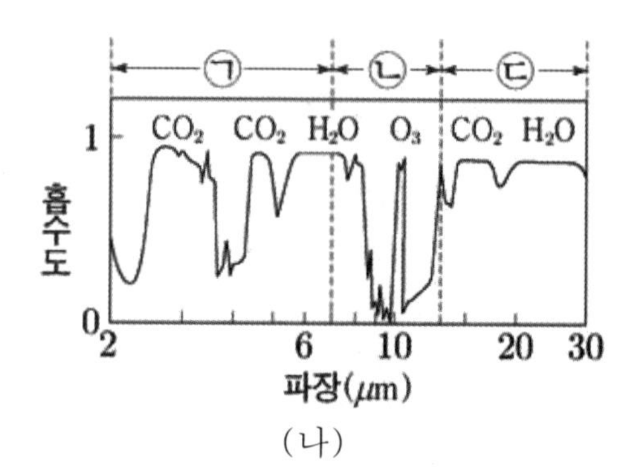

(나)

이에 대한 설명으로 옳은 것만을 <보기>에서 있는 대로 고른 것은?

<보 기>

ㄱ. $\frac{E+H-C}{D}=1$이다.

ㄴ. C는 대부분 ㉠으로 방출되는 에너지양이다.

ㄷ. 대규모 산불이 진행되는 동안 발생하는 다량의 기체는 대기의 지구 복사 에너지 흡수도를 증가시킨다.

① ㄱ ② ㄴ ③ ㄱ, ㄷ ④ ㄴ, ㄷ ⑤ ㄱ, ㄴ, ㄷ

37 2019년 7월 학력평가 14번

그림은 대기 중 이산화 탄소 농도가 현재보다 2배 증가할 경우 위도에 따른 기온 변화량(예측 기온-현재 기온) 예상도이다.

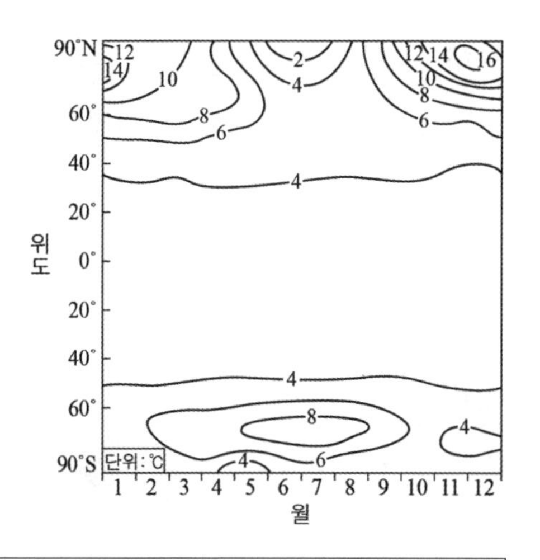

이에 대한 설명으로 옳은 것만을 <보기>에서 있는 대로 고른 것은? [3점]

<보 기>

ㄱ. 평균 해수면은 상승할 것이다.
ㄴ. 60°N의 기온 연교차는 현재보다 증가할 것이다.
ㄷ. 겨울철 극지방의 기온 변화량은 북반구보다 남반구가 더 크다.

① ㄱ ② ㄷ ③ ㄱ, ㄴ ④ ㄴ, ㄷ ⑤ ㄱ, ㄴ, ㄷ

38 2016년 10월 학력평가 7번

표는 자외선 A, B의 특징을, 그림은 우리나라 어느 지역의 지표에서 측정한 월별 자외선 A, B의 세기를 나타낸 것이다.

구분	파장 범위	지표 도달 비율
자외선 A	320~400 nm	약 95%
자외선 B	280~320 nm	약 10%

$*$ 지표 도달 비율(%) = $\frac{\text{지표에 도달한 양}}{\text{성층권에 입사한 양}} \times 100$

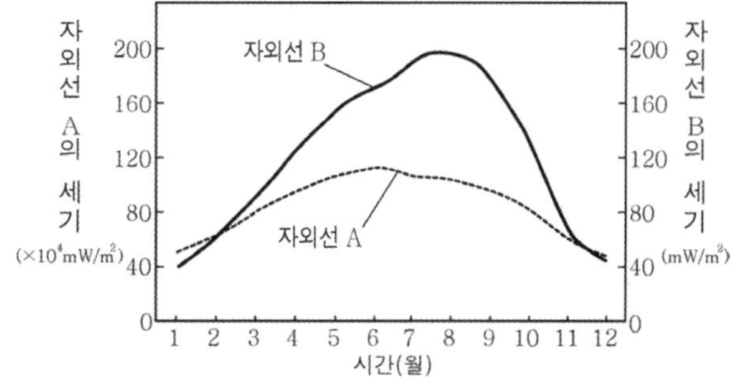

이 자료에 대한 옳은 설명만을 <보기>에서 있는 대로 고른 것은? [3점]

<보 기>

ㄱ. 오존층에서 흡수되는 비율은 자외선 B가 자외선 A보다 크다.
ㄴ. 이 지역의 지표에 도달하는 자외선 B의 세기는 태양의 남중 고도가 가장 높을 때 최대이다.
ㄷ. 이 지역의 지표에 도달하는 자외선 세기의 연간 변화율은 자외선 B가 자외선 A보다 크다.

① ㄱ ② ㄷ ③ ㄱ, ㄴ ④ ㄱ, ㄷ ⑤ ㄴ, ㄷ

39 2020학년도 6월 모의평가 12번

그림 (가)는 지구에 입사하는 파장별 태양 복사 에너지의 세기를, (나)는 복사 평형 상태에 있는 지구의 열수지를 나타낸 것이다.

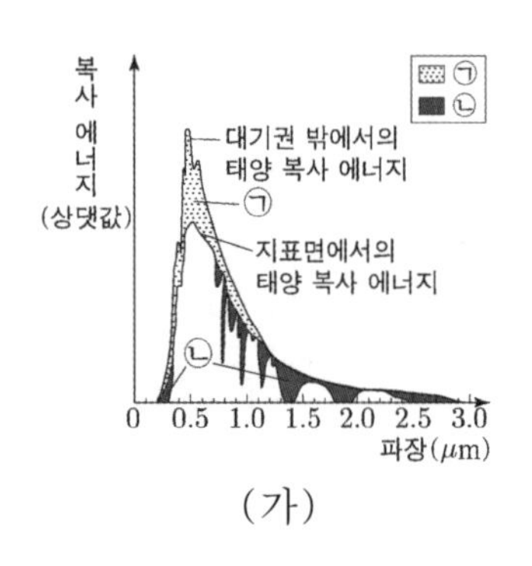

(가)

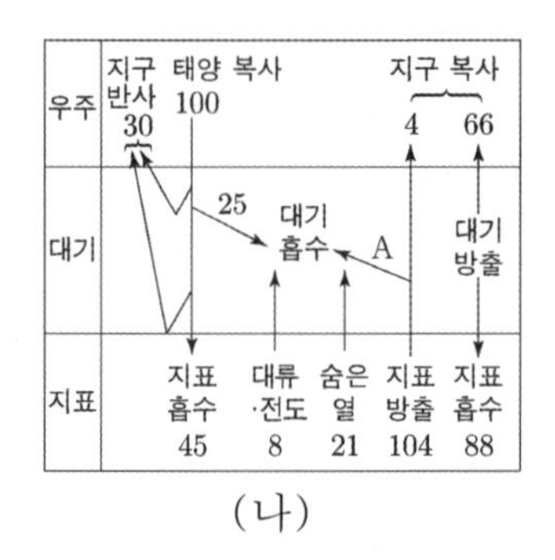

(나)

이에 대한 설명으로 옳은 것만을 <보기>에서 있는 대로 고른 것은? [3점]

<보 기>

ㄱ. (가)에서 지표에 흡수되는 태양 복사 에너지는 자외선 영역이 적외선 영역보다 적다.
ㄴ. 성층권에 도달한 다량의 화산재는 ㉠을 감소 시킨다.
ㄷ. ㉡은 A에 해당한다.

① ㄱ ② ㄷ ③ ㄱ, ㄴ ④ ㄴ, ㄷ ⑤ ㄱ, ㄴ, ㄷ

40 2019년 3월 학력평가 18번

그림 (가)는 10만 년 전부터 현재까지의 지구 공전 궤도 이심률 변화를, (나)는 현재 지구의 북반구 어느 한 지점에서 여름과 겨울에 촬영한 태양 상을 나타낸 것이다.

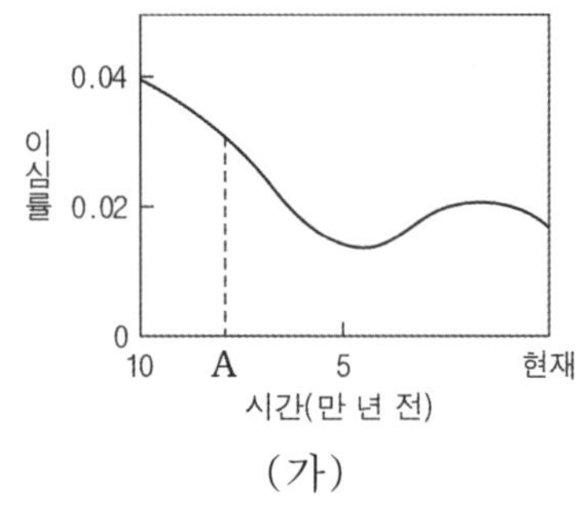

(가)

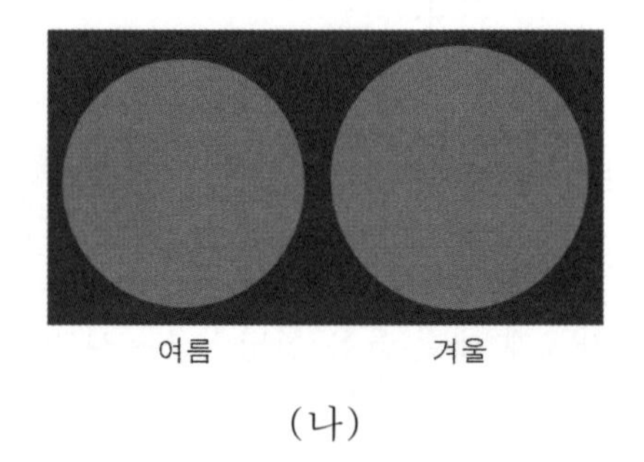

(나)

이에 대한 설명으로 옳은 것만을 <보기>에서 있는 대로 고른 것은? (단, 지구 공전 궤도 이심률 이외의 요인은 변하지 않는다고 가정한다.) [3점]

<보 기>

ㄱ. 지구 공전 궤도의 원일점에서 태양까지의 거리는 현재보다 A 시기가 가깝다.
ㄴ. 현재 지구가 근일점에 위치할 때 북반구는 겨울이다.
ㄷ. 북반구 기온의 연교차는 현재보다 A 시기가 작다.

① ㄱ ② ㄴ ③ ㄱ, ㄷ ④ ㄴ, ㄷ ⑤ ㄱ, ㄴ, ㄷ

41 2018학년도 6월 모의평가 17번

그림은 복사 평형 상태에 있는 지구의 열수지를 나타낸 것이다.

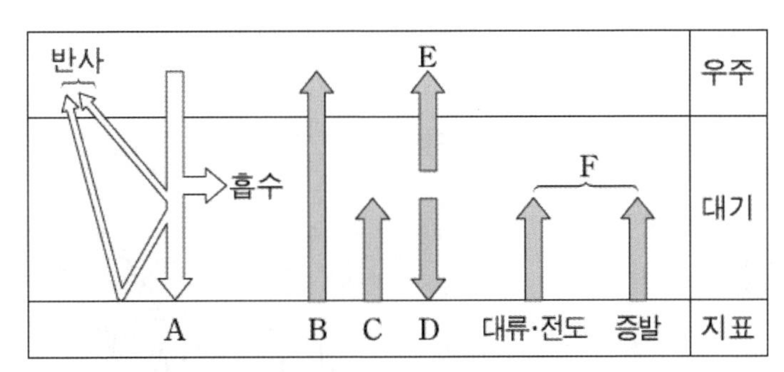

이에 대한 설명으로 옳은 것만을 <보기>에서 있는 대로 고른 것은?

<보 기>

ㄱ. (A+D)와 (B+C)의 차는 F와 같다.
ㄴ. 지구 온난화가 진행되면 D는 증가한다.
ㄷ. F가 일정할 때, 사막의 면적이 넓어지면 대류 · 전도에 의한 열전달이 증가한다.

① ㄱ ② ㄷ ③ ㄱ, ㄴ ④ ㄴ, ㄷ ⑤ ㄱ, ㄴ, ㄷ

42 2020학년도 대학수학능력시험 19번

그림 (가)와 (나)는 지구의 공전 궤도 이심률과 자전축 경사각의 변화를 각각 나타낸 것이다. 지구 자전축 세차 운동의 주기는 약 26000년이고 방향은 지구 공전 방향과 반대이다.

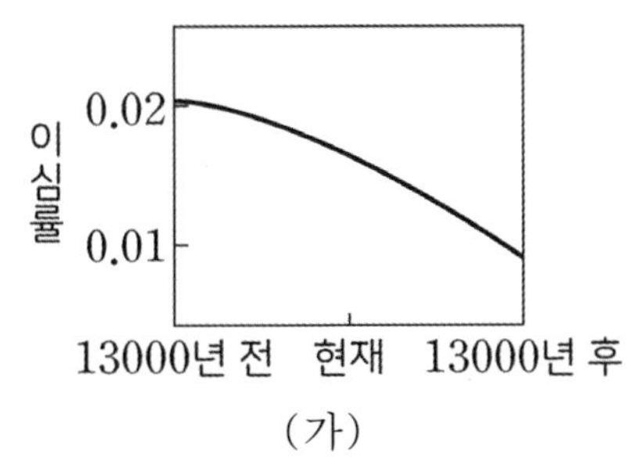

(가)

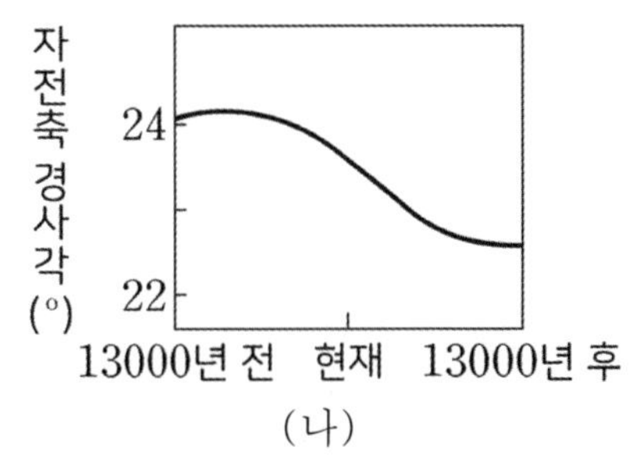

(나)

이에 대한 설명으로 옳은 것만을 <보기>에서 있는 대로 고른 것은? (단, 지구의 공전 궤도 이심률, 자전축 경사각, 세차 운동 이외의 요인은 변하지 않는다.)

<보 기>

ㄱ. 원일점에서 30°S의 밤의 길이는 현재가 13000년 전보다 짧다.
ㄴ. 30°N에서 기온의 연교차는 현재가 13000년 전보다 작다.
ㄷ. 30°S의 겨울철 태양의 남중 고도는 6500년 후가 현재보다 낮다.

① ㄱ ② ㄴ ③ ㄱ, ㄷ ④ ㄴ, ㄷ ⑤ ㄱ, ㄴ, ㄷ

43 2021학년도 9월 모의평가 14번

그림은 기후 변화 요인 ㉠과 ㉡을 고려하여 추정한 지구 평균 기온 편차(추정값−기준값)와 관측 기온 편차(관측값−기준값)를 나타낸 것이다. ㉠과 ㉡은 각각 온실 기체와 자연적 요인 중 하나이고, 기준값은 1880년~1919년의 평균 기온이다.

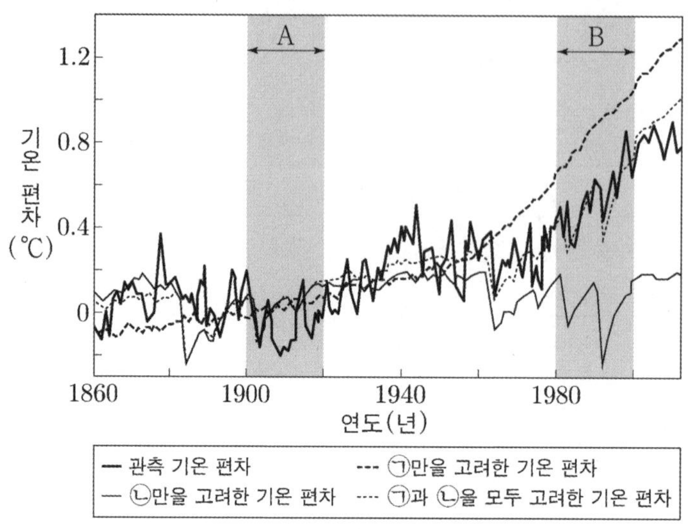

이에 대한 설명으로 옳은 것만을 <보기>에서 있는 대로 고른 것은? [3점]

<보 기>

ㄱ. 지구 해수면의 평균 높이는 B 시기가 A 시기보다 높다.
ㄴ. 대기권에 도달하는 태양 복사 에너지양의 변화는 ㉡에 해당한다.
ㄷ. B 시기의 관측 기온 변화 추세는 자연적 요인보다 온실 기체에 의한 영향이 더 크다.

① ㄱ ② ㄷ ③ ㄱ, ㄴ ④ ㄴ, ㄷ ⑤ ㄱ, ㄴ, ㄷ

44 2021학년도 대학수학능력시험 10번

그림 (가)는 전 지구와 안면도의 대기 중 CO_2 농도를, (나)는 전 지구와 우리나라의 기온 편차(관측값－평년값)를 나타낸 것이다.

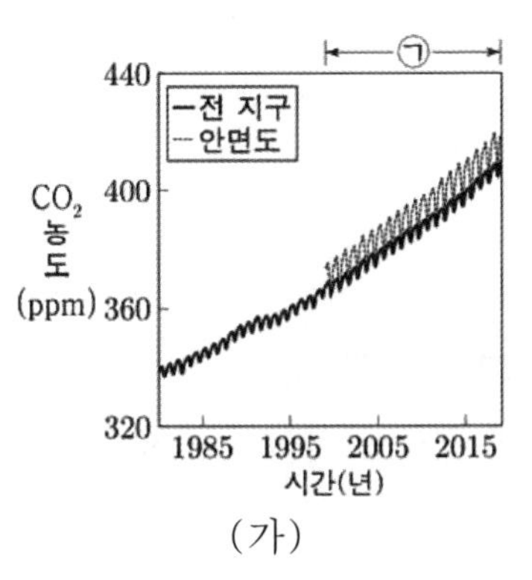

(가)

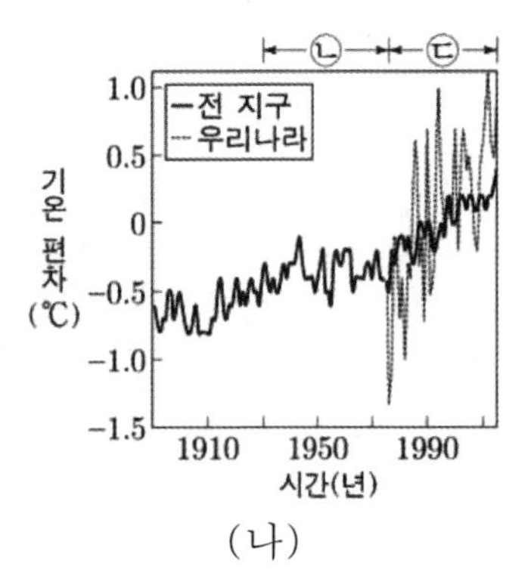

(나)

이 자료에 대한 설명으로 옳은 것만을 <보기>에서 있는 대로 고른 것은?

<보 기>

ㄱ. ㉠ 시기 동안 CO_2 평균 농도는 안면도가 전 지구보다 낮다.

ㄴ. ㉢ 시기 동안 기온 상승률은 전 지구가 우리나라보다 작다.

ㄷ. 전 지구 해수면의 평균 높이는 ㉡ 시기가 ㉢ 시기보다 낮다.

① ㄱ ② ㄷ ③ ㄱ, ㄴ ④ ㄴ, ㄷ ⑤ ㄱ, ㄴ, ㄷ

45 2021년 7월 학력평가 14번

그림은 과거 지구 자전축의 경사각과 지구 공전 궤도 이심률 변화를 나타낸 것이다.

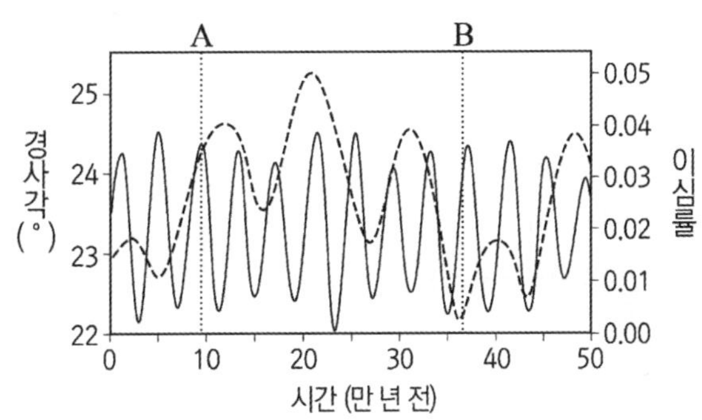

이에 대한 설명으로 옳은 것만을 <보기>에서 있는 대로 고른 것은?(단, 지구 자전축 경사각과 지구 공전 궤도 이심률 이외의 조건은 고려하지 않는다.) [3점]

<보 기>

ㄱ. 지구 자전축 경사각 변화의 주기는 6만 년보다 짧다.

ㄴ. A 시기의 남반구 기온의 연교차는 현재보다 크다.

ㄷ. 원일점과 근일점에서 태양까지의 거리 차는 A 시기가 B 시기보다 크다.

① ㄱ ② ㄷ ③ ㄱ, ㄴ ④ ㄴ, ㄷ ⑤ ㄱ, ㄴ, ㄷ

46 2022학년도 6월 모의평가 12번

다음은 기후 변화 요인 중 지구 자전축 기울기 변화의 영향을 알아보기 위한 탐구이다.

[탐구 과정]

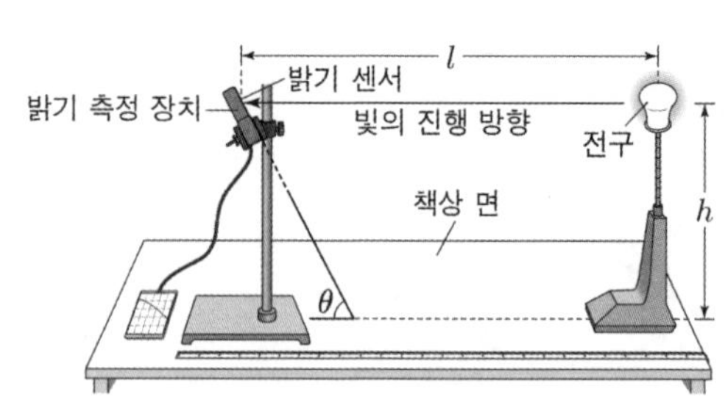

(가) 실험실을 어둡게 한 후 그림과 같이 밝기 측정 장치와 전구를 설치하고 전원을 켠다.

(나) 각도기를 사용하여 ㉠ 밝기 측정 장치와 책상 면이 이루는 각(θ)이 70°가 되도록 한다.

(다) 밝기 센서에 측정된 밝기(lux)를 기록한다.

(라) 밝기 센서에서 전구까지의 거리(l)와 밝기 센서의 높이(h)를 일정하게 유지하면서, θ를 10°씩 줄이며 20°가 될 때까지 (다)의 과정을 반복한다.

[탐구 결과]

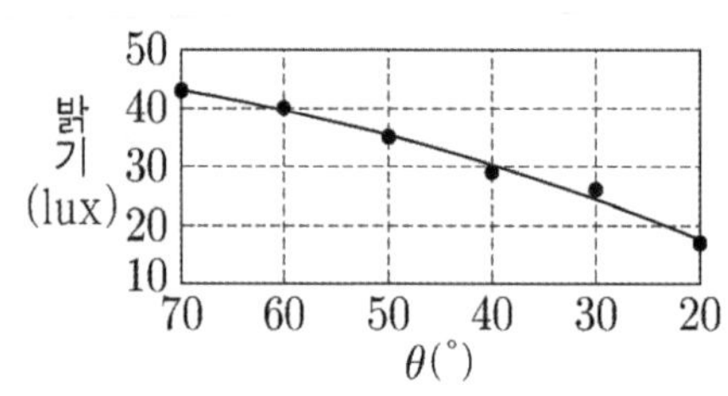

이에 대한 설명으로 옳은 것만을 <보기>에서 있는 대로 고른 것은?3점

이에 대한 설명으로 옳은 것만을 <보기>에서 있는 대로 고른 것은? [3점]

<보 기>

ㄱ. ㉠의 크기는 '태양의 남중 고도'에 해당한다.

ㄴ. 측정된 밝기는 θ가 클수록 감소한다.

ㄷ. 다른 요인의 변화가 없다면 지구 자전축의 기울기가 커질수록 우리나라 기온의 연교차는 감소한다.

① ㄱ ② ㄴ ③ ㄱ, ㄷ ④ ㄴ, ㄷ ⑤ ㄱ, ㄴ, ㄷ

47 2022학년도 9월 모의평가 5번

그림 (가)는 2004년부터의 그린란드 빙하의 누적 융해량을, (나)는 전 지구에서 일어난 빙하 융해와 해수 열팽창에 의한 평균 해수면의 높이 편차(관측값－2004년 값)를 나타낸 것이다.

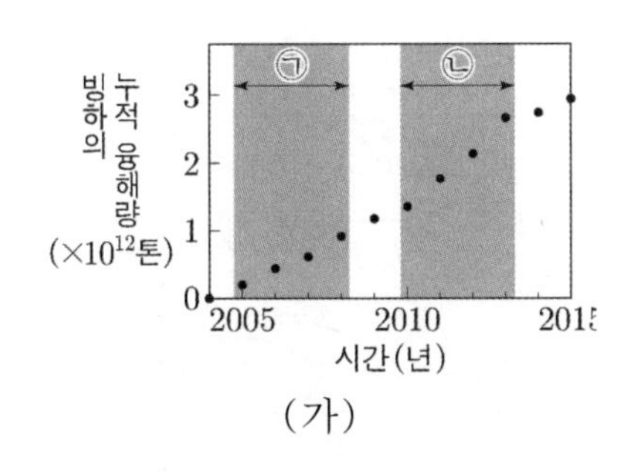

(가)

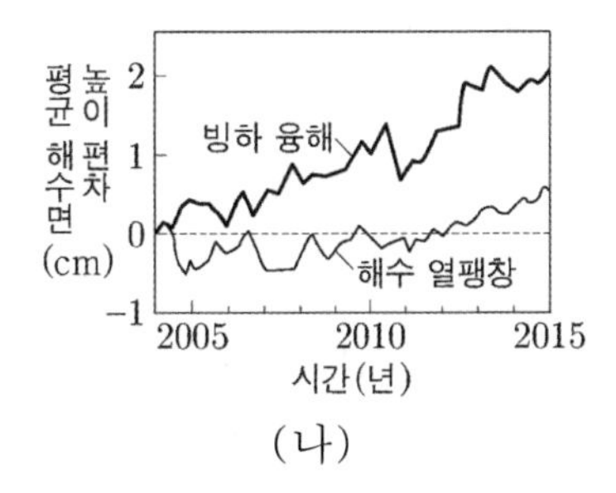

(나)

이 자료에 대한 설명으로 옳은 것만을 <보기>에서 있는 대로 고른 것은?

<보 기>

ㄱ. 그린란드 빙하의 융해량은 ㉠ 기간이 ㉡ 기간보다 많다.
ㄴ. (나)에서 해수 열팽창에 의한 평균 해수면 높이 편차는 2015년이 2010년보다 크다.
ㄷ. (나)의 전 기간 동안, 평균 해수면 높이의 평균 상승률은 해수 열팽창에 의한 것이 빙하 융해에 의한 것보다 크다.

① ㄱ ② ㄴ ③ ㄱ, ㄷ ④ ㄴ, ㄷ ⑤ ㄱ, ㄴ, ㄷ

48 2022학년도 대학수학능력시험 17번

그림 (가)는 현재와 A 시기의 지구 공전 궤도를, (나)는 현재와 A 시기의 지구 자전축 방향을 나타낸 것이다. (가)의 ㉠, ㉡, ㉢은 공전 궤도상에서 지구의 위치이다.

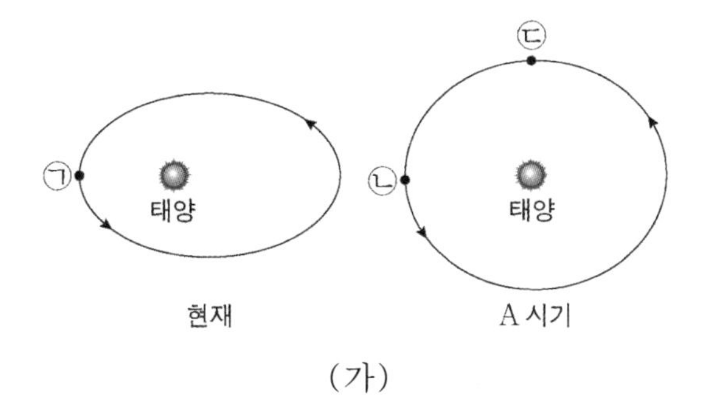

(가)

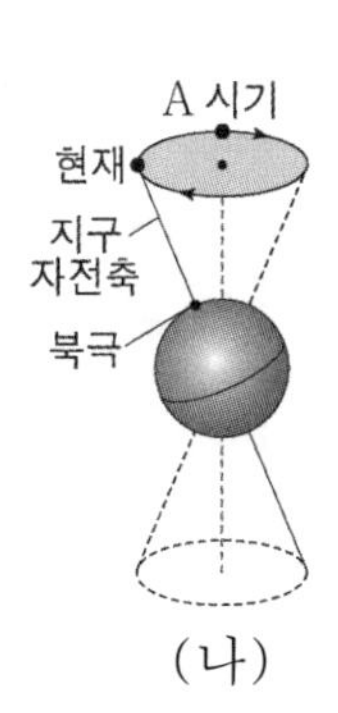

(나)

이에 대한 설명으로 옳은 것만을 <보기>에서 있는 대로 고른 것은? (단, 지구의 공전 궤도 이심률, 세차 운동 이외의 요인은 변하지 않는다고 가정한다.)

<보 기>

ㄱ. ㉠에서 북반구는 여름이다.
ㄴ. 37°N에서 연교차는 현재가 A 시기보다 작다.
ㄷ. 37°S에서 태양이 남중했을 때, 지표에 도달하는 태양 복사 에너지양은 ㉢이 ㉡보다 적다.

① ㄱ ② ㄴ ③ ㄷ ④ ㄱ, ㄴ ⑤ ㄴ, ㄷ

[2022년 교육청 기출]

01 2022년 3월 학력평가 7번

그림은 2020년 12월부터 2021년 1월까지 태평양 적도 부근 해역의 해수면 기압 편차(관측값 - 평년값)를 나타낸 것이다. 이 기간은 엘니뇨 시기와 라니냐 시기 중 하나이다.

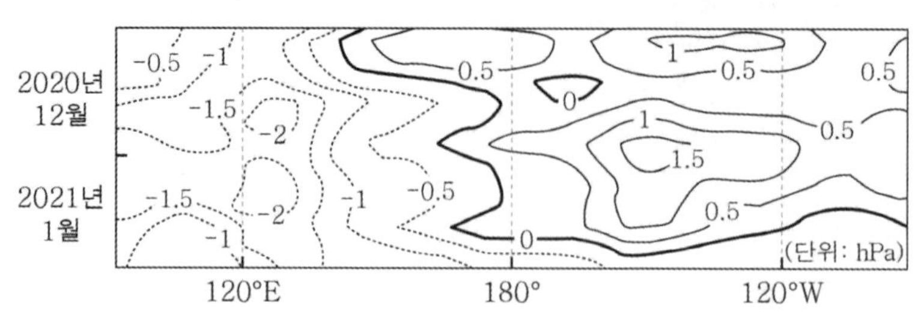

이 시기에 대한 옳은 설명만을 <보기>에서 있는 대로 고른 것은?

<보 기>

ㄱ. 서태평양 적도 부근 해역에서 상승 기류는 평상시보다 강하다.
ㄴ. 동태평양 적도 부근 해역에서 따뜻한 해수층의 두께는 평상시보다 두껍다.
ㄷ. 동태평양 적도 부근 해역의 해수면 높이 편차는 (+)값을 가진다.

① ㄱ ② ㄴ ③ ㄱ, ㄷ ④ ㄴ, ㄷ ⑤ ㄱ, ㄴ, ㄷ

02 2022년 3월 학력평가 9번

그림 (가)와 (나)는 전선이 발달해 있는 북반구의 두 지역에서 전선의 위치와 일기 기호를 나타낸 것이다. (가)와 (나)의 전선은 각각 온난 전선과 정체 전선 중 하나이고, 영역 A, B, C는 지표상에 위치한다.

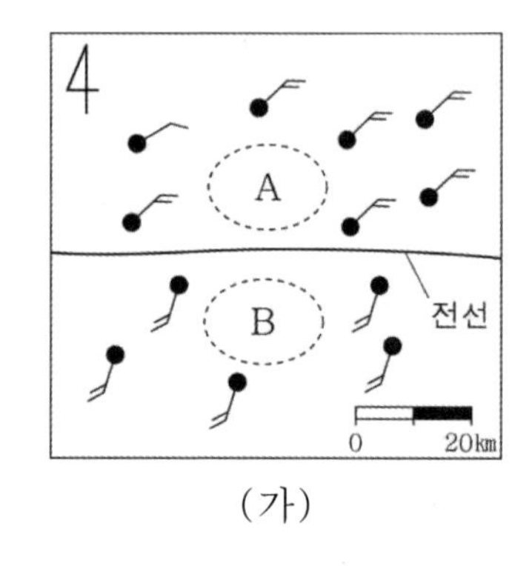

(가)

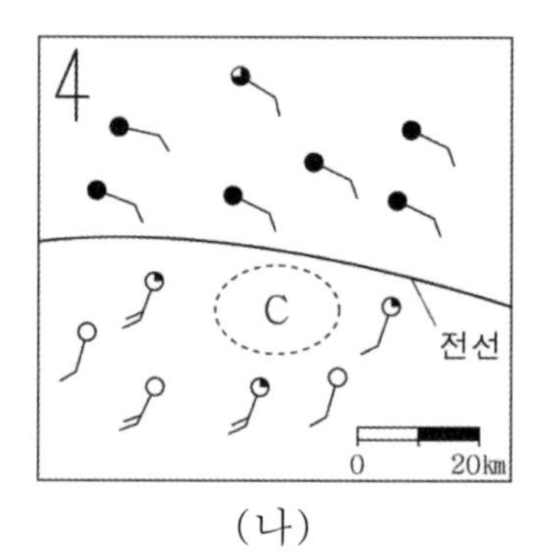

(나)

이에 대한 옳은 설명만을 <보기>에서 있는 대로 고른 것은? [3점]

<보 기>

ㄱ. (가)의 전선은 온난 전선이다.
ㄴ. 평균 기온은 A보다 B에서 높다.
ㄷ. C의 상공에는 전선면이 존재한다.

① ㄱ ② ㄴ ③ ㄱ, ㄴ ④ ㄱ, ㄷ ⑤ ㄴ, ㄷ

03 2022년 3월 학력평가 10번

그림 (가)는 우리나라를 통과한 어느 태풍의 이동 경로와 최대 풍속이 20m/s 이상인 지역의 범위를, (나)는 (가)의 기간 중 18일 하루 동안 이어도 해역에서 관측한 수심 10m와 40m의 수온 변화를 나타낸 것이다.

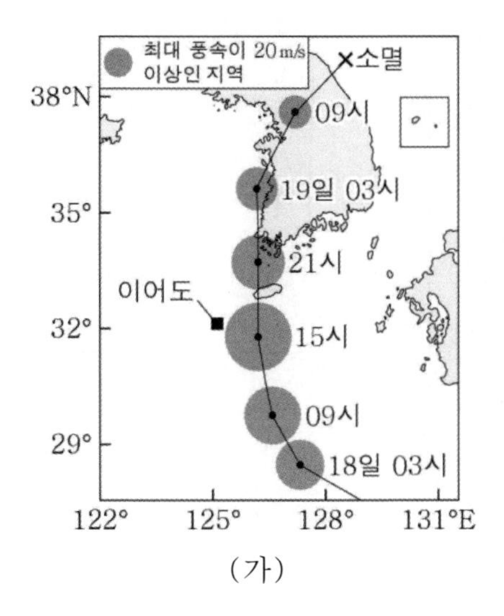

(가)

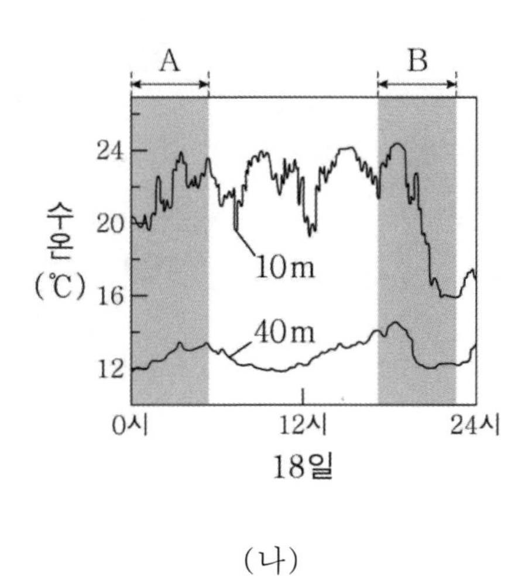

(나)

이에 대한 옳은 설명만을 <보기>에서 있는 대로 고른 것은? [3점]

<보 기>

ㄱ. 18일 09시부터 21시까지 이어도에서 풍향은 시계 반대 방향으로 변했다.
ㄴ. 태풍의 중심 기압은 18일 09시가 19일 09시보다 높다.
ㄷ. 이어도 해역에서 표층 해수의 연직 혼합은 A 시기가 B 시기보다 강했다.

① ㄱ　② ㄷ　③ ㄱ, ㄴ　④ ㄴ, ㄷ　⑤ ㄱ, ㄴ, ㄷ

04 2022년 4월 학력평가 7번

그림 (가)는 현재와 비교한 A와 B 시기의 지구 자전축 경사각을, (나)는 A 시기와 비교한 B 시기의 지구에 입사하는 태양 복사 에너지의 변화량을 나타낸 것이다.

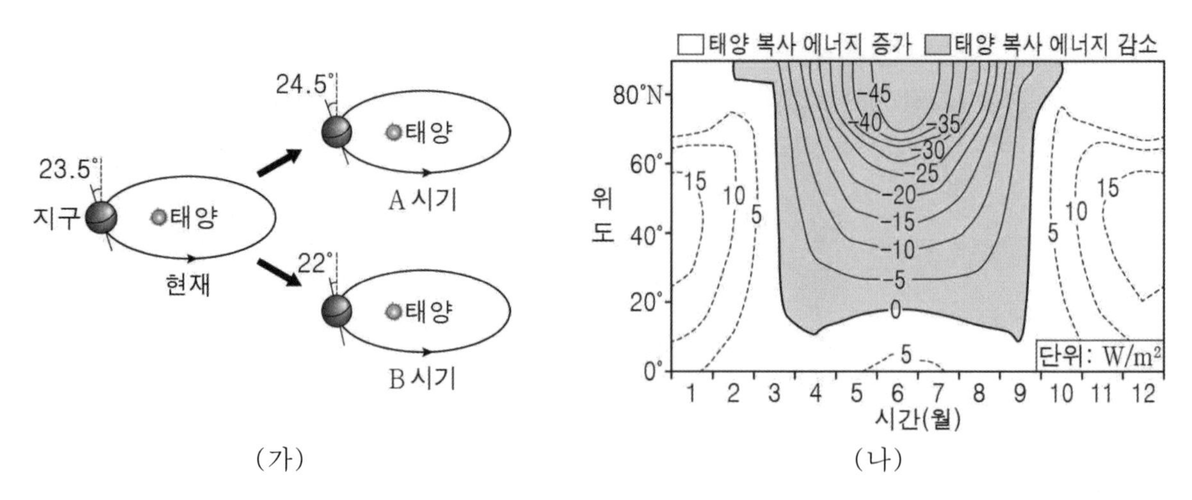

(가) (나)

이에 대한 설명으로 옳은 것만을 <보기>에서 있는 대로 고른 것은? (단, 지구 자전축 경사각 이외의 요인은 고려하지 않는다.) [3점]

<보 기>

ㄱ. 현재 근일점에서 북반구의 계절은 겨울이다.

ㄴ. (나)에서 6월의 태양 복사 에너지의 감소량은 20°N보다 60°N에서 많다.

ㄷ. 40°N에서 연교차는 A 시기보다 B 시기가 크다.

① ㄱ ② ㄷ ③ ㄱ, ㄴ ④ ㄴ, ㄷ ⑤ ㄱ, ㄴ, ㄷ

05 2022년 4월 학력평가 8번

그림 은 폐색 전선을 동반한 온대 저기압 주변 지표면에서의 풍향과 풍속 분포를 강수량 분포와 함께 나타낸 것이다. 지표면의 구간 X－X′과 Y－Y′에서의 강수량 분포는 각각 A와 B 중 하나이다.

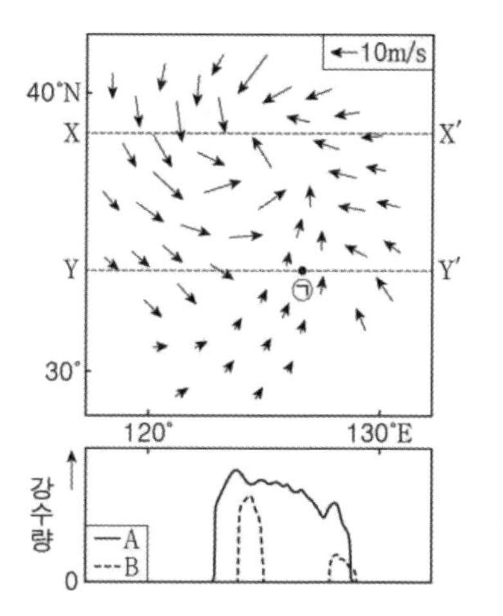

이 자료에 대한 설명으로 옳은 것만을 <보기>에서 있는 대로 고른 것은? [3점]

<보 기>

ㄱ. A는 X－X′에서의 강수량 분포이다.
ㄴ. Y－Y′에는 폐색 전선이 위치한다.
ㄷ. ㉠지점의 상공에는 전선면이 있다.

① ㄱ　② ㄷ　③ ㄱ, ㄴ　④ ㄴ, ㄷ　⑤ ㄱ, ㄴ, ㄷ

06 2022년 4월 학력평가 9번

그림 (가)는 서로 다른 해에 발생한 태풍 ㉠과 ㉡의 이동 경로에 6시간 간격으로 중심 기압과 강풍 반경을 나타낸 것이고, (나)의 A와 B는 각각 태풍 ㉠과 ㉡의 중심으로부터 제주도까지의 거리가 가장 가까운 시기에 발효된 특보 상황 중 하나이다.

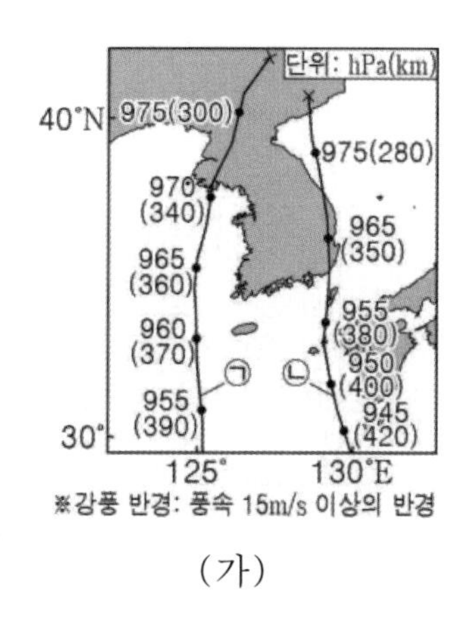

(가)

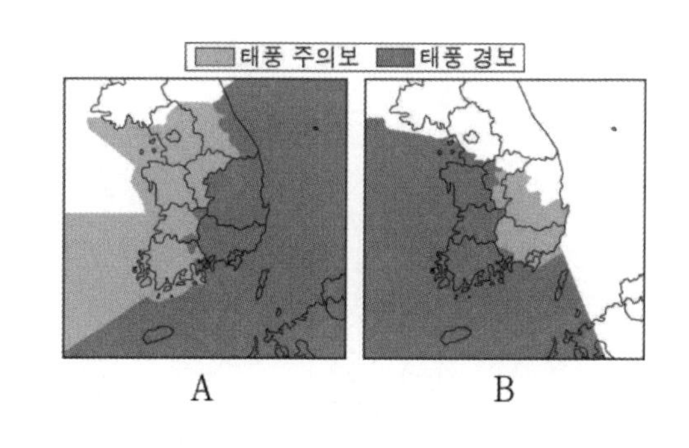

(나)

이 자료에 대한 설명으로 옳은 것만을 <보기>에서 있는 대로 고른 것은? [3점]

<보 기>

ㄱ. A는 태풍 ㉠에 의한 특보 상황이다.
ㄴ. B의 특보 상황이 발효된 시기에 제주도는 태풍의 위험 반원에 위치한다.
ㄷ. A와 B의 특보 상황이 발효된 시기에 태풍의 세력은 ㉠보다 ㉡이 약하다.

① ㄱ　② ㄴ　③ ㄱ, ㄷ　④ ㄴ, ㄷ　⑤ ㄱ, ㄴ, ㄷ

07 2022년 4월 학력평가 11번

그림 (가)는 북태평양 아열대 순환을 구성하는 표층 해류가 흐르는 해역 A, B, C를, (나)는 A, B, C에서 동일한 시기에 측정한 수온과 염분 자료를 나타낸 것이다. ㉠,㉡,㉢은 각각 A, B, C에서 측정한 자료 중 하나이다.

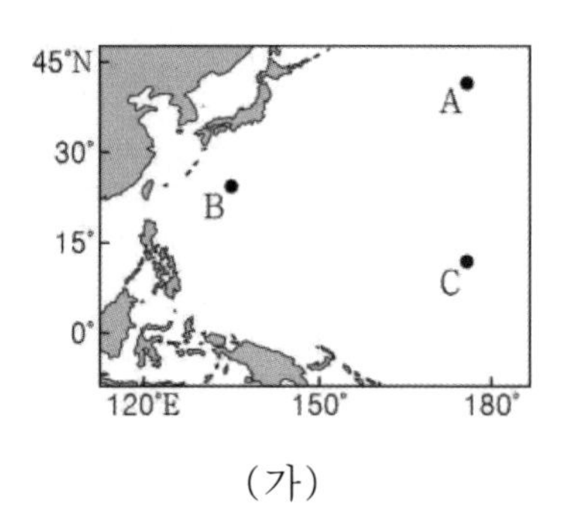

(가)

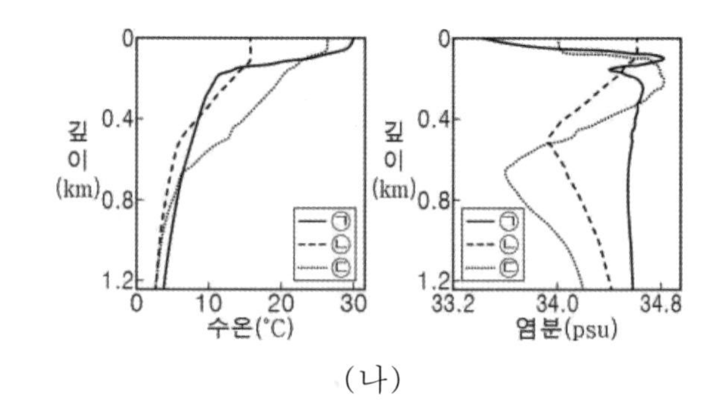

(나)

이 자료에 대한 설명으로 옳지 않은 것은?

① A에는 북태평양 해류가 흐른다.
② ㉠은 C에서 측정한 자료이다.
③ 표면 해수의 염분은 B에서 가장 높다.
④ C에 흐르는 표층 해류는 무역풍의 영향을 받는다.
⑤ 혼합층의 두께는 C보다 A에서 두껍다.

08 2022년 4월 학력평가 13번

그림은 태평양 적도 부근 해역의 깊이에 따른 수온 편차(관측값 – 평년값)를 나타낸 것이다. (가)와 (나)는 각각 엘니뇨 시기와 라니냐 시기 중 하나이다.

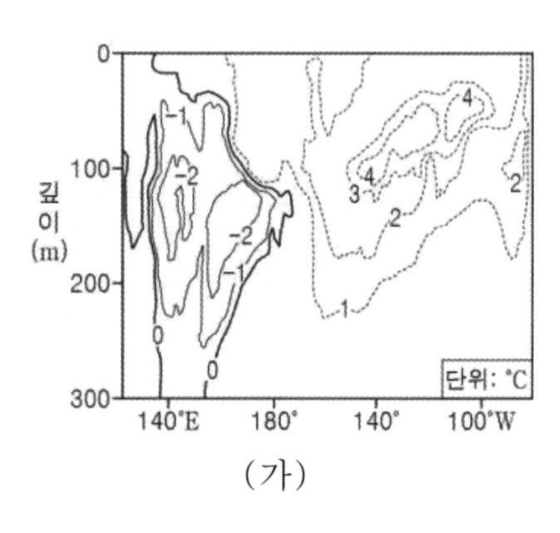

(가)

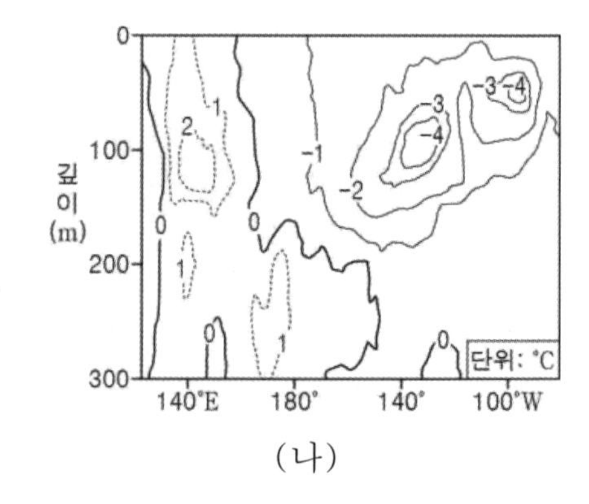

(나)

(가) 시기와 비교할 때, (나)시기에 대한 설명으로 옳은 것만을 <보기>에서 있는 대로 고른 것은? [3점]

<보 기>

ㄱ. 무역풍의 세기가 강하다.
ㄴ. 동태평양 적도 부근 해역에서의 용승이 강하다.
ㄷ. 서태평양 적도 부근 해역에서의 해면 기압이 크다.

① ㄱ ② ㄷ ③ ㄱ, ㄴ ④ ㄴ, ㄷ ⑤ ㄱ, ㄴ, ㄷ

09 2022년 7월 학력평가 8번

그림은 전선을 동반한 온대 저기압의 모습을 인공위성에서 촬영한 가시광선 영상이다. ㉡과 ㉡은 각각 온난 전선과 한랭 전선 중 하나이다.

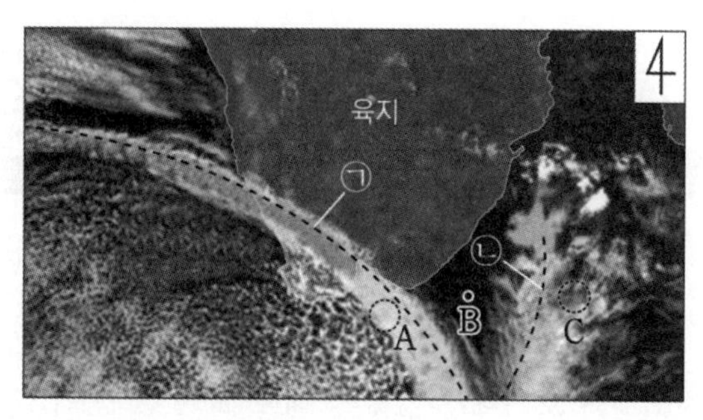

이에 대한 설명으로 옳은 것만을 <보기>에서 있는 대로 고른 것은? [3점]

<보 기>

ㄱ. 온난 전선은 ㉡이다.
ㄴ. 구름의 두께는 A 지역이 C 지역보다 두껍다.
ㄷ. 지점 B의 상공에는 전선면이 발달한다.

① ㄱ ② ㄷ ③ ㄱ, ㄴ ④ ㄴ, ㄷ ⑤ ㄱ, ㄴ, ㄷ

10 2022년 7월 학력평가 10번

그림은 어느 해역에서 측정한 깊이에 따른 수온과 염분을 수온-염분도에 나타낸 것이다.

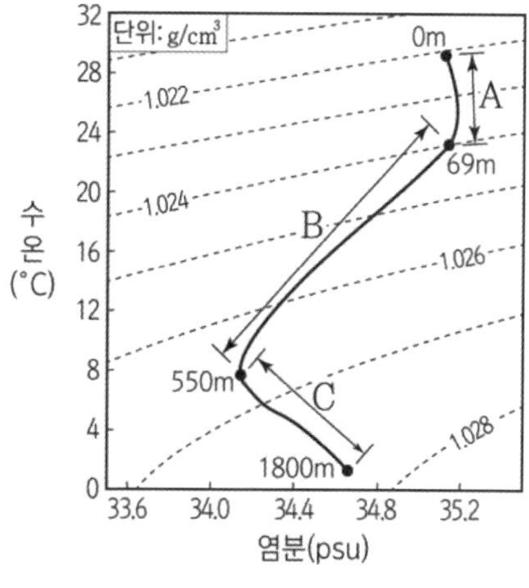

이에 대한 설명으로 옳은 것만을 <보기>에서 있는 대로 고른 것은? [3점]

<보 기>

ㄱ. A 구간은 혼합층이다.
ㄴ. B 구간에서는 해수의 연직 혼합이 활발하게 일어난다.
ㄷ. 깊이에 따른 수온의 평균 변화량은 B 구간이 C 구간보다 크다.

① ㄱ ② ㄷ ③ ㄱ, ㄴ ④ ㄴ, ㄷ ⑤ ㄱ, ㄴ, ㄷ

11 2022년 7월 학력평가 11번

그림 (가)와 (나)는 현재와 신생대 팔레오기의 대서양 심층 순환을 순서 없이 나타낸 것이다.

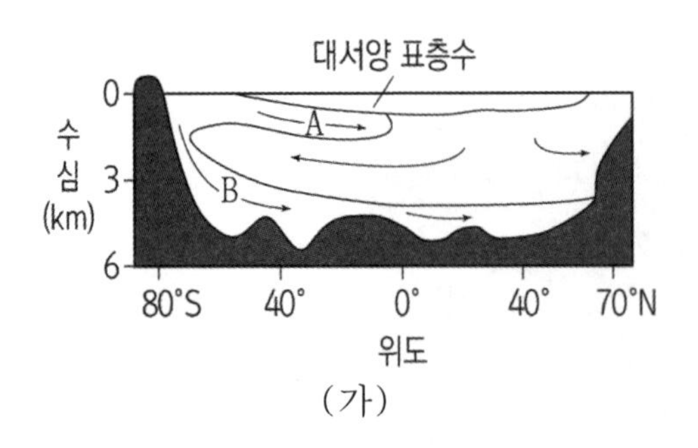

(가)

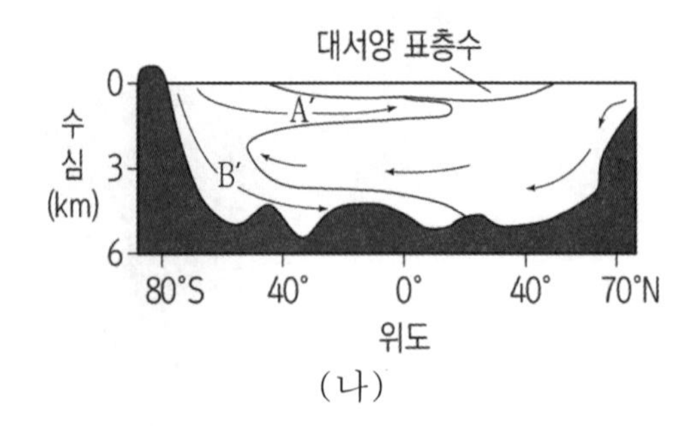

(나)

이에 대한 설명으로 옳은 것만을 <보기>에서 있는 대로 고른 것은? [3점]

<보 기>

ㄱ. 지구의 평균 기온은 (나)일 때가 (가)일 때보다 높다.
ㄴ. (나)에서 해수의 평균 염분은 B′가 A′보다 높다.
ㄷ. B는 B′보다 북반구의 고위도까지 흐른다.

① ㄱ ② ㄷ ③ ㄱ, ㄴ ④ ㄴ, ㄷ ⑤ ㄱ, ㄴ, ㄷ

12 2022년 7월 학력평가 12번

그림은 지구에 도달하는 태양 복사 에너지의 양은 100이라고 할 때, 복사 평형 상태에 있는 지구의 에너지 출입을 나타낸 것이다.

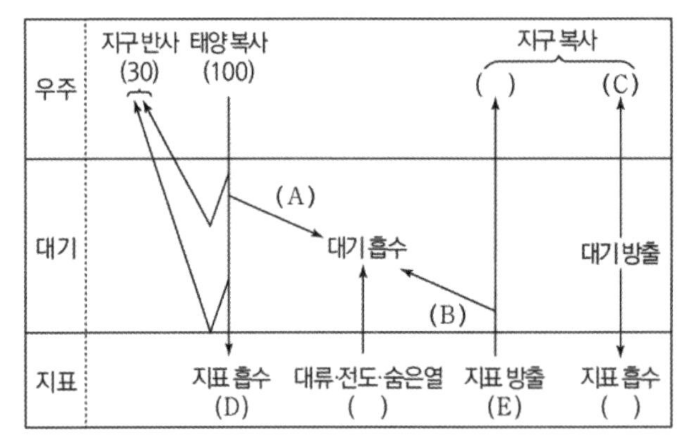

이에 대한 설명으로 옳은 것만을 <보기>에서 있는 대로 고른 것은?

<보 기>

ㄱ. A + B − C = E − D이다.
ㄴ. 지구 온난화가 진행되면 B가 증가한다.
ㄷ. C는 주로 적외선 영역으로 방출된다.

① ㄱ ② ㄴ ③ ㄱ, ㄷ ④ ㄴ, ㄷ ⑤ ㄱ, ㄴ, ㄷ

13 2022년 7월 학력평가 14번

그림은 지구 공전 궤도 이심률 변화, 지구 자전축의 기울기 변화, 북반구가 여름일 때 지구의 공전 궤도상 위치 변화를 나타낸 것이다.

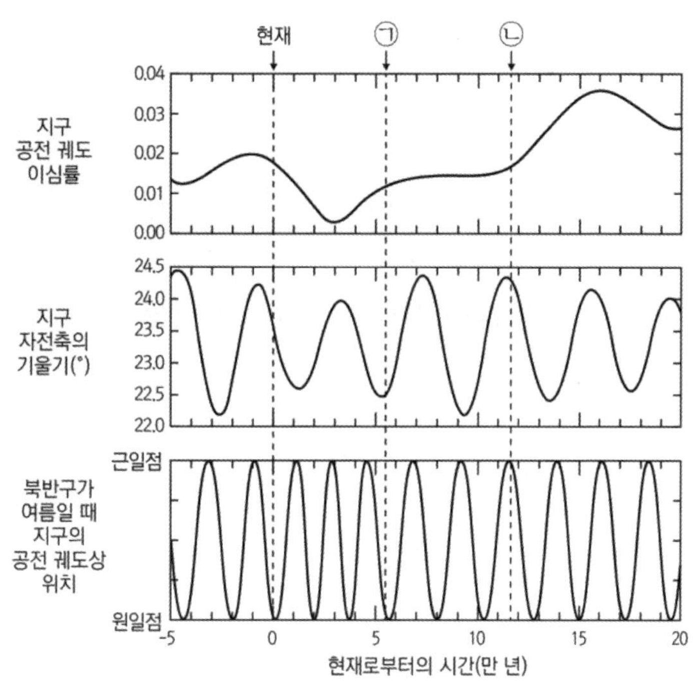

이에 대한 설명으로 옳은 것만을 <보기>에서 있는 대로 고른 것은? (단, 지구 공전 궤도 이심률과 자전축의 기울기, 북반구가 여름일 때, 지구의 공전 궤도상 위치 이외의 요인은 변하지 않는다고 가정한다.) [3점]

<보 기>

ㄱ. 남반구 기온의 연교차는 현재가 ㉠시기보다 크다.

ㄴ. 30°N에서 겨울철 태양의 남중 고도는 ㉡ 시기가 현재보다 높다.

ㄷ. 근일점에서 태양까지의 거리는 ㉡ 시기가 ㉠ 시기보다 멀다.

① ㄱ ② ㄷ ③ ㄱ, ㄴ ④ ㄴ, ㄷ ⑤ ㄱ, ㄴ, ㄷ

14 2022년 7월 학력평가 15번

그림 (가)와 (나)는 태평양 적도 부근 해역에서 엘니뇨와 라니냐 시기의 표층 풍속 편차(관측값 - 평년값)를 순서 없이 나타낸 것이다.

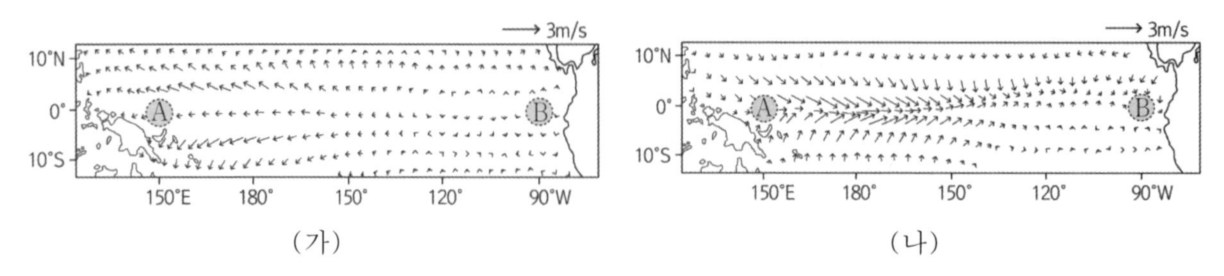

이에 대한 설명으로 옳은 것만을 <보기>에서 있는 대로 고른 것은?

<보 기>

ㄱ. A 해역의 강수량은 (가)일 때가 (나)일 때보다 많다.

ㄴ. (나)일 때 B 해역에서 수온 약층이 나타나기 시작하는 깊이 편차(관측값-평년값)은 양(+)의 값을 갖는다.

ㄷ. A 해역과 B 해역의 해수면 높이 차는 (가)일 때가 (나)일 때보다 크다.

① ㄱ　② ㄴ　③ ㄱ, ㄷ　④ ㄴ, ㄷ　⑤ ㄱ, ㄴ, ㄷ

15 2022년 10월 학력평가 8번

그림은 현생 누대에 북반구에서 대륙 빙하가 분포한 범위를 나타낸 것이다.

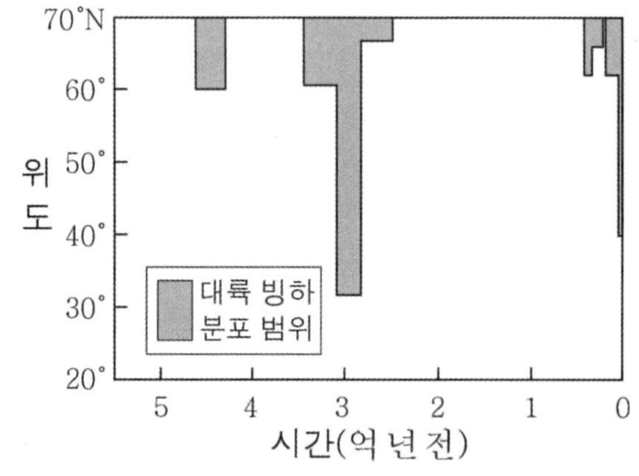

이 자료에 대한 설명으로 옳은 것만을 <보기>에서 있는 대로 고른 것은?

<보 기>

ㄱ. 지구의 평균 기온은 3억 년 전이 2억 년 전보다 높았다.

ㄴ. 공룡이 멸종한 시기에 35°N에는 대륙 빙하가 분포하였다.

ㄷ. 평균 해수면의 높이는 백악기가 제4기보다 높았다.

① ㄱ　② ㄷ　③ ㄱ, ㄴ　④ ㄴ, ㄷ　⑤ ㄱ, ㄴ, ㄷ

16 2022년 10월 학력평가 9번

그림 (가)와 (나)는 정체 전선이 발달한 두 시기에 한 시간 동안 측정한 강수량을 나타낸 것이다. A에서는 (가)와 (나) 중 한시기에 열대야가 발생하였다.

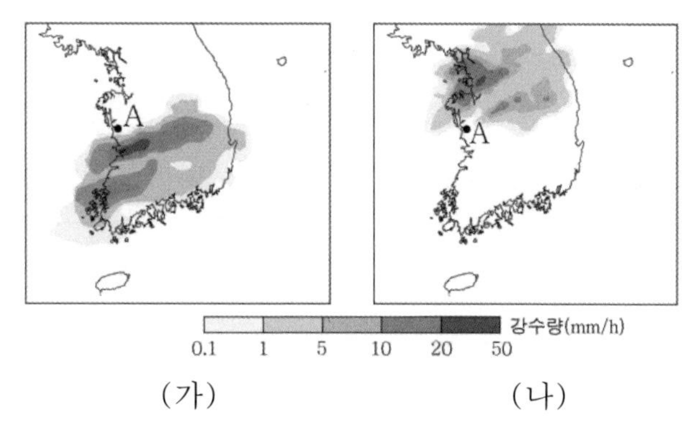

(가) (나)

이에 대한 설명으로 옳은 것만을 <보기>에서 있는 대로 고른 것은?

<보 기>

ㄱ. 전선은 (가) 시기보다 (나) 시기에 북쪽에 위치하였다.
ㄴ. (가) 시기에 A에서는 주로 남풍 계열의 바람이 불었다.
ㄷ. A에서 열대야가 발생한 시기는 (나)이다.

① ㄱ ② ㄴ ③ ㄱ, ㄴ ④ ㄱ, ㄷ ⑤ ㄴ, ㄷ

17 2022년 10월 학력평가 17번

그림 (가)는 위도가 동일한 관측소 A, B, C의 위치와 태풍의 이동 경로를, (나)는 태풍이 우리나라를 통과하는 동안 A, B, C에서 같은 시각에 관측한 날씨를 ㉠, ㉡, ㉢으로 순서 없이 나타낸 것이다.

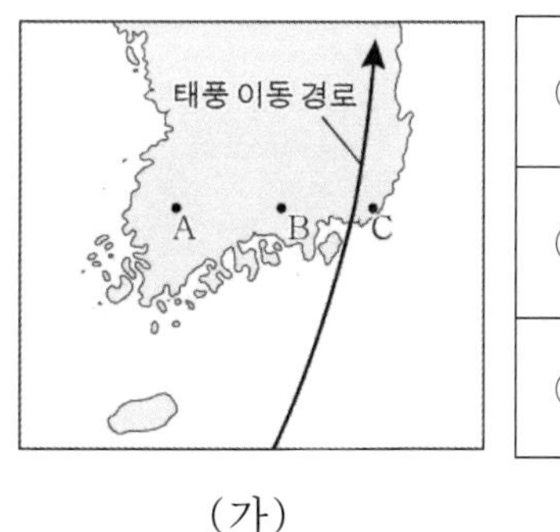

(가) (나)

이에 대한 설명으로 옳은 것만을 <보기>에서 있는 대로 고른 것은? [3점]

<보 기>

ㄱ. A는 태풍의 안전 반원에 위치한다.
ㄴ. ㉠은 C에서 관측한 자료이다.
ㄷ. (나)는 태풍의 중심이 세 관측소보다 고위도에 위치할 때 관측한 자료이다.

① ㄱ ② ㄷ ③ ㄱ, ㄴ ④ ㄴ, ㄷ ⑤ ㄱ, ㄴ, ㄷ

18 2022년 10월 학력평가 19번

그림은 서로 다른 시기에 중앙 태평양 적도 해역에서 관측한 바람의 풍향 빈도를 나타낸 것이다. (가)와 (나)는 각각 엘니뇨 시기와 라니냐 시기 중 하나이다.

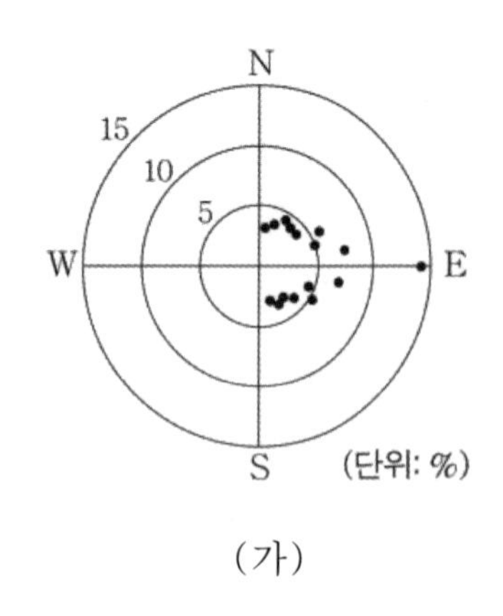

(가)

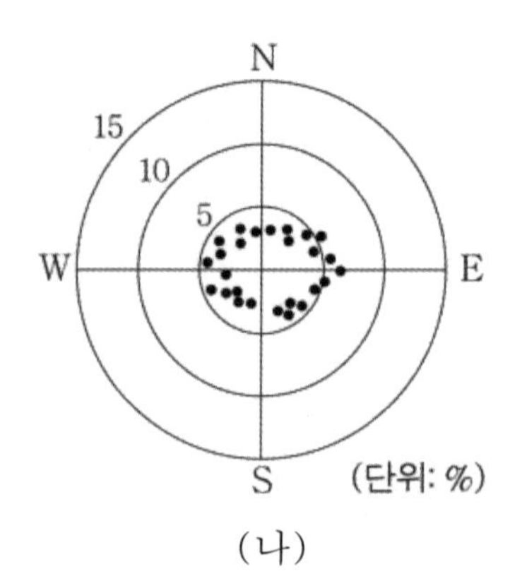

(나)

이에 대한 설명으로 옳은 것만을 <보기>에서 있는 대로 고른 것은? [3점]

<보 기>

ㄱ. 무역풍의 세기는 (가)일 때가 (나)일 때보다 약하다.

ㄴ. (나)일 때 서태평양 적도 해역의 기압 편차(관측값 - 평년값)는 양(+)의 값을 갖는다.

ㄷ. 동태평양 적도 해역에서 따뜻한 해수층의 두께는 (가)일 때가 (나)일 때보다 두껍다.

① ㄱ ② ㄴ ③ ㄱ, ㄷ ④ ㄴ, ㄷ ⑤ ㄱ, ㄴ, ㄷ

[2023학년도 평가원 기출]

19 2023학년도 6월 모의평가 3번

그림은 1750년 대비 2011년의 지구 기온 변화를 요인별로 나타낸 것이다.

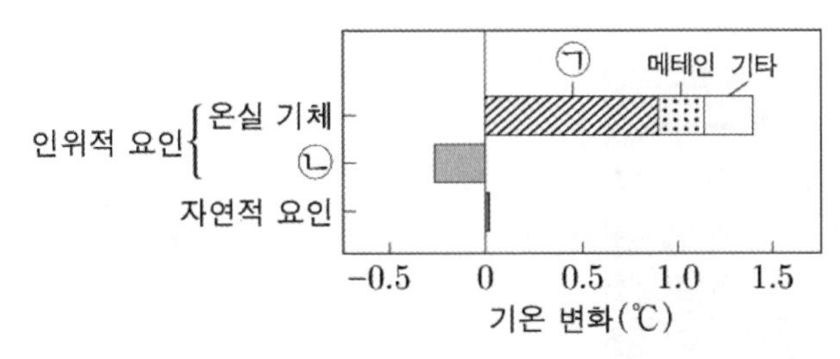

이 자료에 대한 설명으로 옳은 것만을 <보기>에서 있는 대로 고른 것은?

<보 기>

ㄱ. 기온 변화에 대한 영향은 ㉠이 자연적 요인보다 크다.

ㄴ. 인위적 요인 중 ㉡은 기온을 상승시킨다.

ㄷ. 자연적 요인에는 태양 활동이 포함된다.

① ㄱ ② ㄴ ③ ㄷ ④ ㄱ, ㄷ ⑤ ㄴ, ㄷ

20 2023학년도 6월 모의평가 5번

그림 (가)와 (나)는 어느 해 A, B 시기에 우리나라 두 해역에서 측정한 연직 수온 자료를 각각 나타낸 것이다.

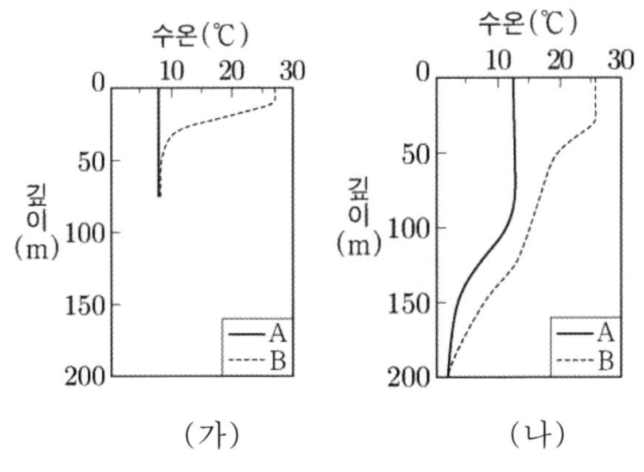

이에 대한 설명으로 옳은 것만을 <보기>에서 있는 대로 고른 것은? [3점]

<보 기>

ㄱ. (가)에서 50m 깊이의 수온과 표층 수온의 차이는 B가 A보다 크다.

ㄴ. A와 B의 표층 수온 차이는 (가)가 (나)보다 크다.

ㄷ. B의 혼합층 두께는 (나)가 (가)보다 두껍다.

① ㄱ ② ㄷ ③ ㄱ, ㄴ ④ ㄴ, ㄷ ⑤ ㄱ, ㄴ, ㄷ

21 2023학년도 6월 모의평가 8번

그림 (가)는 어느 태풍이 우리나라 부근을 지나는 어느 날 21시에 촬영한 적외 영상에 태풍 중심의 이동 경로를 나타낸 것이고, (나)는 다음 날 05시부터 3시간 간격으로 우리나라 어느 관측소에서 관측한 기상 요소를 나타낸 것이다.

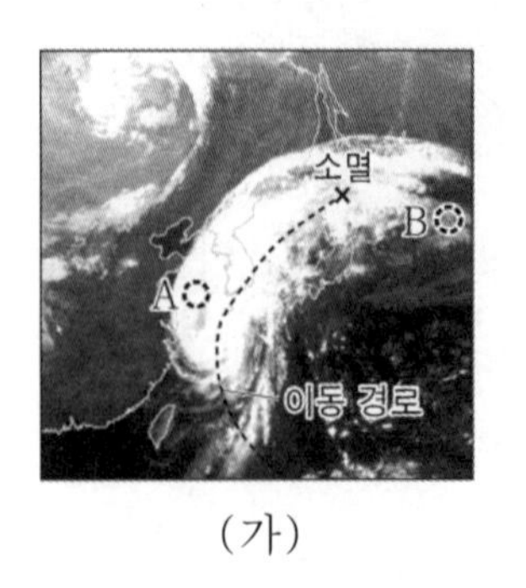

(가)

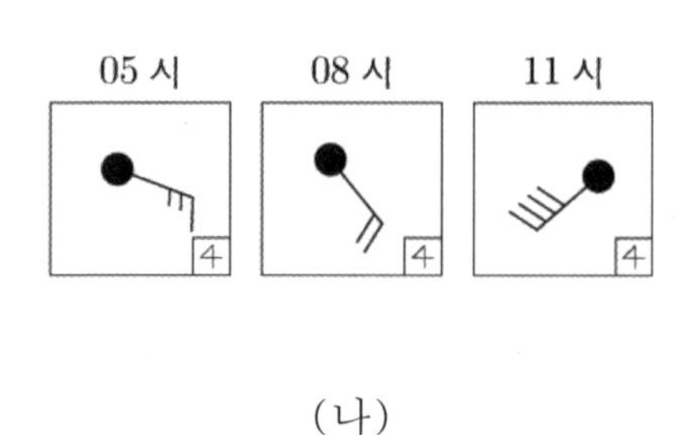

(나)

이 자료에 대한 설명으로 옳은 것만을 <보기>에서 있는 대로 고른 것은? [3점]

<보 기>

ㄱ. (가)에서 태풍의 최상층 공기는 주로 바깥쪽으로 불어 나간다.
ㄴ. (가)에서 구름 최상부의 고도는 B 지역이 A 지역보다 높다.
ㄷ. 관측소는 태풍의 안전 반원에 위치하였다.

① ㄱ ② ㄴ ③ ㄱ, ㄷ ④ ㄴ, ㄷ ⑤ ㄱ, ㄴ, ㄷ

22 2023학년도 6월 모의평가 11번

그림 (가)와 (나)는 어느 해 2월과 8월의 남태평양의 표층 수온을 순서 없이 나타낸 것이다. A와 B는 주요 표층 해류가 흐르는 해역이다.

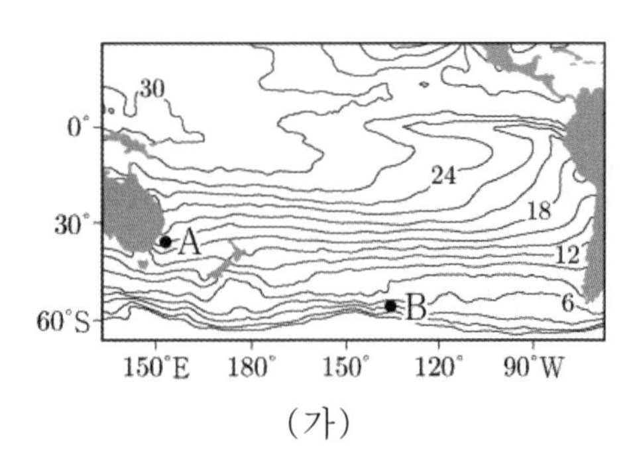

(가)

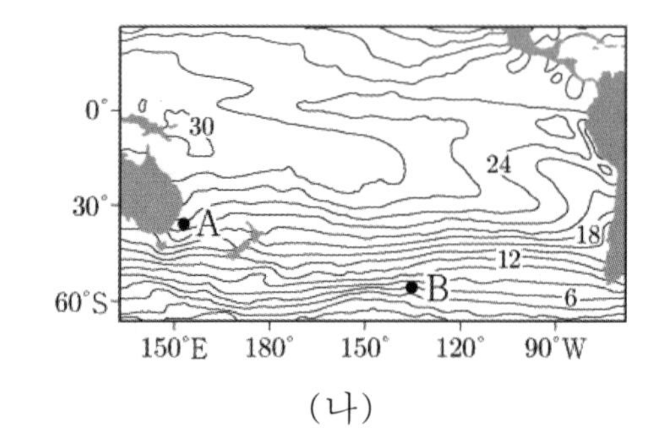

(나)

이에 대한 설명으로 옳은 것만을 <보기>에서 있는 대로 고른 것은?

<보 기>

ㄱ. 8월에 해당하는 것은 (나)이다.
ㄴ. A에서 흐르는 해류는 고위도 방향으로 에너지를 이동시킨다.
ㄷ. B에서 흐르는 해류와 북태평양 해류의 방향은 반대이다.

① ㄱ ② ㄴ ③ ㄷ ④ ㄱ, ㄴ ⑤ ㄴ, ㄷ

23 2023학년도 6월 모의평가 12번

그림 (가)는 T_1→T_2동안 온대 저기압의 이동 경로를 (나)는 관측소 P에서 T_1, T_2 시각에 관측한 높이에 따른 기온을 나타낸 것이다. 이 기간 동안 (가)의 온난 전선과 한랭 전선 중 하나가 P를 통과하였다.

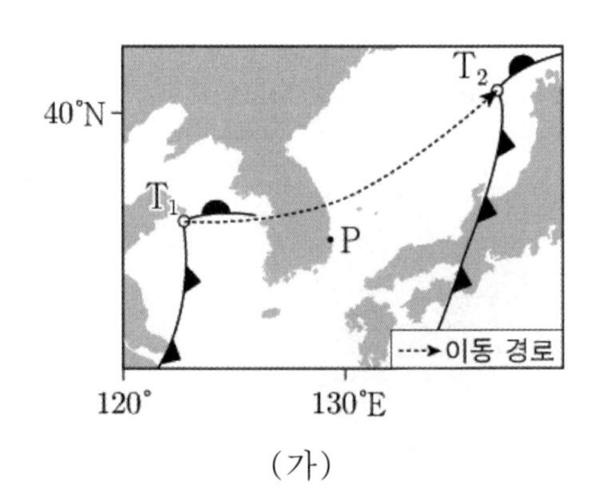

(가)

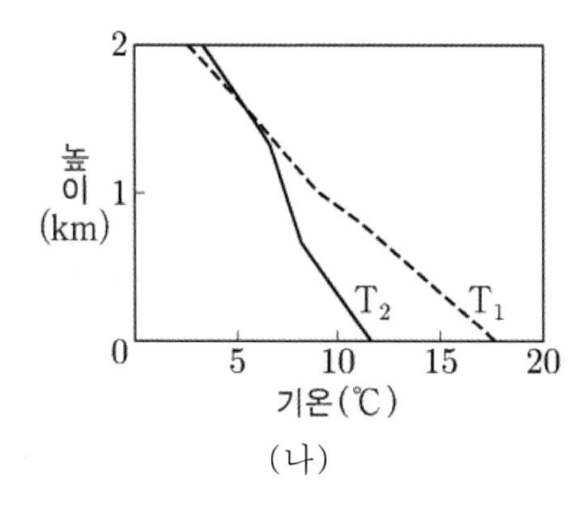

(나)

이 자료에 대한 설명으로 옳은 것만을 <보기>에서 있는 대로 고른 것은? [3점]

<보 기>

ㄱ. (나)에서 높이에 따른 기온 감소율은 T_1이 T_2보다 작다.

ㄴ. P를 통과한 전선은 한랭 전선이다.

ㄷ. P에서 전선이 통과하는 동안 풍향은 시계 방향으로 바뀌었다.

① ㄱ ② ㄴ ③ ㄱ, ㄷ ④ ㄴ, ㄷ ⑤ ㄱ, ㄴ, ㄷ

24 2023학년도 6월 모의평가 16번

그림은 동태평양 적도 부근 해역의 강수량 편차와 수온 약층 시작 깊이 편차를 나타낸 것이다. A, B, C는 각각 엘니뇨와 라니냐 시기 중 하나이고, 편차는 (관측값−평년값)이다.

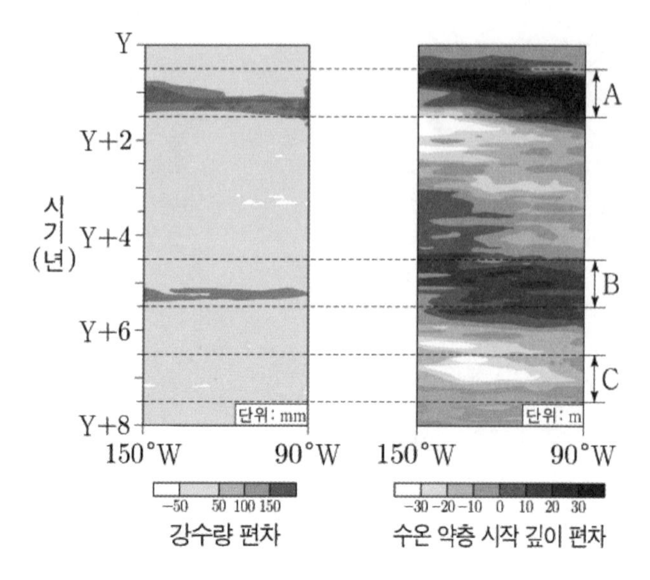

이 해역에 대한 설명으로 옳은 것만을 <보기>에서 있는 대로 고른 것은?

<보 기>

ㄱ. 강수량은 A가 B보다 많다.

ㄴ. 용승은 C가 평년보다 강하다.

ㄷ. 평균 해수면 높이는 A가 C보다 높다.

① ㄱ　② ㄷ　③ ㄱ, ㄴ　④ ㄴ, ㄷ　⑤ ㄱ, ㄴ, ㄷ

25 2023학년도 6월 모의평가 17번

그림은 대서양의 수온과 염분 분포를, 표는 수괴 A, B, C의 평균 수온과 염분을 나타낸 것이다. A, B, C는 남극 저층수, 남극 중층수, 북대서양 심층수를 순서 없이 나타낸 것이다.

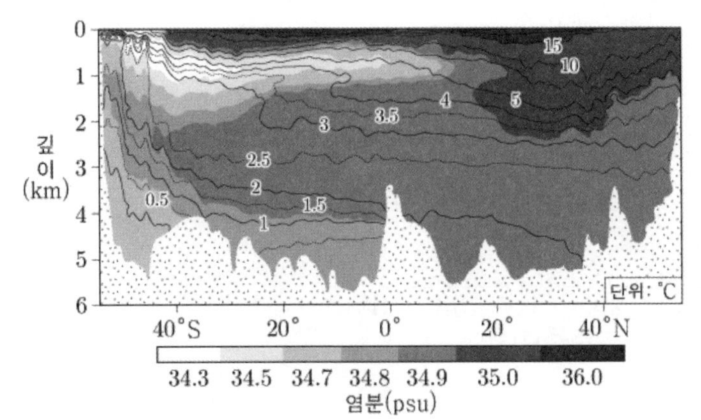

수괴	평균 수온(℃)	평균 염분(psu)
A	2.5	34.9
B	0.4	34.7
C	(　)	34.3

이 자료에 대한 설명으로 옳은 것만을 <보기>에서 있는 대로 고른 것은? [3점]

<보　기>

ㄱ. A는 북대서양 심층수이다.
ㄴ. 평균 밀도는 A가 C보다 작다.
ㄷ. B는 주로 남쪽으로 이동한다.

① ㄱ　② ㄴ　③ ㄱ, ㄷ　④ ㄴ, ㄷ　⑤ ㄱ, ㄴ, ㄷ

26 2023학년도 9월 모의평가 1번

다음은 뇌우, 우박, 황사에 대하여 학생 A, B, C가 나눈 대화를 나타낸 것이다.

제시한 내용이 옳은 학생만을 있는 대로 고른 것은?

① A　② B　③ A, C　④ B, C　⑤ A, B, C

27 2023학년도 9월 모의평가 3번

그림은 어느 중위도 해역에서 A 시기와 B 시기에 각각 측정한 깊이 0 ~ 50m의 해수 특성을 수온-염분도에 나타낸 것이다.

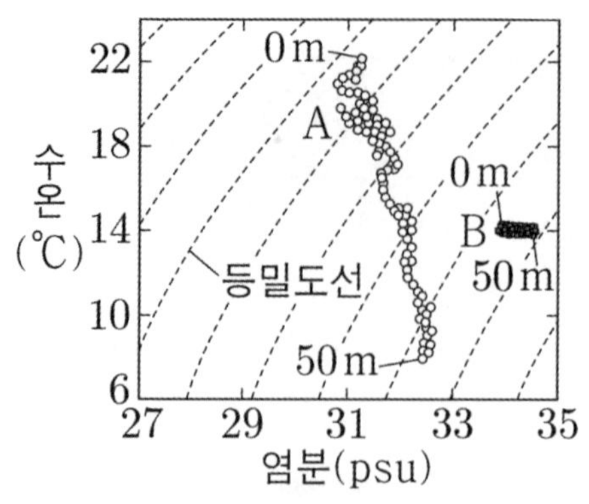

이 자료에 대한 설명으로 옳은 것만을 <보기>에서 있는 대로 고른 것은? [3점]

<보 기>

ㄱ. 수온만을 고려할 때, 해수면에서 산소 기체의 용해도는 A가 B보다 크다.
ㄴ. 수온이 14℃인 해수의 밀도는 A가 B보다 작다.
ㄷ. 혼합층의 두께는 A가 B보다 두껍다.

① ㄱ ② ㄴ ③ ㄷ ④ ㄱ, ㄷ ⑤ ㄴ, ㄷ

28 2023학년도 9월 모의평가 8번

그림은 온대 저기압 중심이 북반구 어느 관측소의 북쪽을 통과하는 36시간 동안 관측한 기상 요소를 나타낸 것이다. 이 기간 동안 온난 전선과 한랭 전선이 모두 이 관측소를 통과하였다.

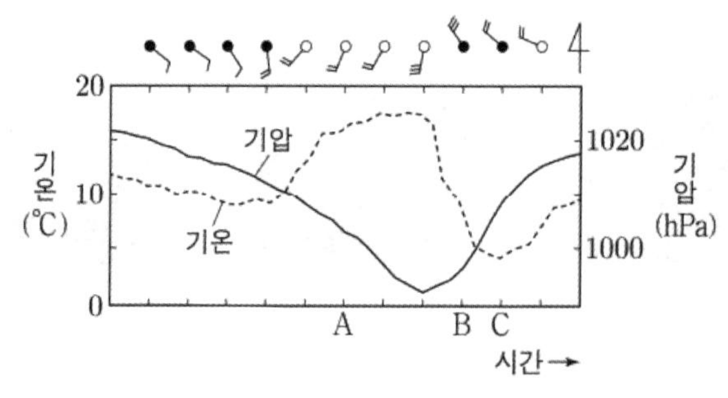

이 자료에 대한 설명으로 옳은 것만을 <보기>에서 있는 대로 고른 것은? [3점]

<보 기>

ㄱ. 기압이 가장 낮게 관측되었을 때 남풍 계열의 바람이 불었다.
ㄴ. A일 때 관측소의 상공에는 온난 전선면이 나타난다.
ㄷ. 관측소에서 B와 C 사이에는 주로 적운형 구름이 관측된다.

① ㄱ ② ㄴ ③ ㄱ, ㄷ ④ ㄴ, ㄷ ⑤ ㄱ, ㄴ, ㄷ

29 2023학년도 9월 모의평가 11번

그림은 대기에 의한 남북방향으로의 연평균 에너지 수송량을 위도별로 나타낸 것이다.

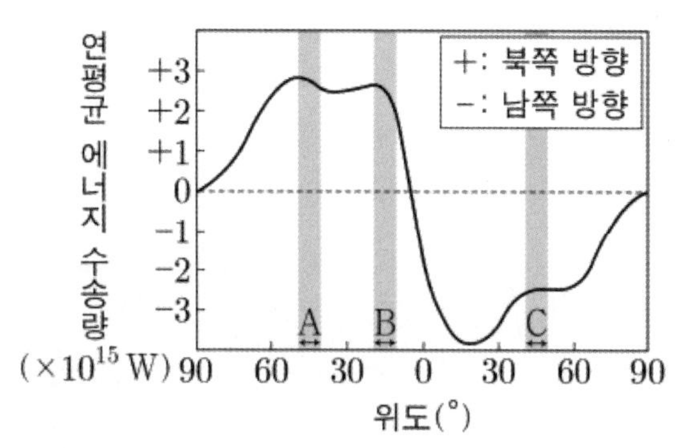

이에 대한 설명으로 옳은 것만을 <보기>에서 있는 대로 고른 것은?

<보 기>

ㄱ. A에서는 대기 대순환의 간접 순환이 위치한다.
ㄴ. B에서는 해들리 순환에 의해 에너지가 북쪽 방향으로 수송된다.
ㄷ. 캘리포니아 해류는 C의 해역에서 나타난다.

① ㄱ ② ㄷ ③ ㄱ, ㄴ ④ ㄴ, ㄷ ⑤ ㄱ, ㄴ, ㄷ

30 2023학년도 9월 모의평가 13번

그림은 태풍의 영향을 받은 우리나라 어느 관측소에서 24시간 동안 관측한 시간에 따른 기압, 풍향, 시간당 강수량을 순서 없이 나타낸 것이다. 이 기간 동안 태풍의 눈이 관측소를 통과 하였다.

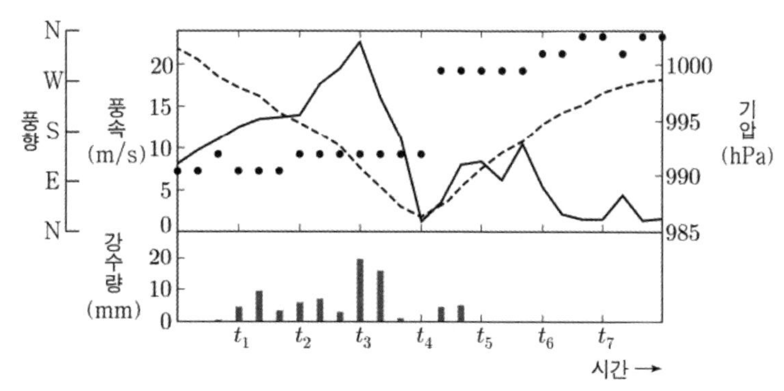

이 자료에 대한 설명으로 옳은 것만을 <보기>에서 있는 대로 고른 것은? [3점]

<보 기>

ㄱ. 관측소에서 풍속이 가장 강하게 나타난 시각은 t_3이다.
ㄴ. 관측소에서 태풍의 눈이 통과하기 전에는 서풍 계열의 바람이 불었다.
ㄷ. 관측소에서 공기의 연직 운동은 t_3이 t_4보다 활발하다.

① ㄱ ② ㄴ ③ ㄷ ④ ㄱ, ㄷ ⑤ ㄴ, ㄷ

31 2023학년도 9월 모의평가 15번

그림 (가)는 동태평양 적도 해역과 서태평양 적도 해역의 시간에 따른 해면 기압 편차를, (나)는 (가)의 A와 B 중 한 시기의 태평양 적도 해역의 깊이에 따른 수온 편차를 나타낸 것이다. A와 B는 각각 엘니뇨 시기와 라니냐 시기 중 하나이고, 편차는 (관측값 - 평년값)이다.

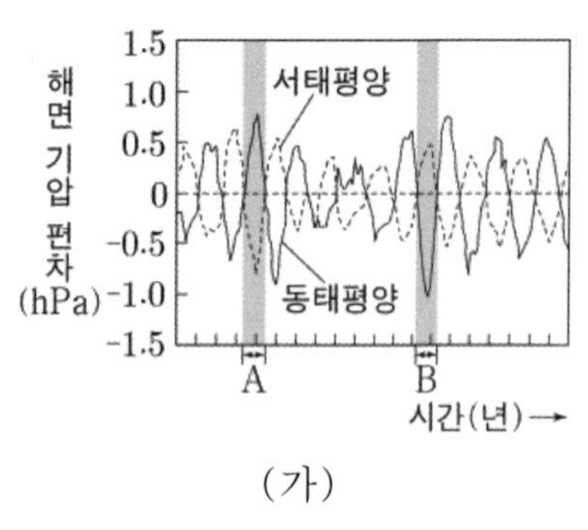

(가)

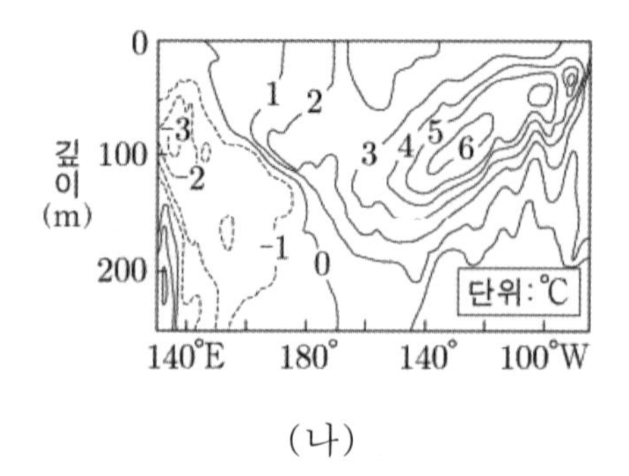

(나)

이에 대한 설명으로 옳은 것만을 <보기>에서 있는 대로 고른 것은?

<보 기>

ㄱ. (나)는 B에 측정한 것이다.

ㄴ. 적도 부근에서 (서태평양 평균 표층 수온 편차 - 동태평양 평균 표층 수온 편차) 값은 A가 B보다 크다.

ㄷ. 적도 부근에서 $\frac{\text{동태평양 평균 해면 기압}}{\text{서태평양 평균 해면 기압}}$은 A가 B보다 크다.

① ㄱ ② ㄷ ③ ㄱ, ㄴ ④ ㄴ, ㄷ ⑤ ㄱ, ㄴ, ㄷ

32 2023학년도 9월 모의평가 16번

그림 (가)는 지구의 공전 궤도를, (나)는 지구 자전축 경사각의 변화를 나타낸 것이다. 지구 자전축 세차 운동의 방향은 지구 공전 방향과 반대이고 주기는 약 26000년이다.

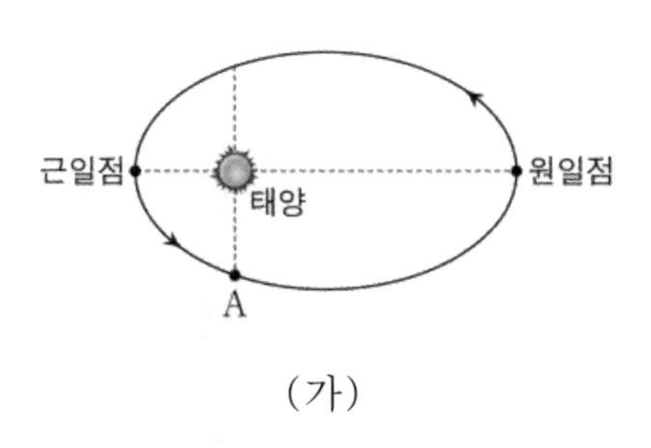

(가)

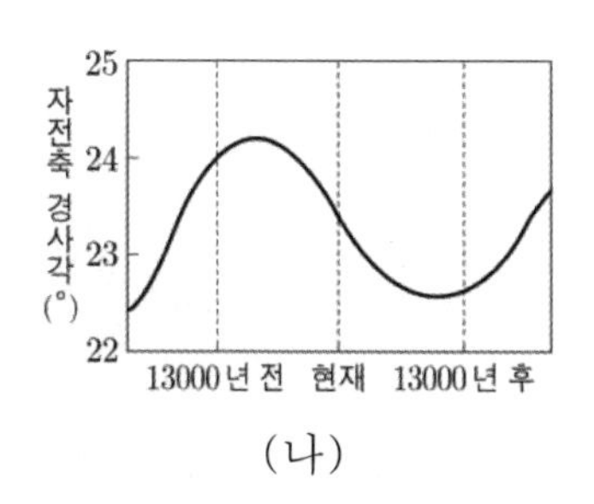

(나)

이에 대한 설명으로 옳은 것만을 <보기>에서 있는 대로 고른 것은? (단, 지구 자전축 세차 운동과 지구 자전축 경사각 이외의 요인은 변하지 않는다고 가정한다.) [3점]

<보 기>

ㄱ. 약 6500년 전 지구가 A 부근에 있을 때 북반구는 겨울철이다.
ㄴ. 35°N에서 기온의 연교차는 약 6500년 전이 현재보다 작다.
ㄷ. 35°S에서 여름철 평균 기온은 약 13000년 후가 현재보다 낮다.

① ㄱ ② ㄴ ③ ㄱ, ㄷ ④ ㄴ, ㄷ ⑤ ㄱ, ㄴ, ㄷ

33 2023학년도 대학수학능력시험 1번

그림 (가)는 1850~2019년 동안 전 지구와 아시아의 기온 편차(관측값−기준값)를, (나)는 (가)의 A 기간 동안 대기 중 CO_2농도를 나타낸 것이다. 기준값은 1850~1900년의 평균 기온이다.

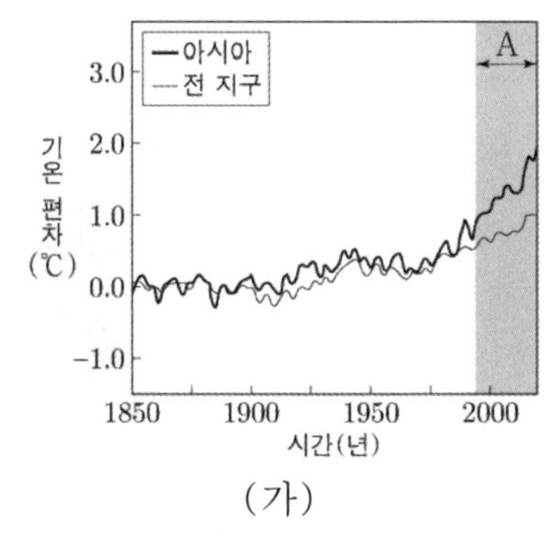

(가)

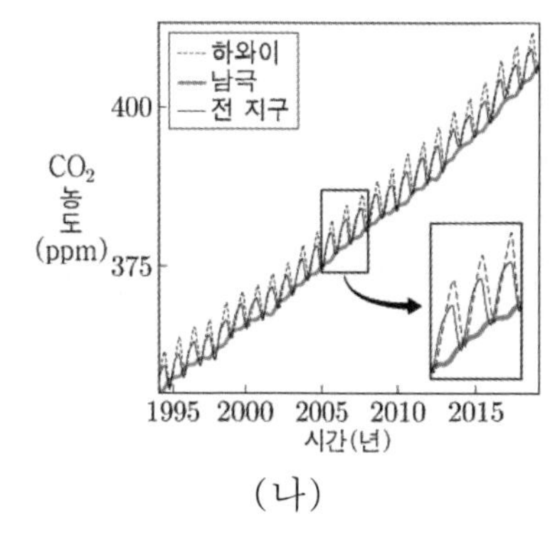

(나)

이 자료에 대한 설명으로 옳은 것만을 <보기>에서 있는 대로 고른 것은?

<보 기>

ㄱ. (가) 기간 동안 기온의 평균 상승률은 아시아가 전 지구보다 크다.
ㄴ. (나)에서 CO_2농도의 연교차는 하와이가 남극보다 크다.
ㄷ. A 기간 동안 전 지구의 기온과 CO_2농도는 높아지는 경향이 있다.

① ㄱ ② ㄷ ③ ㄱ, ㄴ ④ ㄴ, ㄷ ⑤ ㄱ, ㄴ, ㄷ

34 2023학년도 대학수학능력시험 7번

그림 (가)는 어느 날 18시의 지상 일기도에 태풍의 이동 경로를 나타낸 것이고, (나)는 이 시기에 태풍에 의해 발생한 강수량 분포를 나타낸 것이다.

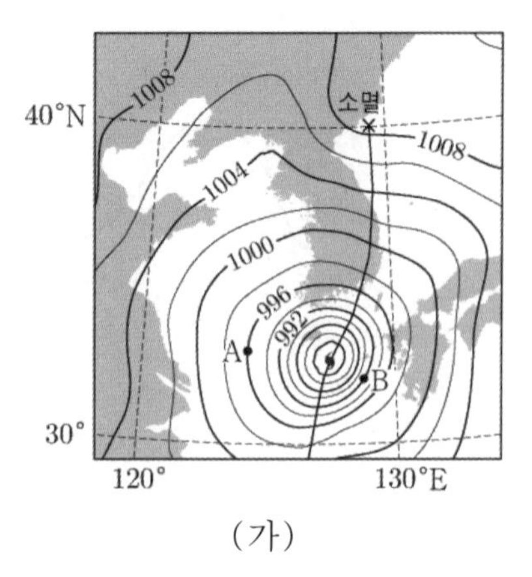

(가)

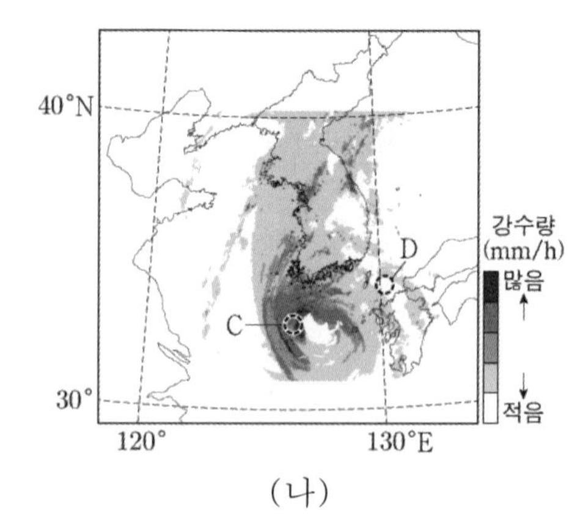

(나)

이 자료에 대한 설명으로 옳은 것만을 <보기>에서 있는 대로 고른 것은? [3점]

<보 기>

ㄱ. 풍속은 A 지점이 B 지점보다 크다.
ㄴ. 공기의 연직 운동은 C 지점이 D 지점보다 활발하다.
ㄷ. C 지점에서는 남풍 계열의 바람이 분다.

① ㄱ ② ㄴ ③ ㄷ ④ ㄱ, ㄴ ⑤ ㄴ, ㄷ

35 2023학년도 대학수학능력시험 8번

그림은 어느 온대 저기압이 우리나라를 지나는 3시간($T_1 \sim T_4$)동안 전선 주변에서 발생한 번개의 분포를 1시간 간격으로 나타낸 것이다. 이 기간 동안 온난 전선과 한랭 전선 중 하나가 A 지역을 통과하였다.

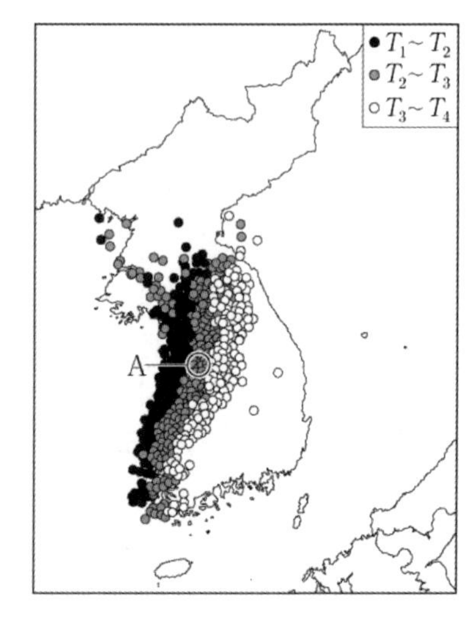

이 자료에 대한 설명으로 옳은 것만을 <보기>에서 있는 대로 고른 것은?

<보 기>

ㄱ. 이 기간 중 A의 상공에는 전선면이 나타났다.
ㄴ. $T_2 \sim T_3$ 동안 A에서는 적운형 구름이 발달하였다.
ㄷ. 전선이 통과하는 동안 A의 풍향은 시계 반대 방향으로 바뀌었다.

① ㄱ ② ㄷ ③ ㄱ, ㄴ ④ ㄴ, ㄷ ⑤ ㄱ, ㄴ, ㄷ

36 2023학년도 대학수학능력시험 9번

그림 (가)는 북대서양의 해역 A와 B의 위치를, (나)와 (다)는 A와 B에서 같은 시기에 측정한 물리량을 순서 없이 나타낸 것이다. ㉠과 ㉡은 각각 수온과 용존 산소량 중 하나이다.

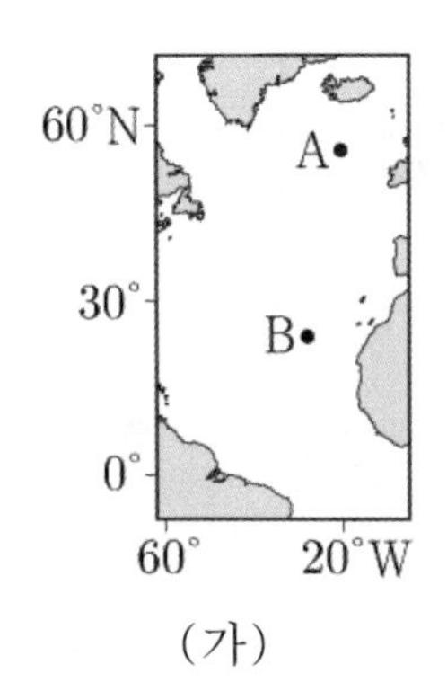

(가)

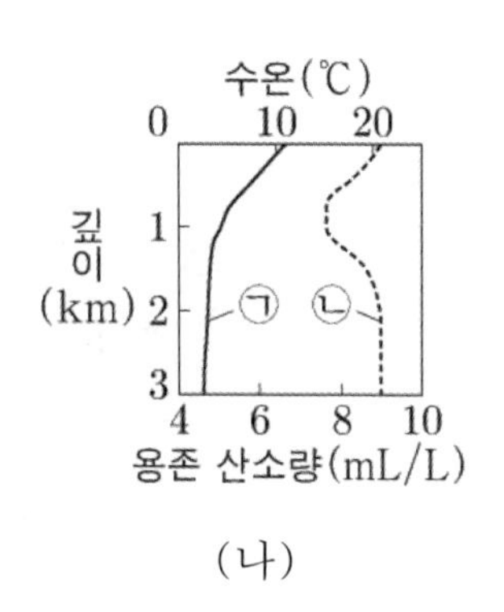

(나)

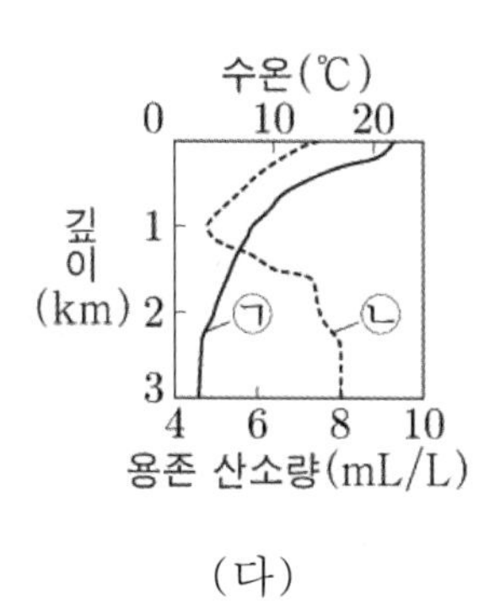

(다)

이 자료에 대한 설명으로 옳은 것만을 <보기>에서 있는 대로 고른 것은? [3점]

<보 기>

ㄱ. (나)는 A에 해당한다.
ㄴ. 표층에서 용존 산소량은 A가 B보다 작다.
ㄷ. 수온 약층은 A가 B보다 뚜렷하게 나타난다.

① ㄱ ② ㄴ ③ ㄷ ④ ㄱ, ㄴ ⑤ ㄱ, ㄷ

37 2023학년도 대학수학능력시험 12번

그림 (가)와 (나)는 어느 해역의 수온과 염분 분포를 각각 나타낸 것이고, (다)는 수온-염분도이다. A, B, C는 수온과 염분이 서로 다른 해수이고, ㉠과 ㉡은 이 해역의 서로 다른 수괴이다.

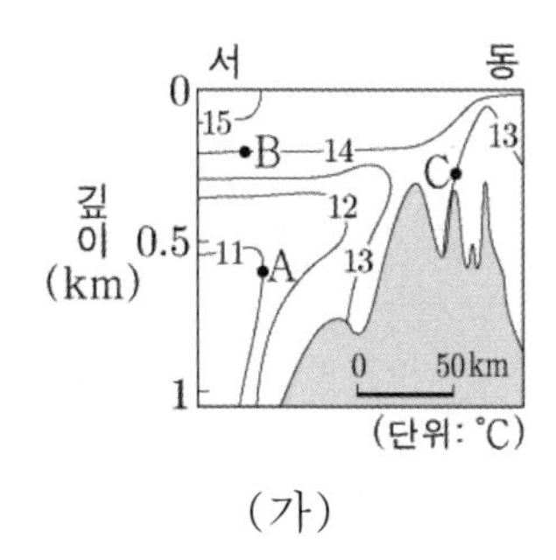

(가)

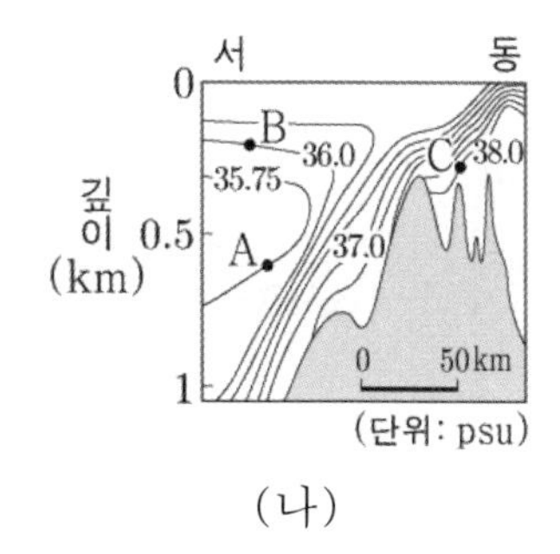

(나)

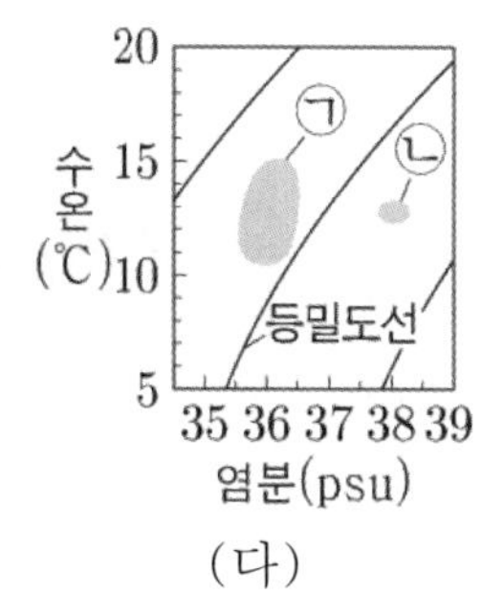

(다)

이 자료에 대한 설명으로 옳은 것만을 <보기>에서 있는 대로 고른 것은?

<보 기>

ㄱ. B는 ㉡에 해당한다.
ㄴ. A와 B의 수온에 의한 밀도 차는 A와 B의 염분에 의한 밀도차보다 크다.
ㄷ. C의 수괴가 서쪽으로 이동하면, C의 수괴는 B의 수괴 아래쪽으로 이동한다.

① ㄱ ② ㄴ ③ ㄱ, ㄷ ④ ㄴ, ㄷ ⑤ ㄱ, ㄴ, ㄷ

38 2023학년도 대학수학능력시험 14번

그림은 1월과 7월의 지표 부근의 평년 바람 분포 중 하나를 나타낸 것이다. A, B, C는 주요 표층 해류가 흐르는 해역이다.

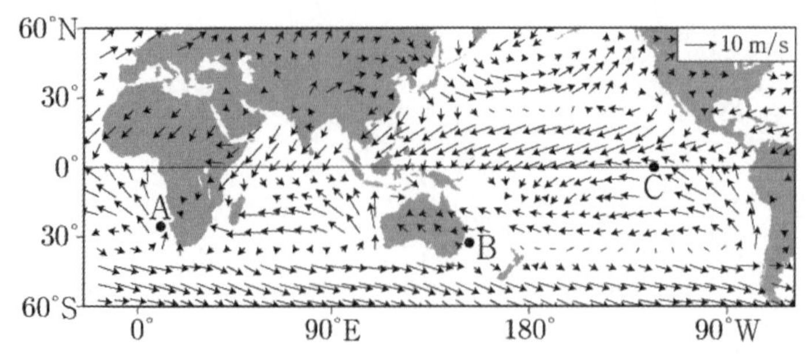

이에 대한 설명으로 옳은 것만을 <보기>에서 있는 대로 고른 것은? [3점]

<보 기>

ㄱ. 이 평년 바람 분포는 1월에 해당한다.
ㄴ. A와 B의 표층 해류는 모두 고위도 방향으로 흐른다.
ㄷ. C에서는 대기 대순환에 의해 표층 해수가 수렴한다.

① ㄱ ② ㄴ ③ ㄷ ④ ㄱ, ㄴ ⑤ ㄱ, ㄷ

39 2023학년도 대학수학능력시험 17번

그림 (가)는 태평양 적도 부근 해역에서 관측한 바람의 동서 방향 풍속 편차를, (나)는 이 해역에서 A와 B 중 어느 한 시기에 관측된 20℃ 등수온선의 깊이 편차를 나타낸 것이다. A와 B는 각각 엘니뇨와 라니냐 시기 중 하나이고, (+)는 서풍, (−)는 동풍에 해당한다. 편차는 (관측값−평년값)이다.

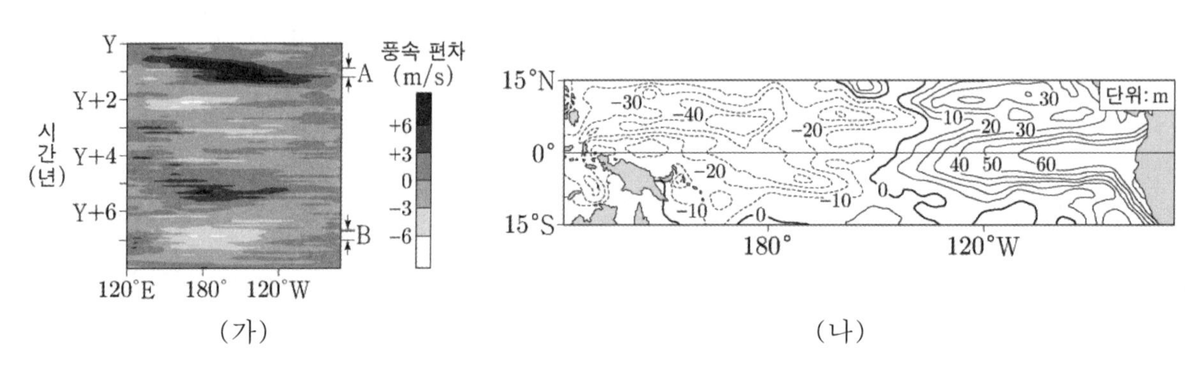

(가) (나)

이에 대한 설명으로 옳은 것만을 <보기>에서 있는 대로 고른 것은?

<보 기>

ㄱ. (나)는 B에 해당한다.
ㄴ. 동태평양 적도 부근 해역에서 해수면 높이는 B가 평년보다 낮다.
ㄷ. 적도 부근의 (동태평양 해면 기압 − 서태평양 해면 기압) 값은 A가 B보다 크다.

① ㄱ ② ㄴ ③ ㄷ ④ ㄱ, ㄷ ⑤ ㄴ, ㄷ

[2023년 교육청 기출 문항 모음]

40 2023년 3월 학력평가 8번

그림 (가)는 우리나라를 통과한 어느 태풍 중심의 이동 방향과 이동 속력을 순서 없이 ㉠과 ㉡으로 나타낸 것이고, (나)는 18시일 때 이 태풍 중심의 위치를 나타낸 것이다.

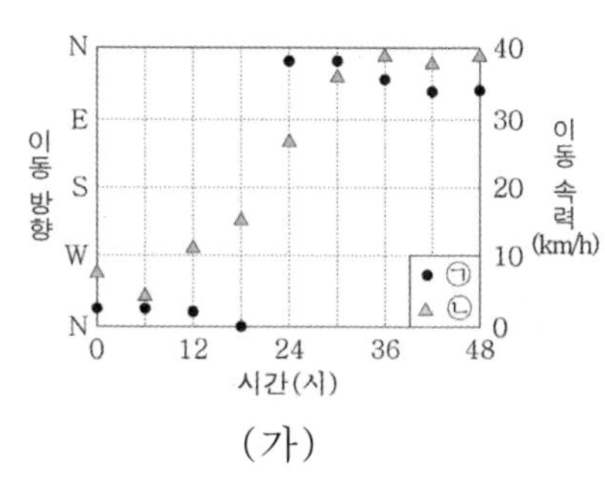

(가)

(나)

이 자료에 대한 설명으로 옳은 것만을 <보기>에서 있는 대로 고른 것은? [3점]

<보 기>

ㄱ. 태풍 중심의 이동 방향은 ㉠이다.
ㄴ. 태풍이 지나가는 동안 제주도에서의 풍향은 시계 방향으로 변한다.
ㄷ. 태풍 중심의 평균 이동 속력은 전향점 통과 전이 통과 후보다 빠르다.

① ㄱ ② ㄷ ③ ㄱ, ㄴ ④ ㄴ, ㄷ ⑤ ㄱ, ㄴ, ㄷ

41 2023년 3월 학력평가 9번

그림 (가)는 온대 저기압에 동반된 전선이 우리나라를 통과하는 동안 관측소 A와 B에서 측정한 기온을, (나)는 T + 9시에 관측한 강수 구역을 나타낸 것이다. ㉠과 ㉡은 각각 A와 B 중 하나이다.

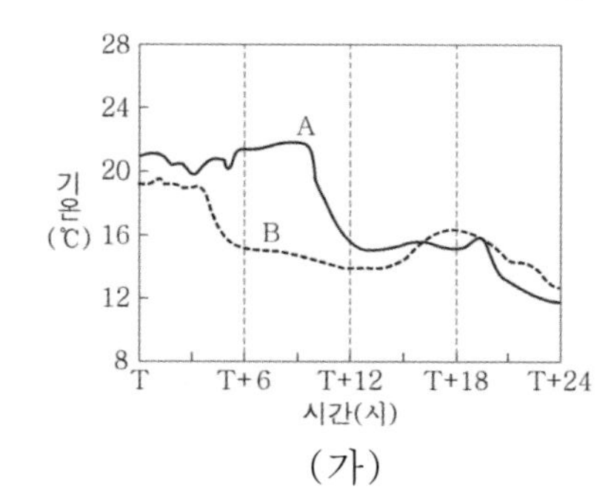

(가)

(나)

이에 대한 설명으로 옳은 것만을 <보기>에서 있는 대로 고른 것은?

<보 기>

ㄱ. A는 ㉠이다.
ㄴ. (나)에서 우리나라에는 한랭 전선이 위치한다.
ㄷ. T + 6시에 A에는 남풍 계열의 바람이 분다.

① ㄱ ② ㄷ ③ ㄱ, ㄴ ④ ㄴ, ㄷ ⑤ ㄱ, ㄴ, ㄷ

42 2023년 4월 학력평가 8번

그림은 어느 태풍의 이동 경로에 6시간 간격으로 중심 기압과 최대 풍속을 나타낸 것이고, 표는 태풍의 최대 풍속에 따른 태풍 강도를 나타낸 것이다.

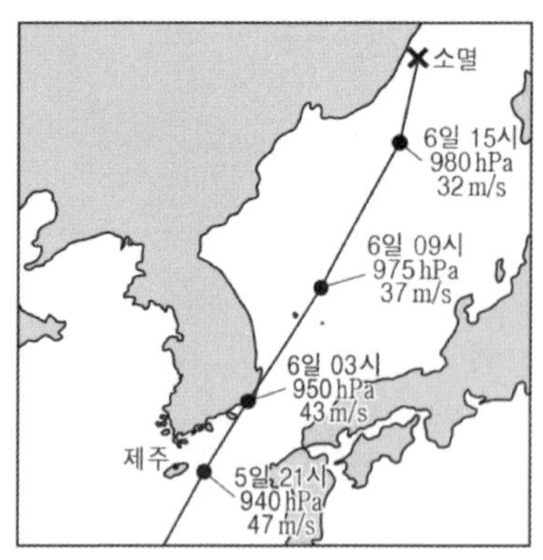

최대 풍속 (m/s)	태풍 강도
54 이상	초강력
44 이상 ~ 54 미만	매우강
33 이상 ~ 44 미만	강
25 이상 ~ 33 미만	중

이에 대한 설명으로 옳은 것만을 <보기>에서 있는 대로 고른 것은?

<보 기>

ㄱ. 5일 21시에 제주는 태풍의 안전 반원에 위치한다.
ㄴ. 태풍의 세력은 6일 09시보다 6일 03시가 강하다.
ㄷ. 6일 15시의 태풍 강도는 '중'이다.

① ㄱ ② ㄴ ③ ㄱ, ㄷ ④ ㄴ, ㄷ ⑤ ㄱ, ㄴ, ㄷ

43 2023년 4월 학력평가 9번

다음은 우리나라에 영향을 주는 황사와 관련된 탐구 활동이다.

[탐구 과정]

(가) 공공데이터포털을 이용하여 최근 10년 동안 서울과 부산의 월평균 황사 일수를 조사한다.

(나) 우리나라에 영향을 주는 황사의 발원지와 이동 경로를 조사하여 지도에 나타낸다.

[탐구 결과]

○ (가)의 결과

(단위: 일)

월	1	2	3	4	5	6	7	8	9	10	11	12
서울	0.5	0.6	2.2	1.4	1.7	0.0	0.0	0.0	0.0	0.2	1.0	0.2
부산	0.4	0.3	0.7	1.0	1.4	0.0	0.0	0.0	0.0	0.1	0.3	0.2

○ (나)의 결과

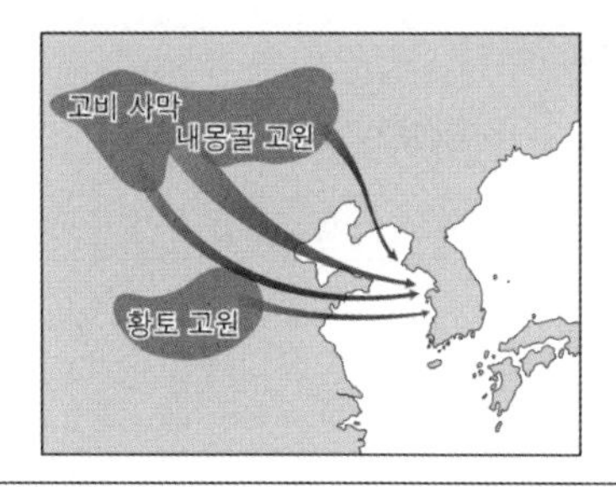

이에 대한 설명으로 옳은 것만을 <보기>에서 있는 대로 고른 것은?

<보 기>

ㄱ. 최근 10년 동안의 연평균 황사 일수는 서울보다 부산이 많다.

ㄴ. 발원지에서 생성된 모래 먼지가 우리나라로 이동할 때 편서풍의 영향을 받는다.

ㄷ. 우리나라에서 황사는 고온 다습한 기단의 영향이 우세한 계절에 주로 발생한다.

① ㄱ ② ㄴ ③ ㄱ, ㄷ ④ ㄴ, ㄷ ⑤ ㄱ, ㄴ, ㄷ

44 2023년 7월 학력평가 7번

그림 (가)와 (나)는 8월 어느 날 같은 시각의 지상 일기도와 적외 영상을 나타낸 것이다.

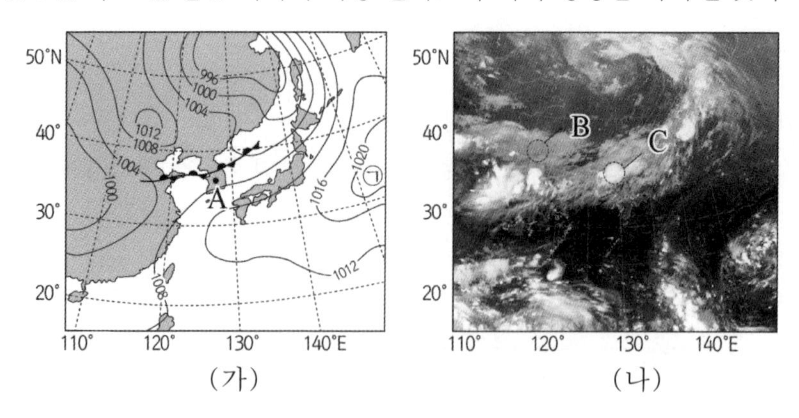

(가) (나)

이에 대한 설명으로 옳은 것만을 <보기>에서 있는 대로 고른 것은?

<보 기>

ㄱ. A 지역의 상공에는 전선면이 나타난다.
ㄴ. 구름의 최상부 높이는 C 지역이 B 지역보다 높다.
ㄷ. ㉠은 북태평양 고기압이다.

① ㄱ ② ㄴ ③ ㄷ ④ ㄱ, ㄴ ⑤ ㄴ, ㄷ

45 2023년 7월 학력평가 8번

그림은 시간에 따라 뇌우에 공급되는 물의 양과 비가 되어 내린 물의 양을 A와 B로 순서 없이 나타낸 것이다. ㉠, ㉡, ㉢은 뇌우의 발달 단계에서 각각 성숙 단계, 적운 단계, 소멸 단계 중 하나이다.

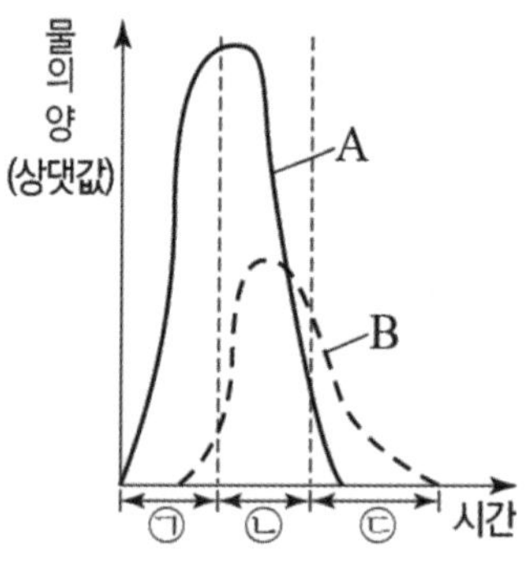

이에 대한 설명으로 옳은 것만을 <보기>에서 있는 대로 고른 것은?

<보 기>

ㄱ. A는 비가 되어 내린 물의 양이다.
ㄴ. 뇌우로 인한 강수량은 ㉠이 ㉡보다 적다.
ㄷ. ㉢은 하강 기류가 상승 기류보다 우세하다.

① ㄱ ② ㄴ ③ ㄱ, ㄷ ④ ㄴ, ㄷ ⑤ ㄱ, ㄴ, ㄷ

46 2023년 10월 학력평가 7번

그림 (가)는 어느 태풍의 이동 경로와 관측소 A와 B의 위치를, (나)는 이 태풍이 우리나라를 통과하는 동안 A와 B 중 한 곳에서 관측한 풍향, 풍속, 기압 변화를 나타낸 것이다.

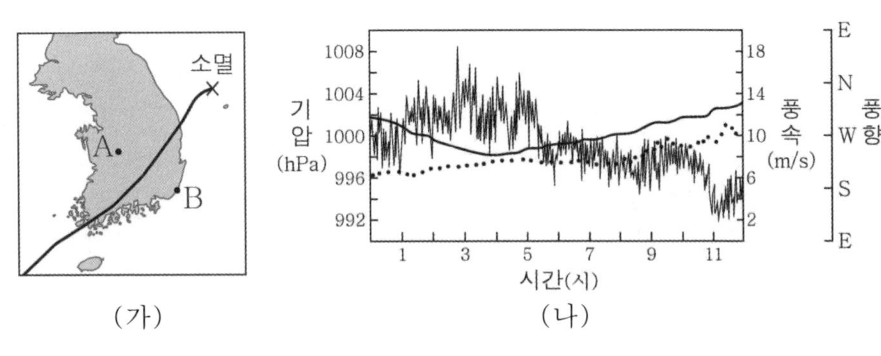

(가) (나)

이에 대한 설명으로 옳은 것만을 <보기>에서 있는 대로 고른 것은?

<보 기>

ㄱ. (나)에서 기압은 4시가 11시보다 낮다.
ㄴ. (나)는 A에서 관측한 것이다.
ㄷ. 태풍이 통과하는 동안 관측된 평균 풍속은 A가 B보다 크다.

① ㄱ ② ㄴ ③ ㄱ, ㄷ ④ ㄴ, ㄷ ⑤ ㄱ, ㄴ, ㄷ

47 2023년 10월 학력평가 14번

그림 (가)와 (나)는 같은 시각에 우리나라 주변을 관측한 가시 영상과 적외 영상을 순서 없이 나타낸 것이다.

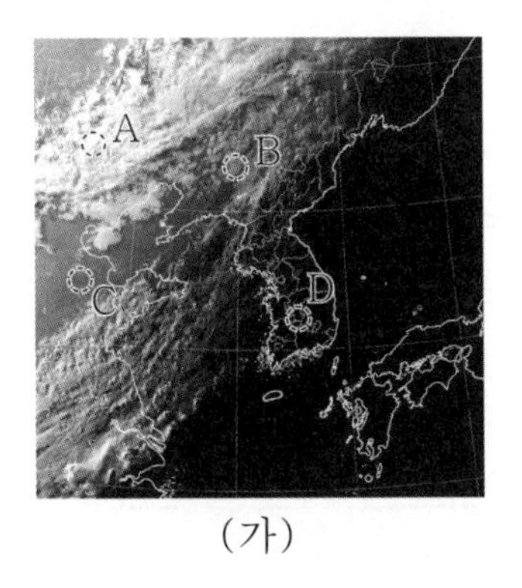

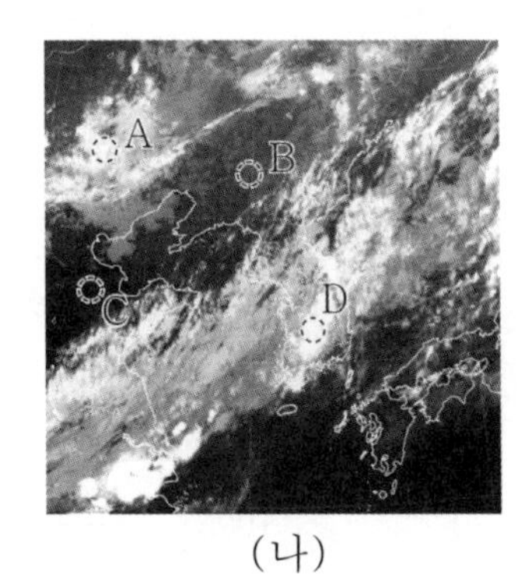

(가) (나)

이에 대한 설명으로 옳은 것만을 <보기>에서 있는 대로 고른 것은?

<보 기>

ㄱ. 관측 파장은 (가)가 (나)보다 길다.
ㄴ. 비가 내릴 가능성은 A에서가 C에서보다 높다.
ㄷ. 구름 최상부의 온도는 B에서가 D에서보다 높다.

① ㄴ ② ㄷ ③ ㄱ, ㄴ ④ ㄱ, ㄷ ⑤ ㄴ, ㄷ

48 2023년 3월 학력평가 2번

그림 (가)는 어느 해역의 깊이에 따른 수온과 염분 분포를 ㉠과 ㉡으로 순서 없이 나타낸 것이고, (나)는 수온-염분도를 나타낸 것이다.

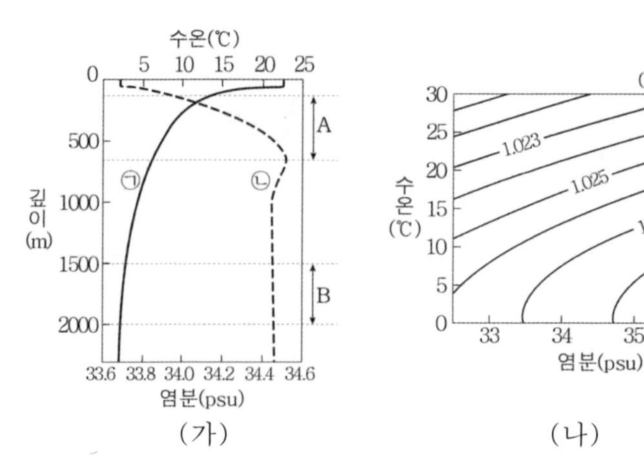

(가) (나)

이에 대한 설명으로 옳은 것만을 <보기>에서 있는 대로 고른 것은?

<보 기>

ㄱ. ㉠은 염분 분포이다.

ㄴ. 혼합층의 평균 밀도는 1.025 g/cm³보다 크다.

ㄷ. 깊이에 따른 해수의 밀도 변화는 A 구간이 B 구간보다 크다.

① ㄱ ② ㄷ ③ ㄱ, ㄴ ④ ㄴ, ㄷ ⑤ ㄱ, ㄴ, ㄷ

49 2023년 3월 학력평가 5번

그림은 A와 B 시기에 관측한 북반구의 평균 해면 기압을 위도에 따라 나타낸 것이다.

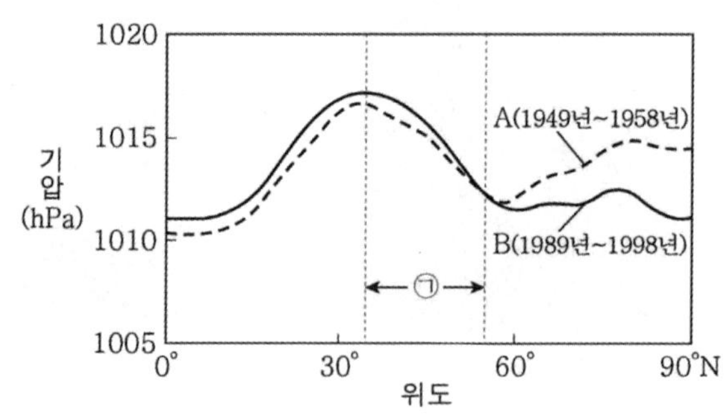

이 자료에 대한 설명으로 옳은 것만을 <보기>에서 있는 대로 고른 것은?

<보 기>

ㄱ. 무역풍대에서는 위도가 높아질수록 평균 해면 기압이 대체로 높아진다.

ㄴ. ㉠ 구간의 지표 부근에서는 북풍 계열의 바람이 우세하다.

ㄷ. 중위도 고압대의 평균 해면 기압은 A 시기가 B 시기보다 낮다.

① ㄱ ② ㄴ ③ ㄷ ④ ㄱ, ㄴ ⑤ ㄱ, ㄷ

50 2023년 3월 학력평가 11번

그림은 대서양의 심층 순환과 두 해역 A와 B의 위치를 나타낸 것이다.

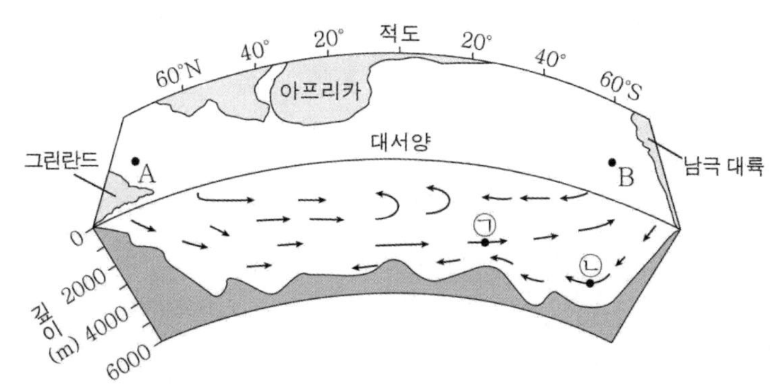

이에 대한 설명으로 옳은 것만을 <보기>에서 있는 대로 고른 것은?

<보 기>

ㄱ. A 해역에서는 해수의 용승이 침강보다 우세하다.
ㄴ. B 해역에서 표층 해류는 서쪽으로 흐른다.
ㄷ. 해수의 밀도는 ㉠ 지점이 ㉡ 지점보다 작다.

① ㄱ ② ㄷ ③ ㄱ, ㄴ ④ ㄴ, ㄷ ⑤ ㄱ, ㄴ, ㄷ

51 2023년 4월 학력평가 5번

그림 (가)는 어느 시기에 우리나라 주변 해역에서 수온과 염분을 측정한 구간을, (나)와 (다)는 이 구간의 깊이에 따른 수온과 염분 분포를 나타낸 것이다. A, B, C는 해수면에 위치한 지점이다.

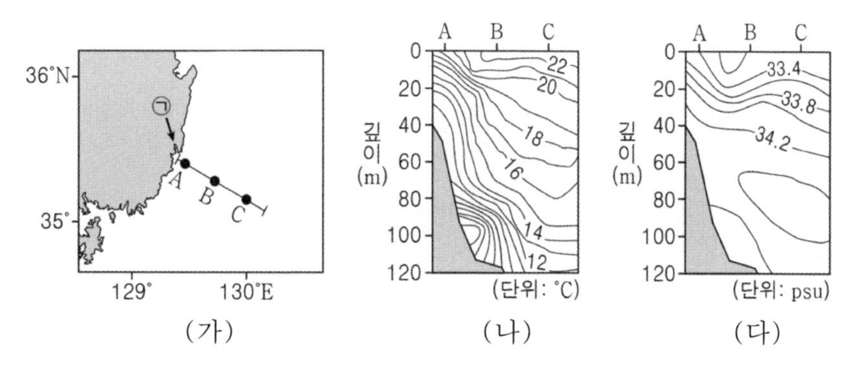

(가) (나) (다)

이에 대한 설명으로 옳은 것만을 <보기>에서 있는 대로 고른 것은? [3점]

<보 기>

ㄱ. 해수면과 깊이 40m의 수온 차는 B보다 A가 크다.
ㄴ. ㉠ 방향으로 유입되는 담수의 양이 증가하면 A의 표층 염분은 33.4psu보다 커진다.
ㄷ. 표층 해수의 밀도는 C보다 A가 크다.

① ㄱ ② ㄴ ③ ㄱ, ㄷ ④ ㄴ, ㄷ ⑤ ㄱ, ㄴ, ㄷ

52 2023년 4월 학력평가 10번

그림은 경도 150°E의 해수면 부근에서 측정한 연평균 풍속의 남북 방향 성분 분포와 동서 방향 성분 분포를 위도에 따라 나타낸 것이다.

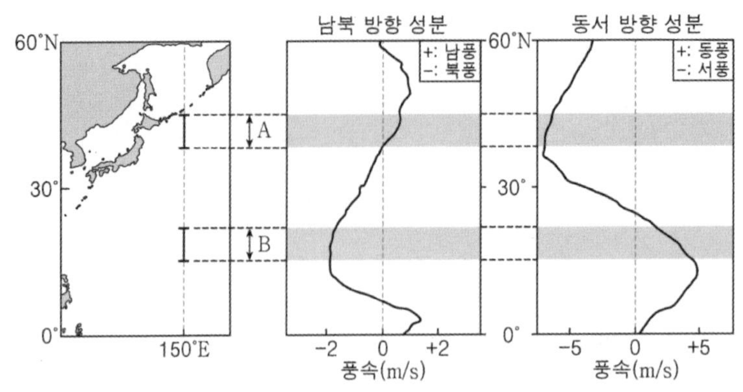

이에 대한 설명으로 옳은 것만을 <보기>에서 있는 대로 고른 것은? [3점]

<보 기>

ㄱ. A 구간의 해수면 부근에는 북서풍이 우세하다.
ㄴ. B 구간의 해역에 흐르는 해류는 해들리 순환의 영향을 받는다.
ㄷ. 표층 수온은 A 구간의 해역보다 B 구간의 해역에서 높다.

① ㄱ ② ㄷ ③ ㄱ, ㄴ ④ ㄴ, ㄷ ⑤ ㄱ, ㄴ, ㄷ

53 2023년 4월 학력평가 11번

그림은 대서양 어느 해역에서 깊이에 따라 측정한 수온과 염분을 심층 수괴의 분포와 함께 수온-염분도에 나타낸 것이다. A, B, C는 각각 북대서양 심층수, 남극 중층수, 남극 저층수 중 하나이다.

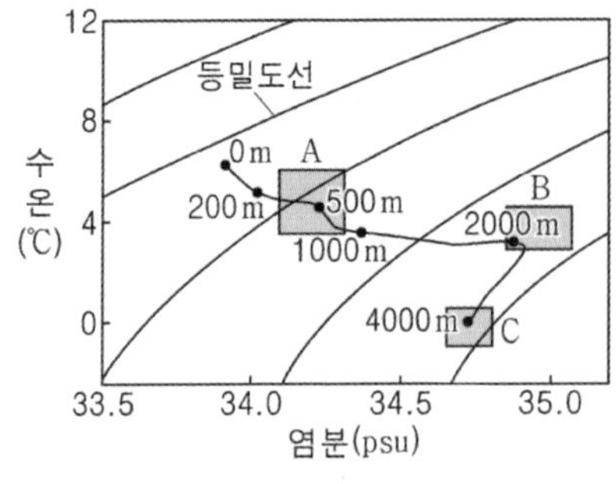

이에 대한 설명으로 옳은 것만을 <보기>에서 있는 대로 고른 것은?

<보 기>

ㄱ. 평균 밀도는 A보다 C가 크다.
ㄴ. 이 해역의 깊이 4000m인 지점에는 남극 중층수가 존재한다.
ㄷ. 해수의 평균 이동 속도는 0~200m보다 2000~4000m에서 느리다.

① ㄱ ② ㄴ ③ ㄷ ④ ㄱ, ㄷ ⑤ ㄴ, ㄷ

54 2023년 7월 학력평가 10번

그림 (가)와 (나)는 북태평양 어느 해역에서 서로 다른 두 시기 해수면 위에서의 바람을 나타낸 것이다. 화살표의 방향과 길이는 각각 풍향과 풍속을 나타낸다.

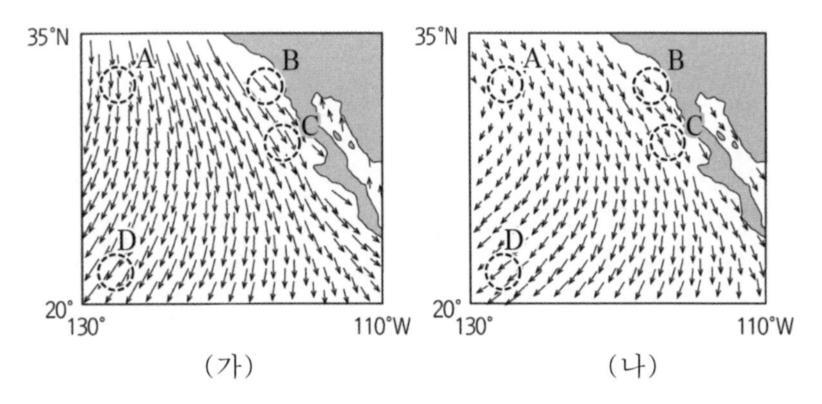

이에 대한 설명으로 옳은 것만을 <보기>에서 있는 대로 고른 것은?

<보 기>

ㄱ. 평균 밀도는 A보다 C가 크다.
ㄴ. 이 해역의 깊이 4000m인 지점에는 남극 중층수가 존재한다.
ㄷ. 해수의 평균 이동 속도는 0~200m보다 2000~4000m에서 느리다.

① ㄱ ② ㄴ ③ ㄱ, ㄷ ④ ㄴ, ㄷ ⑤ ㄱ, ㄴ, ㄷ

55 2023년 7월 학력평가 13번

그림은 북반구의 대기 대순환을 나타낸 것이다. A, B, C는 각각 해들리 순환, 페렐 순환, 극순환 중 하나이다.

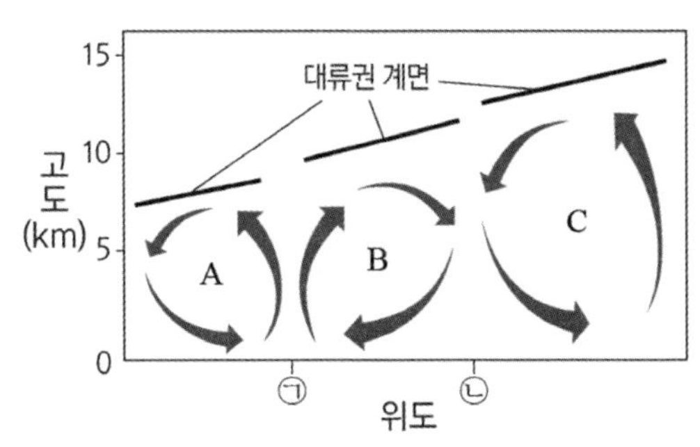

이에 대한 설명으로 옳은 것만을 <보기>에서 있는 대로 고른 것은?

<보 기>

ㄱ. A의 지상에는 동풍 계열의 바람이 우세하게 분다.
ㄴ. 직접 순환에 해당하는 것은 B이다.
ㄷ. 남북 방향의 온도 차는 ㉡에서가 ㉠에서보다 크다.

① ㄱ ② ㄴ ③ ㄱ, ㄷ ④ ㄴ, ㄷ ⑤ ㄱ, ㄴ, ㄷ

56 2023년 7월 학력평가 16번

그림 (가)는 해역 A와 B의 위치를, (나)와 (다)는 4월에 측정한 A와 B의 연직 수온 분포를 순서 없이 나타낸 것이다.

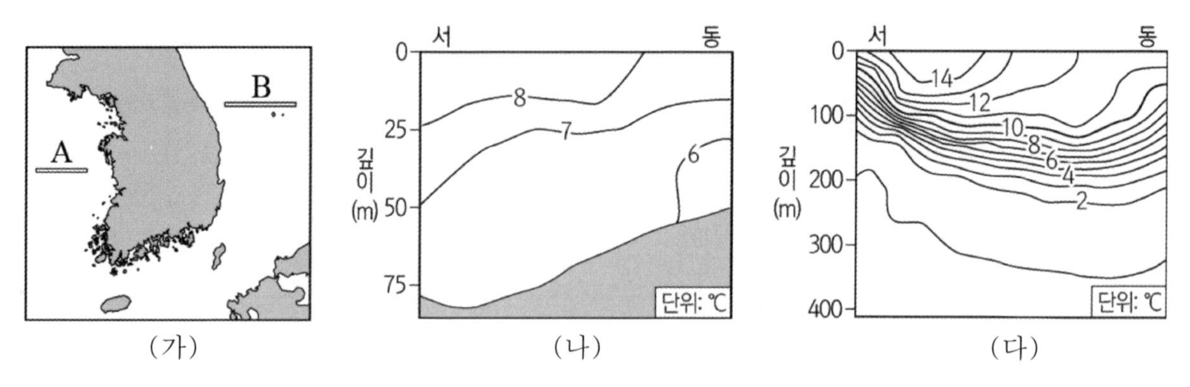

(가) (나) (다)

이에 대한 설명으로 옳은 것만을 <보기>에서 있는 대로 고른 것은? [3점]

<보 기>

ㄱ. (나)는 B의 측정 자료이다.
ㄴ. 수온 약층은 (다)가 (나)보다 뚜렷하다.
ㄷ. (다)가 (나)보다 표층 수온이 높은 이유는 위도의 영향 때문이다.

① ㄱ ② ㄴ ③ ㄱ, ㄷ ④ ㄴ, ㄷ ⑤ ㄱ, ㄴ, ㄷ

57 2023년 10월 학력평가 4번

다음은 해수의 성질을 알아보기 위한 탐구이다.

[탐구 과정]

(가) 우리나라 어느 해역에서 2월과 8월에 측정한 깊이에 따른 수온과 염분 자료를 준비한다.

<수온과 염분 자료>

	깊이(m)	0	10	20	30	50	75	100
2월	수온(℃)	11.6	11.6	11.3	11.0	9.9	5.8	4.5
	염분(psu)	34.3	34.3	34.3	34.3	34.2	34.0	34.0
8월	수온(℃)	25.4	21.9	13.8	12.9	8.9	4.1	2.7
	염분(psu)	32.7	33.3	34.2	34.3	34.2	34.1	34.0

(나) (가)의 자료를 수온－염분도에 나타내고 특징을 분석한다.

[탐구 결과]

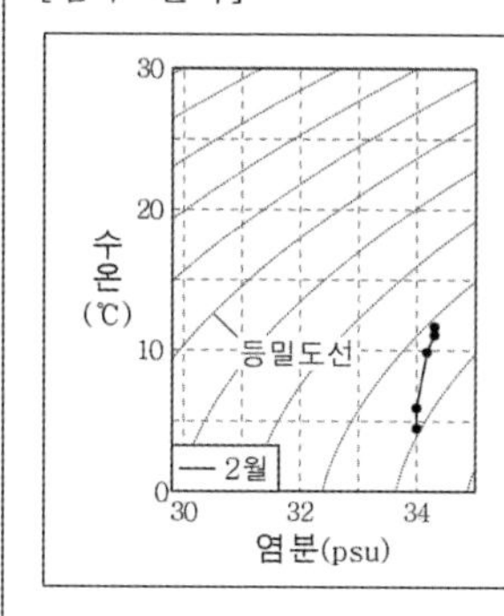

○ 혼합층의 두께는 2월이 8월보다 (㉠).

○ 깊이 0 ~ 100 m에서의 평균 밀도 변화율은 2월이 8월보다 (㉡).

이 자료에 대한 설명으로 옳은 것만을 <보기>에서 있는 대로 고른 것은? [3점]

<보 기>

ㄱ. '두껍다'는 ㉠에 해당한다.

ㄴ. 해수의 밀도는 2월의 75m 깊이에서가 8월의 50m 깊이에서보다 크다.

ㄷ. '크다'는 ㉡에 해당한다.

① ㄱ ② ㄷ ③ ㄱ, ㄴ ④ ㄴ, ㄷ ⑤ ㄱ, ㄴ, ㄷ

58 2023년 10월 학력평가 5번

그림은 표층 해류가 흐르는 해역 A, B, C의 위치와 대기 대순환에 의해 지표면에서 부는 바람을 나타낸 것이다. ㉠과 ㉡은 각각 중위도 고압대와 한대 전선대 중 하나이다.

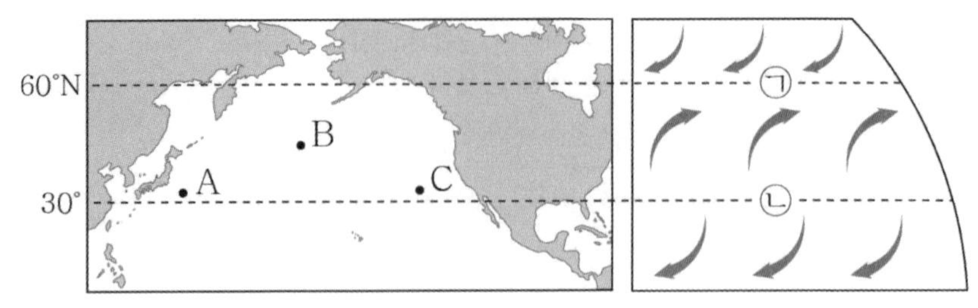

이에 대한 설명으로 옳은 것만을 <보기>에서 있는 대로 고른 것은?

<보 기>

ㄱ. 중위도 고압대는 ㉠이다.
ㄴ. 수온만을 고려할 때, 표층에서 산소의 용해도는 A에서보다 C에서 높다.
ㄷ. B에 흐르는 해류는 편서풍의 영향으로 형성된다.

① ㄴ ② ㄷ ③ ㄱ, ㄴ ④ ㄱ, ㄷ ⑤ ㄴ, ㄷ

59 2023년 10월 학력평가 10번

그림 (가)와 (나)는 남대서양의 수온과 염분 분포를 나타낸 것이다. A, B, C는 각각 남극 저층수, 남극 중층수, 북대서양 심층수 중 하나이다.

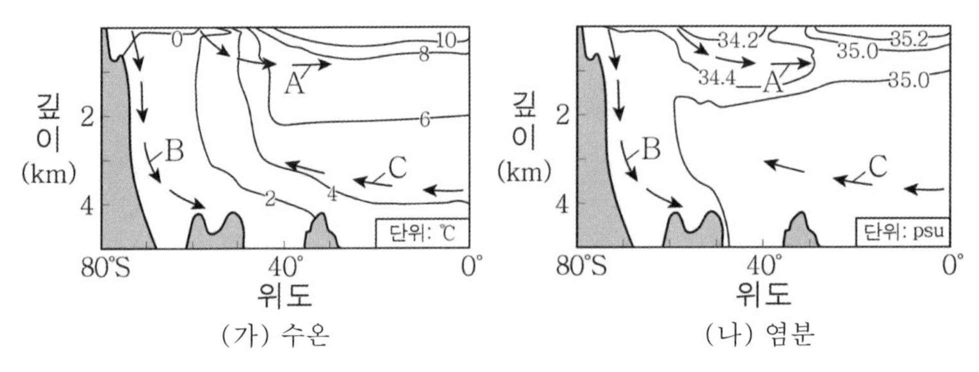

(가) 수온 (나) 염분

이에 대한 설명으로 옳은 것만을 <보기>에서 있는 대로 고른 것은?

<보 기>

ㄱ. A가 표층에서 침강하는 데 미치는 영향은 염분이 수온보다 크다.
ㄴ. B는 북반구 해역의 심층에 도달한다.
ㄷ. A, B, C는 모두 저위도와 고위도의 에너지 불균형을 줄이는 역할을 한다.

① ㄱ ② ㄴ ③ ㄱ, ㄷ ④ ㄴ, ㄷ ⑤ ㄱ, ㄴ, ㄷ

60 2023년 3월 학력평가 12번

그림은 적도 부근 서태평양과 중앙 태평양 중 어느 한 해역에서 최근 40년 동안 매년 같은 시기에 기상 위성으로 관측한 적외선 방출 복사 에너지 편차와 수온 편차를 나타낸 것이다. 편차는 (관측값−평년값)이며, A는 엘니뇨 시기에 관측한 값이다.

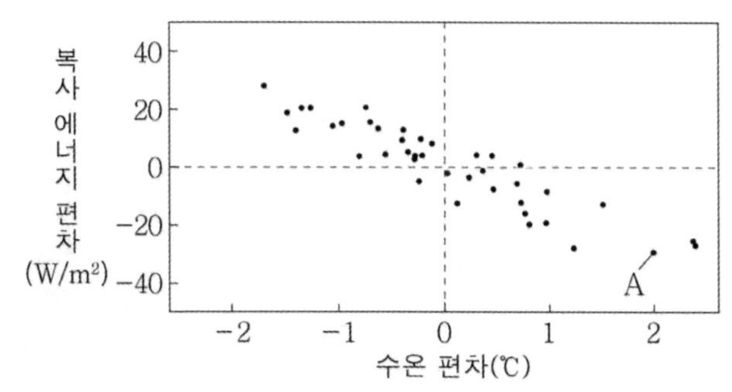

이 해역에 대한 설명으로 옳은 것만을 <보기>에서 있는 대로 고른 것은? [3점]

<보 기>

ㄱ. 서태평양에 위치한다.
ㄴ. 강수량은 적외선 방출 복사 에너지 편차가 (+)일 때가 (−)일 때보다 대체로 적다.
ㄷ. 평균 해면 기압은 엘니뇨 시기가 평년보다 낮다.

① ㄱ ② ㄴ ③ ㄱ, ㄷ ④ ㄴ, ㄷ ⑤ ㄱ, ㄴ, ㄷ

61 2023년 3월 학력평가 16번

그림은 현재와 A, B, C 시기일 때 지구 자전축 경사각과 공전 궤도 이심률을 나타낸 것이다.

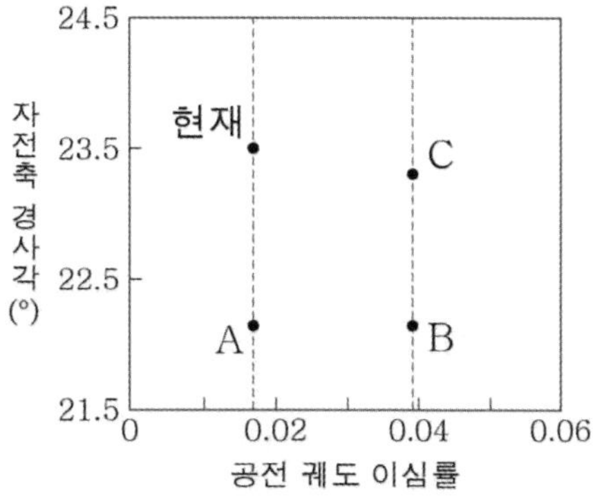

이에 대한 설명으로 옳은 것만을 <보기>에서 있는 대로 고른 것은? (단, 지구 자전축 경사각과 공전 궤도 이심률 이외의 요인은 변하지 않는다고 가정한다.) [3점]

<보 기>

ㄱ. 우리나라에서 여름철 평균 기온은 현재가 A보다 높다.
ㄴ. 지구가 근일점에 위치할 때 하루 동안 받는 태양 복사 에너지양은 현재가 B보다 많다.
ㄷ. 남반구 중위도 지역에서 기온의 연교차는 B가 C보다 크다.

① ㄱ ② ㄴ ③ ㄱ, ㄷ ④ ㄴ, ㄷ ⑤ ㄱ, ㄴ, ㄷ

62 2023년 4월 학력평가 14번

그림 (가)는 다윈과 타히티에서 측정한 해수면 기압 편차(관측 기압−평년 기압)를, (나)는 A와 B 중 한 시기의 태평양 적도 부근 해역의 대기 순환 모습을 나타낸 것이다. A와 B는 각각 엘니뇨와 라니냐 시기 중 하나이다.

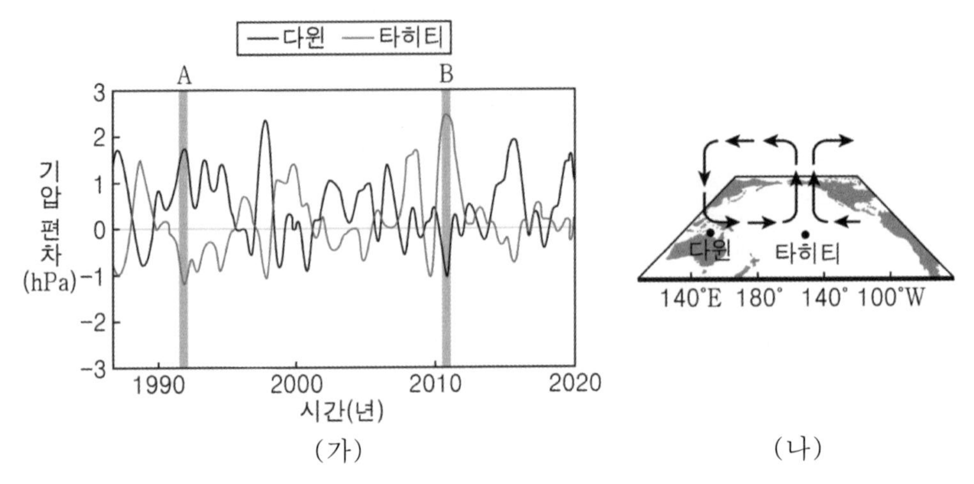

(가) (나)

이에 대한 설명으로 옳은 것만을 <보기>에서 있는 대로 고른 것은? [3점]

<보 기>

ㄱ. (나)는 A 시기의 대기 순환 모습이다.

ㄴ. B 시기에 타히티 부근 해역의 강수량은 평상시보다 적다.

ㄷ. $\frac{\text{다윈 부근 해역의 평균 수온}}{\text{타히티 부근 해역의 평균 수온}}$은 A 시기보다 B 시기에 크다.

① ㄱ ② ㄴ ③ ㄱ, ㄷ ④ ㄴ, ㄷ ⑤ ㄱ, ㄴ, ㄷ

63 2023년 4월 학력평가 15번

그림 (가)는 2015년부터 2100년까지 기후 변화 시나리오에 따른 연간 이산화 탄소 배출량의 변화를, (나)는 (가)의 시나리오에 따른 육지와 해양이 흡수한 이산화 탄소의 누적량과 대기 중에 남아 있는 이산화 탄소의 누적량을 나타낸 것이다.

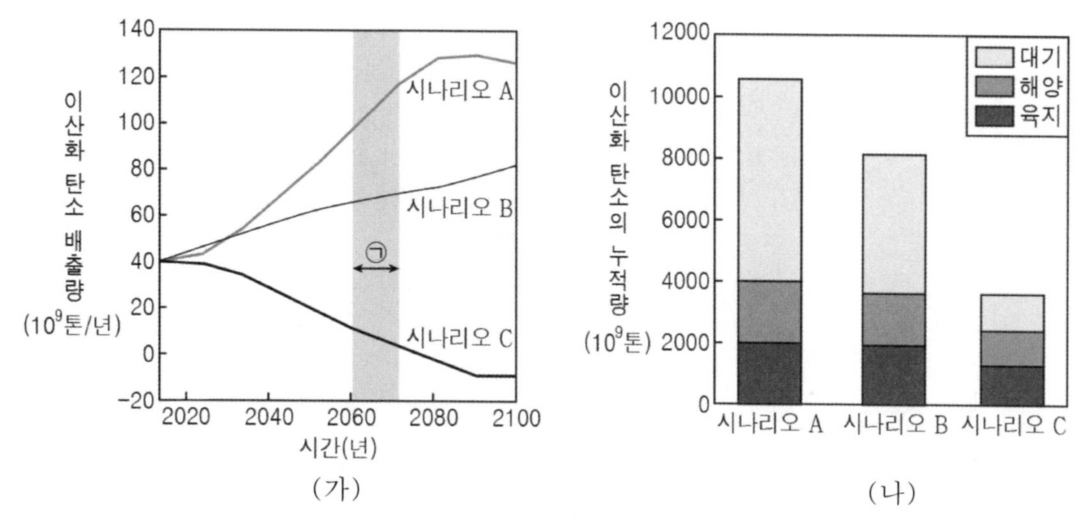

(가) (나)

시나리오 A, B, C에 대한 설명으로 옳은 것만을 <보기>에서 있는 대로 고른 것은? [3점]

<보 기>

ㄱ. ㉠ 기간 동안 이산화 탄소 배출량의 변화율은 A보다 B에서 크다.

ㄴ. 2080년에 지구 표면의 평균 온도는 A보다 C에서 낮다.

ㄷ. $\frac{\text{육지와 해양이 흡수한 이산화 탄소의 누적량}}{\text{대기 중에 남아 있는 이산화 탄소의 누적량}}$은 A < B < C이다.

① ㄱ ② ㄴ ③ ㄱ, ㄷ ④ ㄴ, ㄷ ⑤ ㄱ, ㄴ, ㄷ

64 2023년 7월 학력평가 11번

그림은 1850~2020년 동안 육지와 해양에서의 온도 편차(관측값-기준값)를 각각 나타낸 것이다. 기준값은 1850~1900년의 평균 온도이다.

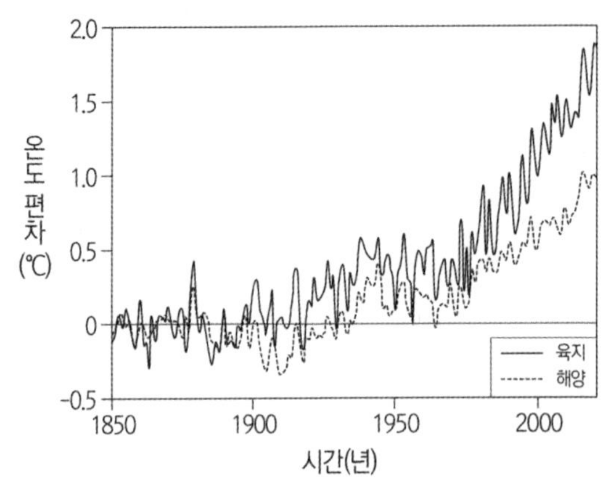

이에 대한 설명으로 옳은 것만을 <보기>에서 있는 대로 고른 것은?

<보 기>

ㄱ. 지구 해수면의 평균 높이는 2000년이 1900년보다 높다.
ㄴ. 이 기간 동안 온도의 평균 상승률은 육지가 해양보다 크다.
ㄷ. 육지 온도의 평균 상승률은 1950~2020년이 1850~1950년보다 크다.

① ㄱ ② ㄴ ③ ㄱ, ㄷ ④ ㄴ, ㄷ ⑤ ㄱ, ㄴ, ㄷ

65 2023년 7월 학력평가 14번

그림 (가)와 (나)는 엘니뇨와 라니냐 시기에 태평양 적도 부근 해역에서 관측된 깊이에 따른 수온 편차(관측값-평년값)를 순서 없이 나타낸 것이다.

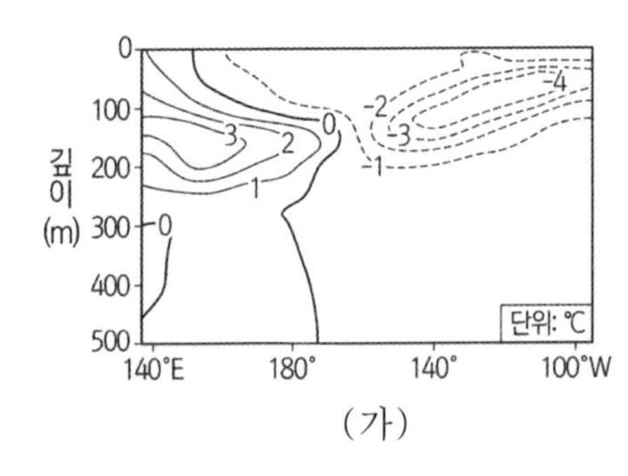

(가)

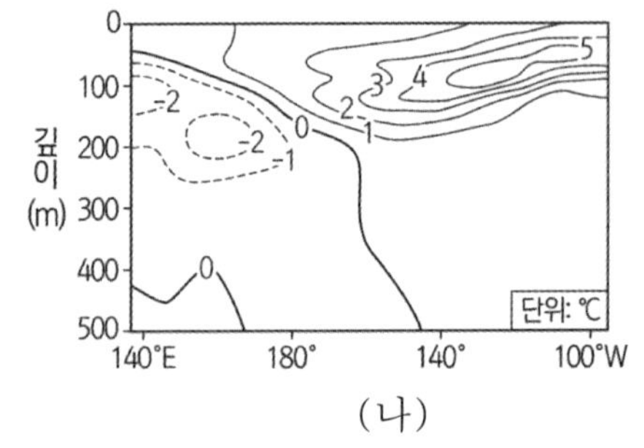

(나)

이에 대한 설명으로 옳은 것만을 <보기>에서 있는 대로 고른 것은? [3점]

<보 기>

ㄱ. 무역풍의 세기는 (가)가 (나)보다 강하다.
ㄴ. 서태평양 적도 부근 해역의 해면 기압은 (나)가 (가)보다 높다.
ㄷ. 동태평양 적도 부근 해역의 용승 현상은 (가)가 (나)보다 강하다.

① ㄱ ② ㄴ ③ ㄱ, ㄷ ④ ㄴ, ㄷ ⑤ ㄱ, ㄴ, ㄷ

66 2023년 10월 학력평가 2번

그림은 2000년부터 2015년까지 연간 온실 기체 배출량과 2015년 이후 지구 온난화 대응 시나리오 A, B, C에 따른 연간 온실 기체 예상 배출량을 나타낸 것이다. 기온 변화의 기준값은 1850년~1900년의 평균 기온이다.

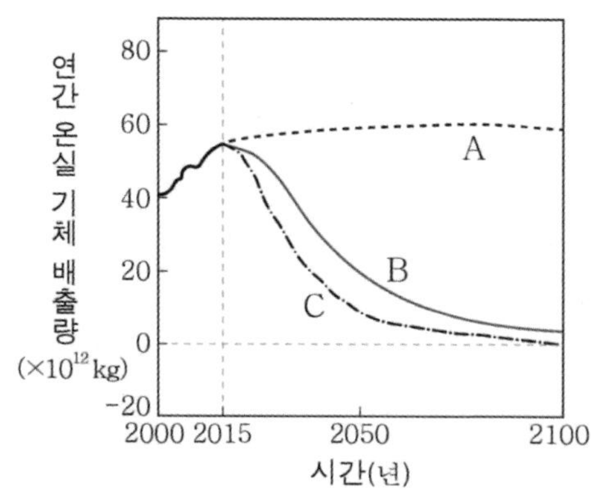

이 자료에 대한 설명으로 옳은 것만을 <보기>에서 있는 대로 고른 것은? [3점]

<보 기>

ㄱ. 연간 온실 기체 배출량은 2015년이 2000년보다 많다.

ㄴ. C에 따르면 2100년에 지구의 평균 기온은 기준값보다 낮아질 것이다.

ㄷ. A에 따르면 2100년에 지구의 평균 기온은 기준값보다 2°C 이상 높아질 것이다.

① ㄱ ② ㄴ ③ ㄱ, ㄷ ④ ㄴ, ㄷ ⑤ ㄱ, ㄴ, ㄷ

67 2023년 10월 학력평가 9번

그림은 엘니뇨 또는 라니냐가 발생한 어느 해 11월~12월의 태평양의 강수량 편차(관측값－평년값)를 나타낸 것이다.

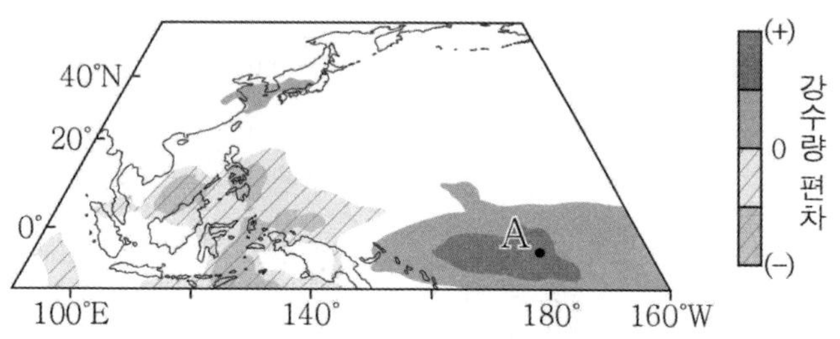

이 자료에 대한 설명으로 옳은 것만을 <보기>에서 있는 대로 고른 것은?

<보 기>

ㄱ. 우리나라의 강수량은 평년보다 많다.

ㄴ. A 해역의 표층 수온은 평년보다 높다.

ㄷ. 무역풍의 세기는 평년보다 강하다.

① ㄱ ② ㄴ ③ ㄷ ④ ㄱ, ㄴ ⑤ ㄴ, ㄷ

[2024학년도 평가원 기출 문항 모음]

68 2024학년도 6월 평가원 3번

그림은 해수의 심층 순환을 나타낸 모식도이다. A와 B는 각각 표층 해류와 심층 해류 중 하나이다.

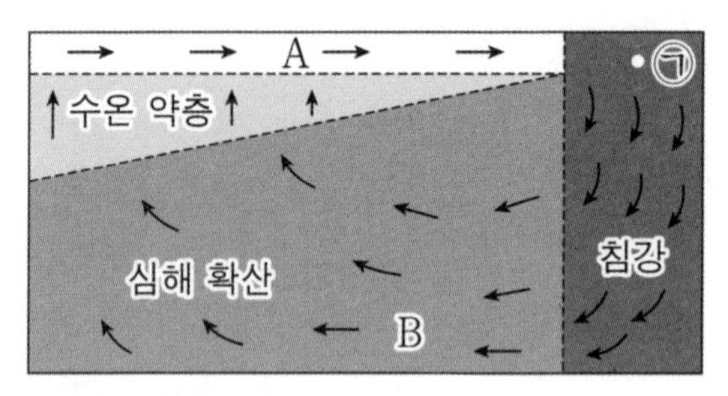

이에 대한 설명으로 옳은 것만을 <보기>에서 있는 대로 고른 것은? [3점]

<보 기>

ㄱ. A에 의해 에너지가 수송된다.
ㄴ. ㉠ 해역에서 해수가 침강하여 심해층에 산소를 공급한다.
ㄷ. 평균 이동 속력은 A가 B보다 느리다.

① ㄱ ② ㄴ ③ ㄷ ④ ㄱ, ㄴ ⑤ ㄱ, ㄷ

69 2024학년도 6월 평가원 5번

그림은 위도에 따른 연평균 증발량과 강수량을 순서 없이 나타낸 것이다.

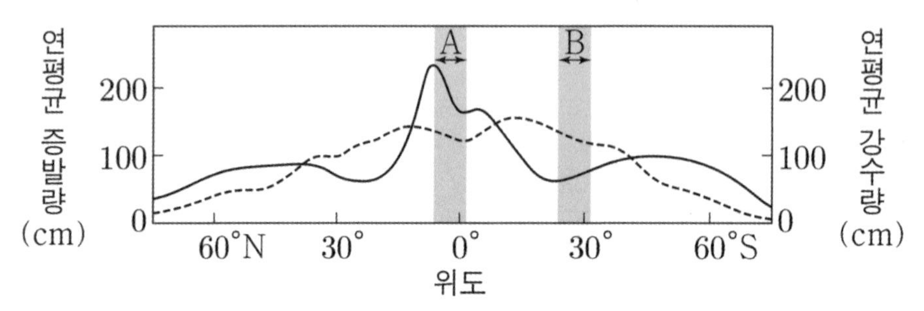

이 자료에 대한 설명으로 옳은 것만을 <보기>에서 있는 대로 고른 것은?

<보 기>

ㄱ. 표층 해수의 평균 염분은 A 해역이 B 해역보다 높다.
ㄴ. A에서는 해들리 순환의 상승 기류가 나타난다.
ㄷ. 캘리포니아 해류는 B 해역에서 나타난다.

① ㄱ ② ㄴ ③ ㄷ ④ ㄱ, ㄴ ⑤ ㄴ, ㄷ

70 2024학년도 6월 평가원 6번

그림은 1940~2003년 동안 지구 평균 기온 편차(관측값 - 기준값)와 대규모 화산 분출 시기를 나타낸 것이다. 기준값은 1940년의 평균 기온이다.

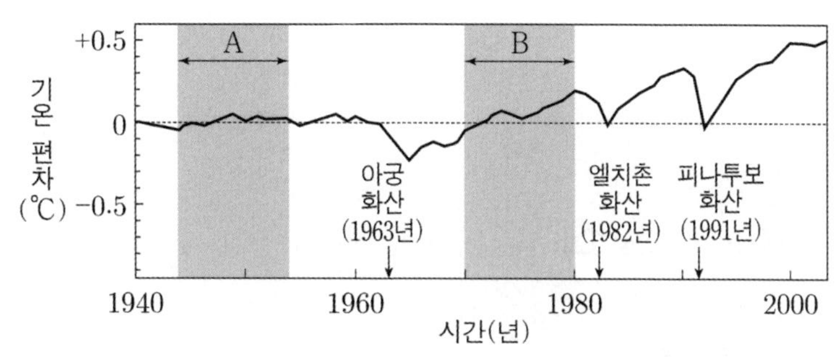

이 자료에 대한 설명으로 옳은 것만을 <보기>에서 있는 대로 고른 것은?

<보 기>

ㄱ. 기온의 평균 상승률은 A 시기가 B 시기보다 크다.
ㄴ. 화산 활동은 기후 변화를 일으키는 지구 내적 요인에 해당한다.
ㄷ. 성층권에 도달한 다량의 화산 분출물은 지구 평균 기온을 높이는 역할을 한다.

① ㄱ ② ㄴ ③ ㄷ ④ ㄱ, ㄴ ⑤ ㄴ, ㄷ

71 2024학년도 6월 평가원 8번

그림은 어느 해역에서 A 시기와 B 시기에 각각 측정한 깊이 0 ~ 200m의 해수 특성을 수온-염분도에 나타낸 것이다.

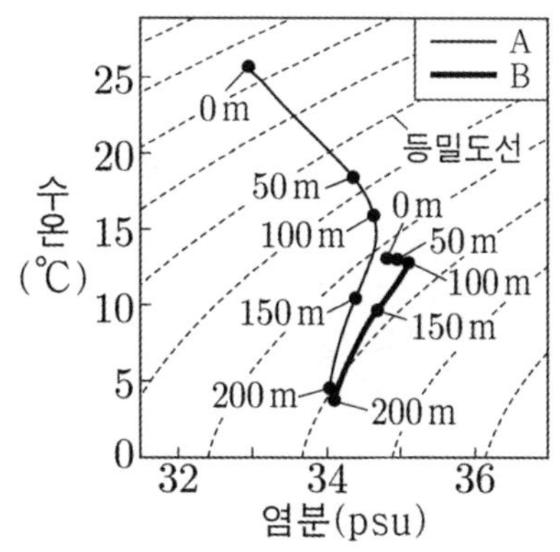

이 자료에 대한 설명으로 옳은 것만을 <보기>에서 있는 대로 고른 것은? [3점]

<보 기>

ㄱ. A 시기에 깊이가 증가할수록 해수의 밀도는 증가한다.
ㄴ. 수온만을 고려할 때, 표층에서 산소 기체의 용해도는 A 시기가 B 시기보다 크다.
ㄷ. 혼합층의 두께는 A 시기가 B 시기보다 두껍다.

① ㄱ ② ㄴ ③ ㄷ ④ ㄱ, ㄴ ⑤ ㄱ, ㄷ

72 2024학년도 6월 평가원 10번

그림은 어느 날 t_1 시각의 지상 일기도에서 온대 저기압 중심의 이동 경로를, 표는 이 날 관측소 A에서 t_1, t_2 시각에 관측한 기상 요소를 나타낸 것이다. t_2 는 전선 통과 3시간 후이며, $t_1 \rightarrow t_2$ 동안 온난 전선과 한랭 전선 중 하나가 A를 통과하였다.

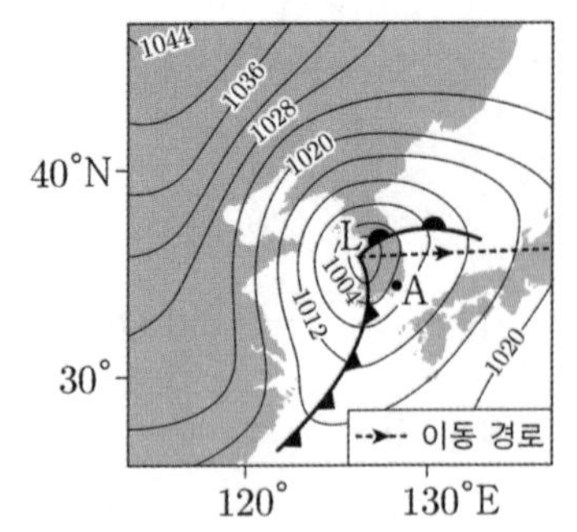

시각	기온 (℃)	바람	강수
t_1	17.1	남서풍	없음
t_2	12.5	북서풍	있음

이 자료에 대한 설명으로 옳은 것만을 <보기>에서 있는 대로 고른 것은? [3점]

<보 기>

ㄱ. t_1일 때 A 상공에는 전선면이 나타난다.

ㄴ. $t_1 \sim t_2$ 사이에 A에서는 적운형 구름이 관측된다.

ㄷ. $t_1 \rightarrow t_2$ 동안 A에서의 풍향은 시계 방향으로 변한다.

① ㄱ ② ㄴ ③ ㄱ, ㄷ ④ ㄴ, ㄷ ⑤ ㄱ, ㄴ, ㄷ

73 2024학년도 6월 평가원 13번

그림은 태풍의 영향을 받은 우리나라 어느 관측소에서 24시간 동안 관측한 표층 수온과 기상 요소를 시간에 따라 나타낸 것이다.

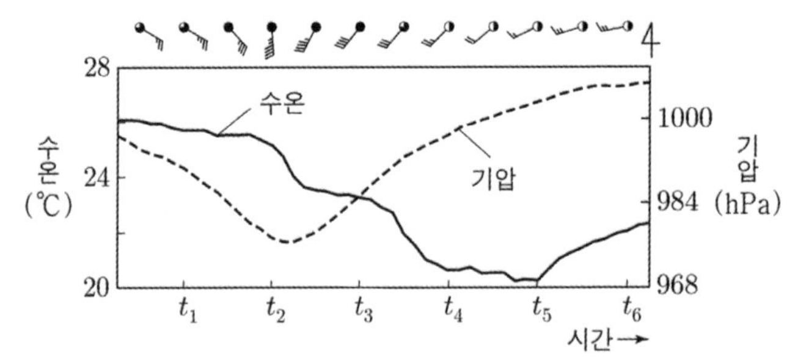

이 자료에 대한 설명으로 옳은 것만을 <보기>에서 있는 대로 고른 것은? [3점]

<보 기>

ㄱ. 이 기간 동안 관측소는 태풍의 위험 반원에 위치하였다.

ㄴ. 관측소와 태풍 중심 사이의 거리는 t_2가 t_4보다 가깝다.

ㄷ. $t_2 \rightarrow t_4$ 동안 수온 변화는 태풍에 의한 해수 침강에 의해 발생하였다.

① ㄱ ② ㄷ ③ ㄱ, ㄴ ④ ㄴ, ㄷ ⑤ ㄱ, ㄴ, ㄷ

74 2024학년도 6월 평가원 17번

그림은 엘니뇨 또는 라니냐 중 어느 한 시기에 태평양 적도 부근에서 기상 위성으로 관측한 적외선 방출 복사 에너지의 편차(관측값−평년값)를 나타낸 것이다. 적외선 방출 복사 에너지는 구름, 대기, 지표에서 방출된 에너지이다.

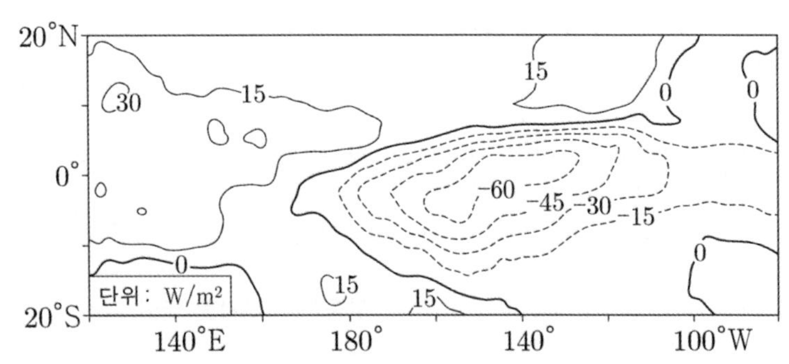

이 시기에 대한 설명으로 옳은 것만을 <보기>에서 있는 대로 고른 것은?

<보 기>

ㄱ. 이 기간 동안 관측소는 태풍의 위험 반원에 위치하였다.
ㄴ. 관측소와 태풍 중심 사이의 거리는 t_2가 t_4보다 가깝다.
ㄷ. $t_2 \rightarrow t_4$ 동안 수온 변화는 태풍에 의한 해수 침강에 의해 발생하였다.

① ㄱ ② ㄴ ③ ㄱ, ㄷ ④ ㄴ, ㄷ ⑤ ㄱ, ㄴ, ㄷ

75 2024학년도 9월 평가원 3번

그림 (가)는 우리나라 어느 해역의 표층 수온과 표층 염분을, (나)는 이 해역의 혼합층 두께를 나타낸 것이다. (가)의 A와 B는 각각 표층 수온과 표층 염분 중 하나이다.

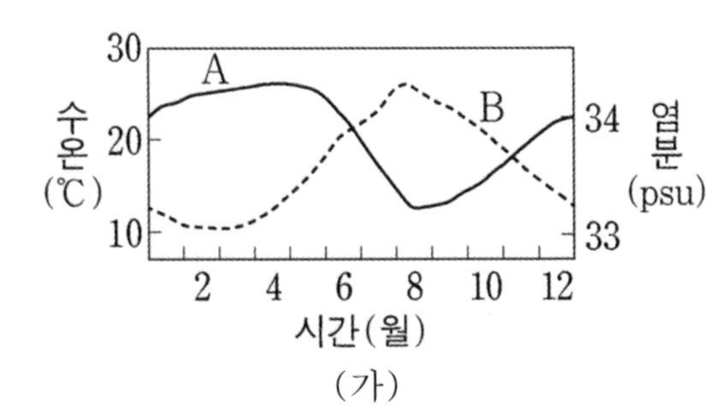

(가)

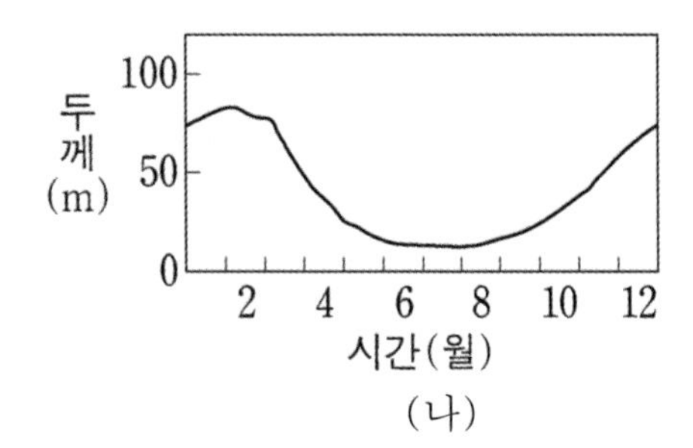

(나)

이 자료에 대한 설명으로 옳은 것만을 <보기>에서 있는 대로 고른 것은? [3점]

<보 기>

ㄱ. 표층 해수의 밀도는 4월이 10월보다 크다.
ㄴ. 수온 약층이 나타나기 시작하는 깊이는 1월이 7월보다 깊다.
ㄷ. 표층과 깊이 50m 해수의 수온 차는 2월이 8월보다 크다.

① ㄱ ② ㄷ ③ ㄱ, ㄴ ④ ㄴ, ㄷ ⑤ ㄱ, ㄴ, ㄷ

76 2024학년도 9월 평가원 4번

다음은 심층 순환을 일으키는 요인 중 일부를 알아보기 위한 실험이다.

〔실험 목표〕

○ 해수의 (㉠)에 따른 밀도 차에 의해 심층 순환이 발생할 수 있음을 설명할 수 있다.

〔실험 과정〕

(가) 위와 아래에 각각 구멍이 뚫린 칸막이를 준비한다.

(나) 칸막이의 구멍을 필름으로 막은 후, 칸막이로 수조를 A 칸과 B 칸으로 분리한다.

(다) 염분이 35psu이고 수온이 20℃인 동일한 양의 소금물을 A와 B에 넣고, 각각 서로 다른 색의 잉크로 착색한다.

(라) 그림과 같이 A와 B에 각각 얼음물과 뜨거운 물이 담긴 비커를 설치한다.

(마) 칸막이의 필름을 제거하고 소금물의 이동을 관찰한다.

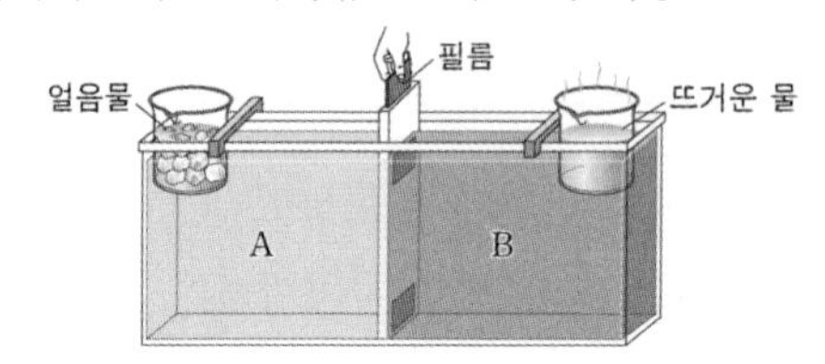

〔실험 결과〕

○ 아래쪽의 구멍을 통해 (㉡)의 소금물은 (㉢) 쪽으로 이동한다.

이에 대한 설명으로 옳은 것만을 <보기>에서 있는 대로 고른 것은?

<보 기>

ㄱ. '수온 변화'는 ㉠에 해당한다.

ㄴ. A는 고위도 해역에 해당한다.

ㄷ. A는 ㉡, B는 ㉢에 해당한다.

① ㄱ ② ㄷ ③ ㄱ, ㄴ ④ ㄴ, ㄷ ⑤ ㄱ, ㄴ, ㄷ

77 2024학년도 9월 평가원 7번

그림은 북쪽으로 이동하는 태풍의 풍속을 동서 방향의 연직 단면에 나타낸 것이다. 지점 A~E는 해수면 상에 위치한다.

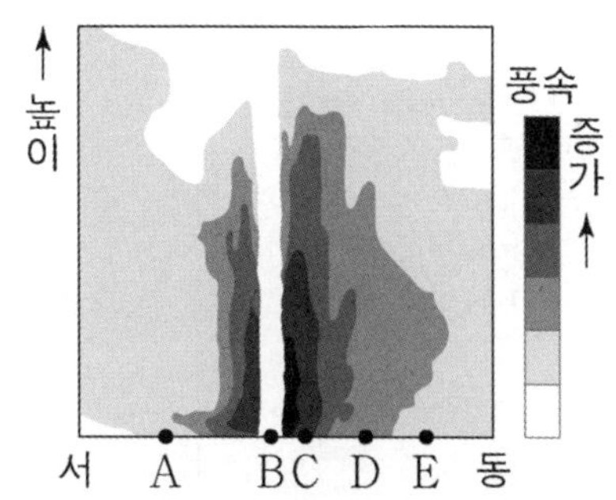

이 자료에 대한 설명으로 옳은 것만을 <보기>에서 있는 대로 고른 것은?

<보 기>

ㄱ. A는 안전 반원에 위치한다.

ㄴ. 해수면 부근에서 공기의 연직 운동은 B가 C보다 활발하다.

ㄷ. 지상 일기도에서 등압선의 평균 간격은 구간 C-D가 구간 D-E보다 좁다.

① ㄱ ② ㄴ ③ ㄷ ④ ㄱ, ㄴ ⑤ ㄱ, ㄷ

78 2024학년도 9월 평가원 8번

그림 (가)는 어느 날 21시 우리나라 주변의 지상 일기도를, (나)는 같은 시각의 적외 영상을 나타낸 것이다. 이날 서해안 지역에서는 폭설이 내렸다.

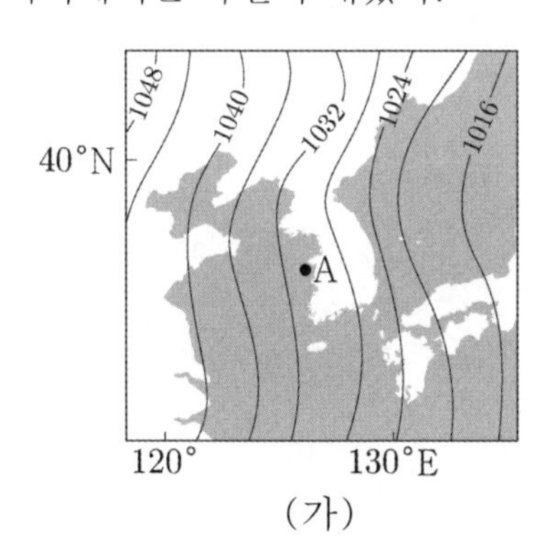

(가)

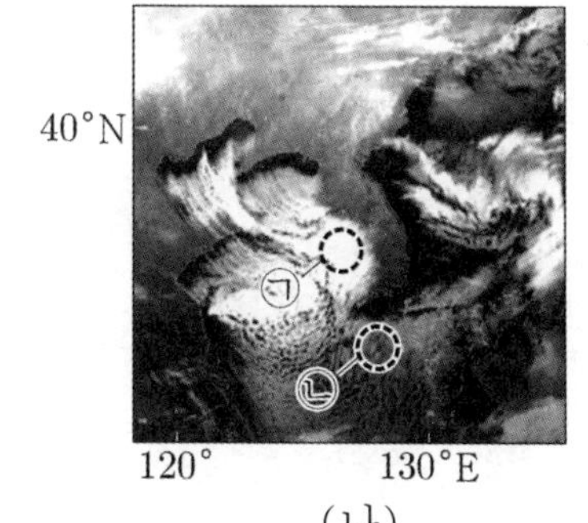

(나)

이 자료에 대한 설명으로 옳은 것만을 <보기>에서 있는 대로 고른 것은?

<보 기>

ㄱ. 지점 A에서는 남풍 계열의 바람이 분다.

ㄴ. 시베리아 기단이 확장하는 동안 황해상을 지나는 기단의 하층 기온은 높아진다.

ㄷ. 구름 최상부에서 방출하는 적외선 복사 에너지양은 영역 ㉠이 영역 ㉡보다 많다.

① ㄱ ② ㄴ ③ ㄷ ④ ㄱ, ㄴ ⑤ ㄴ, ㄷ

79 2024학년도 9월 평가원 9번

그림 (가)와 (나)는 우리나라에 온대 저기압이 위치할 때, 이 온대 저기압에 동반된 온난 전선과 한랭 전선 주변의 지상 기온 분포를 순서 없이 나타낸 것이다. (가)와 (나)는 같은 시각의 지상 기온 분포이고, (나)에서 전선은 구간 ㉠과 ㉡ 중 하나에 나타난다.

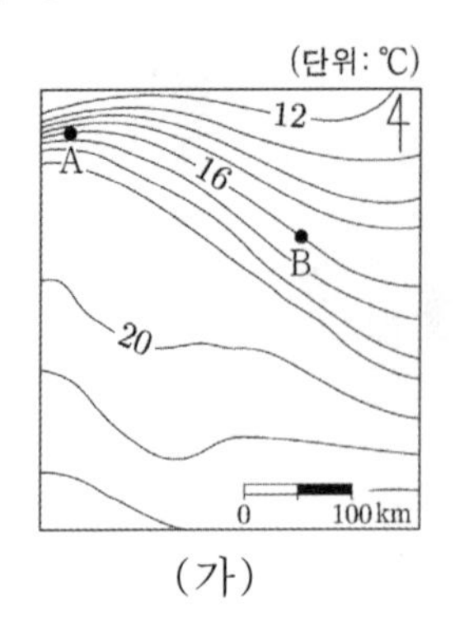

(가)

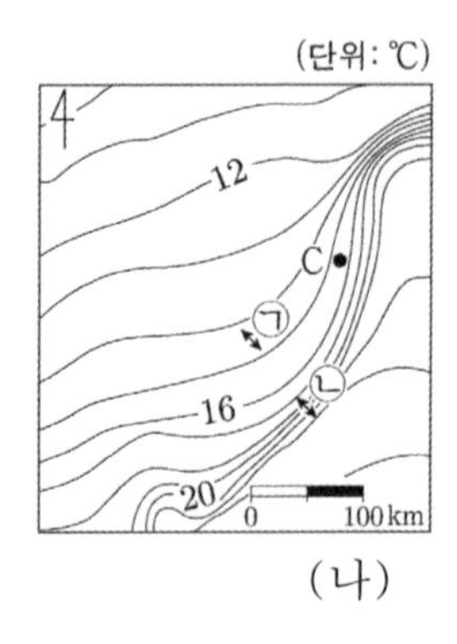

(나)

이 자료에 대한 설명으로 옳은 것만을 <보기>에서 있는 대로 고른 것은? [3점]

<보 기>

ㄱ. (나)에서 전선은 ㉠에 나타난다.
ㄴ. 기압은 지점 A가 지점 B보다 낮다.
ㄷ. 지점 B는 지점 C보다 서쪽에 위치한다.

① ㄱ ② ㄴ ③ ㄷ ④ ㄱ, ㄴ ⑤ ㄱ, ㄷ

80 2024학년도 9월 평가원 15번

그림 (가)는 태평양 적도 부근 해역에서 부는 바람의 동서 방향 풍속 편차를, (나)는 A와 B 중 어느 한 시기에 관측한 강수량 편차를 나타낸 것이다. A와 B는 각각 엘니뇨와 라니냐 시기 중 하나이고, 편차는 (관측값−평년값)이다. (가)에서 동쪽으로 향하는 바람을 양(+)으로 한다.

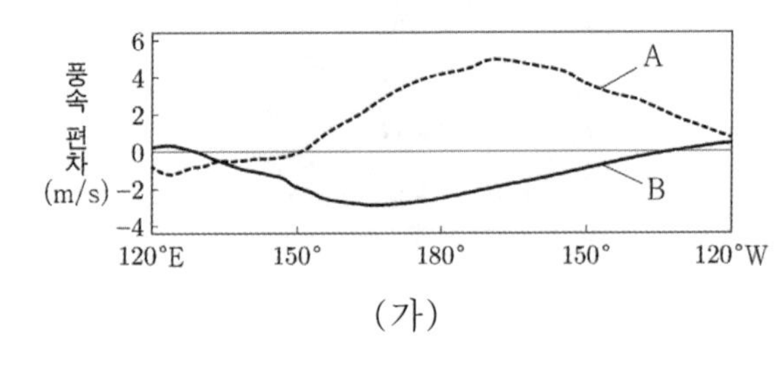

(가)

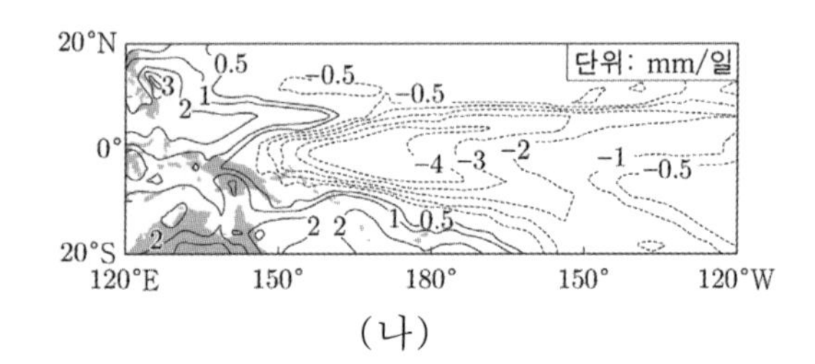

(나)

이에 대한 설명으로 옳은 것만을 <보기>에서 있는 대로 고른 것은? [3점]

<보 기>

ㄱ. (나)는 B를 관측한 것이다.
ㄴ. 동태평양 적도 부근 해역의 해면 기압은 A가 B보다 높다.
ㄷ. 적도 부근 해역에서 (서태평양 표층 수온 편차−동태평양 표층 수온 편차) 값은 A가 B보다 크다.

① ㄱ ② ㄴ ③ ㄱ, ㄷ ④ ㄴ, ㄷ ⑤ ㄱ, ㄴ, ㄷ

81 2024학년도 9월 평가원 16번

그림은 지구 자전축의 경사각과 세차 운동에 의한 자전축의 경사 방향 변화를 나타낸 것이다.

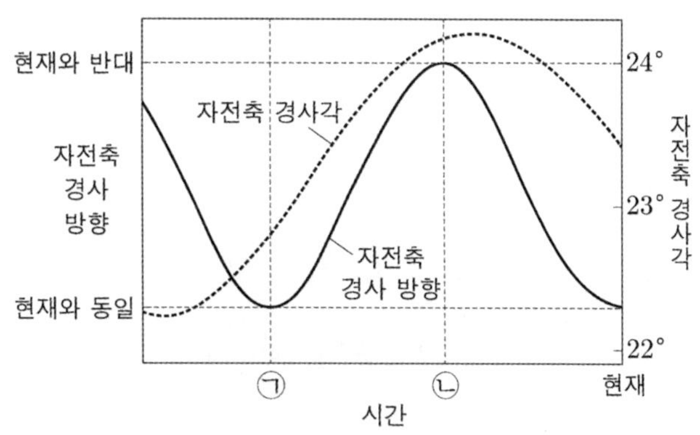

이에 대한 설명으로 옳은 것만을 <보기>에서 있는 대로 고른 것은? (단, 지구 자전축 경사각과 세차 운동 이외의 요인은 변하지 않는다고 가정한다.)

<보 기>

ㄱ. 우리나라의 겨울철 평균 기온은 ㉠ 시기가 현재보다 높다.
ㄴ. 우리나라에서 기온의 연교차는 ㉡ 시기가 현재보다 크다.
ㄷ. 지구가 근일점에 위치할 때 우리나라에서 낮의 길이는 ㉠ 시기가 ㉡ 시기보다 길다.

① ㄱ ② ㄷ ③ ㄱ, ㄴ ④ ㄴ, ㄷ ⑤ ㄱ, ㄴ, ㄷ

82 2024학년도 대학수학능력시험 3번

그림 (가)는 대서양 심층 순환의 일부를 나타낸 것이고, (나)는 수온-염분도에 수괴 A, B, C의 물리량을 ㉠, ㉡, ㉢으로 순서 없이 나타낸 것이다. A, B, C는 각각 남극 저층수, 남극 중층수, 북대서양 심층수 중 하나이다.

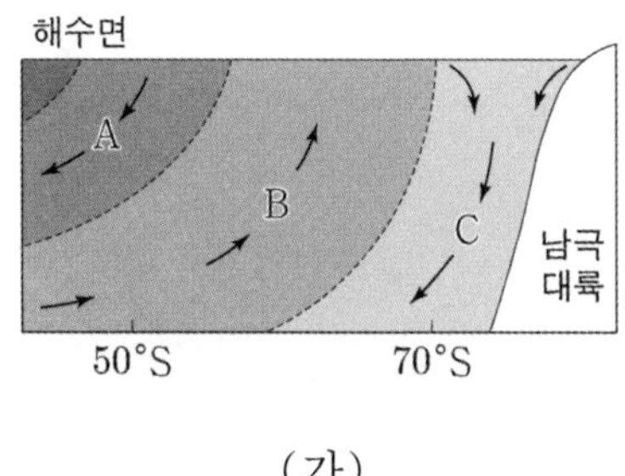

(가)

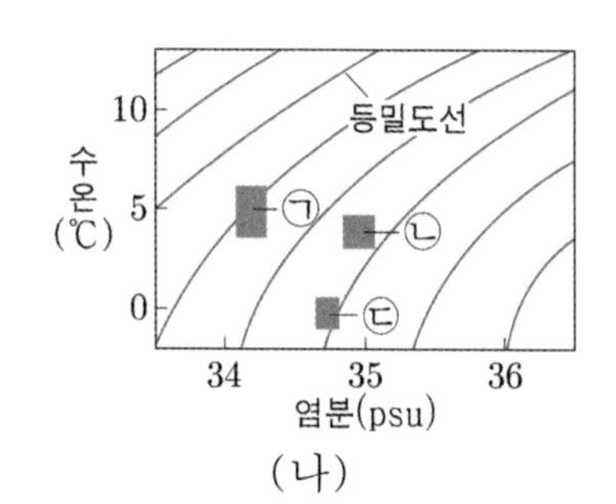

(나)

이에 대한 설명으로 옳은 것만을 <보기>에서 있는 대로 고른 것은? [3점]

<보 기>

ㄱ. A의 물리량은 ㉠이다.
ㄴ. B는 A와 C가 혼합하여 형성된다.
ㄷ. C는 심층 해수에 산소를 공급한다.

① ㄱ ② ㄴ ③ ㄷ ④ ㄱ, ㄴ ⑤ ㄱ, ㄷ

83 2024학년도 대학수학능력시험 4번

다음은 담수의 유입과 해수의 결빙이 해수의 염분에 미치는 영향을 알아보기 위한 실험이다.

〔실험 과정〕

(가) 수온이 15℃, 염분이 35 psu인 소금물 600 g을 만든다.

(나) (가)의 소금물을 비커 A와 B에 각각 300 g씩 나눠 담는다.

(다) A의 소금물에 수온이 15℃인 증류수 50 g을 섞는다.

(라) B의 소금물을 표층이 얼 때까지 천천히 냉각시킨다.

(마) A와 B에 있는 소금물의 염분을 측정하여 기록한다.

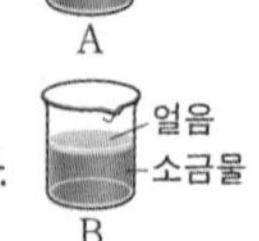

〔실험 결과〕

비커	A	B
염분(psu)	(㉠)	(㉡)

〔결과 해석〕

○ 담수의 유입이 있는 해역에서는 해수의 염분이 감소한다.

○ 해수의 결빙이 있는 해역에서는 해수의 염분이 (㉢).

이에 대한 설명으로 옳은 것만을 <보기>에서 있는 대로 고른 것은?

<보 기>

ㄱ. (다)는 담수의 유입에 의한 해수의 염분 변화를 알아보기 위한 과정에 해당한다.

ㄴ. ㉠은 ㉡보다 크다.

ㄷ. '감소한다'는 ㉢에 해당한다.

① ㄱ ② ㄴ ③ ㄷ ④ ㄱ, ㄴ ⑤ ㄱ, ㄷ

84 2024학년도 대학수학능력시험 6번

그림 (가)는 어느 날 t_1 시각의 지상 일기도에 온대 저기압 중심의 이동 경로를 나타낸 것이고, (나)는 이날 관측소 A와 B에서 t_1부터 15시간 동안 측정한 기압, 기온, 풍향을 순서 없이 나타낸 것이다. A와 B의 위치는 각각 ㉠과 ㉡ 중 하나이다.

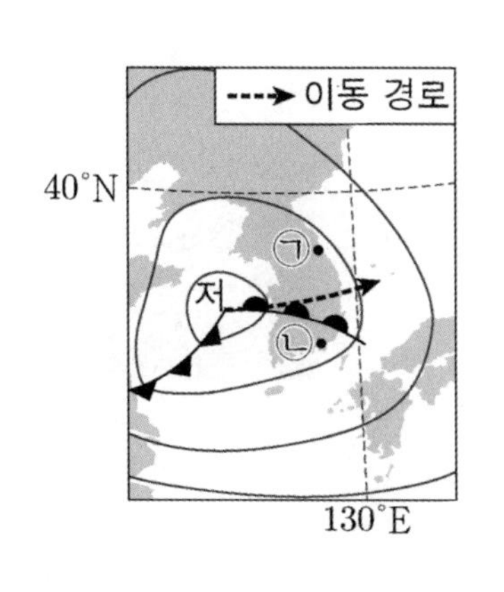

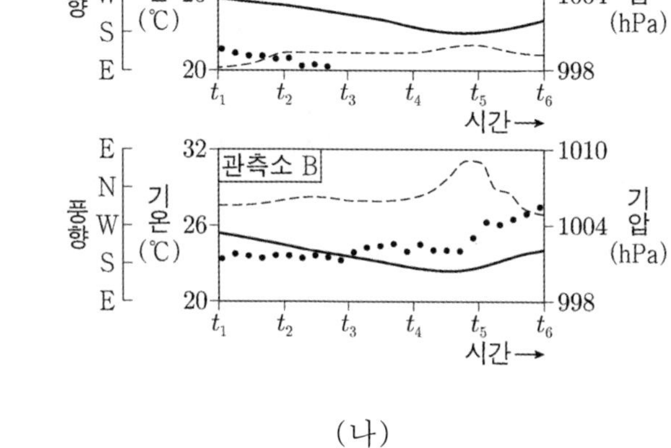

(가) (나)

이 자료에 대한 설명으로 옳은 것만을 <보기>에서 있는 대로 고른 것은? [3점]

<보 기>

ㄱ. A의 위치는 ㉠이다.

ㄴ. t_2에 기온은 A가 B보다 낮다.

ㄷ. t_3에 ㉡의 상공에는 전선면이 있다.

① ㄱ ② ㄴ ③ ㄷ ④ ㄱ, ㄴ ⑤ ㄱ, ㄷ

85 2024학년도 대학수학능력시험 9번

그림 (가)는 어느 날 어느 태풍의 이동 경로에 6시간 간격으로 태풍 중심의 위치와 중심 기압을, (나)는 이날 09시의 가시 영상을 나타낸 것이다.

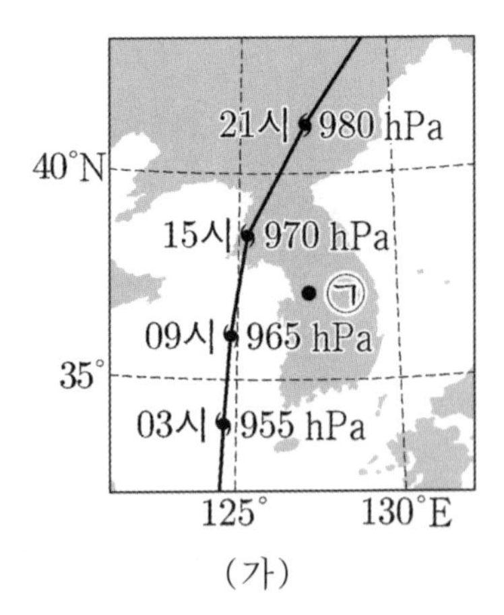

(가)

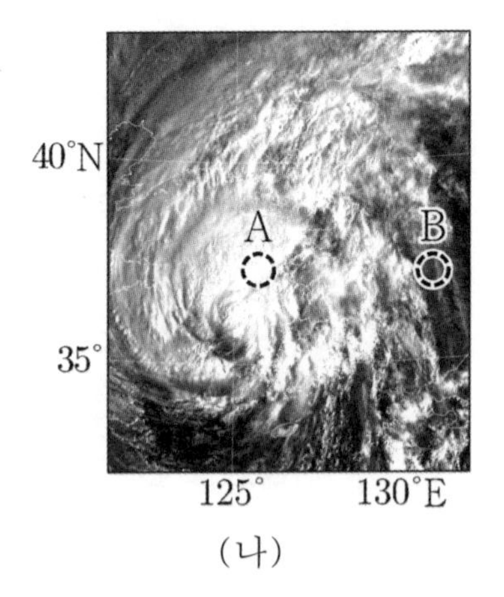

(나)

이 자료에 대한 설명으로 옳은 것만을 <보기>에서 있는 대로 고른 것은?

<보 기>

ㄱ. 태풍의 영향을 받는 동안 지점 ㉠은 위험 반원에 위치한다.
ㄴ. 태풍의 세력은 03시가 21시보다 약하다.
ㄷ. (나)에서 구름이 반사하는 태양 복사 에너지의 세기는 영역 A가 영역 B보다 약하다.

① ㄱ ② ㄴ ③ ㄷ ④ ㄱ, ㄴ ⑤ ㄱ, ㄷ

86 2024학년도 대학수학능력시험 10번

그림은 태평양 표층 해수의 동서 방향 연평균 유속을 위도에 따라 나타낸 것이다. (+)와 (−)는 각각 동쪽으로 향하는 방향과 서쪽으로 향하는 방향 중 하나이다.

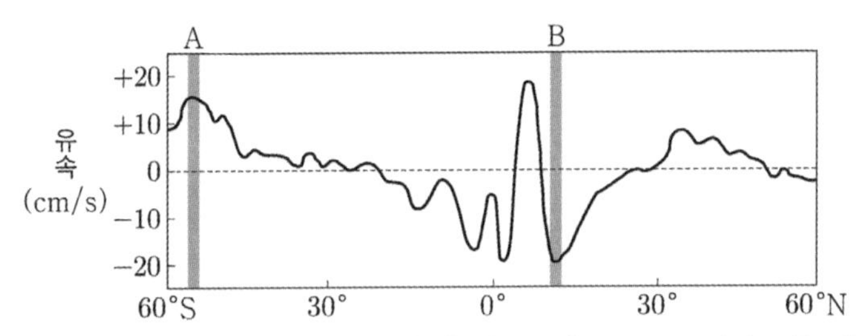

이 자료에 대한 설명으로 옳은 것만을 <보기>에서 있는 대로 고른 것은? [3점]

<보 기>

ㄱ. (+)는 동쪽으로 향하는 방향이다.
ㄴ. A의 해역에서 나타나는 주요 표층 해류는 극동풍에 의해 형성된다.
ㄷ. 북적도 해류는 B의 해역에서 나타난다.

① ㄱ ② ㄴ ③ ㄷ ④ ㄱ, ㄴ ⑤ ㄱ, ㄷ

87 2024학년도 대학수학능력시험 15번

그림 (가)는 지구 자전축 경사각과 지구 공전 궤도 이심률의 변화를, (나)는 위도별로 지구에 도달하는 태양 복사 에너지양의 편차(추정값-현재값)를 나타낸 것이다. (나)는 ㉠, ㉡, ㉢ 중 한 시기의 자료이다.

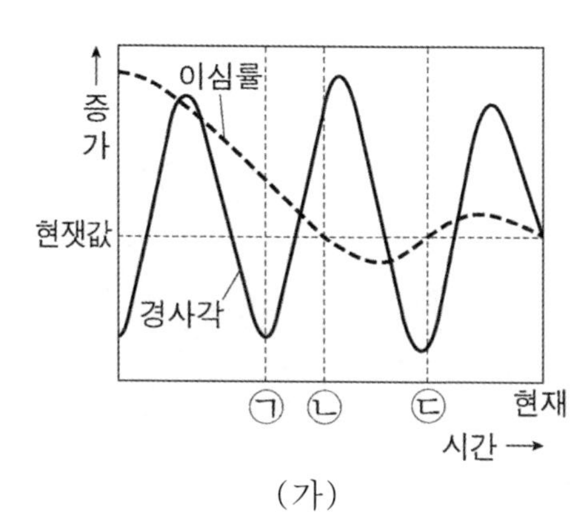

(가)

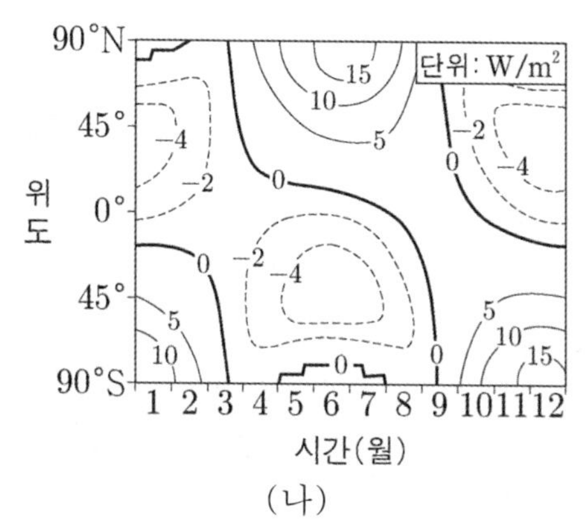

(나)

이 자료에 대한 설명으로 옳은 것만을 <보기>에서 있는 대로 고른 것은? (단, 자전축 경사각과 지구 공전 궤도 이심률 이외의 요인은 변하지 않는다고 가정한다.) [3점]

<보 기>

ㄱ. 근일점과 원일점에서 지구에 도달하는 태양 복사 에너지양의 차는 ㉠이 ㉡보다 크다.
ㄴ. (나)는 ㉡의 자료에 해당한다.
ㄷ. 35°S에서 여름철 낮의 길이는 ㉢이 현재보다 길다.

① ㄱ ② ㄴ ③ ㄷ ④ ㄱ, ㄴ ⑤ ㄱ, ㄷ

88 2024학년도 대학수학능력시험 17번

그림 (가)는 기상 위성으로 관측한 서태평양 적도 부근의 수증기량 편차를, (나)는 A와 B 중 한 시기에 관측한 태평양 적도 부근 해역의 해수면 높이 편차를 나타낸 것이다. A와 B는 각각 엘니뇨와 라니냐 시기 중 하나이고, 편차는 (관측값−평년값)이다.

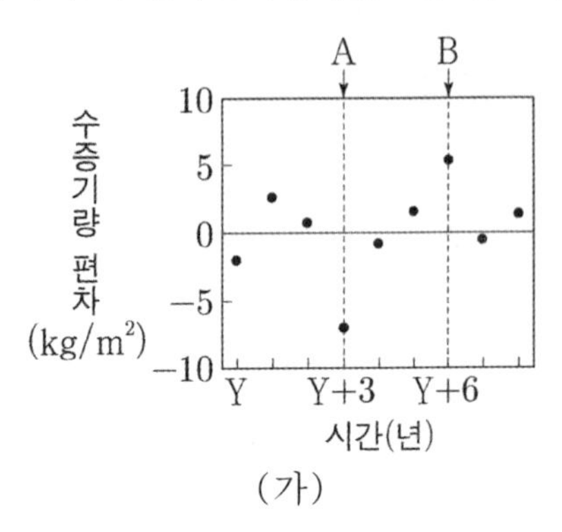

(가)

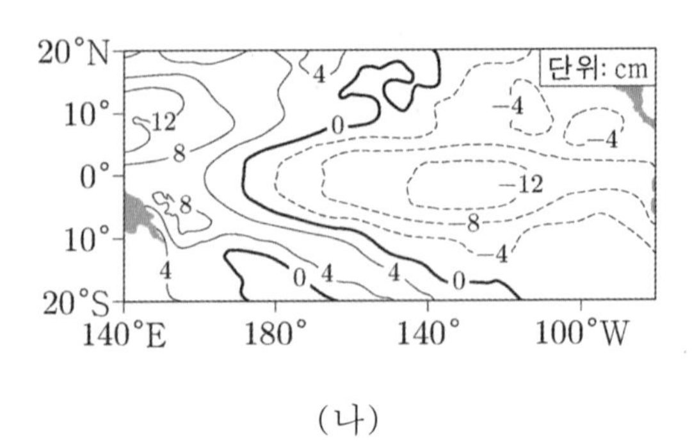

(나)

이에 대한 설명으로 옳은 것만을 <보기>에서 있는 대로 고른 것은?

<보 기>

ㄱ. (나)는 B에 해당한다.
ㄴ. 동태평양 적도 부근 해역에서 수온 약층이 나타나기 시작하는 깊이는 A가 B보다 깊다.
ㄷ. 적도 부근 해역에서 (동태평양 해면 기압 편차−서태평양 해면 기압 편차) 값은 A가 B보다 크다.

① ㄱ ② ㄷ ③ ㄱ, ㄴ ④ ㄴ, ㄷ ⑤ ㄱ, ㄴ, ㄷ

부록

교과서로 알아보는 (O,X)
개념 정리

❙ 교과서로 알아보는 (O,X) 개념 정리

1. 우박은 주로 여름철이나 겨울철에 내린다. (O,X)

YBM p.96

2. 우리나라에 내리는 폭설은 남쪽으로 확장한 시베리아 고기압과 편서풍을 타고 올라오는 습윤한 공기 덩어리가 만나 내리는 경우가 많다. (O,X)

YBM p.97

3. 계절에 따른 수온의 변화 폭은 연안 지역이 대양의 중심에서보다 작다. (O,X)

YBM p.103

4. 계절에 따른 수온의 변화 폭은 고위도 지역이 저위도 지역보다 크다. (O,X)

YBM p.103

5. 해수의 평균 밀도는 순수한 물의 밀도보다 작다. (O,X)

YBM p.105

6. 수괴는 해수가 장기간 같은 환경에 노출되면 일정한 범위의 수온과 염분을 갖게 되는 수평적으로 수천 km, 수직으로 수백 m의 규모를 갖는 균일한 해수 덩어리이다. (O,X)

YBM p.107

7. 표층에서 용존 산소량이 높게 나타나는 이유는 식물성 플랑크톤의 광합성과 대기로부터의 산소 공급이다. (O,X)

YBM p.107

8. 수심이 깊은 곳에서 해수의 용존 산소량이 적은 이유는 해양 생물의 호흡과 유기 물질의 분해이다. (O,X)

YBM p.107

9. 심층수의 용존 산소량이 높은 이유는 식물성 플랑크톤의 광합성 때문이다. (O,X)

YBM p.107

10. 우리나라 주변 해역의 평균 염분은 약 $32 \sim 34$psu이다. (O,X)

YBM p.109

11. 우리나라 주변 해역의 평균 염분은 겨울철이 여름철보다 높다. (O,X)

YBM p.109

12. 황해는 강물의 유입이 (많으므로/적으므로) 동해에 비해 평균 염분이 (낮다/높다)

YBM p.109

13. 전향력은 북반구에서 물체 진행 방향의 (오른쪽/왼쪽)으로 작용한다.

YBM p.118

14. 전향력은 남반구에서 물체 진행 방향의 (오른쪽/왼쪽)으로 작용한다.

YBM p.118

15. 표층 순환은 수온 약층 위에서 일어나는 해수의 순환이다. (O,X)

YBM p.119

1. X

우박은 주로 5~6월, 9~10월에 기온이 $5 \sim 25℃$ 사이일 때 내린다. 한여름에는 우박 이 떨어지는 도중에 녹기 쉽고, 겨울에는 기온이 낮고 대기 중의 수증기의 양이 적어서 우박이 커지기 어렵다.

2. O

서울이나 내륙 지방에 내리는 폭설은 남쪽으로 확장한 시베리아 고기압과 남쪽에서 남서풍을 타고 올라오는 온난 습윤한 공기 덩어리가 만나 내리는 경우가 많다.

3. O 4. O

계절에 따른 수온의 변화 폭은 육지의 영향을 받는 연안보다는 대양의 중심에서 작고, 빙하의 영향을 받는 고위도보다는 저위도에서 작다.

5. X

해수에는 여러 종류의 염류들이 용해되어 있으므로 해수의 밀도는 순수한 물보다 약간 커서 $1.020 \sim 1.030 g/cm^3$의 값을 가진다.

6. O

해수가 장기간 같은 환경에 노출되면 일정한 범위의 수온과 염분을 갖게 된다. 수평적으로 수천 km, 수직으로 수백 m의 규모를 갖는 균일한 해수 덩어리를 수괴라고 한다.

7. O 8. O 9. X

용존 산소량은 수심 100m 이내의 해수면 부근에서는 식물성 플랑크톤의 광합성과 대기로부터의 산소 공급으로 인해 용존 산소량이 높게 나타난다. 수심이 깊어지면서 해양 생물의 호흡과 유기 물질의 분해에 산소가 사용되므로 그 양이 급격히 감소하여 수심 약 800m 부근에서 최솟값이 나타난다. 800m보다 깊은 심해에서는 생물의 생명 활동에 의한 용존 산소의 소비가 줄어들고, 산소를 풍부하게 포함한 극지방의 표층 해수가 침강하여 심해를 순환하므로 용존 산소량이 다시 증가한다.

10. O 11. O 12. 많으므로/ 낮다

우리나라 주변 바다의 평균 염분은 약 33psu 내외이지만 강수량이 많은 여름철에는 겨울철에 비해 표층 염분이 낮다. 또한, 황해는 강물의 유입이 많으므로 동해에 비해 염분이 낮으며, 남해는 고염분의 쿠로시오 해류의 영향으로 염분이 높다.

13. 오른쪽 14. 왼쪽

전향력은 지구의 자전으로 생기는 가상의 힘으로, 물체의 이동 방향을 바꾼다. 북반구에서는 물체가 이동하는 방향의 오른쪽으로, 남반구에서는 왼쪽으로 작용한다.

15. O

표층 순환은 수온약층 위에서 일어나는 해수의 순환으로, 주로 대기 대순환 때문에 발생하므로 대기 대순환의 방향과 표층 순환의 방향은 거의 일치한다. 그러나 표층 순환은 대기 대순환과 달리 수륙 분포의 영향을 받아 여러 개의 순환으로 나누어진다.

16. 표층 순환은 주로 대기 대순환에 의한 바람 때문에 발생한다. (O,X)

YBM p.119

17. 표층 순환이 여러 개의 순환으로 나누어지는 이유는 수륙 분포의 영향이 크다. (O,X)

YBM p.119

18. 심층 순환을 열염순환이라고도 부른다. (O,X)

YBM p.123

19. 심층 수괴의 평균 염분은 북대서양 심층수 > 남극 저층수 > 남극 중층수이다. (O,X)

YBM p.126

20. 심층 수괴의 평균 수온은 남극 중층수 > 북대서양 심층수 > 남극 저층수이다. (O,X)

YBM p.126

21. 지구 온난화가 진행되면 고위도 표층에서 침강하는 해수의 밀도가 작아진다. (O,X)

YBM p.127

22. 심층 순환의 세기가 약해지면 표층 순환의 세기도 약해진다. (O,X)

YBM p.127

23. 엘니뇨는 동태평양 적도 부근 해역 해수면의 평균 온도가 약 0.5℃ 이상 높게 6개월 이상 지속되는 현상이다. (O,X)

YBM p.132

24. 라니냐는 동태평양 적도 부근 해역 해수면의 평균 온도가 약 0.5℃ 이상 낮게 6개월 이상 지속되는 현상이다. (O,X)

YBM p.132

25. 평상시 동태평양과 서태평양 표층에서 수온 차이는 약 8℃ 이다. (O,X)

YBM p.132

26. 밀란코비치 주기는 세차 운동, 이심률의 변화, 자전축 기울기 변화 등 서로 다른 주기를 갖는 요인들의 조합으로 만든 기온의 변화 자료이다. (O,X)

YBM p.136

27. 온실 효과는 지구 대기 중 0.1%에 해당하는 CO_2, CH_4 등에 의해 일어난다. (O,X)

YBM p.138

28. 1950년대 이후 태풍, 폭염, 가뭄, 집중 호우, 홍수, 사막화와 같은 자연재해는 약해졌다. (O,X)

YBM p.140

29. 지난 100년 동안 전 지구의 평균 기온 상승률보다 우리나라의 평균 기온 상승률이 더 낮다. (O,X)

YBM p.142

30. 가시영상은 구름과 지표면에서 반사된 태양광의 강약을 나타내며 반사광이 강할수록 영상에서 밝게 보인다. (O,X)

교학사 p.76

16. O 17. O

표층 순환은 수온약층 위에서 일어나는 해수의 순환으로, 주로 대기 대순환에 의한 바람 때문에 발생하므로 대기 대순환의 방향과 표층 순환의 방향은 거의 일치한다. 그러나 표층 순환은 대기 대순환과 달리 수륙 분포의 영향을 받아 여러 개의 순환으로 나누어진다.

18. O

밀도가 커진 해수는 침강하여 심층 순환을 일으키므로 심층 순환을 열염순환이라고도 한다.

19. O 20. O

오른쪽 자료를 통해서 남극 중층수, 북대서양 심층수, 남극 저층수의 수온과 염분의 대소를 판단할 수 있다.

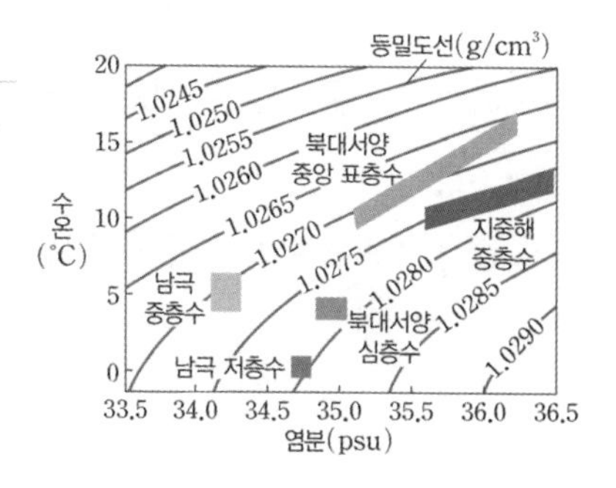

21. O 22. O

해수의 밀도가 낮아지면 해저 바닥까지 해수가 침강할 수 없으며, 이로 인해 지구 전체적인 심층 순환이 점차 약해질 것이다. 그렇게 되면 지구에는 급격하고 엄청난 기후 변화가 오며, 이러한 기후 변화는 인류의 삶에도 적지 않은 영향을 끼칠 것으로 과학자들은 예상하고 있다.

23. O 24. O 25. O

엘니뇨란 남아메리카 해안으로부터 태평양 중앙부에 걸친 넓은 범위에서 해수면 온도가 평년보다 0.5℃ 이상 높게 6개월 이상 지속되는 현상이며, 라니냐는 이 지역의 해수면 온도가 평년보다 0.5℃ 이상 낮게 6개월 이상 지속되는 현상을 말한다.

평년에는 적도 태평양에서 무역풍에 의해 해류가 동에서 서로 흐른다. 이때는 남미 연안에서는 서쪽으로 밀려간 바닷물을 보충하기 위하여 용승이 일어난다. 따라서 동태평양 앞바다의 수온이 낮아져 서태평양과의 해수면의 온도 차가 약 8℃ 차이가 난다.

26. O

밀란코비치는 지구 기후 변화의 천문학적 요인으로 세차 운동, 지구 공전 궤도의 이심률 변화, 지구 자전축의 기울기 변화를 제시하고, 서로 다른 주기를 갖는 이 세 가지 요인들이 조합되어 지구에 빙기와 간빙기가 일어난다고 설명하였다. 이 주기를 밀란코비치 주기라고 한다.

27. O

지구 대기는 질소(78%), 산소 (21%), 아르곤(0.9%), 그 밖의 기체(0.1 %)로 이루어져 있다. 온실 효과는 수증기가 가장 큰 영향을 미치고, 나머지 0.1 %에 해당하는 이산화탄소, 메테인, 산화 이질소 등에 의해 일어난다.

28. X

1950년대 이후 태풍의 세기가 점점 더 강해졌고, 폭염, 가뭄, 집중 호우나 폭우에 의한 홍수, 사막화와 같은 자연재해도 심해졌다.

29. X

우리나라는 지난 100년(1912~2012년) 동안 평균 기온 상승률이 1.7℃로, 전 지구 평균 기온 상승률(0.85℃)에 비해 높게 나타났다.

30. O

가시 영상 : 지구에서 반사된 빛이 위성에 감지되는 것으로, 구름이 분포하는 지역은 반사도가 커서 밝게, 육지나 해양은 어둡게 나타난다.

31. 가시 영상에서 구름은 대륙이나 해양보다 밝게 표시된다. (O,X)

교학사 p.76

32. 적외 영상은 물체가 방출하는 적외선 에너지량의 많고 적음을 나타낸다. (O,X)

교학사 p.76

33. 물체가 방출하는 적외선 에너지량은 물체의 온도가 높을수록 적다. (O,X)

교학사 p.76

34. 고도가 높은 구름은 고도가 낮은 구름보다 적외선 에너지를 적게 방출한다. (O,X)

교학사 p.76

35. 연직 방향으로 크고 두껍게 발달하는 적운형 구름에서는 폭우, 돌풍, 천둥, 번개 같은 기상 현상이 나타날 수 있다. (O,X)

교학사 p.84

36. 수평 방향으로 넓고 얇게 발달하는 층운형 구름에서는 이슬비, 햇무리 같은 기상 현상이 나타날 수 있다. (O,X)

교학사 p.84

37. 물질의 상태가 변할 때 출입하는 열을 잠열(숨은열)이라고 한다. (O,X)

교학사 p.84

38. 서로 다른 두 해역에서 염분의 양이 다르면, 해수 속에 녹아 있는 염류의 질량비는 같지 않다. (O,X)

교학사 p.93

39. 해수가 얼 때는 순수한 물만 언다. (O,X)

교학사 p.94

40. 순수한 물의 어는점은 0℃이고, 부피는 4℃에서 가장 작다. (O,X)

교학사 p.95

41. 해수의 어는점은 0℃이다. (O,X)

교학사 p.95

42. 표층 해수가 침강하면 대기와 상호작용 하지 않고, 주변 해수와도 쉽게 혼합되지 않으므로 수온과 염분은 거의 변하지 않는다. (O,X)

교학사 p.95

43. 인간이 배출하는 CO_2의 양이 증가하면 해양에 용해되는 CO_2의 양 또한 많아진다. (O,X)

교학사 p.97

44. 태양 복사 에너지의 입사각은 저위도에서가 고위도에서보다 크다. (O,X)

교학사 p.101

45. 심층 순환이 수송하는 물의 부피는 표층 순환이 수송하는 물의 부피보다 작다. (O,X)

교학사 p.107

31. O

가시 영상은 지구에서 반사된 빛이 위성에 감지되는 것으로, 구름이 분포하는 지역은 반사도가 커서 밝게, 육지나 해양은 어둡게 나타난다.

32. O

적외선 영상은 물체가 온도에 따라 방출하는 적외선 복사 에너지양의 차이를 이용하여 구름의 고도를 파악하는 데 사용된다.

33. X

물체가 방출하는 적외선 에너지량은 물체의 온도가 높을수록 많다.

34. O

고도가 높은 구름은 고도가 낮은 구름보다 온도가 낮으므로 고도가 높은 구름은 고도가 낮은 구름보다 적외선 에너지를 적게 방출한다.

35. O

적운형 구름은 상승 기류가 강하여 연직 방향으로 두껍고 크게 발달하는 구름을 말하며, 폭우, 돌풍, 번개 등을 유발한다.

36. O

수평 방향으로 넓고 얇게 발달하는 층운형 구름에서는 이슬비, 햇무리 같은 기상 현상이 나타날 수 있다.

햇무리

37. O

숨은열은 물질의 상태가 변할 때 출입하는 열이며, 잠열이라고도 한다.

38. X

염분비 일정의 법칙은 해역별로 염분이 달라도 해수에 녹아 있는 염류의 질량비는 일정하다.

39. O

해수의 결빙과 염분은 해수가 얼 때는 거의 순수한 물만 언다. 결과적으로 해수에 포함된 염류의 비가 높아져 결빙 해역의 염분은 높아진다.

40. O 41. X

순수한 물의 어는점은 0℃이고 4℃에서 밀도가 가장 크다. 염류가 포함된 바닷물은 순수한 물보다 더 낮은 온도에서 얼고, 밀도가 더 크다.

42. O

해수면을 통하여 대기와 해양 사이의 상호 작용이 끊임없이 일어나므로 해수면 근처에서는 수온과 염분이 일정하지 않다. 해수가 침강하면 더이상 대기와 상호 작용이 일어나지 않고 주변 해수와도 쉽게 혼합되지 않으므로 수온과 염분이 거의 변하지 않는다. 따라서 수온과 염분을 추적하면 해수의 이동 경로를 알 수 있다.

43. O

최근에 인간 활동에 의해 배출된 이산화 탄소량이 많아짐에 따라 해양에 용해되는 양도 급격히 증가하고 있다. 이에 따라 바다의 수소 이온 농도가 상승하여 pH가 감소하는 해양 산성화 문제가 발생하고 있으며, 산호초가 부식되거나 어패류의 골격 형성이 억제되는 등 해양 생태계에 큰 위협이 되고 있다.

44. O

태양 복사 에너지의 입사각은 저위도에서가 고위도에서보다 크다.

45. X

심층 해류는 수 cm/s ~ 수십 cm/s이내로 매우 느리게 움직이지만, 표층 해류보다 더 많은 부피의 물을 수송하면서 전 세계 해양을 순환하며 기후에 큰 영향을 미친다.

46. 과거 지구에서는 북대서양 심층수의 순환이 약해져 해양 컨베이어 벨트가 중단되었던 시기가 있었다. (O,X)

교학사 p.109

47. 에크만 수송은 지구의 자전에 의해서 나타나는 현상이다. (O,X)

교학사 p.111

48. 북반구에서 에크만 수송은 바람 진행 방향의 수직 오른쪽 방향으로 나타난다. (O,X)

교학사 p.111

49. 남반구에서 에크만 수송은 바람 진행 방향의 수직 왼쪽 방향으로 나타난다. (O,X)

교학사 p.111

50. 적도 부근에서는 전향력이 작용하지 않아 에크만 수송이 나타난다. (O,X)

교학사 p.113

51. 태평양 적도 부근 해역은 에크만 수송이 나타나지 않으므로 표층수의 이동 방향이 바람의 방향과 같다. (O,X)

교학사 p.113

52. 서태평양 적도 부근 해역에서는 지속적으로 해수가 쌓여 수온이 높고, 해수면의 높이가 높다. (O,X)

교학사 p.113

53. 피나투보 화산 폭발에서 방출된 화산재는 지구에 입사하는 태양 복사 에너지의 양을 감소시킨다. (O,X)

교학사 p.121

54. 우리나라에서 지구 온난화에 의한 기온 상승률은 도시에서가 도시가 아닌 지역보다 높다. (O,X)

교학사 p.124

55. 우리나라에서 지구 온난화에 의해 봄과 여름은 길어지고, 겨울은 짧아지고 있다. (O,X)

교학사 p.124

56. 기단과 기단이 만나는 면을 전선이라고 한다. (O,X)

금성 p.80

57. 전선면과 지표면이 만나는 곳에 전선이 발달한다. (O,X)

금성 p.80

58. 북반구에 위치한 관측소에 온난 전선과 한랭 전선이 통과하면 풍향은 반시계방향으로 변한다. (O,X)

금성 p.82

59. 고기압과 고기압 사이에는 기압이 낮은 골짜기가 존재한다. (O,X)

금성 p.82

60. 질량 및 속도가 일정하다면, 전향력의 세기는 저위도에서 고위도로 갈수록 커진다. (O,X)

금성 p.85

46. O

영거 드라이아스기 : 약 13,000년 전 북대서양에 담수가 대량 공급되어 심층수 형성이 중단됨으로써 해양 컨베이어 벨트가 중단되었던 시기. 이로 인해 약 1천 년 동안 평균 기온이 급감하였다.

47. O 48. O 49. O

에크만 수송 : 지구 자전의 효과로 표층 해수가 북반구(남반구)에서 바람 방향의 오른쪽(왼쪽) 직각 방향으로 이동하는 현상이다.

50. X 51. O 52. O

서태평양 난수역 : 적도에서는 전향력이 작용하지 않으므로 에크만 수송이 일어나지 않는다. 그러므로 표층 해수는 바람 방향과 같이 이동하여 서태평양에 쌓여 수온 및 해면 고도가 높아진다.

53. O

1991년 6월에 일어난 필리핀의 피나투보 화산 폭발은 많은 양의 화산재를 방출하여 지구에 들어오는 태양 복사 에너지를 차단하여 지구의 평균 기온을 약 0.4℃ 낮추었다.

54. O

지난 100년 동안 우리나라 6개 도시에서 관측한 일평균 기온 상승은 약 1.7℃에 이르는 것으로 알려져 있는데, 이는 도시화가 이루어지지 않은 지역에서 관측한 자료로 평가한 전 지구 일평균 기온의 상승률(0.85℃/100년)에 비하여 훨씬 높다.

55. O

한반도는 온난화의 영향으로 봄과 여름은 점차 길어지고 겨울은 짧아지고 있다.

56. X 57. O

두 기단이 만나는 면을 전선면이라고 하며, 구름은 전선면을 따라 만들어지기 때문에 전선의 종류에 따라 발생하는 구름에 차이가 생긴다. 전선은 전선면이 지표면과 만나는 것으로, 항상 지표면에 존재한다.

58. X

북반구에서 온대 저기압 이동 방향의 오른쪽에 위치한 지역에서는 저기압 통과 시 풍향이 '남동풍→남서풍→북서풍'으로 변한다.

59. O

기압골은 일기도 상에 나타나는 고기압과 고기압 사이의 기압이 낮은 골짜기이다.

60. O

전향력은 지구 자전에 의해 운동하는 물체에 작용하는 겉보기 힘이다. 적도에서는 작용하지 않고 고위도로 갈수록 크게 작용한다. 물체의 운동 방향에 직각으로 작용하면서 물체의 운동 방향을 휘어지게 한다.

61. 태풍 중심부의 기압이 낮을수록 태풍의 세력은 강하다. (O,X)

금성 p.87

62. 우리나라 주변 해역에서 하천수의 유입은 여름철이 겨울철보다 많다. (O,X)

금성 p.100

63. 표층 해수의 등온선은 위도선과 완벽하게 나란하다. (O,X)

금성 p.102

64. 수온약층 시작 층의 수온은 수온약층 끝나는 층의 수온보다 낮으므로 상하 대류가 일어나지 않는다. (O,X)

금성 p.102

65. 온난 전선은 따뜻한 공기가 차가운 공기를 타고 올라가면서 형성된다. (O,X)

금성 p.106

66. 한랭 전선은 찬 공기가 따뜻한 공기 밑으로 파고들면서 형성된다. (O,X)

금성 p.106

67. 태풍은 적도에서 형성되는 풍속이 17m/s이상인 저기압이다. (O,X)

금성 p.106

68. 염분은 해수 1kg속에 녹아 있는 염류의 총량(g)을 의미한다. (O,X)

금성 p.106

69. 용존 산소량은 해수의 수온에 반비례한다. (O,X)

금성 p.106

70. 우리나라 동해에서는 동한 난류와 북한 한류가 만나 조경 수역을 형성한다. (O,X)

금성 p.114

71. 심층 순환은 밀도류다. (O,X)

금성 p.117

72. 표층 순환은 취송류다. (O,X)

금성 p.117

73. 적도 반류는 경사류다. (O,X)

금성 p.117

74. 태풍이 관측소를 지나갈 때 관측소에서 측정한 강수 현상은 1~2시간 간격으로 발생한다. (O,X)

미래엔 p.91

75. 태풍에 의한 폭풍 용승, 해일은 해양 오염 해소에 도움이 되기도 한다. (O,X)

미래엔 p.93

61. O

태풍은 저기압이므로 중심부의 기압이 낮을수록 세력이 강해진다. 따라서 세력이 약해지면 중심부의 기압은 높아진다.

62. O

우리나라 주변 바다의 표층 염분은 강수량이 많아 하천수의 유입량이 많은 여름철에 낮고, 계절에 관계없이 하천수의 유입량이 많은 황해에서 표층 염분이 가장 낮게 나타난다.

63. X

표층 해수의 등온선은 대체로 위도와 나란하게 나타나지만, 해륙 분포나 해류의 영향으로 위도가 같아도 수온이 조금씩 다르게 나타나기도 한다.

64. X

수온 약층은 위쪽 물이 아래쪽 물보다 수온이 높아 안정한 상태이며, 상하 대류가 일어나지 않는다.

65. O

온난 전선은 따뜻한 공기가 찬 공기 쪽으로 이동하여 찬 공기를 타고 위로 올라가면서 형성되는 전선이다.

66. O

한랭 전선은 찬 공기가 따뜻한 공기 쪽으로 이동하여 따뜻한 공기의 밑으로 파고들면서 형성되는 전선이다.

67. X

태풍은 열대 해상(위도 $5°$ 이상)에서 발생하는 중심 부근 최대 풍속이 17$\mathrm{m/s}$이상인 저기압을 말한다.

68. O

염분은 해수 $1\mathrm{kg}$ 속에 녹아 있는 염류의 총량을 나타낸 천분율이고, 단위는 psu를 사용한다.

69. O

용존 산소량은 해수 중에 녹아 있는 산소량으로 일반적으로 수온이 낮을수록 많다.

70. O

동해에서는 북한 한류와 동한 난류가 만나 조경 수역을 형성하여 한류성 어종과 난류성 어종이 모두 잡히면서 좋은 어장을 형성한다.

71. O

심층 순환은 해수의 수온과 염분에 따른 밀도 차이에 의해 발생하고, 수온과 염분에 따른 밀도 차이에 의해 발생하는 해류를 밀도류 혹은 열염 순환이라고 한다.

72. O

표층 순환은 표층에서 부는 바람과의 마찰에 의해 발생하고, 바람과의 마찰에 의해 발생하는 해류를 취송류라고 한다.

73. O

적도 반류는 서태평양 해수면의 높이가 동태평양 해수면의 높이보다 높으므로 생기는 경사에 의해 발생한다.

74. O

나선형 구름 띠가 차례대로 지나가기 때문에 태풍이 접근할 때는 1~2시간 간격으로 강한 소나기가 내리다가 그치기를 반복한다.

75. O

태풍은 해수를 혼합시켜 해양 오염의 해소에 도움이 되기도 한다.

76. 북반구·남반구에서 편서풍과 무역풍에 의해서 생기는 표층 해양순환을 풍성 순환이라고 한다. (O,X)

미래앤 p.114

77. 북대서양 심층수는 남반구까지 이동한 후 남극 순환 해류에 합류한다. (O,X)

미래앤 p.121

78. 기압은 단위 부피에서 단위 면적에 기체 분자가 연속적으로 충돌함으로써 가해지는 힘이다. (O,X)

비상 p.161

79. 기단의 발원지는 항상 고기압인 지역이다. (O,X)

비상 p.162

80. 한랭 전선이 온난 전선과 부딪혀 폐색 전선이 만들어진다. (O,X)

비상 p.164

81. 한랭 전선의 이동 속도가 온난 전선의 이동 속도보다 빠른 이유는 공기의 밀도 차이 때문이다. (O,X)

비상 p.164

82. 기상 레이더 영상을 분석하면 구름의 예상 강수량 등 여러 가지 기상 현상들을 예측할 수 있다. (O,X)

비상 p.165

83. 태풍의 눈에는 하강 기류가 발달하므로 태풍의 눈은 고기압이다. (O,X)

비상 p.169

84. 태풍의 이동 속도는 무역풍대에서가 편서풍대에서보다 빠르다. (O,X)

비상 p.169

85. 호우와 집중 호우는 같은 것이다. (O,X)

비상 p.173

86. 수온약층은 혼합층과 심해층의 에너지 전달을 차단한다. (O,X)

비상 p.178

87. 밀도는 단위 부피당 질량이다.($\rho = \frac{M}{V}$) (O,X)

비상 p.178

88. 밀도가 같은 A 수괴와 B 수괴가 혼합하는 것을 등밀도 혼합이라고 한다. (O,X)

비상 p.183

89. A 수괴와 B 수괴가 혼합하여 만들어진 C 수괴는 수괴 A, B보다 밀도가 크다. (O,X)

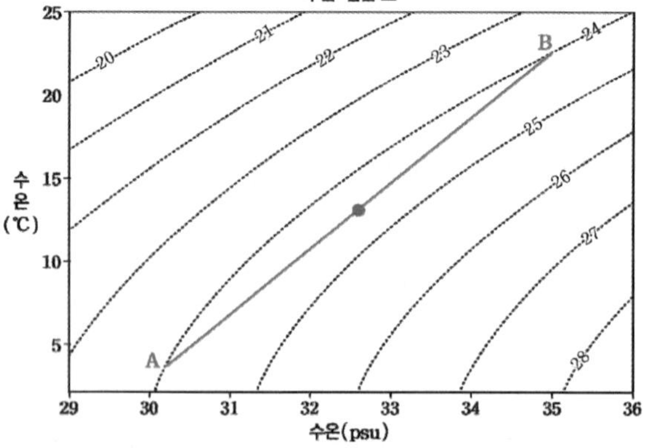

비상 p.183

90. 대기 대순환은 위도별 에너지의 불균형과 지구 자전에 의해 나타나는 지구적인 규모의 대기 순환이다. (O,X)

비상 p.196

76. O

해류의 순환은 대기 대순환과 밀접한 관계가 있어 풍성 순환이라고도 한다.

77. O

북대서양 심층수는 남반구까지 이동하여 남극 순환 해류와 합류한다.

78. O

기압은 공기를 구성하고 있는 기체 분자가 연속적으로 충돌함으로써 단위넓이에 가해지는 힘이다. ($압력 = \frac{힘}{면적}$)

79. X

모든 기단의 발원지가 고기압 지역인 것은 아니다. 여름철의 아프리카, 동남아시아 등에 생기는 큰 저기압 영역은 기압 경도가 커지지 않고 지표면에서 열을 많이 받고 있다. 따라서 주위에서 성질이 다른 공기가 유입되어도, 대륙상에서 고온 건조한 공기로 변질되어 버린다. 이러한 경우에는 저기압 영역이 기단의 발원지가 된다.

80. O 81. O

한랭 전선의 이동 속도가 온난 전선의 이동 속도보다 빠른 이유는 기온에 따라서 공기의 밀도가 다르기 때문이다. 한랭 전선은 밀도가 큰 찬 공기가 밀도가 작은 따뜻한 공기를 밀고 들어오기 때문에 이동 속도가 빠르고, 온난 전선은 밀도가 작은 따뜻한 공기가 밀도가 큰 찬 공기를 밀면서 이동해야 하므로 이동 속도가 느리다.

82. O

기상 레이더 영상은 레이더에서 방출한 전자기파를 구름 속 물질(비, 눈, 우박)들에 반사되는 전자기파의 신호를 분석하여 만든 자료이다.

83. X

태풍의 눈에는 약한 하강 기류가 발생하기 때문에 고기압이라고 착각할 수도 있다. 태풍의 눈에서 기압이 가장 낮음을 기억해야 한다.

84. X

태풍의 이동 속도는 태풍이 무역풍대에 있는 동안은 평균 이동 속력이 20km/h 정도이다. 전향점에서는 속력이 더 느려졌다가 방향을 바꾼 후에는 속력이 급격히 빨라져 약 40km/h가 된다.

85. X

호우는 시간과 공간 규모에 관계없이 많은 비가 내리는 것을 뜻한다. 하지만 집중 호우는 짧은 시간 동안 좁은 지역에 많은 비가 집중적으로 내리는 것이다. 따라서 두 용어를 구분하도록 하자.

86. O

수온약층은 혼합층 아래 수온이 급격하게 변하는 층으로, 매우 안정하여 대류 운동이 없고, 혼합층과 심해층 사이에서 에너지 전달을 차단하는 층

87. O

밀도의 정의는 단위 부피당 질량으로, 해수의 밀도는 수온, 염분, 수압에 의해 결정된다.
(해수의 밀도는 수압에 비례한다.)

88. O 89. O

수온-염분도에서 점 A와 점 B는 동일한 등밀도 선상에 위치하는데, A와 B 수괴의 밀도는 같지만, 수온과 염분이 다르다. 두 수괴를 합하면 그 밀도는 각각의 밀도보다 더 커져 수온-염분도에서 C위치에 표시될 것이다. 이러한 과정을 등밀도 혼합이라고 한다.

90. O

대기 대순환 : 위도에 따라 흡수되는 태양 복사 에너지양의 차이와 지구 자전의 영향으로 나타나는 전 지구적인 규모의 대기 순환

91. 북반구의 아열대 순환은 북태평양, 북대서양에서 일어난다. (O,X)

비상 p.199

92. 남반구의 아열대 순환은 남태평양, 남대서양, 인도양에서 일어난다. (O,X)

비상 p.199

93. 남극 저층수가 형성되는 지역은 남극 웨델해 부근이다. (O,X)

비상 p.202

94. 북대서양 심층수가 형성되는 지역은 그린란드 부근이다. (O,X)

비상 p.202

95. 열염순환은 해수의 수온과 염분이 원인이다. (O,X)

비상 p.203

96. 용승은 빈 공간을 보강하는 보류다. (O,X)

비상 p.208

97. 엘니뇨 시기와 라니냐 시기에 서태평양과 동태평양의 기압의 변화는 같은 경향을 띤다. (O,X)

비상 p.208

98. 지구 자전축이 시계방향으로 회전하는 운동인 세차 운동의 주기는 약 26,000년이다. (O,X)

비상 p.215

99. 온실 효과는 온실 기체가 흡수한 열에너지를 지표로 재복사하며 나타나는 현상이다. (O,X)

비상 p.215

100. 유엔(UN) 기후 변화 협약은 세계 평화 문제를 해결하기 위한 협약이다. (O,X)

비상 p.215

101. 지구의 공전 궤도 이심률은 0.005~0.058 사이에서 변한다. (O,X)

비상 p.217

102. 모든 에어로졸은 지구의 평균 기온을 낮춘다. (O,X)

비상 p.218

103. 지구 온난화는 온실 효과가 강화되어 지구의 평균 기온이 상승하는 현상이다. (O,X)

비상 p.219

104. 단열 팽창, 수축하는 동안 외부 에너지의 출입은 존재한다. (O,X)

천재 p.126

105. 특정 시기의 빙하코어에서 $^{18}O/^{16}O$의 값이 크다면 해당 시기의 기후는 한랭했다고 판단할 수 있다. (O,X)

천재 p.194

91. O 92. O

전 세계 해양에는 다섯 개의 표층 순환 해류가 있다. 북반구에는 북태평양, 북대서양 순환이 있고, 남반구에는 남태평양, 남대서양, 인도양 순환이 있다.

93. O

남극 저층수는 남극 웨델해 부근에서 주변보다 밀도가 커진 표층수가 침강하여 심해저를 따라 이동하는 수괴를 말한다.

94. O

북대서양 심층수는 그린란드 주변에서 냉각되어 밀도가 커진 표층 해수가 침강하여 수심 약 $1,500 \sim 4,000m$ 사이를 이동하는 수괴를 말한다.

95. O

열염 순환은 수온이나 염분에 따른 밀도의 차이로 인해 발생하는 해수의 순환을 말한다.
(밀도류라고 하기도 한다.)

96. O

용승은 표층 해수가 다른 곳으로 이동하여 빈자리를 보강하기 위해서 심층의 차가운 해수가 표층으로 올라오는 (보강하는) 현상을 말한다.

97. X

남방 진동은 엘니뇨와 라니냐의 영향으로 동태평양과 서태평양의 기압 분포가 시소와 같이 바뀌는 현상을 말한다.

98. O

지구 자전축의 세차 운동의 방향은 시계방향이고, 주기는 약 26,000년이다.

99. O

온실 효과는 온실 기체(CO_2, CH_4)가 지구 복사 에너지를 흡수한 뒤 지표로 재복사하여 지구의 평균 기온을 높게 유지하는 현상을 말한다.

100. X

유엔 기후 변화 협약은 세계 각국이 전 지구적인 기후 변화 문제를 해결하기 위해 1992년 체결한 협약이다.

101. O

지구의 공전 궤도 이심률은 0.005~0.058 사이에서 변한다.
(현재 지구의 공전 궤도 이심률은 0.017로 이심률이 작은 타원 궤도이고, 이심률은 항상 양(+)의 값을 가진다.)

102. X

모든 에어로졸이 지구의 기온을 낮추는 것은 아니다. 복사 에너지 흡수를 통해 지구의 기온을 높이는 에어로졸도 있고, 태양 빛을 반사하여 지구의 기온을 낮추는 에어로졸도 있다.

103. O

지구 온난화는 온실 효과가 강화되어 지구의 평균 기온이 상승하는 현상이다.

104. X

단열 팽창과 단열 압축 : 외부와 열 교환 없이, 외부 압력의 감소에 의해 공기 덩어리의 부피가 팽창되는 과정을 단열 팽창이라 하며 그 결과 온도가 내려간다. 반대로 외부와 열 교환 없이, 외부 압력의 증가로 인해 공기 덩어리의 부피가 압축되는 과정을 단열 압축이라고 한다.

105. X

^{16}O은 증발되기는 쉽지만 응결이 잘 되지 않는 반면, ^{18}O은 ^{16}O에 비해 11% 정도 더 무거우며 상대적으로 증발은 잘 되지 않지만 응결은 쉽게 된다. 따라서 어느 지질 시대의 기후가 따뜻했다면 증발이 잘 진행되어 빙하의 얼음에는 $^{18}O/^{16}O$의 비율이 더 크게 될 것이다.